中国电力教育协会审定

 全国电力高职高专"十二五"系列教材

电力技术类（电力工程）专业系列教材

继电保护测试

全国电力职业教育教材编审委员会　组　编

王显平　王　艳　主　编

侯　娟　陈　亚　王微波　副主编

王　玲　编　写

李晋民　主　审

中国电力出版社

CHINA ELECTRIC POWER PRESS

内 容 提 要

本书为全国电力高职高专"十二五"系列教材。

本书为行动导向式教材。全书共分八个学习项目，主要内容包括继电保护通用测试，电流互感器测试，35kV 线路保护装置测试，110kV 线路保护装置测试，超高压线路保护装置测试，同步发电机保护装置测试，变压器保护装置测试，母线保护装置测试。

本书可作为高等职业院校电力工程、继电保护相关专业教材，也可作为发电企业电力职工技能培训教材和有关技术人员的参考用书。

图书在版编目（CIP）数据

继电保护测试/王显平，王艳主编；全国电力职业教育教材编审委员会组编. —北京：中国电力出版社，2014.9（2024.1 重印）

全国电力高职高专"十二五"规划教材. 电力技术类（电力工程）专业系列教材

ISBN 978 - 7 - 5123 - 6164 - 5

Ⅰ. ①继… Ⅱ. ①王…②王…③全… Ⅲ. ①电力系统—继电保护—高等职业教育—教材 Ⅳ. ①TM77

中国版本图书馆 CIP 数据核字（2014）第 173923 号

中国电力出版社出版、发行

（北京市东城区北京站西街 19 号 100005 http://www.cepp.sgcc.com.cn）

固安县铭成印刷有限公司印刷

各地新华书店经售

*

2014 年 9 月第一版 2024 年 1 月北京第二次印刷

787 毫米×1092 毫米 16 开本 21.5 印张 525 千字

定价 **39.00** 元

全国电力职业教育教材编审委员会

参 编 院 校

山东电力高等专科学校	西安电力高等专科学校
山西电力职业技术学院	保定电力职业技术学院
四川电力职业技术学院	哈尔滨电力职业技术学院
三峡电力职业学院	安徽电气工程职业技术学院
武汉电力职业技术学院	福建电力职业技术学院
江西电力职业技术学院	郑州电力高等专科学校
重庆电力高等专科学校	长沙电力职业技术学院

电力工程专家组

组　　长　解建宝

副 组 长　李启煌　陶　明　王宏伟　杨金桃　周一平

成　　员　（按姓氏笔画排序）

王玉彬　王　宇　王俊伟　刘晓春　余建华　吴斌兵

张惠忠　李建兴　李道霖　陈延枫　罗建华　胡　斌

章志刚　黄红荔　黄益华　谭绍琼

出 版 说 明

为深入贯彻《国家中长期教育改革和发展规划纲要（2010—2020）》精神，落实鼓励企业参与职业教育的要求，总结、推广电力类高职高专院校人才培养模式的创新成果，进一步深化"工学结合"的专业建设，推进"行动导向"教学模式改革，不断提高人才培养质量，满足电力发展对高素质技能型人才的需求，促进电力发展方式的转变，在中国电力企业联合会和国家电网公司的倡导下，由中国电力教育协会和中国电力出版社组织全国 14 所电力高职高专院校，通过统筹规划、分类指导、专题研讨、合作开发的方式，经过两年时间的艰苦工作，编写完成全国电力高职高专"十二五"系列教材。

本套教材分为电力工程、动力工程、实习实训、公共基础课、工科专业基础课、学生素质教育六大系列。其中，电力工程和工科专业基础课系列教材 40 余种，主要针对发电厂及电力系统、供用电技术、继电保护及自动化、输配电线路施工与维护等专业，涵盖了电力系统建设、运行、检修、营销以及智能电网等方面内容。教材采用行动导向方式编写，以电力职业教育工学结合和理实一体化教学模式为基础，既体现了高等职业教育的教学规律，又融入电力行业特色，是难得的行动导向式精品教材。

本套教材的设计思路及特点主要体现在以下几方面：

（1）按照"行动导向、任务驱动、理实一体、突出特色"的原则，以岗位分析为基础，以课程标准为依据，充分体现高等职业教育教学规律，在内容设计上突出能力培养为核心的教学理念，引入国家标准、行业标准和职业规范，科学合理设计任务或项目。

（2）在内容编排上充分考虑学生认知规律，充分体现"理实一体"的特征，有利于调动学生学习积极性。是实现"教、学、做"一体化教学的适应性教材。

（3）在编写方式上主要采用任务驱动、行动导向等方式，包括学习情境描述、教学目标、学习任务描述、任务准备、相关知识等环节，目标任务明确，有利于提高学生学习的专业针对性和实用性。

（4）在编写人员组成上，融合了各电力高职高专院校骨干教师和企业技术人员，充分体现院校合作优势互补，校企合作共同育人的特征，为打造中国电力职业教育精品教材奠定了基础。

本套教材的出版是贯彻落实国家人才队伍建设总体战略，实现高端技能型人才培养的重要举措，是加快高职高专教育教学改革、全面提高高等职业教育教学质量的具体实践，必将对课程教学模式的改革与创新起到积极的推动作用。

本套教材的编写是一项创新性的、探索性的工作，由于编者的时间和经验有限，书中难免有疏漏和不当之处，恳切希望专家、学者和广大读者不吝赐教。

全国电力职业教育教材编审委员会

前　言

为贯彻落实《教育部关于以就业为导向深化高等职业教育改革的若干意见》的精神，加强教材建设，确保教材质量，全国电力职业教育教材编审委员会以《关于全面提高高等职业教育教学质量的若干意见》为指南，组编了全国电力高职高专"十二五"系列教材。本系列教材采用行动导向编写方式，为电力职业教育工学结合和实现理实一体教学模式起到了支撑和载体作用，创新了中国电力职业教育教材体系。

本书内容突出以能力培养为核心的教学理念，遵循国家标准、行业标准和职业规范，合理地设置学习项目和任务，充分考虑学生的认知规律，充分体现任务驱动的特征，调动学生学习的积极性，努力体现项目导向、任务驱动、理实一体的课程特色。

本书为《继电保护测试》，针对继电保护测试工作的特点，介绍了常用继电保护装置的原理、测试方法及案例。全书包括继电保护通用测试，电流互感器测试，35kV 线路保护装置测试，110kV 线路保护装置测试，超高压线路保护装置测试，同步发电机保护装置测试，变压器保护装置测试，母线保护装置测试 8 个学习项目，每个项目下设若干测试任务；每个任务由学习目标、任务描述、任务准备、任务实施、相关知识等部分组成，既保证了部分的独立性，又体现了整体的系统性。

本书项目一和项目六由王显平编写，项目二、项目三及附录由王微波编写，项目四由侯娟编写，项目五由王艳编写，项目七由王玲编写，项目八由陈亚编写。全书由王显平、王艳主编，侯娟、陈亚、王微波任副主编，全书由李晋民副教授主审。

由于编者水平有限，书中难免有不足之处，恳请读者批评指正。

编　者

2014 年 6 月

目　录

学习项目一

继 电 保 护 通 用 测 试

【学习项目描述】

通过该项目的学习，能对电磁式继电器和继电保护装置通用项目进行测试。

【学习目标】

通过学习和实践，能够利用继电保护测试仪及继电保护原理等相关知识对电磁式继电器和继电保护装置通用项目进行测试；能做测试数据记录、测试数据分析处理。

【学习环境】

继电保护测试实训室应配置电磁式电流继电器、电磁式中间继电器以及微机保护装置 15 套、继电保护测试仪 10 套、平口小号螺丝刀 50 个、投影仪 1 台、计算机 1 台。

注：每班学生按 40～50 人计算，学生按 4～5 人一组。学生可以交叉互换完成学习任务。

任务一　电磁式继电器测试

【学习目标】

通过学习和实践，能够利用继电保护测试仪及继电保护测试技术等相关知识对电磁式电流继电器、电磁式中间继电器进行测试；能做测试数据记录、测试数据分析处理。

【任务描述】

以小组为单位，做好工作前的准备，制订电磁式电流继电器、电磁式中间继电器的测试方案，绘制试验接线图，完成电磁式电流继电器、电磁式中间继电器的特性测试，并填写试验报告，整理归档。

【任务准备】

1. 任务分工

工作负责人：_____　　　　调试人：_____

仪器操作人：_____　　　　记录人：_____

2. 试验用工器具及相关材料（见表 1-1）

表 1-1　　　　　　　　　　　　　　**试验用工器具及相关材料**

类别	序号	名　称	型号	数量	确认（√）
仪器仪表	1	继电保护试验仪		1套	
	2	万用表		1块	
	3	组合工具		1块	
消耗材料	1	绝缘胶布		1卷	
	2	打印纸等		1包	
图纸资料	1	继电器说明书、调试大纲、记录本		1套	
	2	最新定值通知单等		1套	

【任务实施】

测试任务见表 1-2。

表 1-2　　　　　　　　　　　　　　**电 磁 式 继 电 器 测 试**

一、制订测试方案	二、按照测试方案进行试验
1. 熟悉继电器说明书	1. 测试接线（接线完成后需指导教师检查）
2. 学习本任务相关知识，本小组成员制订出各自的测试方案（包括测试步骤、试验接线图及注意事项等，应尽量采用手动测试）	2. 在本小组工作负责人主持下按分工进行本项目测试并做好记录，交换分工角色，轮流本项目测试并记录（在测试过程中，小组成员应发扬吃苦耐劳、顾全大局和团队协作精神，遵守职业道德）
3. 在本小组工作负责人主持下进行测试方案交流，评选出本任务执行的测试方案	3. 在本小组工作负责人主持下，分析测试结果的正确性，对本任务测试工作进行交流总结，各自完成试验报告的填写
4. 将评选出本任务执行的测试方案报请指导老师审批	4. 指导老师及学生代表点评及小答辩，评出完成本测试任务的本小组成员的成绩

本学习任务思考题
1. 继电保护测试直流电源的主要技术指标是什么？
2. 继电保护测试交流电源的主要技术指标是什么？
3. 如何选择继电保护测试的仪器仪表？
4. 继电器及装置准确度的主要表示方法是什么？其含义是什么？
5. 继电器动作值、返回值的基本试验方法有哪些？其含义是什么？如何选用基本试验方法？
6. 什么是继电保护装置的整组功能试验？
7. 微机型继电保护测试仪一般有哪些测试功能？
8. 如何选择微机型继电保护测试仪模拟量的步长？
9. 如何测试电磁式中间继电器的自保持电流或自保持电压？

【相关知识】

一、继电保护测试的基本要求

1. 试验电源要求

试验电源性能的好坏直接影响到产品性能检验结果的准确性。因此，正确选择试验电源、改进试验电源的性能对检验工作是一项极为重要的工作。

（1）直流电源。反映直流电源性能的主要技术指标是直流电源中所含有交流分量的大小，即纹波因数。

在国际电工委员会（IEC）标准中定义直流电源的纹波因数为直流电源中的交流分量的峰—峰值与直流电源的平均值之比。直流电源中所含有的交流分量越大，则直流电源的纹波因数越大，直流电源的性能越差，对保护装置性能检测的影响越大。因此要采取措施减小纹波因数。其方法是在整流电源中增加滤波回路，以此来减小直流电源的脉动。

纹波因数可以通过两表法进行测试，用直流电压表测量直流电源直流电压的平均值，测量直流电压的交流分量，应使用数字式峰—峰值电压表。没有数字式峰—峰值电压表时，可选用真空管式电压表、电子管电压表、方均根响应的数字式电压表和峰值电压表等。这些仪表测量交流分量的峰—峰值时，误差较大，测量值反映的是交流分量的有效值，需要按如下方法换算为交流分量的峰—峰值。

1）真空管电压表、电子管电压表、方均根响应的数字式电压表，测量值乘以 $2\sqrt{2}$ 即为交流分量的峰—峰值。

2）峰值电压表，测量值乘以 2，即为交流分量的峰—峰值。

计算出纹波因数 K_f

$$K_f = 交流分量的峰—峰值 / 直流电压的平均值$$

除了用两表法测量纹波因数的方法外，还可以用示波器来观察直流电源的波形。有的示波器直接显示电源波形的峰—峰值的大小，可以用图示法计算出纹波因数的大小，$K_f > 6\%$ 时不能作为试验电源使用。

对于有条件的实验室，可以使用直流发电机和蓄电池等直流电源，它们输出直流电源的纹波因数很小甚至接近于零，是最理想的直流电源。

直流电源的技术指标除了纹波因数外，还有稳压精度、稳流精度等。要求稳压精度、稳流精度高，并且这两个参数不能因负载的变化而变化。一般要求这两个参数不超过 2%。

（2）交流电源。在实验室所使用的交流电源主要有单相电源和三相电源两种。

1）单相电源。单相交流电源的主要技术指标是波形畸变，波形畸变的大小用波形畸变因数来衡量。

一般讲，交流电源是指正弦波交流电源，但实际上许多实验室和企业的质检部门是用低压供电网络的交流电源作为试验电源。低压供电网络的交流电不是完全的正弦波交流电源，而是含有一定谐波的非正弦波电源，这些电源的波形存在一定的畸变。同时在低压供电网络中还要使用大量电气设备，如非线性电阻、变压器、变流器、移相器、电抗器、互感器和稳压器等，使用这些设备会增大电源波形的畸变。非正弦波的电压和电流施加于继电保护及自动化装置时，会引起继电保护及自动化装置动作特性的变化，影响试验结果的正确性。

为了使试验结果准确，首先要测量所使用的交流电源的波形畸变因数，波形畸变因数指的是非正弦周期量中减去基波分量所得的谐波分量有效值与非正弦量有效值的比值，通常用百分比表示。测量波形畸变因数应使用失真度试验仪测试，还可以用示波器观察，也可以用谐波分析仪来检测交流电源中所含有谐波量的大小。

测量的波形畸变因数超过 5% 的交流电源不能作为试验电源使用。

2）三相电源。除了对单相电源的要求外，三相电源的另一个重要的技术指标是三相电源是否是三相平衡电源。

三相平衡电源的技术指标有：三相电源的相电压或线电压大小应相等；相电流大小应相

等；各相电压与该相电流间夹角也应相等。

目前许多实验室所用的三相电源一般是低压供电网络中的交流电源。这些电源由于负载等原因，很难达到三相平衡电源的要求。因此，用这样的电源无法去检测继电保护及自动化装置的性能，特别是对检验带有相位的两个激励量的功率和阻抗继电器及保护装置等产品，以及检验按对称分量原理构成的正序电压和负序电压继电器及保护装置等产品，影响很大。

交流电源频率的变化不仅影响继电保护及自动化装置各类线圈、变换器的阻抗值，对继电器和装置的动作值等许多基本技术参数都有不同程度的影响；同样对有相位的两个激励量产品的影响更严重。频率变化对试验仪也有影响，有关标准规定：交流电源的频率为（50±0.5）Hz，电网的频率有时达不到此要求。在检验工作中，应注意电源频率变化引起被试产品和试验仪表的误差。上述技术指标的允差见表1-3。

表1-3　　　　　　　　　　　试验电源的基准条件及试验允差

试验电源	基准条件	试验允差
交流电源频率	50Hz	±5%
交流电源波形	正弦波	波形畸变5%（或2%）*
交流电源中直流分量	0	峰值的2%
直流电源中的交流分量	0	0～6%**
三相平衡电源中相电压或线电压	大小相等	差异应不大于电压平均值的1%
三相平衡电源中相电流	大小相等	差异应不大于电流平均值的1%
三相平衡电源中各相电压与该相电流间夹角	相等	2°

*　为多输入量的量度继电器及装置试验电源的交流电源波形畸变系数。

**　按峰—峰值波纹系数定义。交流分量峰谷值对脉动量的直流分量绝对值之比时，试验允差为6%。

2. 仪器、仪表的要求

为了保证测量结果的准确性，应根据被测量的特性来选择合适的仪表。

（1）仪表准确度要求。对继电保护及自动化装置的试验，所使用的全部仪表的准确度应满足表1-4的要求。在试验过程中，测量结果与被测量之间会存在误差。产生误差的原因，除了仪表本身的基本误差和使用条件所引起的附加误差外，还有一个重要原因是测量方法不当和仪表选择不合理。因此，应全面地了解仪表的技术性能、合理地选择仪表、正确地使用仪表，以使测量结果的误差降到最小。

表1-4　　　　　　　　　　　仪表准确度等级选择

误差	<0.5%	≥0.5%～1.5%	≥1.5%～5%	≥5%
仪表准确度	0.1级	0.2级	0.5级	1.0级
数字仪表准确度	6位半	5位半	4位半	4位半

（2）选择仪表的原则。

1）根据被测量的性质选择仪表的类型。

a）根据被测量是交流还是直流，选用交流仪表还是直流仪表。

b）测量交流量时，应根据交流量是正弦波还是非正弦波来选择仪表。

对于交流正弦电流（或电压），只需测量其有效值，可选择任何一种交流电流（电压）表来测量。对于非正弦波，由于非正弦波的波形因数和波顶因数与正弦波的波形因数和波顶因数相差较大，因此会影响测量的准确度。

2) 按测量线路和被试产品线圈阻抗的大小选择仪表的内阻。测量电压时，将电压表并联在被测量电压的两端，如果使用的仪表内阻不是足够大，电压表接入测量线路后，将改变原来测量线路的参数，使测量的电压值出现很大的误差，所以要求测量电压的仪表内阻越大越好。测量电流时，电流表串接在测量线路中，为了使电流表接入被测线路中不影响被测线路的工作状态，要求电流表的内阻越小越好。

3) 根据被测量的大小选择适当量程的仪表。根据被测量的大小选择适当量程的仪表，可以得到准确度较高的测量结果。如果选择不当，会使测量结果出现很大的误差。测量结果的准确度除了与仪表的准确度有关外，还与仪表的量程有关。一般要求被测量的大小应在仪表测量上限的 1/2～2/3 以上。

另外在选择仪表量程时，还应注意被测量的大小不能超过仪表测量的量程，特别是高灵敏度的仪表。当被测量大小超过仪表的量程时，很容易损坏仪表。所以在使用仪表时要特别加以重视，防止发生事故，避免损坏仪表。

4) 应根据使用的场所及工作条件选择仪表。

5) 选用数字仪表的原则：目前数字式仪表一般提供的技术指标没有准确度等级，只有允许误差和显示位数。因此，在选用仪表时，应注意以下事项：

a) 数字式仪表的量程选择应从大于被测量的量程中，选择最小值，并应保证有足够的分辨率。

b) 在测量含有谐波分量的交流电压和电流时，应选用有效值的数字式仪表。

c) 在使用多功能数字仪表时，测量不同类别的量值和使用不同的量程时，有不同的准确度。一般测量直流电压和使用基本量程时，准确度最高。

二、继电器及装置的准确度及表示方法

在 IEC 标准中，反映继电器及装置的准确度有以下几个参数：误差、离散值和变差。

1. 误差

按照计量学的定义，误差即是测量值与真值之差。在《继电器及装置基本试验方法》中，将误差规定为继电器及装置的测量值与整定值之差。表示误差的几种方式有：

(1) 绝对误差，即某特性量（如电流、电压、频率、相位角、时间等）的实际测量值与整定值的代数差，表示为

$$绝对误差＝测量值－整定值$$

(2) 相对误差，即绝对误差与整定值之比，表示为

$$相对误差(\%)＝\frac{测量值－整定值}{整定值}\times100\%$$

(3) 平均误差，即在相同规定的条件下，同一台产品所进行规定次数的测量中，每次测量所得到的误差值（绝对误差、相对误差）的代数和的平均值。

平均误差也就是在规定测量次数测量值的平均值与整定值之差，它可以用绝对值的形式也可以用相对值的形式来表达。

一般产品测量次数为 10 次，静态产品测量次数为 5 次。

2. 离散值

离散值就是在相同规定的条件下，同一台产品在规定的测量次数中，测量的与平均值相

差最大的数值与平均值之差的百分数，表示为

$$离散值（\%）=\frac{与平均值相差最大的数值-平均值}{平均值}\times100\%$$

一般产品测量次数为 10 次，静态产品测量次数为 5 次。

3. 变差

变差可用下式表示

$$变差（\%）=\frac{5\ 次试验中的最大值-5\ 次试验中的最小值}{5\ 次试验中的平均值}\times100\%$$

三、继电保护及自动化装置动作特性测试方法

动作特性和时间特性是继电保护及自动化装置的最重要基本性能。动作特性对于有或无继电器，主要是检验产品的动作值、返回值、保持值等；对于量度继电器及装置，主要是检验产品动作值的整定范围、整定值的准确度及返回系数等。时间特性对于有或无继电器，主要是检验产品的动作时间、返回时间等；对于量度继电器及装置，除了检验产品的动作时间、返回时间外，有的产品还应检验定时限特性和反时限特性等。

1. 基本试验分类

继电器动作值、返回值的基本试验方法有稳态试验、动态试验和动态超越试验 3 种。

（1）稳态试验。稳态试验是指缓慢改变继电器输入激励量，或改变的阶梯很小不至于引起暂态过程，以测得保护的运行特性和继电器的动作参数的试验。稳态试验习惯上又称为静态试验，所测得的特性称为继电器的稳态特性或静特性。

（2）动态试验。动态试验是指突然改变继电器的输入激励量，来测定继电器动作参数的试验。动态试验又称突然施加激励法，所测得的特性称为继电器的动态特性。

（3）动态超越试验。动态超越试验是指使继电器激励量中具有最大非周期分量，以测定继电器动态动作值的试验。所测得的动态动作值与稳态动作值之差的相对百分值，称为动作值的动态超越，习惯上又称暂态超越，记为

$$D=\frac{A_{\text{op. d}}-A_{\text{op. s}}}{A_{\text{op. s}}}\times100\% \tag{1-1}$$

式中　　D——动作值的动态超越；

$A_{\text{op. d}}$——继电器的动态动作值；

$A_{\text{op. s}}$——继电器的稳态动作值。

动态超越是继电器动态特性的一项重要指标，它愈小愈好，一般要求不大于 5%。

2. 试验方法的选择原则

试验方法选择的原则是，应尽可能保证试验与实际情况相符合。因此，对于不同性质的继电器，试验方法是不一样的。

（1）有或无继电器。有或无继电器是指中间继电器、信号继电器、时间继电器和出口继电器等具有单一逻辑功能的继电器。在实际运行中，它们都由前一级继电器的触点控制，突然接通或断开继电器线圈回路。继电器线圈具有一定的电感，突然接通或断开电源时，在继电器线圈回路中会出现过渡过程（继电器中电流不能突变）。为保证试验与实际工作情况相符合，测试有或无继电器动作值、返回值等特性量及时间量时，应采用对其线圈突然施加激励量的动态试验法，试验程序如图 1-1 所示。测试前先调整输入量，使其等于规定的动作值，然后突然施加于继电器线圈，再升至额定值，最后由额定值突然降到规定的返回值。

（2）量度继电器。量度继电器是指电流继电器、电压继电器、阻抗继电器等测量元件，输入的都是交流量。系统短路时，交流测量元件输入的激励量中除了有基波分量外，还有暂态分量，且具有一定的突变性。为保证试验与实际情况相符合，按理应采用动态试验，但实际上不合适。因为交流电路的回路总电流由接通瞬间的合闸初相角决定，其最大值在（0～2）I_m 之间，在不同初相角时接通试验回路会呈现出不同的动作值，测量结果明显离散，无法用一个确定的值来衡量继电器的动作特性。故量度继电器一般只做稳态试验，测量稳态动作值。对快速保护来说，稳态试验与量度继电器的实际工作情况差异较大，可增加动态超越试验。

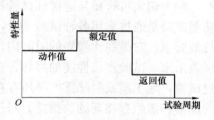

图 1-1　有或无继电器动作、
返回值试验程序

过量继电器稳态试验按图 1-2 所示程序进行，用于激励的特性量从零开始逐渐增大到动作值，然后逐渐减小至返回值，再由返回值下降到零，重复 n 次。欠量继电器稳态试验按图 1-3 所示程序进行，先使继电器线圈所施加的特性量从零开始增大到额定值（欠量继电器处于初始状态），此阶段不测量继电器特性量的准确度，然后从额定值开始下降到动作值（欠量继电器处于终止状态—释放状态），再逐渐增大到返回值，继而由返回值增大到额定值，重复 n 次。

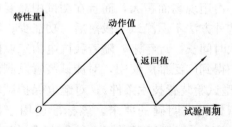

图 1-2　过量继电器动作、返回值试验程序

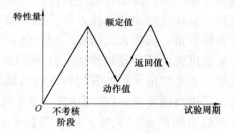

图 1-3　欠量继电器动作、返回值试验程序

四、继电保护自动装置整组功能试验

尽管动态试验、稳态试验和动态超越试验能测得继电器的一些重要特性，但却不能全面检查继电保护的动作行为。因为上述试验往往只对单个继电器施加缓慢变化的激励量或按简单规律变化的暂态激励量，而不能提供电力系统故障时施加于保护装置的变化复杂的激励量。这对于检验简单的慢速保护装置的性能来说，可能是足够的，而对于超高压电网的快速保护装置来说，真正需要检验的是故障初瞬间暂态过程中的动作性能，上述试验是不充分的。此外，上述试验不能同时对整套保护的所有继电器进行试验，更不能用于区内外故障、振荡、故障转换、线路充电、重合闸时对继电保护的综合考核。

为确保快速继电保护装置可靠工作并及时发现其存在的缺陷，还必须对其进行更符合实际的严格试验。可在实际电力系统上进行人工短路试验，然而人工短路试验在很多情况下是不允许的，若要进行，则必须做大量准备工作，采取多种保安措施，费时、费钱、费工，还要冒导致电网事故的风险，且只能做少数几个试验，故障种类也受到限制，不可能对保护装置进行全面的考核。

较为切实可行而又能保证试验符合实际情况的方法是进行模拟整组功能试验，装置整组功能试验是通过采用各种试验手段，模拟电力系统的运行情况，试验产品的性能能否满足运行的要求。它是在比较短的时间内，将电力系统运行中可能出现的问题运用模拟试验的方法反映出来，试验产品性能的好坏，正确评估被试产品能否适应电力系统运行的实际要求。通过试验，除了能及时暴露产品所存在的问题外，还能协助产品的研发人员分析产品质量问题的原因和消除存在问题的措施。对于正在电力系统运行中的产品，当在某些特殊的情况下，产品发生不正确的动作时，可以根据电力系统的故障现场及有关故障录波图，采用模拟或仿真的试验方法，进行故障再现。通过故障再现，可以分析事故的原因。如果事故是由于产品性能引起的，能查明产品不正确动作的原因，寻求解决的措施。如果是电力系统运行所造成的，可以从电力系统的运行方式上去查找原因。这是一项最具有实际意义和价值的工作，通过这些试验可以积累经验，提高产品的质量水平和电力系统的运行水平，防止类似事故的重演，从而保证电力系统的安全可靠运行。

五、微机型继电保护测试仪

随着继电保护的发展，继电保护测试装置（也称试验装置）及测试技术也在不断发展进步。最早的继电保护测试手段是采用由调压器、升流器、移相器、滑线电阻等传统的试验设备及电气仪表构成的"地摊"式接线，20 世纪 70～80 年代我国出现了各种模拟设备、仪表连接而成模拟式测试台，以测试各种继电保护和自动装置。同时，还需要较精密的电压表、电流表、相位表、频率计和毫秒计等仪器对试验中要读取的物理量进行测量才能完成整个测试过程。采用这种测试手段，不仅设备搬运困难、占用现场面积大，而且在测试中需要反复调节各种参量，依靠人工读取、记录试验数据。这种方法不但测试手段落后、功能少、不能进行复杂试验，还容易接错线，劳动强度大、测试时间长。近年来，随着我国电力工业的迅速发展，新型继电保护装置特别是微机型继电保护得到广泛推广使用，对测试装置及测试技术提出了更高的要求。DL/T 624《继电保护微机型试验装置技术条件》，对继电保护试验装置（即继电保护测试装置）的各项技术性能和指标提出明确的要求，该标准适用于检验220kV 及以上电压等级的线路保护、元件保护以及容量在 200MW 及以上的发电机—变压器组保护和安全自动装置的试验装置。该标准对试验装置使用条件、技术要求（包括整机性能特性、电气、机械性能试验及试验后技术要求、试验装置接口、试验装置的交流电流源、试验装置的交流电压源、交流电流源与交流电压源的同步性、直流输出、交流电流源与交流电压源的相位控制、时间测量、测试功能等）、检验规则、标志与数据等方面都给出了明确的规定。目前，国内外所生产的微机型继电保护测试仪都要通过国家相关部门的检测，才能投入市场。

1. 微机型继电保护测试仪的结构原理

目前，国内使用的微机型继电保护试验仪的种类繁多，但大多数的试验仪是由主机、计算机及辅助设备组成。其中主机部分将标准的电流、电压信号通过电流放大器及电压放大器进行放大，增大电流、电压信号的输出功率及最大输出电流、电压幅值以满足继电保护及自动化装置对试验电源的需求。同时根据各种产品性能试验程序的要求，通过计算机的软件进行编程，完成对某种产品的某项性能试验。试验仪的试验方式分手动和自动试验两种。对于手动试验，有的试验仪是通过主机上的手动控制开关，使变量（如电流、电压、相位、频率等）按设置的步长进行增减，完成对产品性能的试验；有的试验仪是通过计算机上的鼠标和键盘来完成变量的递增或递减。自动试验方式是通过计算机的软件，将试验项目在全部试验过程中所有参数变化的要求进行编程，自动完成产品的试验。

继电保护测试仪经过十几年的发展，经历了四代的历程：

（1）第一代测试仪。其特征是以单片机作为智能控制器。单片机的计算速度较慢，它能产生每周波 30～60 点的正弦函数，是最初的智能型测试仪。第一代测试仪的输出量幅值、频率、相位的精度较差，能进行简单的测试项目，适用于继电器的测试。

（2）第二代测试仪。其特征是以 PC 机作为智能控制器。它利用 PC 机的强大功能，以 DOS 作为操作界面，较第一代测试仪有很大进步。PC 机实时计算达到每周波 100～200 点，精度能达到 0.5 级，具有比较复杂的测试功能。由于受 DOS 操作系统的限制，界面操作及报告不够灵活。

（3）第三代测试仪。随着保护测试要求的提高及 Windows 操作系统的广泛使用，以 Windows 软件为界面，PC 机与主机串口通信的第三代继电保护测试仪进入市场。第三代测试仪与第二代测试仪相比有较好的软件界面，能方便地使用 Windows 资源，如 Word、Excel 编辑报告等，可扩展电压、电流插件以完成较多复杂的试验。其他性能与第二代测试仪相当，但也有许多型号的测试仪不能实现连续变频。

第四代测试仪。第四代继电保护测试系统集以下功能为一体：①高性能三相电压、电流发生器；②多通道电压、电流示波器；③多相电流、电压表计；④多通道电压、电流、开关量录波器；⑤内置式多相电压、电流扩展；⑥与保护装置通信交换信息（如定值、动作情况等）；⑦继电器库；⑧继电保护测试辅助专家系统；⑨报告自动生成；⑩通过网络远程操作及技术支持。

完整的第四代微机型继电保护测试仪系统框图如图 1-4 所示。

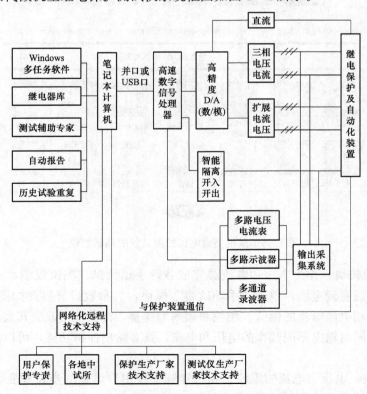

图 1-4 微机型继电保护测试仪系统框图

图1-5　微机型继电保护测
试仪主机面板示意图

图1-5为微机型继电保护测试仪主机面板示意图,包括3路输出电流,4路输出电压,A、B、C、D、E、F、G、H共8对开入量,用于连接保护装置动作的输出触点,以停止微机型继电保护测试仪电流、电压输出或停止计时;1、2、3、4共4对开出量空触点,作为本机输出模拟量的同时以启动其他装置。

2. 微机型继电保护测试仪的使用

(1)微机型继电保护测试仪的使用步骤。

1)按使用说明书在PC机(或笔记本电脑)上安装PW测试软件。

2)用数据通信电缆将PC机(或笔记本电脑)的串口与测试仪数据通信口相连接。

3)将PC机(或笔记本电脑)和测试仪的220V交流电源插头分别插入220V电源插座,并开启电源开关。

4)在将PC机(或笔记本电脑)显示器上双击"PW"图标出现测试模块菜单,如图1-6所示。

(2)PW系列微机型继电保护测试仪的测试模块如图1-6所示。

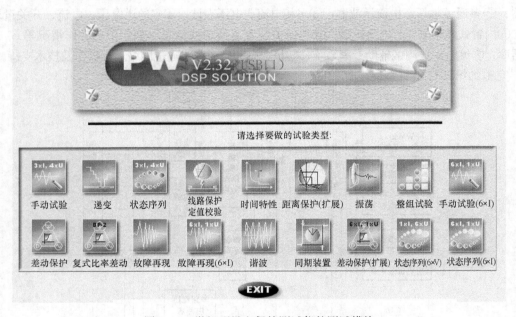

图1-6　微机型继电保护测试仪的测试模块

1)手动试验模块。作为电压和电流源完成各种手动测试,测试仪输出4路交流或直流电压和3路交流或直流电流;单击"手动试验"模块,其参数设置界面如图1-7所示,可以任意一相或多相电压电流的幅值、相位和频率为变量,在试验中改变其大小;各相的频率可以分别设置,同时输出不同频率的电压和电流,具有输出保持功能,可以测试保护的动作时间。

2)递变模块。电压、电流的幅值、相位和频率按用户设置的步长和变化时间递增或递减。自动测试保护的动作值、返回值、返回系数和动作时间。根据继电保护装置的测试规范

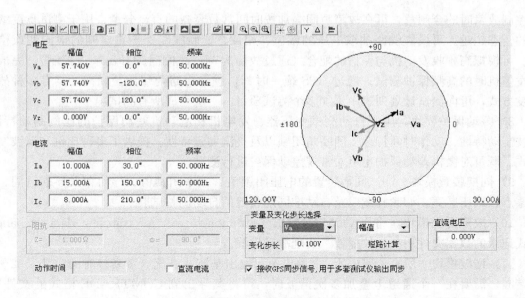

图 1-7 手动测试模块参数设置界面

和标准，集成了六大类保护的测试模板。所有测试项目采用测试计划表的方式被添加到列表中，一次可完成多个试验项目的测试。通过重复次数的设置可对同一项目进行多次试验。试验结束后，根据精度要求对试验结果进行自动评估。

3）状态系列模块。由用户定义多个试验状态，对保护继电器的动作时间、返回时间以及重合闸，特别是多次重合闸进行测试。各状态下电压、电流的幅值、相位和频率（直流-1000Hz）、触发条件分别设置。通过设置短路阻抗、短路电流等参数，可由计算机自动计算出短路电压、电流的幅值和相位。

4）时间特性模块。绘制 I、U、f 及 U/f 的动作时间特性曲线。应用于方向过流或过流继电器的单相接地短路、两相短路和三相短路时过流保护的动作时间特性，以及应用在发电机、电动机保护单元中的零序和负序过电流保护的动作时间特性。也应用在发电机保护中的低频保护以及过励磁保护的频率和 U/f 动作时间特性。

故障类型包含单相接地、两相和三相短路，以及零序和负序分量。当保护不带方向时，在电压输出端子上无电压输出；当保护选择带方向时，输出根据故障类型确定的故障电压。

5）线路保护定值校验模块。根据保护整定值，通过设置整定值的倍数向列表中添加多个测试项目（测试点），从而对线路保护（包括距离、零序、高频、负序、自动重合闸、阻抗/时间动作特性、阻抗动作边界、电流保护）进行定值校验。

线路保护装置的阻抗特性可从软件预定义的特性曲线库中直接选取调用，也可由用户通过专用的特性编辑器进行定义。

6）阻抗保护模块。通过设置阻抗扫描范围自动搜索阻抗保护的阻抗动作边界，绘制 $Z=f(I)$ 以及 $Z=f(U)$ 特性曲线。可扫描各种形状的阻抗特性，包括多边形、圆形、弧型及直线等动作边界。可设置序列扫描线也可添加特定的单条扫描线。通过添加特定阻抗角下的扫描线，找出某一具体角度下的阻抗动作边界。

7）整组试验模块。对高频、距离、零序保护装置以及重合闸进行整组试验或定值校验。

可控制故障时的合闸角，可在故障瞬间叠加按时间常数衰减的直流分量，用于测试量度继电器的暂态超越。可设置线路抽取电压的幅值、相位，校验线路保护重合闸的检同期或检无压。可模拟高频收发信机与保护的配合（通过故障时刻或跳闸时刻开出节点控制），完成无收发信机时的高频保护测试；通过 GPS 统一时刻，进行线路两端保护联调；具有多种故障触发方式；可向测试计划列表中添加多个测试项目，一次完成所有测试项。

8）差动保护模块。用于自动测试变压器、发电机和电动机差动保护的比例制动特性、谐波制动特性、动作时间特性、间断角闭锁以及直流助磁特性。提供了多种比例和谐波制动方式。既可对微机差动保护也可对常规差动保护进行测试。

9）同期装置模块。测试同期装置的电压闭锁值、频率闭锁值、导前角及导前时间、电气零点、调压脉宽、调频脉宽以及自动准同期装置的自动调整试验。

10）故障再现模块。将以 COMTRADE（common format for transient data exchange）格式记录的数据文件用测试仪播放，实现故障重演。

11）谐波模块。所有 4 路电压、3 路电流可输出基波、直流（带衰减时间常数）、2～20 次谐波。需要在一个通道上叠加多次谐波时，可将其导出到 COMTRADE 格式的文件中，然后通过故障回放的方式（选择一定的触发条件）播出。

（3）视窗功能。

1）测试窗。设置试验参数、定义保护特性、添加测试项目。测试窗口不能关闭。

2）矢量图。显示输出状态或设定值的矢量。电压矢量有三角形和星形两种表达方式。

3）波形监视。实时显示测试仪输出端口的波形，对输出波形进行监视。

4）历史状态。实时记录电压、电流值的变化曲线。

5）录波。从测试仪中读取其在试验中采样的电压、电流值及开关量的状态，实现对输出值的录波和试验分析。

6）试验结果列表。记录试验结果，并对需要保存在报告里的试验数据进行筛选和评估设置。

7）试验报告。打开试验报告。

8）功率窗。显示三相电压、电流、功率及功率因数，用于表计校验。

9）序分量。显示电压、电流的正序、负序和零序分量。

六、电磁式继电器的工作原理及测试案例

1. 电磁式继电器的工作原理

电磁式继电器主要有 3 种不同的结构，即螺管线圈式、吸引衔铁式和转动舌片式，如图 1-8 所示，其结构都是由电磁铁 1、可动衔铁 2、线圈 3、触点 4、反作用弹簧 5 和止挡 6 所组成。

若继电器的线圈 3 为电流线圈，当在线圈 3 中通入电流 I_K 时，就在铁芯中产生磁通 Φ，铁芯、空气隙和衔铁构成闭合磁路。衔铁被磁化后，产生电磁力 F 和电磁力矩 M，电磁力矩 M 与磁通 Φ 的二次方成正比。当缓慢增加 I_K 到足够大时，电磁力矩足以克服弹簧的反作用力矩，衔铁被吸向电磁铁，动合触点闭合，称为继电器动作，能使继电器动作的最小电流 I_{op} 称为继电器的动作电流。继电器的动作以后，缓慢减小 I_K 到继电器动合触点刚好打开时最大电流 I_{re}，称为继电器的返回电流，返回电流与动作电流之比称为继电器的电流返回系数。

若继电器的线圈 3 为电压线圈，在线圈 3 上施加电压 U_K，从而产生电流 I_K，当缓慢增加 U_K 到足够大时，电磁力矩足以克服弹簧的反作用力矩，衔铁被吸向电磁铁，动合触点闭

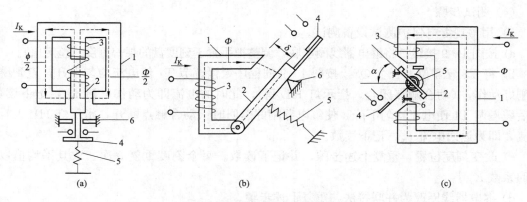

图 1-8　电磁式继电器结构原理图

（a）螺旋线圈式；（b）吸引衔铁式；（c）转动舌片式

合，能使继电器动作的最小电压 U_{act} 称为继电器的动作电压。

继电器的动作以后，缓慢减小 U_K 到继电器动合触点刚好打开时最大电压 U_{re}，称为继电器的返回电压，返回电压与动作电压之比称为继电器的电压返回系数。

2. 电磁式电流继电器特性测试案例

（1）测试项目。测试整定点动作值及返回值。

（2）测试方案。电磁式电流继电器属于度量，其特性测试应采用稳态测试方法，可选用常规继电保护测试设备和微机型继电保护测试设备进行测试。

（3）测试设备及接线图。用常规继电保护测试设备测试电磁式电流继电器特性的接线如图 1-9 所示。T1 为自耦调压器，1～2kVA/220V；T2 为升流器（又称行灯变压器），1～2kVA，220V/12、24、36V；TA 为仪用互感器，变比为 0.5、1、2、5、10、20、50/5；PA 为电流表，量程为 5A。

用微机型继电保护测试设备测试电磁式电流继电器特性测试接线如图 1-10 所示。

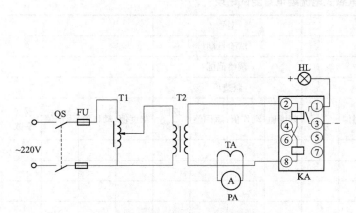

图 1-9　常规继电保护测试设备测试电磁式
电流继电器特性接线图

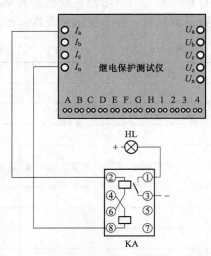

图 1-10　微机型继电保护测试设备
测试电磁式电流继电器特性接线图

（4）测试步骤。

1）用常规继电保护测试设备测试。

a）按图 1-9 接线，将继电器线圈串联，调整把手置于刻度盘的某一刻度（整定值）。

b）将 T1 置零位，合上 QS，按图 1-9 的程序缓慢调节 T1 使电流均匀上升，直到继电器刚好动作，（动合触点闭合，指示灯 HL 亮），此时的电流即为动作电流 I_{act}，记下读数；然后缓慢调 T1 使电流均匀下降，使继电器刚好返回时（动合触点断开，指示灯 HL 灭）的电流，即为返回电流 I_{re}，记下读数。

c）改变刻度位置，重复上述步骤，并记下读数。每个刻度重复 3 次，取其平均值以求返回系数 K_{re}。

d）继电器线圈改为并联接法，重复上述步骤。

e）要求：K_{re} 在 0.85～0.9 之间，误差不大于±3% 为合格。

2）用微机型继电保护测试设备测试。

a）测试接线。测试仪的 I_a 接电流继电器电流线圈的②，测试仪的 I_n 接电流继电器电流线圈的⑧端（串联方式），接点①、③接开入量 A。

b）参数设置。启动测试软件，进入主菜单，点击"手动试验"出现"测试窗"参数设置界面。设 I_a 输出初始值为小于整定点动作值。U_a、U_b、U_c、U_z、I_b、I_c 的取值均与此次试验无关，取为 0，变化步长选为 I_a 幅值，步长为 0.1×平均误差×整定点动作值。

c）操作测试仪，单击"开始试验"按钮，微机测试仪 I_a 输出初始值电流。单击增加"↑"按钮，逐步按所设变化步长增加 I_a，每步保持时间应大于继电器出口时间，直到继电器动作，记录其动作值；单击减小"↓"按钮，逐步按所设变化步长减小 I_a，每步保持时间应大于继电器动作返回时间，直到继电器返回，记录其返回值。单击"停止试验"按钮，结束试验。

电磁式电流继电器测试记录见表 1-5。记录测试结果的数据时，应注意以下事项：①对有铁质外壳的继电器，应将外壳罩好后录取测试数据作为正式试验数据；②继电器在整定位置下测试时，应重复试验 3 次，要求每次测量值与整定值间的误差均不超过规定范围。

表 1-5　　　　　　　　　　　　　电磁式电流继电器测试记录

安装地点					型号						
额定值					试验日期						
接法					调整范围						
出厂编号					制造厂						
刻度校验	刻度值	动作值	返回值	返回系数	刻度值	动作值	返回值	返回系数	刻度值	动作值	返回值	返回系数
规定值											
结论											

3. 电磁式中间继电器特性测试案例

（1）测试项目。动作电压及返回电压测定、动作时间测定。

（2）试验接线如图 1 - 11 所示。

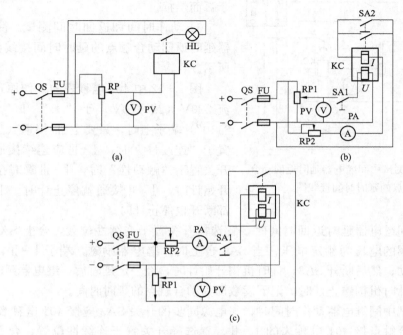

(a)　　　　(b)

(c)

图 1 - 11　中间继电器特性测试接线图

（a）启动电压与返回电压试验接线；（b）具有电流保持线圈的继电器试验接线；
（c）具有电压保持线圈的试验接线

（3）测试步骤。

1）按图 1 - 11 接线。

2）动作电压及返回电压测试。试验时调整可变电阻给继电器突然加入电压（电流），使衔铁完全被吸下的最低电压（电流）值，即为动作电压（电流）值；然后调整可变电阻，减小电压（电流）使继电器的衔铁返回到原始位置的最大电压（电流）值，即为返回电压（电流）值。中间继电器的动作电压不得大于额定电压的 70%，动作电流不得大于其额定电流。出口中间继电器的动作电压应为其额定电压的 50%～70%。中间继电器的返回电压（电流）不得小于其额定电压（电流）的 5%。

对于有保持线圈的继电器，应测量保持线圈的保持值。试验时，先闭合开关 SA1，在动作线圈加入额定电压（电流）使继电器动作后，调整保持线圈回路的电流（电压），测出断开开关 SA1 后，继电器能保持住的最小电流（电压），即为继电器最小保持电流（电压）值。

电压保持线圈的最小保持值不得大于额定值的 65%，但也不得过小，以免返回不可靠。电流保持线圈保持值不得大于额定值的 80%。继电器的动作、返回和保持值与其要求的数值相差较大时，可以调整弹簧的拉力或者调整衔铁限制钩改变衔铁与铁芯的气隙，线圈极性应与制造厂所标极性一致，使其达到要求。

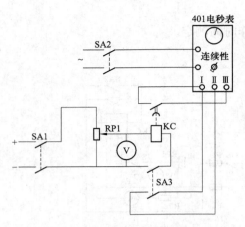

图 1-12　测试中间继电器延时返回动合
触点的延时时间接线图

注意：对于电流保持线圈的继电器，若自保持电流大于触点遮断电流，测试保持电流时，应加开关 SA2，当继电器动作后由人工合 SA2，以防触点断弧而烧损。

3）动作时间和返回时间测试。测试中间继电器延时返回动合触点的延时时间接线图如图 1-12 所示。

图 1-12 中 401 电秒表的工作原理是，当加交流 220V（或 110V）于 "＊" 和 "220"（或 "110"）端子上时，只要Ⅰ-Ⅲ接通（工作方式开关置于 "连续性" 时，Ⅰ-Ⅲ应连续接通；工作方式开关置于 "触动性" 时，Ⅰ-Ⅲ瞬时接通即可）便开始计时，Ⅰ-Ⅱ接通就停止计时。Ⅰ-Ⅱ与Ⅰ-Ⅲ都断开也停止计时。

测试中间继电器延时返回时间时，置选择开关置于连续性位置，合上 SA1，调节 RP1 使继电器线圈的电压为额定电压，当 SA3 合上时，继电器励磁，端子Ⅰ-Ⅱ、Ⅰ-Ⅲ接通，计时机构不动；然后断开 SA3，计时机构开始计时，经一定延时后，继电器延时返回的动合触点断开，计时机构停止计时，记下读数即为动合触点的延时时间。

用于测试中间继电器动作时间时，与电源同步的开关 SA3 应接 401 电秒表的Ⅰ-Ⅲ，中间继电器动合触点接 401 电秒表的Ⅰ-Ⅱ。置选择开关置于连续性位置，合上 SA1，调节 RP1 使继电器线圈的电压为额定电压，当 SA3 合上时，继电器励磁且Ⅰ-Ⅲ接通，便开始计时，当动合触点闭合 401 电秒表就停止计时。

电磁式中间继电器测试记录如表 1-6 所示。

表 1-6　　　　　　　　**电磁式中间继电器测试记录**

测试次数　　　　　测试项目	1	2	3	平均
动作值				
返回值				
保持值				

任务二　微机型继电保护装置通用测试

🔊【学习目标】

通过学习和实践，能够利用继电保护测试仪及继电保护测试技术等相关知识对微机型继电保护装置通用测试项目进行测试；能做测试数据记录、测试数据分析处理。

🔧【任务描述】

以小组为单位，做好工作前的准备，制订微机型继电保护装置通用测试项目的测试方案，绘制试验接线图完成装置的绝缘测试、逆变电源测试、数据采集系统的精度、平衡度测试和开关量输入和输出回路测试，并填写试验报告，整理归档。

🎤【任务准备】

1. 任务分工

工作负责人：_____ 调试人：_____

仪器操作人：_____ 记录人：_____

2. 试验用工器具及相关材料（见表1-7）

表1-7 试验用工器具及相关材料

类别	序号	名 称	型号	数量	确认（√）
仪器仪表	1	继电保护试验仪		1套	
	2	数字式万用表	四位半	1块	
	3	绝缘电阻表	2000/1000/500V	各1块	
	4	钳形相位表		1块	
	5	组合工具		1块	
消耗材料	1	绝缘胶布		1卷	
	2	打印纸等		1包	
图纸资料		继电保护装置说明书、调试大纲、记录本		1套	

〰️【任务实施】

测试任务见表1-8。

表1-8 微机型继电保护装置通用测试

一、制订测试方案	二、按照测试方案进行试验
1. 熟悉微机保护装置说明书	1. 测试接线（接线完成后需指导教师检查）
2. 学习本任务相关知识，本小组成员制订出各自的测试方案（包括测试步骤、试验接线图及注意事项等）	2. 在本小组工作负责人主持下按分工进行本项目测试并做好记录，交换分工角色，轮流本项目测试并记录（在测试过程中，小组成员应发扬吃苦耐劳、顾全大局和团队协作精神，遵守职业道德）
3. 在本小组工作负责人主持下进行测试方案交流，评选出本任务执行的测试方案	3. 在本小组工作负责人主持下，分析测试结果的正确性，对本任务测试工作进行交流总结，各自完成试验报告的填写
4. 将评选出本任务执行的测试方案报请指导老师审批	4. 指导老师及学生代表点评及小答辩，评出完成本测试任务的本小组成员的成绩

本学习任务思考题

1. 微机型继电保护装置的检验测试项目有哪些？应注意什么问题？
2. 如何进行二次回路绝缘试验？
3. 如何测试微机保护电流回路电流平衡度？
4. 如何测试微机保护电压回路电压平衡度？
5. 如何测试微机保护电流通道和电压通道线性度？
6. 如何测试模拟量输入的相位特性？
7. 如何测试微机保护开入/开出电路？

🕮【相关知识】

一、微机型继电保护装置的检验测试项目及注意事项

微机型继电保护装置的检验类型分为新安装检验、全部检验和部分检验，新安装的保护装置1年内进行1次全部检验，以后每6年进行1次全部检验，每1～2年进行1次部分检验。不同的检验类型，检验项目的多少不同，主要检验测试项目有：外观及接线检查、硬件系统核查、绝缘电阻及介质强度检测、逆变电源的检验、通电初步检验、保护动作特性测试、定值及动作逻辑测试、开关量输入回路检验、功耗测量、模/数变换系统检验、开出量（输出触点和信号）检查、检验逆变电源带满负荷时的输出电压及纹波电压、整组试验、传动断路器试验、带通道联调试验（线路保护）、带负荷试验。

在微机继电保护装置的检验中，为防止损坏芯片，应注意如下问题：

（1）微机继电保护屏（柜）应有良好可靠的接地，接地电阻应符合设计规定。使用交流电源的电子仪器（如示波器、频率计等）测量电路参数时，电子仪器测量端子与电源侧应绝缘良好，仪器外壳应与保护屏（柜）在同一点接地。

（2）检验中不宜用电烙铁，如必须用电烙铁，应使用专用电烙铁，并将电烙铁与保护屏（柜）在同一点接地。

（3）用手接触芯片的管脚时，应有防止人身静电损坏集成电路芯片的措施。

（4）只有断开直流电源后才允许插、拔插件。

（5）拔芯片应用专用起拔器，插入芯片应注意芯片插入方向，插入芯片后应经第二人检验确认无误后，方可通电检验或使用。

（6）测量绝缘电阻时，应拔出装有集成电路芯片的插件（光耦及电源插件除外）。

二、微机保护装置通用测试项目测试方法及测试案例

1. 二次回路绝缘试验

（1）一般说明与注意事项。

1）试验时应特别注意人身和设备安全，按《电业安全工作规程》做好措施。

2）试验前应仔细阅读原理图、安装图，查明被试回路诸元件的状态、位置，它们的绝缘状况和额定电压，决定需要退出、短接和断开部分。特别注意被试回路要与运行设备、回路断开。

3）被试回路中被接点、操作键、切换开关等断开的部分，应改变它们的位置并连接起来。但应注意所有因试验而临时断开、退出、连接和被改变位置的部件及地点，必须逐项登记，试验结束后，必须逐项恢复。

4）电压回路试验，应在电压互感器二次线圈断开情况下进行。在被试回路中，凡是具有电流、电压线圈的继电器和仪表，应将电流线圈从电流回路断开，并与电压线圈连通，而且回路中一切高阻值电阻、线圈均加以短接。

5）电流回路试验，应连同电流互感器二次线圈，并在全部接线接好的情况下进行。在被试回路中，凡是具有电流、电压线圈的继电器和仪表，均需将电压线圈从电压回路断开，并与电流回路连接。

6）被试回路中的电容器、半导体、整流器均应短接。氖气灯、稳压管应取下后方可试验。

7）新安装时应做所有电缆芯间的绝缘试验。对瓦斯保护回路在定期检验时，也应做电缆芯间的绝缘试验。

(2) 绝缘电阻的测定。

1) 绝缘检查前准备工作。用绝缘电阻表进行绝缘检查时,先将交流电流回路、交流电压回路、跳合闸回路、信号回路、直流电源回路、装置光耦输入回路等端子分别短接,拆除交流回路和装置本身的接地。除此之外,微机保护屏应要求有良好可靠的接地,接地电阻应符合设计要求,所有测量仪器外壳应与保护屏在同一点接地。

2) 对地绝缘电阻要求。对保护屏内部微机保护装置用 1000V 绝缘电阻表分别对交流电流及电压回路、跳合闸回路、信号回路之间及所有回路对地之间进行单装置绝缘电阻测试,要求大于 10MΩ(直流电源回路、装置光耦输入回路要求用 500V 绝缘电阻表测试)。用 1000V 绝缘电阻表对交流电流回路、直流电压回路、信号回路、出口引出触点全部短接后对地进行绝缘电阻测试,要求应大于 1MΩ。表 1 - 9 为某保护装置用 1000V 绝缘电阻表分组回路绝缘电阻检测记录表,表 1 - 10 为整个回路的绝缘电阻检测记录表。

表 1 - 9 　　　　　　　　　　　　分组回路绝缘电阻检测记录

试验回路	标准绝缘值(MΩ)	实测绝缘值(MΩ)	结论
交流—地	>10	68	合格
直流—地	>10	72	合格
交流—直流	>10	67	合格
整体二次回路—地	>1	68	合格
直流正—出口跳闸	>10	69	合格

表 1 - 10 　　　　　　　　　　　　整个回路的绝缘电阻检测记录

整个回路绝缘电阻 (用 1000V 绝缘电阻表)	标准	实测值(MΩ)
	>1.0MΩ	31

结论:合格

(3) 交流耐压试验。交流耐压试验,须在二次回路绝缘电阻合格后进行。上述检验合格后,将上述回路短接后施加工频电压 1000V,做历时 1min 的耐压试验。试验过程应注意无击穿或闪络现象。试验结束后,复测整个二次回路绝缘电阻应无显著变化。当现场耐压试验设备有困难时,可以用 2500V 绝缘电阻表测试绝缘电阻的方法替代。需要注意的是,用绝缘电阻表进行绝缘电阻测定,一般不能代替耐压试验。绝缘电阻表的端电压应随其所测的负荷阻抗大小而异。故仅当绝缘电阻在 10 MΩ 以上,或者无耐压设备时,允许用 2500V 绝缘电阻表加压的办法代替耐压试验。对地工频电压为 1000V,历时 1min,或用 2500V 绝缘电阻表测量时,介质强度检查记录见表 1 - 11。

表 1 - 11 　　　　　　　　　　　　介 质 强 度 检 查 记 录

整个回路绝缘电阻 (用 1000V 绝缘电阻表)		整个回路介质强度试验结果
试验前	试验后	合格
38MΩ	38MΩ	

2. 零漂检查

先将微机保护装置交流电流回路短路，交流电压回路开路，操作微机保护装置人机对话系统，进入"刻度"或"采样值"子菜单后，不输入交流量，查看每一路模拟量的显示值。要求在几分钟内零漂值均稳定，并且不大于 $0.01I_N$（或 $0.05V$）。否则，就会影响到保护对外加量的正确反应。电压回路零漂测试记见表 1-12，电流回路零漂测试记录见表 1-13。

表 1-12　　　　　　　　　　　　　　　电压回路零漂测试记录

零漂	CPU1				CPU2		
	U_A	U_B	U_C	U_X	U_A	U_B	U_C
U（V）	0.02	0.01	0.02	0.01	0.03	0.02	0.01

结论：合格

表 1-13　　　　　　　　　　　　　　　电流回路零漂测试记录

零漂	CPU1				CPU2		
	I_a	I_b	I_c	I_0	I_a	I_b	I_c	I_0
I（A）	0.01	0.03	0.02	0.02	0.01	0.01	0.02	0.01

结论：合格

3. 幅值特性测试

（1）测试各电流和电压回路的平衡度和极性。保护装置的电流、电压平衡度和极性检验接线如图 1-13 所示，将各电流端子顺极性串接，在 n1、n8 两端加 5A 电流，将各电压端子同极性并联，加 50V 电压。查看采样值报告（如果有的话），检查所接入的模拟量的相位大小是否一致；若各电流通道采样值由正到负过零时刻相同，各电压通道采样值过零时刻相同，即说明各交流量的极性正确。再查看相应的电量有效值，要求外部表计值与显示（或打印）出来的有效值相差小于 2%。

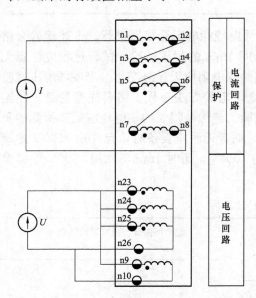

图 1-13　电流、电压平衡度和极性检验接线

需要注意的是，零序电流通道的量程范围和线路电压通道内部比例系数（或电压变换器抽头）的设置。

（2）测试各电流和电压通道线性度。所谓线性度是指改变试验电压或电流时，采样获得的测量值应按比例变化，并且满足误差要求。该试验主要用于检验保护交流电压、电流回路对高、中、低值测量的误差是否满足要求，特别是在低值端的误差。

接线仍可与图 1-13 相同，按检验规程要求，调整电压分别为 70、60、30、5、1V，电流分别为 10 倍、5 倍（上述两电流通电时间不许超过 10s）、1 倍、0.2 倍、0.1 倍额定电流，查看各个通道相应的电流和电压的有效值。要求 1V 及 0.2 倍、0.1 倍额定电流时，外部表计与打印值误差不大于10%，其他的误差应不大于5%。也要注意零序电流通道的量程，若与其他通道的量程不同时，应分别做试验。

电压回路的幅值特性测试记录见表1-14，电流回路的幅值特性测试记录见表1-15。

表1-14　　　　　　　电压回路的幅值特性测试记录　　　　　　　　（V）

输入电压（V）		1	5	30	60	70
CPU1	U_A	1.02	5.08	30.8	61.3	71.6
	U_B	1.01	5.09	31.1	61.6	71.8
	U_C	1.01	5.10	31.0	61.4	71.7
	U_X	1.02	5.08	31.0	61.4	71.6
CPU2	U_A	1.01	5.10	31.2	60.9	71.4
	U_B	1.02	5.12	31.1	60.7	71.2
	U_C	1.01	5.11	31.1	60.6	71.4

结论：合格

表1-15　　　　　　　电流回路的幅值特性测试记录　　　　　　　　（A）

输入电流（A）		$0.1I_N$	$0.2I_N$	I_N	$5I_N$	$10I_N$
CPU1	I_a	0.51	1.02	5.1	25.5	51.2
	I_b	0.51	1.01	5.2	25.4	51.4
	I_c	0.51	1.01	5.6	25.6	51.6
	I_0	0.50	1.02	5.2	25.4	51.6
CPU2	I_a	0.51	1.01	5.1	25.7	51.4
	I_b	0.51	1.01	5.2	25.4	51.6
	I_c	0.50	1.01	5.1	25.4	51.8
	I_0	0.51	1.02	5.1	25.5	51.6

结论：合格

4. 测试模拟量输入的相位特性

试验接线改为按相加入电流与电压的额定值，当同相别电流与电压的相位分别为0°、30°、45°、60°、90°时，保护装置显示的值与外部表计测量值的误差应不大于2°，检查电流、电压相序应正确。拟量输入的相位特性测试记录见表1-16。

表1-16　　　　　　　拟量输入的相位特性测试记录　　　　　　　　（°）

CPU标准值		$U_A\char`^I_A$	$U_B\char`^I_B$	$U_C\char`^I_C$	$U_A\char`^U_B$	$U_B\char`^U_C$	$U_C\char`^U_A$	$U_X\char`^U_A$	$I_a\char`^I_{ar}$	$I_b\char`^I_{br}$	$I_c\char`^I_{cr}$
CPU1	0°	0.1	0.2	0.4	120.6	121	121.1	—	—	—	—
	30°	30.2	30.4	30.6	120.5	121	121.2	—	—	—	—
	60°	60.2	60.4	60.6	120.6	121	121.1	—	—	—	—
CPU2	0°	1.0	0.8	0.7	120.4	120.7	121.4	—	—	—	—
	30°	31.0	30.6	30.9	120.4	120.8	121.2	—	—	—	—
	60°	60.9	60.5	60.8	120.3	120.7	121.2	—	—	—	—

结论：合格

5. 开关量输入/输出回路测试

（1）开入量测试。进入微机保护"保护调试状态"→"开入显示"菜单，通过操作保护投退压板（连接片）、切换开关或用短接线将输入公共端与开关量输入端子短接，查看各个开入量状态，装置能正确显示当前状态，同时有详细的变位报告。

（2）开出量测试。进入微机保护"保护调试状态"菜单，依次选择开出继电器并执行驱动，或模拟各种故障使各个输出触点动作，在相应的端子排能测试到输出触点正确动作。

学习项目二

电流互感器测试

【学习项目描述】

通过该项目的学习，能对电磁式电流互感器的极性、变比和 10％误差曲线进行测试。

【学习目标】

通过学习和实践，能够利用继电保护测试仪及电磁式电流互感器的原理等相关知识，对电磁式电流互感器的极性、变比和 10％误差曲线进行测试。能做测试数据记录、测试数据分析处理。

【学习环境】

继电保护测试实训室应配置电磁式电流互感器 15 套、继电保护测试仪 10 套、小号平口 2～5mm 一字螺丝刀 50 个、投影仪 1 台、计算机 1 台。

注：每班学生按 40～50 人计算，学生按 4～5 人一组。学生可以交叉互换完成学习任务。

任务一 电磁式电流互感器测试

【学习目标】

通过学习和实践，能够利用继电保护测试仪及电磁式电流互感器的原理等相关知识，对电磁式电流互感器的极性、变比和 10％误差曲线进行测试。能做测试数据记录、测试数据分析处理。

【任务描述】

以小组为单位，做好工作前的准备，制订电磁式电流互感器的测试方案，绘制试验接线图，完成电磁式电流互感器的特性测试，并填写试验报告，整理归档。

【任务准备】

1. 任务分工

工作负责人：_____   调试人：_____

仪器操作人：_____   记录人：_____

2. 试验用工器具及相关材料（见表 2-1）

表 2-1　　　　　　　　　　　　　　　试验用工器具及相关材料

类别	序号	名　称	型号	数量	确认（√）
仪器仪表	1	继电保护试验仪		1套	
	2	万用表		1块	
	3	甲电池		1对	
消耗材料	1	绝缘胶布		1卷	
	2	打印纸等		1包	
图纸资料		电流互感器说明书、调试大纲、记录本		1套	

【任务实施】

测试任务见表 2-2。

表 2-2　　　　　　　　　　　　　　　电磁式电流互感器测试

一、制订测试方案	二、按照测试方案进行试验
1. 熟悉电流互感器说明书	1. 测试接线（接线完成后需指导教师检查）
2. 学习本任务相关知识，本小组成员制订出各自的测试方案（包括测试步骤、试验接线图及注意事项等，应尽量采用手动测试）	2. 在本小组工作负责人主持下按分工进行本项目测试并做好记录，交换分工角色，轮流本项目测试并记录（在测试过程中，小组成员应发扬吃苦耐劳、顾全大局和团队协作精神，遵守职业道德）
3. 在本小组工作负责人主持下进行测试方案交流，评选出本任务执行的测试方案	3. 在本小组工作负责人主持下，分析测试结果的正确性，对本任务测试工作进行交流总结，各自完成试验报告的填写
4. 将评选出本任务执行的测试方案报请指导老师审批	4. 指导老师及学生代表点评及小答辩，评出完成本测试任务的本小组成员的成绩

本学习任务思考题
1. 电流互感器极性是如何定义的？
2. 电流互感器极性是如何定义标注的？
3. 如何测试电流互感器的极性？
4. 如何用电流法和电压法测试电流互感器变比？
5. 电流互感器误差与哪些因素有关？
6. 如何测试电流互感器 10% 误差曲线？
7. 用表 2-5 最后两行数据，将一次短路电流倍数 m 作纵坐标，二次允许负载阻抗作横坐标，画出电流互感器的 10% 误差曲线。

【相关知识】

一、电流互感器基本知识

1. 电流互感器的作用

在电气测量和继电保护回路中，电流互感器的作用是：将供给测量和继电保护用的二次电流回路与一次电流的高压系统隔离和按电流互感器的变比将系统的一次电流缩小为一定的二次电流，电流互感器二次侧的额定电流统一规定为 5A 或 1A。电流互感器原理接线如图 2-1 所示，$\dot{I}_1$ 为一次电流，W_1 为一次绕组匝数，$\dot{I}_2$ 为二次电流，W_2 为二次绕组匝数。

2. 电流互感器的极性和相量图

电流互感器一次和二次绕组间的极性定义为：当一、二次绕组中同时由同极性端子通入电流时，它们在铁芯中所产生磁通的方向应相同。如在图 2-1 所示的接线中，L1 和 K1 为同极性端子（L2 和 K2 也为同极性端子）。标注电流互感器极性的方法是用不同符号和相同注脚表示同极性端子，当只需标出相对极性关系时，也可在同极性端子上注以星号"∗"。由楞次定律可知，当系统一次电流从极性端子 L1 流入时，在二次绕组中感应出的电流应从极性端子 K1 流出。

电流互感器一、二次电流的相量图如图 2-2 所示，一般是在忽略励磁电流，并将一次电流换算至二次侧以后绘制的。由于一、二次电流的正方向可以任意选取，所以相量图有两种绘制方法。在继电保护中通常选取一次绕组中的电流从 L1 流向 L2 为正，而二次绕组中的电流从 K2 流向 K1 为正，$\dot{I}_1$ 与 $\dot{I}_2$ 同相位，这时铁芯中的合成磁动势应为一次绕组和二次绕组磁动势的相量之差，即

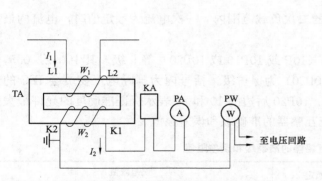

图 2-1　电流互感器原理接线图

TA—电流互感器；KA—电流继电器；

PA—电流表；PW—有功功率表

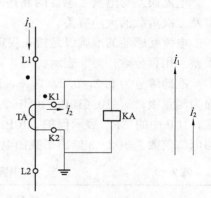

图 2-2　电流互感器的相量图

$$\dot{I}_1 W_1 - \dot{I}_2 W_2 = 0 \tag{2-1}$$

所以

$$\dot{I}_2 = \frac{\dot{I}_1}{n_{TA}} \tag{2-2}$$

$$n_{TA} = \frac{W_2}{W_1}$$

式中　n_{TA}——一、二次额定相电流之比，称为电流互感器的变比。

3. 电流互感器的误差及校验

为分析方便，电流互感器及连接到二次侧的负载 Z_2，可用如图 2-3 所示的等效电路和相量图来表示。当所有参数都换算到二次侧后相量图作法如下：以 $\dot{I}_2$ 为参考相量，作励磁阻抗 Z'_f 上电压 $\dot{U}'_f$ 超前于 $\dot{I}_2$ 二次侧总阻抗 $Z_{II} + Z_2$ 的阻抗角 φ_2，励磁电流 $\dot{I}'_f$ 滞后电压 $\dot{U}'_f$ 一个角度 ψ，ψ 为励磁阻抗 Z'_f 的阻抗角，作 $\dot{I}_2$ 加 $\dot{I}'_f$ 得到 $\dot{I}'_1$。

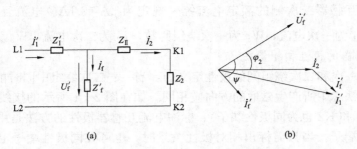

图 2-3　电流互感器等效电路及相量图
(a) 等效电路；(b) 相量图

从相量图可以看出，由于励磁电流 $\dot{I}'_f$ 的存在，$\dot{I}_2$ 和 $\dot{I}'_1$ 不仅大小不等，而且相位也不相同，这就造成了电流互感器的误差。电流误差（也称变比误差）表示为

$$f_{er} = \frac{I_2 - I'_1}{I'_1} \times 100\% = \frac{n_{TA} I_2 - I_1}{I_1} \times 100\% \qquad (2-3)$$

电流误差与电流互感器的制造工艺、铁芯结构与质量、一次电流倍数 m（$m = I_1 / I_{1N}$）以及二次负载的大小有关。

电流互感器的准确级是指在规定的二次负载范围内，一次电流为额定值时，电流的最大误差，用百分数"％"表示。

准确级分为 0.2，0.5，1，3，10（10P 或 10P10 或 10P20）等 5 级。其中 0.2，0.5，1 级为测量级；3，10（10P、10P10、10P20）为保护级，括号内为国际电工委员会 IEC 的规定，10P 中的"P"表示保护，10P10、10P20 后边的 10 和 20 表示保证准确度的允许最大短路电流倍数。表 2-3 给出了我国电流互感器的准确级和误差限值。

表 2-3　　　　　　　　　　电流互感器的准确级和误差限值

准确级	一次电流占额定电流的百分比（％）	误差限值	
		电流误差（±％）	角误差（′）
0.2	10	±0.5	±20
	20	±0.35	±15
	100～120	±0.2	±10
0.5	10	±1.0	±60
	20	±0.75	±150
	100～120	±0.5	±40
1	10	±2.0	±120
	20	±1.5	±100
	100～120	±1.0	±80
3	50～120	±3.0	无规定
10	50～120	±10.0	无规定

从使用角度来讲，一次电流倍数及二次负载的大小是影响误差的主要因素。继电保护用的电流互感器电流误差一般要求不超过 10％，在 $f_{er} = 10\%$ 条件下，一次电流倍数 m 与二次

允许负载阻抗 Z_{2en} 的关系曲线称为电流互感器的
10%误差曲线，电流互感器生产厂家制作的
10%误差曲线如图 2-4 所示。从图中可见，
2000/5 的电流互感器在一次电流倍数 $m=10$
时，二次允许负载阻抗 $Z_{2en}=7\Omega$。这就是说，
当该电流互感器在实际一次电流倍数 $m<10$ 或
者实际二次负载阻抗 $Z_2<7\Omega$ 时，该电流互感器
误差 $f_{er}<10\%$。

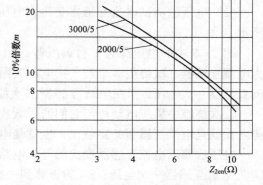

图 2-4　LMZJ1-10 型电流互感器 10%误差曲线

**二、电流互感器极性、变比和 10%误差曲
线测试**

1. 电流互感器极性测试

电流互感器极性测试的试验接线如图 2-5
所示。电流互感器一次绕组通过开关 S 接入一
组电池，二次绕组接入直流毫安表。当合开关 S 的瞬间，如直流毫安表指针向正方向摆动，
则电池正极所接一次端子 L1 与直流毫安表正极所接二次端子 K1 为同极性端子。反之，则
为非同极性端子。在试验时，根据电流互感器变比的不同，选择不同的直流电源或微安表、
毫伏表等。对大型变压器的套管电流互感器，则提高试验电压至 24V 或 36V。因回路阻抗
大，有时需将变压器低压绕组临时短接才能测定。

2. 电流互感器变比测试

电流互感器变比测试方法有电流法和电压法。

(1) 电流法测试电流互感器变比。电流法测试电流互感器变比的试验接线图如图 2-6 所示。

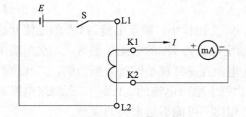
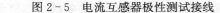
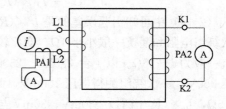

图 2-5　电流互感器极性测试接线　　　图 2-6　电流法测试电流互感器变比的试验接线

图 2-6 中的电流源包括 1 台调压器、1 台升流器；L1、L2 为电流互感器一次绕组 2 个
端子；K1、K2 为电流互感器二次绕组 2 个端子；电流表 PA1 测量电流互感器一次电流；电
流表 PA2 测量电流互感器二次电流。调节电流互感器一次电流，得到相应的二次电流，互
感器一次电流与二次电流之比就是电流互感器的变比。需要注意的是，加入电流互感器的一
次电流不能太小，见表 2-3，电流互感器一次电流太小，电流误差就大，也就是变比误差
大；同时，加入电流互感器的一次电流不能太大，电流互感器的一次电流太大，铁芯容易饱
和，变比误差增大。

电流法的优点是基本模拟电流互感器实际运行（仅是二次负载的大小有差别），从原理
上讲是一种无可挑剔的试验方法，同时能保证一定的准确度，是一种容易理解的试验方法。
但是随着系统容量增加，电流互感器一次额定电流越来越大，可达数万安培。现场加电流至

数百安培已有困难，数千安培或数万安培几乎不可能。降低一些试验电流对减小试验容量没有多大意义，降低太多则电流互感器误差骤增。

（2）电压法测试电流互感器变比。电压法测试电流互感器变比的试验接线图如图 2-7 所示。

图 2-7 中的电压源为 1 台调压器；L1、L2 为电流互感器一次绕组 2 个端子；K1、K2 为电流互感器二次绕组 2 个端子；电压表用于测量电流互感器二次电压；毫伏表用于测量电流互感器一次电压。当在电流互感器二次绕组加电压时，铁芯中产生磁通，在电流互感器一、二次绕组中感应电动势与它们的匝数成正比，因此电流互感器一、二次绕组中感应电动势之比就是电流互感器的匝数比，也就是电流互感器的变比。

电压法测试电流互感器变比的等效电路如图 2-8 所示。图中 I_0 为电流互感器励磁电流，U_1 为电流互感器一次电压；U_2' 为折算到一次侧的电流互感器二次电压；R_1、X_1 为电流互感器一次绕组电阻、漏抗；R_2'、X_2' 为折算到一次侧的电流互感器二次绕组电阻、漏抗；Z_m 为电流互感器励磁阻抗。从等效电路可得

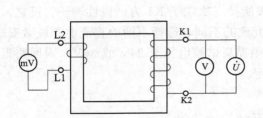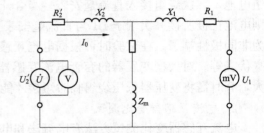

图 2-7　电压法测试电流互感器变比的试验接线　　　图 2-8　电压法测试电流互感器变比的等效电路

$$U_2' + I_0 \times (R_2' + \mathrm{j}X_2') = U_1 \tag{2-4}$$

从式（2-4）中可知引起误差的是 $I_0 \times (R_2' + \mathrm{j}X_2')$，变比较小、额定电流为 5A 的电流互感器，二次绕组电阻和漏抗一般小于 1Ω；变比较大、额定电流为 1A 的电流互感器，二次绕组电阻和漏抗一般为 1～15Ω。以 1 台 220kV、2500A/1A 电流互感器现场试验数据为例，二次绕组施加电压 250V，一次绕组测得电压 100mV，此时二次绕组励磁电流约 2mA，二次绕组电阻和漏抗约 15Ω，$I_0 \times (R_2' + \mathrm{j}X_2') = 30$mV。30mV 与 250V 相比不可能引起太大的误差。

从上述分析可知：电压法测量电流互感器变比时只要限制励磁电流 I_0 为毫安级，即可保证一定的测量精度。因此，用电压法测电流互感器变比时要特别注意，由于一次绕组开路，铁芯磁密很高，极易饱和，电压 U_2' 稍高，励磁电流 I_0 就会增大很多。表 2-4 为 LQG-0.5 型互感器（600/5A）用电压法测试变比的结果。

表 2-4　　　　　　　LQG-0.5 型互感器（600/5A）测试变比的结果

测试次数	二次侧施加电压（V）	一次侧测量电压（mV）	励磁电流（A）	计算变比	实际变比	变比误差（%）
1	6.130	50	0.135	122.600	120	2.2
2	7.211	59	0.158	122.215	120	1.8
3	8.040	66	0.204	121.818	120	1.5

续表

测试次数	二次侧施加电压（V）	一次侧测量电压（mV）	励磁电流（A）	计算变比	实际变比	变比误差（%）
4	8.882	73	0.259	121.673	120	1.3
5	9.570	79	0.307	121.139	120	0.9
6	10.180	84	0.360	121.190	120	0.9

3. 电流互感器10%误差曲线测试

（1）测试电流互感器二次绕组漏抗。可通过直流电桥测量电流互感器二次绕组直流电阻 R_2，根据使用的电流互感器型号不同用经验公式，漏抗 $Z_2 \approx (1 \sim 3) R_2$。例如 $110 \sim 220kV$ 的电流互感器取 $Z_2 = R_2$，35kV 贯穿式或厂用馈线电流互感器取 $Z_2 = 3R_2$。

（2）用伏安特性法测试 $U = f(I_f)$ 曲线。现场测试时，将互感器一次绕组和其他二次绕组开路，将所测二次绕组与二次负载断开，在二次绕组侧通入励磁电流 I_f 测试 U，试验接线如图 2-9 所示，形成一组 $U-I_f$ 对应数据，由此组数据得到伏安特性曲线。然后用以式（2-5）~式（2-7）分别求出短路电流倍数 m_{10}、励磁电压 E、允许负载 Z_{en}，从而得到电流互感器的10%误差曲线。

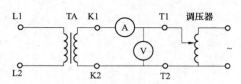

图 2-9　电流互感器伏安特性测试接线

$$m_{10} = \frac{I_1}{I_{1N}} = \frac{10I_f}{I_{2N}} \quad\quad (2-5)$$

$$E = U - I_f Z_2 \quad\quad (2-6)$$

$$Z_{en} = \frac{E}{9I_f} - Z_2 \quad\quad (2-7)$$

式（2-5）中，当 $I_{2N} = 5A$ 时，$m_{10} = 2I_f$；当 $I_{2N} = 1A$ 时，$m_{10} = 10I_f$。

（3）测试举例。电流互感器型号为 LB-220，准确级为 10P20，变比为 1200/5，额定容量为 50VA，实测二次负载 $Z_L = 1.96\Omega$，其10%误差曲线相关的测试和计算数据见表 2-5，其10%误差曲线如图 2-10 所示。

表 2-5　　　　　　　　　　　电流互感器10%误差曲线相关的测试和计算数据

参　数	数据来源	数　据							
励磁电流 I_f（A）	试验测得	0.5	1	2	4	5	6	8	10
试验电压 U（V）	试验测得	280	290	298	300	306	308	310	311
绕组内阻 R_2（Ω）	试验测得	0.353							
绕组漏抗 Z_2（Ω）	$\approx 2R_2$	0.706							
内部电动势 E（V）	$= U - I_f Z_2$	279	289	296	297	302	304	304	304

参　数	数据来源	数　据							
允许总负载 Z_{max}（Ω）	$=E/9I_f$	62.1	32.1	16.5	8.25	6.72	5.63	4.22	3.37
允许二次负载 Z_{en}（Ω）	$=E/9I_f-Z_2$	61.4	31.4	15.9	7.55	6.02	4.92	3.52	2.67
短路电流倍数 m	$2I_f$	1	2	4	8	10	12	16	20

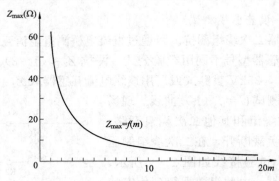

图 2-10　电流互感器 10％误差曲线

学习项目三

35kV 线路保护装置测试

【学习项目描述】

通过该项目的学习，能对 35kV 线路继电保护的电流元件、电压元件、方向元件、时间元件特性进行测试；能对 35kV 输电线路微机继电保护进行整组测试。

【学习目标】

通过学习和实践，能利用继电保护测试仪及 35kV 线路继电保护的原理等相关知识，对 35kV 线路继电保护进行测试；能做测试数据记录、测试数据分析处理。

【学习环境】

继电保护测试实训室应配置 35kV 线路继电保护装置 10 套、继电保护测试仪 10 套、平口小号螺丝刀 50 个、投影仪 1 台、计算机 1 台。

注：每班学生按 40～50 人计算，学生按 4～5 人一组。学生可以交叉互换完成学习任务。

任务一　微机型电流元件、电压元件、方向元件、时间元件特性测试

【学习目标】

通过学习和实践，能利用继电保护测试仪及 35kV 线路继电保护的原理等相关知识，对 35kV 线路继电保护的电流元件、电压元件、方向元件、时间元件特性进行测试；能做测试数据记录、测试数据分析处理。

【任务描述】

以小组为单位，做好工作前的准备，制订 35kV 线路继电保护的测试方案，绘制试验接线图，完成 35kV 线路继电保护的电流元件、电压元件、方向元件、时间元件特性进行测试，并填写试验报告，整理归档。

【任务准备】

（1）学习附录 A：继电保护检验工作流程。

（2）学习附录 B：继电保护二次回路安全措施工作流程，并做好完成本任务的安全措施。

（3）试验用工器具及相关材料（见表 3-1）。

表 3-1   试验用工器具及相关材料

类别	序号	名 称	型号	数量	确认（√）
仪器仪表	1	继电保护试验仪		1套	
	2	万用表		1块	
消耗材料	1	绝缘胶布		1卷	
	2	打印纸等		1包	
图纸资料		35kV线路继电保护、调试大纲、记录本		1套	

【任务实施】

测试任务见表 3-2。

表 3-2   35kV 线路微机型继电保护测试

一、制订测试方案	二、按照测试方案进行试验
1. 熟悉 35kV 线路继电保护说明书及 35kV 线路继电保护二次图纸	1. 测试接线（接线完成后需指导教师检查）
2. 学习本任务相关知识，本小组成员制订出各自的测试方案（包括测试步骤、试验接线图及注意事项等，应尽量采用手动测试）	2. 在本小组工作负责人主持下按分工进行本项目测试并做好记录，交换分工角色，轮流本项目测试并记录（在测试过程中，小组成员应发扬吃苦耐劳、顾全大局和团队协作精神，遵守职业道德）
3. 在本小组工作负责人主持下进行测试方案交流，评选出本任务执行的测试方案	3. 在本小组工作负责人主持下，分析测试结果的正确性，对本任务测试工作进行交流总结，各自完成试验报告的填写
4. 将评选出本任务执行的测试方案报请指导老师审批	4. 指导老师及学生代表点评及小答辩，评出完成本测试任务的本小组成员的成绩

本学习任务思考题
1. 如何测试 35kV 线路微机保护动作电流及返回电流？
2. 如何测试 35kV 线路微机保护电压元件动作电压及返回电压？
3. 如何测试 35kV 线路微机保护方向元件动作特性？
4. 如何测试 35kV 线路微机保护动作时间？

【相关知识】

一、35kV 输电线路电流、电压方向保护原理

1. 三段式电流保护

当保护线路发生短路故障时，主要表现为电流增加和电压降低。电流保护主要包括：无限时电流速断保护（瞬时速断保护）、限时电流速断保护和定时限过电流保护。它们都是反映电流升高而动作的保护。它们之间的区别主要在于按照不同的原则来选择启动电流。瞬时速断保护是按照躲开某一点的最大短路电流来整定，限时电流速断保护是按照躲开下一级相邻元件电流速断保护的动作电流整定，而过电流保护则是按照躲开最大负荷电流来整定。但由于瞬时速断保护不能保护线路全长，限时电流速断保护又不能作为相邻元件的后备保护，因此，为保证迅速而有选择地切除故障，常将三种保护组合在一起，构成三段式电流保护。

具体应用时，可以只采用瞬时速断加过电流保护，或限时电流速断加过电流保护，也可以三者同时采用。

图3-1所示为35kV输电线路三段式电流保护装置简化示意图。图中可见三段三相电流测量元件用的是n1～n6，输入三相电流为I_A、I_B、I_C，保护功能的投退用软压板，三段电流保护驱动的都是KCO跳闸继电器和保护动作信号继电器KS3。

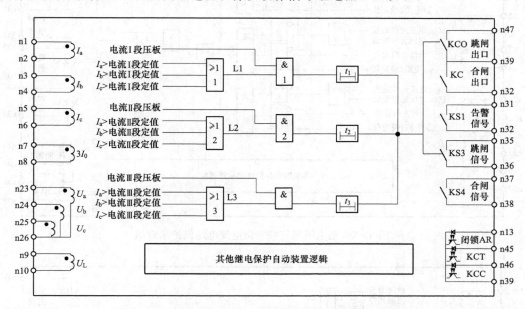

图3-1　35kV输电线路三段式电流保护装置简化示意图

2. 三段式方向电流电压保护

在三段式电流保护基础上加上电压元件和方向元件，就构成了三段式方向电流电压保护。三段方向电流电压保护逻辑均相同，如图3-2所示，给出了第Ⅰ段方向电流电压保护逻辑。在图3-2中，与门1～3为三相保护出口逻辑，每一相保护有三个条件，即相应的电流元件、电压元件、方向元件均应动作；电压元件、方向元件是可投退的，当"电压元件投/退"软压板选"退出"时，A点为逻辑"0"，或门2、5、8被旁路，三相均退出电压元件；当"方向元件投/退"软压板选"退出"时，B点为逻辑"0"，或门3、6、9被旁路，三相均退出方向元件；若电压元件、方向元件均退出，三段式方向电流电压保护逻辑就是图3-1所示的第Ⅰ段电流保护了。

3. 检同期、检无压三相一次重合闸

检同期、检无压三相一次重合闸逻辑。如图3-3所示。

(1) 充放电逻辑。重合闸压板投入、断路器合后（KCC="1"）、无重合闭锁信号（或3输出为逻辑0）经20s延时后自保持，置充电标志并为启动重合闸做准备（C="1"即表示控制开关处于合后）。闭锁重合闸时将重合闸放电，闭锁信号有外部闭锁重合闸（图3-3中n39-n13开入、手跳开入、弹簧未储能等）和内部逻辑闭锁重合闸（如低频减载动作等）。

(2) 重合闸压启动逻辑。重合闸软压板投入，断路器事故跳闸时KCT="1"（即B="1"），有充电标志C="1"，重合闸位置不对应启动条件满足。当重合闸方式条件满足时A="1"，则与门7条件满足，即可启动重合闸时间，延时t_{AR}时间到，发出合闸脉冲驱动

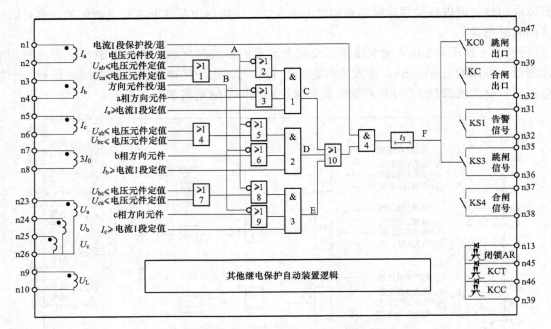

图 3-2　输电线路三段方向电流电压保护示意图

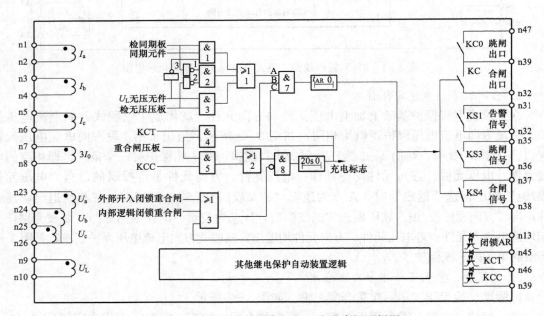

图 3-3　检无压、检同期三相一次重合闸逻辑图

KC 继电器合闸和信号继电器，并点亮"合闸"指示灯。

（3）重合闸方式。有 3 种重合闸方式：直接重合闸方式、检无压重合闸方式和检同期重合闸方式。通过"检无压压板"和"检同期压板"选择，当两者都选"退出"时，非 1 非 2都输出"1"，与门 2 条件满足，既不检无压也不检同期直接启动重合闸；当"检无压压板"选"投入"、"检同期压板"选"退出"时为检无压重合闸方式，U_L 无压元件（即低压元件）

检测到线路侧电压低于无压定值时即可启动重合闸；当"检同期压板"选"投入"、"检无压压板"选"退出"时，为检同期重合闸方式，当同期条件满足时即可启动重合闸。直馈线选直接重合闸方式，双端电源线路一侧选检同期重合闸方式另一侧选检无压重合闸方式，为使断路器偷跳也能重合，检无压侧也要选检同期重合闸方式。

二、电流电压方向元件特性测试

1. 电流元件整定点动作值及返回值测试

（1）定值设置。进行保护功能测试时，为了各保护功能模块之间不相互影响，只投入一种被测试保护的软压板，例如先测试第Ⅰ段，按菜单流程将"电流Ⅰ段压板"选择"投入"，其他段软压板选"退出"；为了快速准确测试电流元件整定点动作值及返回值，将动作时间设置为0，设置第Ⅰ段动作电流（如40A）并固化。为了方便测试第Ⅰ段的电流元件，同时把该段的电压元件、方向元件通过其软压板退出。

（2）测试接线。在图 3-2 中，将 n2、n4、n6 短接，测试仪的三相电流端子接保护继电器的 n1、n3、n5、n2，测试仪的三相电压端子接保护继电器的 n23、n24、n25、n26，保护动作出口端子 n39、n47 接测试仪的开入 A，测试接线如图 3-4 所示。

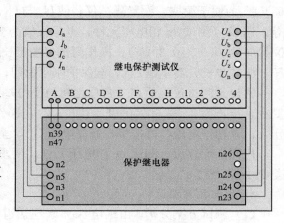

（3）测试方法。从电流Ⅰ段逻辑图可知，只要任意一相电流元件动作就可以驱动出口继电器，设置测试仪，使各相电压为零，I_a 初值电流设置为 0.9 倍动作电流（40A×0.9＝36A），步长设置为 40A×5％×0.1＝0.2A，操作测试仪按步长升高电流 I_a，至保护刚刚动作，记录动作电流；再按步长减小电流 I_a，

图 3-4　电压元件方向元件特性测试接线

至保护刚刚返回，记录返回电流。分别对保护加 I_b 及 I_c，重复上述测试操作，记录动作电流和返回电流，可以测试第Ⅰ段 a 相电流元件和第Ⅰ段 c 相电流元件。

需要注意的是，由于第Ⅰ段动作电流一般都比较大，测试时要快速，避免保护发热受损。对于其他两段，若动作电流小于两倍额定电流，可不需设定初值，电流由零缓慢按步长升高至保护刚刚动作测试动作电流。

要求：各动作电流应等于各自的整定值，最大误差应小于5％。

2. 时间元件间精度测试

（1）定值设置。按定值清单设定动作电流和动作时间。

（2）测试接线。用微机测试仪测试，接线如图 3-4 所示。

（3）测试过程。

1）单击"手动试验"菜单，在测试窗口设 I_a 输出初始值为 0，小于动作电流。

2）单击"开始试验"按钮，输出为 0，保护不动作。

3）单击"输出保持"按钮，直接在测试窗口改设 I_a 输出值为 1.2 倍动作电流。

4）单击"输出保持"按钮使之弹起。此时，测试仪将修改后的值输出到保护模入通道中并同时开始计时，当 KCO 触点闭合时测试仪的开入 A 状态变化停止计时，并显示出动作时间。

5）按"停止试验"按钮结束试验。

电流Ⅱ段、电流Ⅲ段电流元件、时间元件测试方法与测试电流Ⅰ段一样，不再赘述。

要求：各动作时间应等于各自的整定值，最大误差应小于 1.5%。

3. 电压元件整定点动作值及返回值测试

测试 a 相方向电流电压保护中的电压元件整定点动作值及返回值，测试步骤进行如下：

（1）将"电流Ⅰ段压板"、"电压压板"选"投入"。其余所有软压板选"退出"，第Ⅰ段时间定值整定为 0s，电压定值按定值表整定（如 60V），电流定值设定为额定电流。

（2）按图 3-4 接线。

（3）进入测试仪手动试验菜单，设置电流 I_a 为 1.2 动作电流，大于第Ⅰ段电流整定值使之可靠动作，其余两相电流设置为 0，使之不能动作；每相电压初始值高于动作电压（如 65V），为便于读取，设置测试仪，使 U_a 与 U_b 之间相位相差 60°，这样 U_{ab}、U_a、U_b 幅值相等，选 ab（测试 ab 相电压元件）电压幅值为变量（即 U_a 与 U_b 按步长同时变化），步长为 $0.1 \times 60 \times 0.05 = 0.3$（V），操作测试仪按步长降低电压 U_{ab}，至保护刚刚动作，记录动作电压；再按步长升高电压 U_{ab}，至保护刚刚返回，记录返回电压。

再设定测试仪，使 U_a 与 U_c 之间相位相差 60°，选 ac（测试 ac 相电压元件）电压幅值为变量，步长为 $0.1 \times 60 \times 0.05 = 0.3$（V），操作测试仪按步长降低电压 U_{ac}，至保护刚刚动作，记录动作电压；再按步长升高电压 U_{ac}，至保护刚刚返回，记录返回电压。

用同样的方法可测试 bc 相电压元件。要求：各动作电压应等于各自的整定值，最大误差应小于 5%。

4. 方向元件测试

（1）测试方案分析。由继电保护原理知道，反映相间故障的功率方向元件的动作方程如下

$$-(90° + \alpha) \leqslant \arg \frac{\dot{U}_r}{\dot{I}_r} \leqslant (90° - \alpha) \tag{3-1}$$

当内角 α 取 30°并且按 90°接线方式时，三相功率方向元件的动作方程为

$$\left. \begin{array}{l} -120° \leqslant \arg \dfrac{\dot{U}_{ac}}{\dot{I}_a} \leqslant 60° \\[2mm] -120° \leqslant \arg \dfrac{\dot{U}_{ca}}{\dot{I}_b} \leqslant 60° \\[2mm] -120° \leqslant \arg \dfrac{\dot{U}_{ab}}{\dot{I}_c} \leqslant 60° \end{array} \right\} \tag{3-2}$$

图 3-5（a）示出了 a 相功率方向元件的动作区，当以 bc 相电压为基准（0°）时，按照电流超前电压的角度为负、电流滞后电压的角度为正，则动作区上边界为-120°，下边界为+60°。

用微机测试仪测试时，测试仪一般以 a 相电压为基准，且反时针旋转角度为正，顺时针旋转角度为负，并且各电流量反时针旋转为角度增加方向，则三相功率方向元件的动作范围为

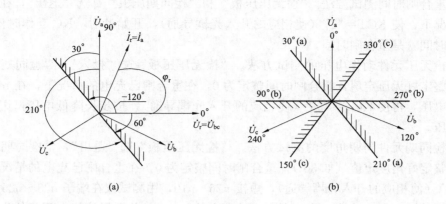

图 3 - 5　方向元件相量图分析

(a) a 相方向元件相量图；(b) 三相方向元件相量图

$$\left.\begin{array}{l} 210° \leqslant \arg \dfrac{\dot{U}_a}{\dot{I}_a} \leqslant 30° \\[3mm] 90° \leqslant \arg \dfrac{\dot{U}_a}{\dot{I}_b} \leqslant 270° \\[3mm] 330° \leqslant \arg \dfrac{\dot{U}_a}{\dot{I}_c} \leqslant 150° \end{array}\right\} \qquad (3-3)$$

其动作特性如图 3 - 5（b）所示。

用继电保护微机测试仪测试方向电流保护中的方向元件的动作范围，类似于测试电压元件，将"电流 I 段压板"、"方向压板"选"投入"。其余所有软压板选"退出"，第 I 段时间定值整定为 0，电流定值按额定电流整定。

（2）测试接线。按图 3 - 4 接线。

（3）测试过程。以 a 相为例，进入测试仪手动试验菜单，设置 a 相电流为 1.2 倍动作电流，大于第 I 段 a 相电流整定值使之动作，其余两相电流设置为 0，使之不能动作；设置三相正序电压对称，每相电压 57.7V，a 相电压相位为 0°、b 相电压相位为 240°、c 相电压相位为 120°；设置 a 相电流相位为 0°，变量为 a 相电流相位，步长为 0.1°。选测试仪"手动试验"菜单界面工具栏上"开始试验"按钮，这时送出电流电压，若 KCO 动作说明极性正确，然后设置 a 相电流相位为边界角 30°～5°或 210°～5°，不断点击"↑"按钮，可看到 a 相电流相量在反时针旋转，不断点击"↑"按钮，在 a 相电流相位为 30° 和 210° 附近可以找到两个使保护刚刚动作时的边界角。其他两相的方向元件测试方法类似。

要求：各动作边界角等于各自的理论值，最大误差应小于 2°。

5. 三相一次重合闸测试

（1）充电时间测试方法。"重合闸软压板"投入，使 KCC＝"1"（使相应的开入光耦导通），用跑表手动开始计时，观察测控装置充电标志状态发生变化时手动停止计时，所测得的时间就是充电时间。

（2）重合闸时间测试方法。"检无压压板"和"检同期压板"都选"退出"，在重合闸已充电的情况下，使 KCT＝"1"（使相应的开入光耦导通），开始计时，KC 动作时停止计时，所测得的时间就是重合闸时间。

（3）检无压元件动作电压的测试方法。"检无压压板"选"投入"，"检同期压板"选"退出"，整定好无压定值，重合闸时间整定为 0，在重合闸已充电的情况下，在 n9 - n10 端子加额定电压，再使 KCT＝"1"（使相应的开入光耦导通），按步长降低电压，记下 KC 动作时的电压。

（4）检同期元件同期角度的测试方法。"检无压压板"选"退出"，"检同期压板"选"投入"，整定好角度定值（如 30°），重合闸时间整定为 0，在重合闸已充电的情况下，再使 KCT＝"1"（使相应的开入光耦导通），短接 n26 - n10，用测试仪在端子 n23～n25 加三相对称额定电压并以 a 相为基准（0°），第 4 相电压加在 n9 上，并选择该相电压相位为变量，当同步电压均为 ac 相时，按步长改变线路侧电压相位，该相位在 0°～60°范围内 KC 应动作，否则不动作。

测试记录见表 3 - 3～表 3 - 5。

表 3 - 3　　　　　　　　　　　　　　瞬 时 速 断 测 试 记 录

测试项目	a 相	b 相	c 相
整定值（A）			
动作值（A）			
动作时间（s）			

表 3 - 4　　　　　　　　　　　　　　限 时 速 断 测 试 记 录

测试项目	a 相	b 相	c 相
整定值（A）			
动作值（A）			
动作时间（s）			

表 3 - 5　　　　　　　　　　　　　　过 电 流 保 护 测 试 记 录

测试项目	a 相	b 相	c 相
整定值（A）			
动作值（A）			
动作时间（s）			
重合闸时间（s）			

任务二　35kV 输电线路微机型继电保护装置整组测试

🔊【学习目标】

通过学习和实践，能利用继电保护测试仪及 35kV 线路继电保护的原理等相关知识，对 35kV 线路继电保护进行整组测试；能做测试数据记录、测试数据分析处理。

🤲【任务描述】

　　以小组为单位，做好工作前的准备，制订 35kV 线路继电保护的测试方案，绘制试验接线图，完成 35kV 线路继电保护的整组测试，并填写试验报告，整理归档。

🎙【任务准备】

　　(1) 学习附录 A：继电保护检验工作流程。

　　(2) 学习附录 B：继电保护二次回路安全措施工作流程，并做好完成本任务的安全措施。

　　(3) 试验用工器具及相关材料（见表 3 - 6）。

表 3 - 6　　　　　　　　　　试验用工器具及相关材料

类别	序号	名　　称	型号	数量	确认（√）
仪器仪表	1	继电保护试验仪		1 套	
	2	万用表		1 块	
消耗材料	1	绝缘胶布		1 卷	
	2	打印纸等		1 包	
图纸资料		35kV 线路继电保护、调试大纲、记录本		1 套	

〰【任务实施】

　　测试任务见表 3 - 7。

表 3 - 7　　　　　　　35kV 线路微机型继电保护装置整组测试

一、制订测试方案	二、按照测试方案进行试验
1. 熟悉 35kV 线路继电保护说明书及 35kV 线路继电保护二次图纸	1. 测试接线（接线完成后需指导教师检查）
2. 学习本任务相关知识，本小组成员制订出各自的测试方案（包括测试步骤、试验接线图及注意事项等，应尽量采用手动测试）	2. 在本小组工作负责人主持下按分工进行本项目测试并做好记录，交换分工角色，轮流本项目测试并记录（在测试过程中，小组成员应发扬吃苦耐劳、顾全大局和团队协作精神，遵守职业道德）
3. 在本小组工作负责人主持下进行测试方案交流，评选出本任务执行的测试方案	3. 在本小组工作负责人主持下，分析测试结果的正确性，对本任务测试工作进行交流总结，各自完成试验报告的填写
4. 将评选出本任务执行的测试方案报请指导老师审批	4. 指导老师及学生代表点评及小答辩，评出完成本测试任务的本小组成员的成绩

本学习任务思考题
1. 继电保护整组试验有哪些基本要求？
2. 继电保护整组试验的内容是什么？
3. 继电保护整组试验应注意什么问题？
4. 如何进行 35kV 线路三段式电流保护整组试验？

📖【相关知识】

一、继电保护整组试验基本要求

　　1. 基本要求

　　(1) 装置在做完每一套单独保护（元件）的整定检验后，需要将同一被保护设备的所有保护装置连在一起进行整组的检查试验，以校验各装置在故障及重合闸过程中的动作情况和保护回路设计的正确性及调试质量。

（2）若同一被保护设备的各套保护装置皆接于同一电流互感器二次回路，则按回路的实际接线，自电流互感器引进的第一套保护屏柜的端子排上接入试验电流、电压，以检验各套保护相互间的动作关系是否正确；如果同一被保护设备的各套保护装置分别接于不同的电流回路时，则应临时将各套保护的电流回路串联后进行整组试验。

（3）新安装装置的验收检验或全部检验时，需要先进行每一套保护（指几种保护共用一组出口的保护总称）带模拟断路器（或带实际断路器或采用其他手段）的整组试验。每一套保护传动完成后，还需模拟各种故障用所有保护带实际断路器进行整组试验。

（4）新安装装置或回路经更改后的整组试验由基建单位负责时，生产部门继电保护验收人员应参加试验，了解掌握试验情况。

（5）部分检验时，只需用保护带实际断路器进行整组试验。

2. 整组试验内容

（1）整组试验时应检查各保护之间的配合、装置动作行为、断路器动作行为、保护启动故障录波信号、厂站自动化系统信号、中央信号、监控信息等正确无误。

（2）对装设有综合重合闸装置的线路，应检查各保护及重合闸装置间的相互动作情况与设计相符合。为减少断路器的跳合次数，试验时，应以模拟断路器代替实际的断路器。使用模拟断路器时宜从操作箱出口接入，并与装置、试验器构成闭环。

（3）将装置及重合闸装置接到实际的断路器回路中，进行必要的跳、合闸试验，以检验各有关跳合闸回路、防止断路器跳跃回路、重合闸停用回路及气（液）压闭锁等相关回路动作的正确性，每一相的电流、电压及断路器跳合闸回路的相别是否一致。

（4）在进行整组试验时，还应检验断路器、合闸线圈的压降不小于额定值的 90%。

3. 在整组试验中着重检查的问题

（1）各套保护间的电压、电流回路的相别及极性是否一致。

（2）在同一类型的故障下，应该同时动作于发出跳闸脉冲的保护，在模拟短路故障中是否均能动作，其信号指示是否正确。

（3）有两个线圈以上的直流继电器的极性连接是否正确，对于用电流启动（或保持）的回路，其动作（或保持）性能是否可靠。

（4）所有相互间存在闭锁关系的回路，其性能是否与设计符合。

（5）所有在运行中需要由运行值班员操作的把手及连片的连线、名称、位置标号是否正确，在运行过程中与这些设备有关的名称、使用条件是否一致。

（6）中央信号装置的动作及有关光字、音响信号指示是否正确。

（7）各套保护在直流电源正常及异常状态下（自端子排处断开其中一套保护的负电源等）是否存在寄生回路。

（8）自动重合闸是否能确实保证按规定的方式动作并保证不发生多次重合情况。

（9）整组试验结束后应在恢复接线前测量交流回路的直流电阻。工作负责人应在继电保护记录本中注明哪些保护可以投入运行，哪些保护需要利用负荷电流及工作电压进行检验以后才能正式投入运行。

二、35kV 线路保护整组试验

1. 35kV 线路三段式电流保护整组试验（不投自动重合闸）

（1）定值设置。为了检查各保护软件模块之间是否有影响，整体动作逻辑是否正确，可进行整组试验。试验时将三段电流保护软压板都投入，各段动作电流、动作时间按表 3 - 8 整定（各段方向压板、电压闭锁压板、重合闸压板退出）。

表 3 - 8　　　　　　　　　35kV 线路微机保护装置定值清单

定值种类	定值项目	定　值		
	段序	Ⅰ 段	Ⅱ 段	Ⅲ 段
电流保护	电流保护压板	投入	投入	投入
	电流定值	25A	11A	6A
	时限定值	0.0s	0.5s	1.5s
	方向压板	退出	退出	退出
	电压闭锁压板	退出	退出	退出
	电压闭锁定值	30V	40V	60V
三相一次重合闸	重合闸压板	投入		
	重合闸方式	由检无压压板，检同期压板确定（投检无压压板及检同期压板）		
	重合闸时限	1.5s		
	抽取电压相别	4（选 U_{ab}）		
	检无压定值	30.0V		
	检同期角度	30°		

（2）测试接线。按图 3 - 4 接线。

（3）测试过程。用上述测试动作时间的方法进行测试，加 1.05 倍该段动作电流时，本段应可靠动作，测得的时间应是本段的动作时间；加 0.95 倍该段动作电流时，本段应可靠不动作。测试结果记入表 3 - 9 中。

表 3 - 9　　　　　　　　35kV 线路微机保护装置整组试验记录

试验内容	故障相别	A	C
瞬时速断保护	动作时间		
	装置信号		
限时速断保护	动作时间		
	装置信号		
过电流保护	动作时间		
	装置信号		
重合闸	动作时间		
	装置信号		

1）加 1.05×25＝26.25（A）电流，测得的时间应是 Ⅰ 段的固有动作时间，不大于 40ms；加 0.95×15＝14.25（A）电流，测得的时间应是 Ⅱ 段的动作时间 0.5s。

2）加 1.05×11＝11.55（A）电流，测得的时间应是 II 段的动作时间 0.5s；加 0.95×11＝10.45（A）电流，测得的时间应是 III 段的动作时间 1.5s。

3）加 1.05×6＝6.3（A）电流，测得的时间应是 III 段的动作时间 1.5s；加 0.95×6＝5.7（A）电流，三段均应不动作。

要求：各动作电流应等于各自的整定值，最大误差应小于 5%，各动作时间应等于各自的整定值，最大误差应小于 1.5%。

2. 35kV 线路三段式电流保护整组试验（投自动重合闸）

投自动重合闸功能后，保护装置的整组测试就需要测试保护的动作时间和自动重合闸时间，这就需要用微机保护测试仪的"状态序列"测试模块进行测试。

（1）定值设置。试验时将三段电流保护软压板都投入，各段动作电流、动作时间按表 3-4 整定（各段方向压板、电压闭锁压板退出，自动重合闸压板投入）。

（2）试验状态设置如下：

故障前状态：正常相电压，负荷电流为零，持续输出时间 20s（大于整组复归时间）。

故障状态：a 相过电流，短路电流 26.25A 直到三相跳开。

跳闸后状态：三相跳开，电压为额定值，电流为零，直到重合闸动作。

重合状态：由于是永久性故障，重合后故障未消失。仍为 a 相过电流、短路电流 26.25A 直到三相跳开。

永跳状态：三相跳开，abc 三相电压为故障前额定电压、电流为零。

（3）试验步骤。

1）添加状态序列。

2）设置各状态电压电流的幅值、相位和频率。

3）设置各状态的触发条件。

4）开始试验。

5）设置试验报告格式并保存、打印试验报告。

（4）测试接线如图 3-6 所示。

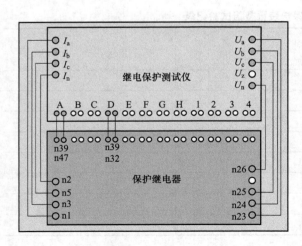

图 3-6　35kV 线路三段式电流保护整组试验
（投自动重合闸）接线

1）用测试导线将测试装置的电压和电流输出端子与保护相对应的端子相连接，重合闸不检同期或无压可不接 U_z。

2）保护装置的跳 n39-n47 连接到测试仪开入端子 A，重合闸动作触点 n39-n32 连接到测试仪开入端子 D，n39 为保护装置的出口公共端。

（5）进入状态序列测试模块，出现"试验参数"设置界面。

1）设置状态 1 为故障前状态。

第一步：单击"状态参数"属性页，设置幅值均为 57.74V 的三相对称电压，三相电流均为零，频率均为 50Hz。状态名称为"故障前状态"，如图 3-7 所示。

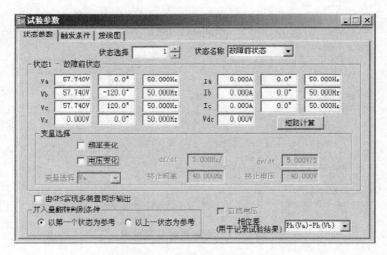

图 3-7　故障前状态参数设置

第二步：单击"触发条件"属性页，设置状态触发条件如下：

最大状态输出时间设置为 20s，大于重合闸充电时间或整组复归时间。触发后延时设为 0，如图 3-8 所示。

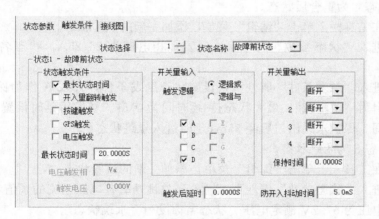

图 3-8　故障前状态触发条件设置

2）设置状态 2 为故障状态。

第一步：单击"编辑"菜单，选添加一新的试验状态，插入到选定状态之后。

第二步：进入"状态参数"属性页，状态选择置"2"，状态名称为"故障状态"，设置 a 相电流为 26.25A，如图 3-9 所示。

第三步：进入"触发条件"属性页，设置状态触发条件，"选开关量翻转触发"，开入 a 作为保护动作信号开入量，触发逻辑为"逻辑或"。最大状态持续时间为 0.5s。触发后延时设置为 35ms，模拟断路器跳闸时间。

3）设置状态 3 为跳闸后状态。

第一步：在工具栏上单击"编辑"菜单，再添加一新的试验状态。

第二步：进入"状态参数"属性页，输入开关跳开后各电压电流的幅值和相位，即三相

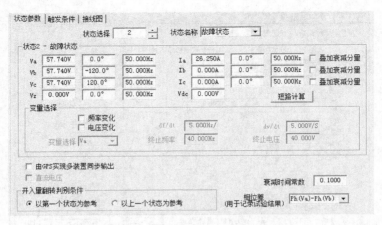

图 3 - 9 故障状态参数设置

电流为零，电压为额定值。状态名称为"跳闸后状态"。

第三步：进入"触发条件"属性页，设置状态触发条件，"选开关量翻转触发"，开入 D 作为重合闸动作信号开入量。触发后延时设置为 100ms，模拟断路器合闸时间。保护合闸出口后经 100ms 延时进入到重合状态。

4）设置状态 4 为重合后状态。

第一步：在工具栏上单击"编辑"菜单，添加一新的试验状态。

第二步：进入"状态参数"属性页，设置 a 相电流为 26.25A，状态名称设为"重合后态"。

第三步：进入"触发条件"属性页，设置状态触发条件，开入 A 作为保护动作信号开入量，触发逻辑为"逻辑或"。最大状态持续时间为 0.5s。触发后延时设置为 35ms，模拟断路器跳闸时间。保护永跳出口后经 35ms 延时进入永跳状态。

5）设置状态 5 为永跳状态。

第一步：在工具栏上单击"编辑"菜单，添加一新的试验状态。

第二步：进入"状态参数"属性页，输入开关跳开后各电压电流的幅值和相位。即 abc 相电流为零，电压为 57.7V 额定电压。状态名称设为"永跳状态"。

第三步：由于是最后一个试验状态，选择最大状态时间作为其触发条件。最大状态持续时间设为 1s。

6）保存试验参数。

（6）试验。单击"试验"菜单，选"开始试验"。

（7）单击"视图"打开试验结果列表窗口查看保护动作时间，每一状态下，开入量翻转时间记录在列表中。

学习项目四

110kV 线路保护装置测试

【学习项目描述】

通过该项目的学习,能对 110kV 输电线路微机型零序电流元件、零序方向元件特性、阻抗元件保护功能进行测试,能对 110kV 输电线路微机继电保护进行整组测试。

【学习目标】

通过学习和实践,能熟悉 110kV 输电线路微机型继电保护装置的硬件原理、定值内容、逻辑框图、二次回路,并利用继电保护测试仪及相关知识对 110kV 输电线路保护装置进行测试。能制订测试方案对 110kV 输电线路保护装置进行单体测试、整组测试,能做测试数据记录、测试数据分析处理。具备 110kV 输电线路保护装置测试能力,能对 110kV 输电线路保护装置二次回路出现的简单故障进行正确分析和处理。

【学习环境】

继电保护测试实训室应配置有 110kV 输电线路微机保护装置 15 套(具有三段接地和相间距离保护、三段零序方向过电流保护、低周保护、自动重合闸等功能)、继电保护测试仪 10 套、模拟断路器 10 套、平口小号螺丝刀 50 个、投影仪 1 台、计算机 1 台。

注:每班学生按 40~50 人计算,学生按 4~5 人一组。学生可以交叉互换完成学习任务。

任务一 微机型零序电流元件、零序方向元件特性测试

【学习目标】

通过学习和实践,能看懂零序电流、零序方向过电流保护逻辑图及二次回路图,能够利用继电保护测试仪及零序方向过电流保护保护原理、逻辑框图等知识对零序方向过电流保护功能进行测试。能制订测试方案对零序电流元件、零序方向元件进行单端测试,能做测试数据记录、测试数据分析处理。具备零序电流元件、零序方向元件测试的能力,能对零序电流元件、零序方向元件二次回路出现的简单故障进行正确分析和处理。

【任务描述】

以小组为单位,做好工作前的准备,制订零序方向过电流保护的测试方案,绘制试验接线图,完成零序方向过电流保护的测试,并填写试验报告,整理归档。

【任务准备】

1. 任务分工

工作负责人：_____　　　　　　　调试人：_____

仪器操作人：_____　　　　　　　记录人：_____

2. 试验用工器具及相关材料（见表4-1）

表4-1　　　　　　　　　　　　试验用工器具及相关材料

类别	序号	名　称	型号	数量	确认（√）
仪器仪表	1	微机试验仪		1套	
	2	钳形电流表		1块	
	3	万用表		1块	
	4	组合工具		1套	
消耗材料	1	绝缘胶布		1卷	
	2	打印纸等		1包	
图纸资料	1	保护装置说明书、图纸、调试大纲、记录本（可上网收集）		1套	
	2	最新定值通知单等		1套	

3. 危险点分析及预控措施（见表4-2）

表4-2　　　　　　　　　　　　危险点分析及预控措施

序号	工作地点	危险点分析	预控措施	确认签名
1	线路保护柜	误跳闸	1）工作许可后，由工作负责人进行回路核实，确认二次工作安全措施票所列内容正确无误。2）对可能误跳运行设备的二次回路进行隔离，并对所拆二次线用绝缘胶布包扎好。3）检查确认出口压板在退出位置	
		误拆接线	1）认真执行二次工作安全措施票，对所拆除接线做好记录。2）依据拆线记录恢复接线，防止遗漏。3）由工作负责人或由其指定专人对所恢复的接线进行检查核对。4）必要时二次回路可用相关试验进行验证	
		误整定	严格按照正式定值通知单核对保护定值，并经装置打印核对正确	
2	保护柜和户外设备区	人身伤害	1）防止电压互感器二次反送电。2）进入工作现场必须按规定佩戴安全帽。3）登高作业时应系好安全带，并做好监护。4）攀登设备前看清设备名称和编号，防止误登带电设备，并设专人监护。5）工作时使用绝缘垫或带手套。6）工作人员之间做好相互配合，拉、合电源开关时发出相应口令；接、拆电源必须在拉开的情况下进行；应使用完整合格的安全开关，装配合适的熔丝	

4. 填写二次安全措施票（见表 4-3）

表 4-3　　　　　　　　　　　二 次 安 全 措 施 票

被试设备名称		×××110kV 输电线路		
工作负责人		工作时间		签发人
工作内容：××型 110kV 输电线路微机继电保护装置零序电流元件、零序方向元件特性测试				
工作条件：停电				
安全措施：包括应打开及恢复压板、直流线、交流线、信号线、联锁线和联锁开关等，按工作顺序填用安全措施。已执行，在执行栏打"√"。已恢复，在恢复栏打"√"				

序号	执行	安全措施内容	恢复
1		确认所工作的线路保护装置已退出运行，检查全部出口压板确已断开，检修压板已投入，记录空开、压板位置	
2		从保护柜断开电压互感器二次接线，拆除交流电压回路外部接线	
2.1		X3（A630）	
2.2		X4（B630）	
2.3		X5（C630）	
2.4		X6（N600）	
3		断开信号、录波启动二次线	
4		外加交直流回路应与运行回路可靠断开	
5			
6			
7			

执行人：　　　　监护人：　　　　　　　恢复人：　　　　　监护人：

【任务实施】

测试任务见表 4-4。

表 4-4　　　　　　　微机型零序电流元件、零序方向元件特性测试

一、制订测试方案	二、按照测试方案进行试验
1. 熟悉图纸及保护装置说明书	1. 测试接线（接线完成后需指导教师检查）
2. 学习本任务相关知识，参考本教材附录中相关规程规范、继电保护标准化作业指导书，本小组成员制订出各自的测试方案（包括测试步骤、试验接线图及注意事项等，应尽量采用手动测试）	2. 在本小组工作负责人主持下按分工进行本项目测试并做好记录，交换分工角色，轮流本项目测试并记录（在测试过程中，小组成员应发扬吃苦耐劳、顾全大局和团队协作精神，遵守职业道德）
3. 在本小组工作负责人主持下进行测试方案交流，评选出本任务执行的测试方案	3. 在本小组工作负责人主持下，分析测试结果的正确性，对本任务测试工作进行交流总结，各自完成试验报告的填写
4. 将评选出本任务执行的测试方案报请指导老师审批	4. 指导老师及学生代表点评及小答辩，评出完成本测试任务的本小组成员的成绩

本学习任务思考题
1. 设计微机保护测试仪、110kV 输电线路微机保护装置、模拟断路器之间试验接线，并说明三者之间的关系是什么。
2. 测试前需要做哪些检查？
3. 零序电流元件、零序方向元件特性测试主要校验哪些定值？
4. 保护装置中零序电流元件、零序方向元件各定值项的含义是什么，如何整定？
5. 零序电流元件、零序方向元件保护动作出口需满足什么故障条件？
6. 根据测试数据判别零序电流元件、零序方向元件保护功能是否满足要求的依据是什么？

📖【相关知识】

一、零序方向电流保护原理

大电流接地系统即中性点直接接地系统（一般是 110kV 及以上的电网）中如果发生了接地故障，设备中会产生很大的短路电流，所以其保护的任务是尽早跳闸。当线路发生接地短路时，零序电流由故障处 U_0 产生，其大小与中性点接地变压器的数目和分布有关，而与系统的运行方式无直接关系。

对于中性点直接接地电网，利用接地短路时出现很大零序电流的特点，构成以下保护：

（1）零序电流保护。零序电流保护可装设在图 4-1 的断路器 1 和 2 处。零序电流保护的启动电流基于故障零序电流计算，根据不同地点接地故障时零序电流大小的不同来整定。

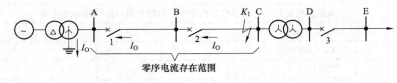

图 4-1　零序电流保护

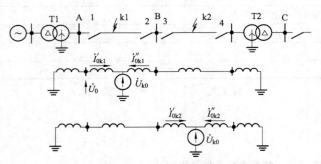

图 4-2　零序方向保护工作原理的分析

零序电流保护对单相接地故障具有较高的灵敏度，是高压线路保护中必配备的保护之一。

（2）方向性零序电流保护。在多电源的网络中，要求电源处的变压器中性点至少有一台接地。如图 4-2 所示的双电源系统中变压器 T1 和 T2 的中性点均直接接地。由于零序电流的实际方向是由故障点流向各个中性点接地的变压器，而当接地故障发生在不同的线路上时，如图 4-2 中的 K1 点和 K2 点，要求由不同的保护动作。K1 点短路时，按照选择性的要求，应该由保护 1 和保护 2 动作切除故障，但零序电流 I''_{0k1} 流过保护 3 时，若保护 3 无方向元件，可能引起保护 3 误动作。

K2 点短路时，应有保护 3 和保护 4 动作切除故障，但当零序电流 I'_{0k2} 流过保护 2 时，若保护 2 无方向元件，有可能引起保护 2 误动作。

以上分析，必须在零序电流保护上增加功率方向元件，利用正方向和反方向故障时零序功率方向的差别，闭锁可能误动作的保护，以保证动作的选择性。

图 4-3 示出 RCS-941A 线路微机保护装置的零序过电流保护方向逻辑框图，设置了四个带延时段的零序方向过电流保护，各段零序可由控制字选择经或不经方向元件控制。在TV 断线时，零序 I 段可由控制字选择是否退出；四段零序过电流保护均不经方向元件控制。所有零序电流保护都受启动过电流元件控制，因此各零序电流保护定值应大于零序启动电流定值。当外接和自产零序电流均大于整定值，且无交流电流断线时，零序启动元件动作并展宽 7s，去开放出口继电器正电源。

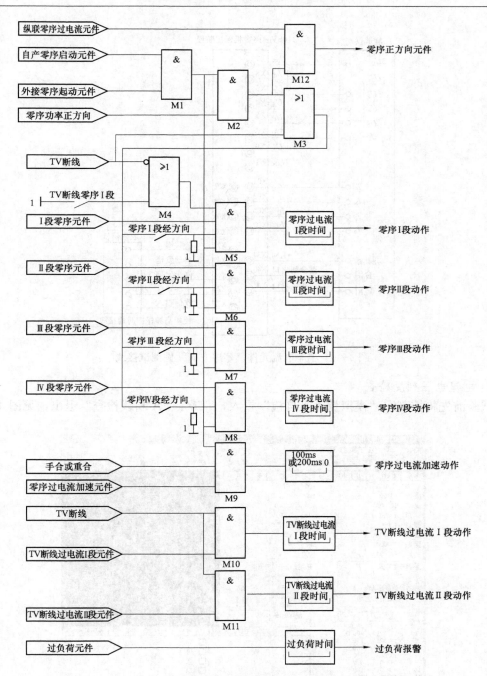

图 4 - 3　RCS - 941A 线路微机保护装置零序过电流保护方向逻辑框图

纵联零序反方向的电流定值固定取零序启动过电流定值，而纵联零序正方向的电流定值取零序方向比较过电流定值。

二、零序电流元件、零序方向元件测试方法及案例

1. 测试接线

将继电保护测试仪、模拟断路器和微机保护装置按图 4 - 4 接线。

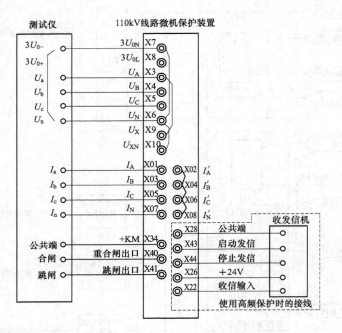

图 4-4 零序电流元件、零序方向元件测试接线

2. 电流电压刻度检查

试验前先将控制字"模拟量输入自检"投入，"TV、TA 断线检查"退出，见图 4-5。

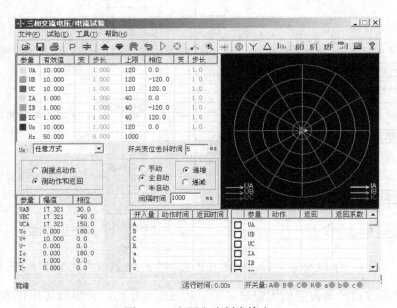

图 4-5 电压电流刻度检查

（1）将电流回路顺同极性串联，使用继电保护测试仪通入额定电流，要求串入 0.2 级（或 0.5 级）电流表测定电流。使人机对话功能进入 VFC（模拟量）-VI（刻度）-子菜单，在 LCD 上逐项显示 I_A、I_B、I_C、$3I_0$ 的有效值，要求与电流表的指示值相差小于 ±3%。

（2）将电压回路同极性并联，即将端子 X3 - X4 - X5 - X8 - X9，X6 - X7 - X10 连接，在端子 X3 与 X6 加电压，要求并接 0.2 级（或 0.5 级）电压表测定电压。使人机对话功能进入 VFC（模拟量）- VI（刻度）菜单后，在 LCD 上逐项显示 U_A、U_B、U_C、$3U_0$、U_X 的有效值，要求与电压表的指示值相差小于 $\pm 3\%$。

3. 模拟短路故障，测试零序电流元件、零序方向元件

（1）试验目的。检验微机保护装置零序电流元件、零序方向元件的各项定值是否精确，动作行为是否正确，方向元件注意电流、电压相序、极性及方向元件的动作区是否正确。

（2）零序电流元件测试。设置定值清单见表 4 - 5。

表 4 - 5　　　　　　　　　　　零序电流元件测试定值清单

序号	定值名称	单位	定值设定
1	零序过电流 I 段定值	A	9
2	零序过电流 I 段时间	S	0
3	零序过电流 II 段定值	A	6
4	零序过电流 II 段时间	S	0.5
5	零序过电流 III 段定值	A	5
6	零序过电流 III 段时间	S	1
7	零序过电流 IV 段定值	A	3.8
8	零序过电流 IV 段时间	S	3

下面介绍两种在生产现场广泛使用的零序电流元件测试方案。

1）第一种方案。以 PW 系列继电保护测试仪为例，采用定点测试，即整定值的 95% 应能可靠闭锁，整定值的 105% 应能可靠动作，也就是校验整定值的 $\pm 5\%$ 的误差。允许保护有 $\pm 5\%$ 的误差。使用继电保护测试仪的"线路保护定值校验"测试项目进行测试。

选择"零序电流定值校验"模块，如图 4 - 6 所示，进入图 4 - 7 所示"测试项目"，选择"零序电流定值校验"。

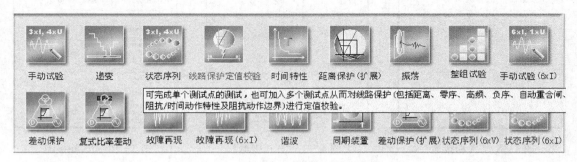

图 4 - 6　"线路保护定值校验"模块

如图 4 - 8 所示，设置"短路阻抗"栏。在做零序保护时，距离保护压板应退出，此栏可不设。如果距离保护没有退出，则为了防止距离保护动作，则应将此栏输入一个较大的值，使距离保护闭锁，例如，距离保护三段的定值是 6Ω，则这里可设置 8Ω。

将零序电流整定值按照定值输入，勾选要做的测试项目，确定即可。

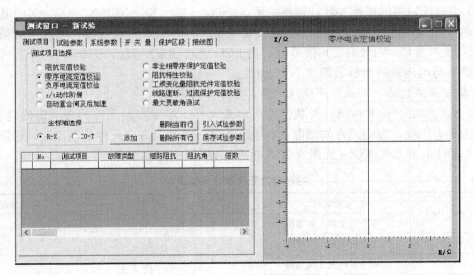

图 4-7　零序电流定值校验界面

再添加"B 相接地"（见图 4-9），"C 相接地"（见图 4-10）。可同时模拟三种接地故障。

图 4-8　"A 相接地"
零序定值校验

图 4-9　"B 相接地"
零序定值校验

图 4-10　"C 相接地"
零序定值校验

最后，查看其他试验参数，见图 4-11。"故障前时间"，应大于保护的复归时间；"最大故障时间"，应大于所有要做的测试项目中最长的那个时间；零序过电流Ⅳ段的时间定值为 3s，所以，应设置为 3.5s 或更长一些。

开关量设置见图 4-12，如果是分相跳闸，就默认，如果是三相跳闸，跳闸触点接在哪，哪儿就设置为"三相跳闸"。

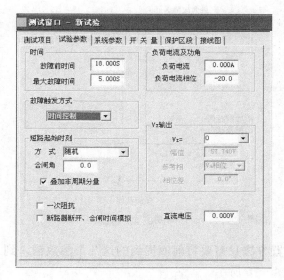

图 4-11　试验参数

图 4-12　开关量设置

零序保护设置完毕。保存试验参数，并开始试验。检查保护装置动作应完全正确。

2）第二种方案。测试精确的保护临界动作值，校验动作值是否在整定值的±5％的误差范围内。可以使用继电保护测试仪的"手动模块"或"递变模块"两种测试方法来进行。

a）"手动试验"模块的测试方法。调节好模拟量初始值，联机，通过"增加"、"减小"键来调节变量，使保护动作，记录动作值、动作时间。

动作值测试。以零序过电流Ⅳ段为例，定值为 3.8A，动作时间 3s。首先应给一个小于3.8A 的量，例如，3.5A，选择变量为 I_a，步长为 0.1A，联机，保护不会动，大概 1s 后，按一下递增键，加一个步长 0.1A。看保护会不会动作，不会动作，再递增一个步长，直到保护动作，记录动作值。测试过程如图 4-13 所示。

如果用计算机程序来描述这一过程，还要多添加一个参数——"变化终值"。测试过程为：电流从变化始值开始，每经过一个步长变化时间，递增一个步长，在这个过程中，如果保护动作了，结束测试，并记录测试结果。如果结点没有接收到跳闸信号，则电流最多递增到变化终值，测试结束。

动作时间测试。首先设置故障前状态，给保护一个正常的模拟量。再改变模拟量为让保护装置可靠动作的量，如 1.2 倍的动作电流，4×1.2＝4.8（A），该状态设为状态二，故障状态，当检测到跳闸信号后，保护动作。测试过程如图 4-14 所示。

如果用计算机程序来描述这一过程，还要多添加两个参数"故障前时间"、"最大故障时间"。测试过程为：首先输出状态一，让装置整组复归；然后进入状态二，并开始计时，如果保护动作了，就记录下动作时间，如果状态二维持的时间超过最大故障时间，则说明此故障不足以使保护动作，测试仪自动停止。可见，故障前时间应设置得大于装置的整组复归时间，最大故障时间应大于保护的动作时间定值。

b）递变模块的测试方法。自动试验的测试过程是通过预先定义变量的始值、终值、变化时间等参数制作一些测试任务。联机，试验完成后，软件自动记录下测试结果并生成试验报告。递变模块是对手动模块试验的自动化。

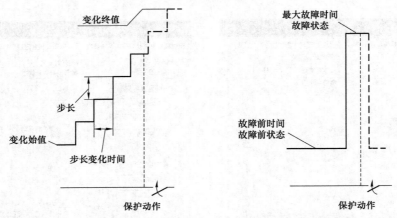

图 4-13　电流变量测试示意图　　　　图 4-14　动作时间测试示意图

自动和手动的测试过程是完全一样的。设置方法只需要将前面提到的这几个参数输入到软件里面即可。试验项目选择递变模块，如图 4-15 所示。

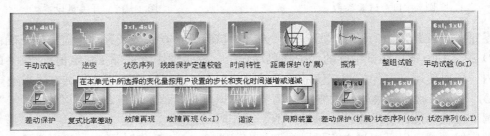

图 4-15　递变模块

试验参数选择"电流保护"，如图 4-16 所示。

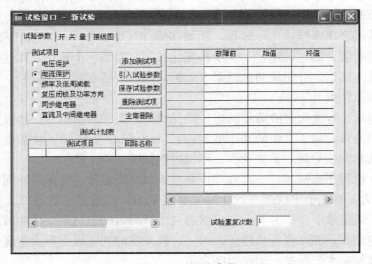

图 4-16　试验参数

添加测试项目选择"零序过流"，如图 4-17 所示。

打开递变模块，选择电流保护，点击添加测试项，勾选"零序过流动作值"、"零序过流动作时间"测试项,表示要做这两个测试项目。

　　设置参数,使测试仪按照预先设定的参数要求去做试验。

　　选择"动作值"书签,本试验不需要电压,这里默认 57.7V。"变量选择",如果模拟单相零序过电流,则仅在相应的相别上打钩即可,这里选 Ib,表示用 B 相模拟零序过电流,如图 4-18 所示。

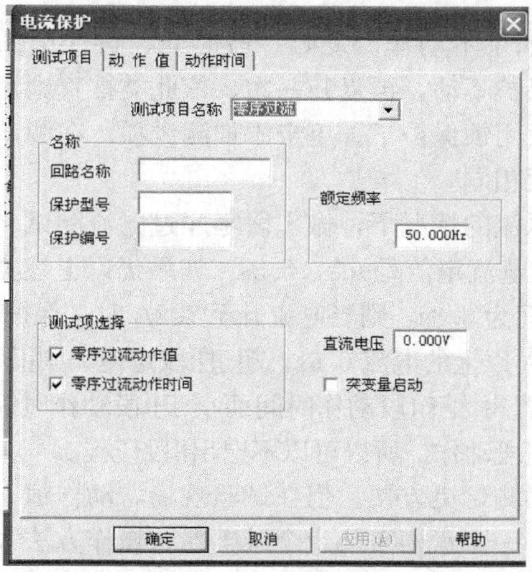

图 4-17　测试项目 　　　　　　　　　　图 4-18　动作值设定

　　"定义动作值"表示的含义是,当接收到跳闸信号时取哪一个变量为测试结果。"变量选择"用 B 相模拟零序过电流,那么动作值定义一定要选择 Ib。"变化始值"应设置得小于过电流定值,整定为 3A。"变化终值"应设置得大于过电流定值,整定为 5A。"变化步长"整定为 0.1A。"变化方式"为始→终。如果需要做返回值,就选择始→终→始,这样变化过程就变成从始值变化到终值,再从终值变化到始值。从而测试出返回值并自动计算返回系数。"步长变化时间"应大于动作值,零序过电流 IV 段的时间定值为 3s,这里设置为 3.5s。"整定值"按照零序过电流 IV 段定值输入 3.8A。

　　再单击"动作时间"书签(见图 4-19)。设置动作时间的各项参数。"电压"为正常电压,"故障前电流"默认为 0,就是状态 1,此状态下保护是不会动作的。这个状态维持多长时间? 故障前时间应大于装置的整组复归时间,这里设置为 0.5s。故障状态设 B 相过电流,"故障电流"3.8A。这就是状态 2,为故障状态,此状态应维持的时间至少要大于 IV 段的时间定值 3s,所以,这里整定为 4s。"整定值"部分,按照过电流 IV 段定值输入 3s,允许

图 4-19　动作时间设定

50ms 的误差。设置完成后确定，该测试项目就被添加到测试计划表中。

按下联机键，软件会自动进行测试，并记录下测试结果。此时，检查保护装置动作应完全正确。

用阶梯式递增的方法做动作值测试，有些保护动作时间很长，电流从始值变化到终值需要很长的时间，那么保护可能会因为长时间电流、电压异常而闭锁保护。针对这种情况，可以选用阶跃式递增测试方案，如图 4-20 所示。

首先输出一个故障量，看保护是否动作，如果不动作。复归一段时间，再加第二次故障，这次的故障量比第一次多一个步长。如果保护不动，再复归一次，依此类推直到保护动作。这样保护就不会因为检测到长时间的异常而闭锁保护了。单击添加测试项：在测试项页面勾选突变量启动，其他的参数设置方法与前面相同。

利用这种方法。可以在不退出Ⅱ段零序过电流的情况下，做Ⅰ段零序过电流测试。

例如，Ⅰ段零序过电流定值是 9A，0s，Ⅱ段过电流定值是 6A，0.5s。如果仍以上述方法做试验。始值是 7A，步长电流值为 0.1A，步长时间为 0.3s，则当电流升至 7.2A 时，保护动作，因为，从 7～7.2A 测试仪已经给保护装置加了 6A 以上的电流 0.6s，超过Ⅱ段定值，则Ⅱ段保护动作。如果用突变量启动，再将步长变化时间设置得大于Ⅰ段动作时间而小于Ⅱ段动作时间。这样，因为每次加的大电流时间都很短，不足以让Ⅱ段动作，所以可以不退出Ⅱ段压板。

对于简单的试验，如果只是操作一次，手动测试更方便。但在试验现场，动作值、动作时间等测试往往要做许多。在一些老的变电站，一个盘柜有几十个继电器，操作方法大致相同，要反复地将电流调低，再升高，动作时间也要反复地设置状态 1、状态 2。若采用自动测试，接好线后按下联机键即可。对于微机保护站，两套保护互为备用，定值一样，同样的项目要做两遍测试，那么可以先按照定值单，将要做的测试项目做成一个个测试参数文件，并保存到电脑上，到试验现场只需接好线，打开做好的试验参数即可开始试验。当下次再做这套保护试验时，可以打开上次试验时保存的参数，接好线，联机试验。

c）零序功率方向元件测试举例

保护定值：边界 1，-10°；边界 2，160°；最大灵敏角，85°。

参数设置：

① 编辑功率方向特性。进入"保护区段"属性页，单击"新建"按钮，选中新建的列表，再单击"编辑"按钮，进入编辑窗编辑功率方向特性，如图 4-21 所示。

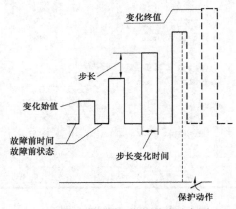

图 4-20　阶跃式递增测试示意图

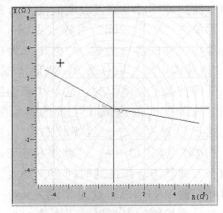

图 4-21　编辑功率方向特性

② 添加搜索线（见图 4 - 22）。根据拟订的动作边界图，在测试窗口右侧的阻抗平面中双击鼠标左键设置扫描线。扫描线要越过拟订的动作边界。设置故障类型为 A 相接地短路。选择计算模式为电流不变，短路电流为 5A。设置搜索精度即分辨率 0.002Ω。

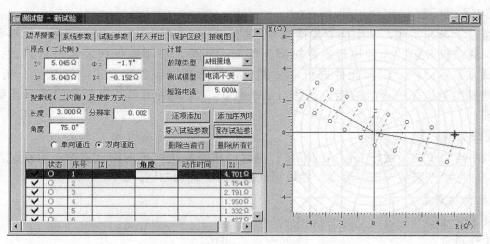

图 4 - 22　边界搜索

③ 设置试验参数。故障前时间设置为 0.2s，最大故障时间为 0.2s。"一次阻抗"及"断路器断开、合闸时间模拟"不选，负荷电流设为零。故障触发方式为时间控制。因为扫描阻抗动作边界只需判断保护的动作与否，所以开入量设为三跳。

④ 完成试验报告，如图 4 - 23 所示。

序号	故障类型	|Z|	角度	动作时间
01	A相接地	3.081Ω	169.1°	0.120s
02	A相接地	2.165Ω	169.3°	0.199s
03	A相接地	1.429Ω	175.0°	0.075s
04	A相接地	0.608Ω	−178.5°	0.043s
05	A相接地	0.149Ω	−120.9°	0.095s
06	A相接地	0.852Ω	−34.9°	0.181s
07	A相接地	0.526Ω	−56.5°	0.186s
08	A相接地	1.536Ω	−35.1°	0.048s
09	A相接地	2.183Ω	−18.9°	0.141s
10	A相接地	2.793Ω	−18.7°	0.195s

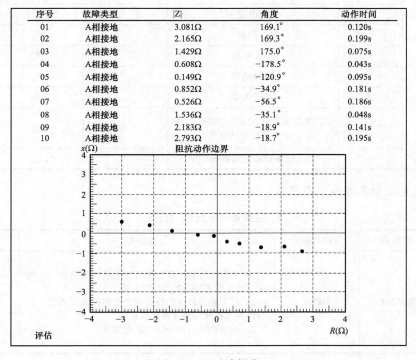

图 4 - 23　试验报告

任务二　微机型阻抗元件特性测试

◁┊【学习目标】

通过学习和实践，学生能看懂微机型阻抗保护原理逻辑图及二次回路图，能够利用继电保护测试仪及阻抗元件原理、逻辑框图等知识对微机型阻抗保护装置进行测试；能制订测试方案对微机型阻抗元件进行单体测试，能做测试数据记录、测试数据分析处理；具备微机型阻抗保护测试的能力，能对阻抗保护二次回路出现的简单故障进行正确分析和处理。

✋【任务描述】

以小组为单位，做好工作前的准备，制订微机型阻抗保护的测试方案，绘制试验接线图，完成微机型阻抗保护的测试，并填写试验报告，整理归档。

🎙【任务准备】

1. 任务分工

工作负责人：＿＿＿＿＿＿　　　　　　调试人：＿＿＿＿＿＿

仪器操作人：＿＿＿＿＿＿　　　　　　记录人：＿＿＿＿＿＿

2. 试验用工器具及相关材料（见表4-6）

表4-6　　　　　　　　　　　　　试验用工器具及相关材料

类别	序号	名　称	型号	数量	确认（√）
仪器仪表	1	微机试验仪		1套	
	2	钳形电流表		1块	
	3	万用表		1块	
	4	组合工具		1套	
消耗材料	1	绝缘胶布		1卷	
	2	打印纸等		1包	
图纸资料	1	保护装置说明书、图纸、调试大纲、记录本（可上网收集）		1套	
	2	最新定值通知单等		1套	

3. 危险点分析及预控（见表4-7）

表4-7　　　　　　　　　　　　　危险点分析及预控措施

序号	工作地点	危险点分析	预控措施	确认签名
1	线路保护柜	误跳闸	1）工作许可后，由工作负责人进行回路核实，确认二次工作安全措施票所列内容正确无误。 2）对可能误跳运行设备的二次回路进行隔离，并对所拆二次线用绝缘胶布包扎好。 3）检查确认出口压板在退出位置	

续表

序号	工作地点	危险点分析	预控措施	确认签名
1	线路保护柜	误拆接线	1）认真执行二次工作安全措施票，对所拆除接线做好记录。 2）依据拆线记录恢复接线，防止遗漏。 3）由工作负责人或由其指定专人对所恢复的接线进行检查核对。 4）必要时二次回路可用相关试验进行验证	
		误整定	严格按照正式定值通知单核对保护定值，并经装置打印核对正确	
2	保护柜和户外设备区	人身伤害	1）防止电压互感器二次反送电。 2）进入工作现场必须按规定佩戴安全帽。 3）登高作业时应系好安全带，并做好监护。 4）攀登设备前看清设备名称和编号，防止误登带电设备，并设专人监护。 5）工作时使用绝缘垫或戴手套。 6）工作人员之间做好相互配合，拉、合电源开关时发出相应口令；接、拆电源必须在拉开的情况下进行；应使用完整合格的安全开关，装配合适的熔断器	

4. 填写二次安全措施票（见表4-8）

表4-8　　　　　　　　　　**二次安全措施票**

被试设备名称		×××110kV 输电线路			
工作负责人		工作时间		签发人	

工作内容：××型110kV 输电线路微机继电保护装置阻抗元件特性测试

工作条件：停电

安全措施：包括应打开及恢复压板、直流线、交流线、信号线、联锁线和联锁开关等，按工作顺序填用安全措施。已执行，在执行栏打"√"。已恢复，在恢复栏打"√"

序号	执行	安全措施内容	恢复
1		确认所工作的线路保护装置已退出运行，检查全部出口压板确已断开，检修压板确已投入，记录空开、压板位置	
2		从保护柜断开电压互感器二次接线	
2.1		X3（A630）	
2.2		X4（B630）	
2.3		X5（C630）	
2.4		X6（N600）	
3		断开信号、录波启动二次线	
4		外加交直流回路应与运行回路可靠断开	
5			
6			
7			

执行人：　　　　　　监护人：　　　　　　恢复人：　　　　　　监护人：

【任务实施】

测试任务见表 4-9。

表 4-9　　　　　　　　　　　　　　　　微机型阻抗元件特性测试

一、制订测试方案	二、按照测试方案进行试验
1. 熟悉图纸及保护装置说明书	1. 测试接线（接线完成后需指导教师检查）
2. 学习本任务相关知识，参考本教材附录中相关规程规范、继电保护标准化作业指导书，本小组成员制订出各自的测试方案（包括测试步骤、试验接线图及注意事项等，应尽量采用手动测试）	2. 在本小组工作负责人主持下按分工进行本项目测试并做好记录，交换分工角色，轮流本项目测试并记录（在测试过程中，小组成员应发扬吃苦耐劳、顾全大局和团队协作精神，遵守职业道德）
3. 在本小组工作负责人主持下进行测试方案交流，评选出本任务执行的测试方案	3. 在本小组工作负责人主持下，分析测试结果的正确性，对本任务测试工作进行交流总结，各自完成试验报告的填写
4. 将评选出本任务执行的测试方案报请指导老师审批	4. 指导老师及学生代表点评及小答辩，评出完成本测试任务的本小组成员的成绩

本学习任务思考题
1. 设计微机保护测试仪、110kV 微机线路保护装置、模拟断路器之间试验接线，并说明三者之间的关系是什么。
2. 阻抗元件测试前需要做哪些检查？
3. 阻抗保护各定值项的含义是什么，如何整定？
4. 阻抗保护定值校验时，主要校验哪些定值，如何校验？
5. 阻抗保护动作出口需满足什么故障条件？
6. 根据测试数据判别保护功能是否满足要求的依据是什么？

【相关知识】

一、阻抗保护原理

阻抗元件是距离保护的核心元件，它的作用是测量故障点到保护安装处之间的阻抗（距离），并与整定值进行比较，以确定保护是否动作。

1. 阻抗元件的三个阻抗

（1）测量阻抗。加入阻抗元件的电压和电流之比称为阻抗元件的测量阻抗，是个变量。

（2）动作阻抗。使阻抗元件刚好动作的测量阻抗称为阻抗元件的动作阻抗。

（3）整定阻抗。动作阻抗的整定值称为阻抗元件的整定阻抗。

2. 阻抗元件的接线方式

（1）对阻抗元件接线方式的要求。

1）阻抗元件的测量阻抗应正比于故障点到保护安装处的距离，且与电网的运行方式无关。

2）阻抗元件的测量阻抗应与故障类型无关，即同一地点发生不同类型故障时，测量阻抗应相同。

（2）不同故障情况下接线方式。

1）相间短路阻抗元件的接线方式，见表 4-10 和表 4-11。

表 4-10　　　　　　　　　　阻抗元件 0°接线方式的电流电压组合

阻抗元件相别	接入电压 $\dot{U}_r$	接入电流 $\dot{I}_r$
AB	$\dot{U}_{AB}$	$\dot{I}_A - \dot{I}_B$
BC	$\dot{U}_{BC}$	$\dot{I}_B - \dot{I}_C$
CA	$\dot{U}_{CA}$	$\dot{I}_C - \dot{I}_A$

表 4-11　　　　　　　　　　阻抗元件 30°接线方式的电流电压组合

阻抗元件相别	+30°接线方式		−30°接线方式	
	接入电压 $\dot{U}_r$	接入电流 $\dot{I}_r$	接入电压 $\dot{U}_r$	接入电流 $\dot{I}_r$
AB	$\dot{U}_{AB}$	$\dot{I}_A$	$\dot{U}_{AB}$	$-\dot{I}_B$
BC	$\dot{U}_{BC}$	$\dot{I}_{BC}$	$\dot{U}_{BC}$	$-\dot{I}_C$
CA	$\dot{U}_{CA}$	$\dot{I}_C$	$\dot{U}_{CA}$	$-\dot{I}_A$

2）接地故障阻抗元件的接线方式，见表 4-12。

表 4-12　　　　　　　　　接地故障阻抗元件接线方式的电流电压

阻抗元件相别	接入电压 $\dot{U}_r$	接入电流 $\dot{I}_r$
A	$\dot{U}_A$	$\dot{I}_A + K3\dot{I}_0$
B	$\dot{U}_B$	$\dot{I}_B + K3\dot{I}_0$
C	$\dot{U}_C$	$\dot{I}_C + K3\dot{I}_0$

注　K 为补偿系数，其值为 $K = \dfrac{Z_0 - Z_1}{3Z_1}$。

3. 阻抗元件的动作特性

通常 110kV 线路微机保护装置设置三段式相间距离及三段式接地距离保护，Ⅰ 段和Ⅱ 段配合构成本线路的主保护，Ⅲ 段作为本线路的近后备和相邻线路的远后备。距离保护的动作区可在复数平面上用图形表示，常见有圆特性和四边形特性。

下面以 RCS-941 为例介绍 110kV 线路微机保护装置阻抗元件配置情况。装置设有三阶段式相间、接地距离继电器和两个作为远后备的四边形相间、接地距离继电器。继电器由正序电压极化，能测量故障过渡电阻；当用于短线路时，为了进一步扩大测量过渡电阻的能力，还可将Ⅰ、Ⅱ 段阻抗特性向第Ⅰ象限偏移；接地距离继电器设有零序电抗特性，可防止接地故障时继电器超越。正序极化电压较高时，由正序电压极化的距离继电器有很好的方向性；当正序电压下降至 $10\% U_N$ 以下时，进入三相低压程序，由正序电压记忆量极化，Ⅰ、Ⅱ 段距离继电器在动作前设置正的门槛，保证母线三相故障时继电器不可能失去方向性；继电器动作后则改为反门槛，保证正方向三相故障继电器动作后一直保持到故障切除。Ⅲ 段距离继电器始终采用反门槛，因而三相短路Ⅲ 段稳态特性包含原点，不存在电压死区。

（1）低压距离继电器。当正序电压小于 $10\% U_N$ 时，进入低压距离程序。正方向故障时的暂态动作特性如图 4-24 所示。

Z_s 为保护安装处背后等值电源阻抗，测量阻抗 Z_K 在阻抗复数平面上的动作特性是以 Z_{ZD} 与 $-Z_s$ 连线为直径的圆，动作特性

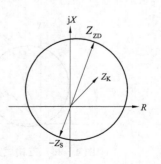

图 4-24　正方向故障时的
暂态动作特性

包含原点表明正向出口经或不经过渡电阻故障时都能正确动作，并不表示反方向故障时会误
动作；反方向故障时的动作特性必须以反方向故障为前提导出。

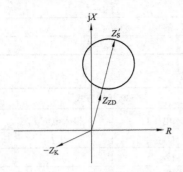

图 4-25　反方向故障时的
暂态动作特性

　　反方向故障时，测量阻抗 $-Z_K$ 在阻抗复数平面上的动作
特性是以 Z_{ZD} 与 Z'_s 连线为直径的圆，如图 4-25 所示，其中
Z'_s 为保护安装处到对侧系统的总阻抗。当 $-Z_K$ 在圆内时动
作，可见，继电器有明确的方向性，不可能误判方向。

　　以上的结论是在记忆电压消失以前，即继电器的暂态特
性。当记忆电压消失后，正方向故障时，测量阻抗 Z_K 在阻抗
复数平面上的动作特性如图 4-26 所示；反方向故障时，
$-Z_K$ 动作特性也如图 4-26 所示。由于动作特性经过原点，
因此母线和出口故障时，继电器处于动作边界；为了保证母
线故障，特别是经弧光电阻三相故障时不会误动作，Ⅰ、Ⅱ
段距离继电器在动作前设置正的门槛，其幅值取最大弧光压

降，保证母线三相故障时继电器不可能失去方向性；继电器动作后则改为反门槛，相当于使
特性圆包含原点，保证正方向出口三相故障继电器动作后一直保持到故障切除。为了保证Ⅲ
段距离继电器的后备性能，Ⅲ段距离继电器始终采用反门槛，因而三相短路Ⅲ段稳态特性包
含原点，不存在电压死区。

　　（2）接地距离继电器。

　　1）Ⅲ段接地距离继电器。Ⅲ段接地距离继电器由阻抗圆接地距离继电器和四边形接地
距离继电器相或构成，四边形接地距离继电器可作为长线末端变压器后故障的远后备。

　　a）阻抗圆接地距离继电器。继电器的极化电压采用当前正序电压，为非记忆量，这是
因为接地故障时，正序电压主要由非故障相形成，基本保留了故障前的正序电压相位，因
此，Ⅲ段接地距离继电器的特性与低压时的暂态特性完全一致，见图 4-24、图 4-25，继
电器有很好的方向性。

　　b）四边形接地距离继电器。四边形接地距离继电器的动作特性见图 4-27 中的 ABCD，
Z_{ZD} 为接地Ⅲ段圆阻抗定值，Z_{REC} 为接地Ⅲ段四边形定值，四边形中 BC 段与 Z_{ZD} 平行，且与
Ⅲ段圆阻抗相切；AD 段延长线过原点偏移 jX 轴 15°；AB 段与 CD 段分别在 $Z_{ZD}/2$ 和 Z_{REC}
处垂直于 Z_{ZD}。整定四边形定值时只需整定 Z_{REC} 即可。

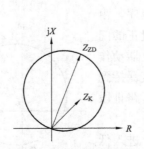

图 4-26　三相短路稳态特性

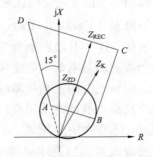

图 4-27　四边形相间距离继电器的动作特性

　　2）Ⅰ、Ⅱ段接地距离继电器。Ⅰ、Ⅱ段接地距离继电器由方向阻抗继电器和零序电抗
继电器相与构成。

Ⅰ、Ⅱ段方向阻抗继电器的极化电压，较Ⅲ段增加了一个偏移角 θ_1（见图 4-28），其作用是在短线路应用时，将方向阻抗特性向第Ⅰ象限偏移，以扩大允许故障过渡电阻的能力。θ_1 的整定可按 $0°$，$15°$，$30°$ 三挡选择。方向阻抗继电器与零序电抗继电器两部分结合，增强了在短线上使用时允许过渡电阻的能力。

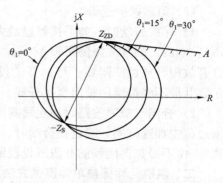

图 4-28　正方向故障时的继电器特性

（3）相间距离继电器。

1）Ⅲ段相间距离继电器。Ⅲ段相间距离继电器由阻抗圆相间距离继电器和四边形相间距离继电器相或构成，四边形相间距离继电器可作为长线末端变压器后故障的远后备。

a）阻抗圆相间距离继电器。继电器的极化电压采用正序电压，不带记忆。因相间故障其正序电压基本保留了故障前电压的相位，故障相的动作特性见图 4-24、图 4-25，继电器有很好的方向性。

三相短路时，由于极化电压无记忆作用，其动作特性为一过原点的圆，见图 4-26。由于正序电压较低时，由低压距离继电器测量，因此，这里既不存在死区也不存在母线故障失去方向性问题。

b）四边形相间距离继电器。四边形相间距离继电器动作特性同四边形接地距离继电器，见图 4-27，只是工作电压和极化电压以相间量计算。

2）Ⅰ、Ⅱ段相间距离继电器。Ⅰ、Ⅱ段相间距离继电器由方向阻抗继电器和电抗继电器相与构成。

Ⅰ、Ⅱ段方向阻抗继电器的极化电压与接地距离Ⅰ、Ⅱ段一样，较Ⅲ段增加了一个偏移角 θ_2，其作用也是为了在短线路使用时增加允许过渡电阻的能力。θ_2 的整定可按 $0°$，$15°$，$30°$ 三挡选择。方向阻抗继电器与电抗继电器两部分结合，增强了在短线上使用时允许过渡电阻的能力。

（4）振荡闭锁。装置的振荡闭锁分三个部分，任意一个元件动作开放保护。

1）启动开放元件。启动元件开放瞬间，若按躲过最大负荷整定的正序过电流元件不动作或动作时间尚不到 10ms，则将振荡闭锁开放 160ms。该元件在正常运行突然发生故障时立即开放 160ms，当系统振荡时，正序过电流元件动作，其后再有故障时，该元件已被闭锁。另外当区外故障或操作后 160 ms 再有故障时也被闭锁。

2）不对称故障开放元件。不对称故障时，振荡闭锁回路还可由对称分量元件开放。

3）对称故障开放元件。在启动元件开放 160ms 以后或系统振荡过程中，如发生三相故障，则上述二项开放措施均不能开放振荡闭锁，本装置中另设置了专门的振荡判别元件来测量振荡中心电压。有

$$U_{\mathrm{OS}} = U\cos\varphi$$

式中　U——正序电压；

φ——正序电压和电流之间的夹角。

在系统正常运行或系统振荡时，$U\cos\varphi$ 反映振荡中心的正序电压；在三相短路时，$U\cos\varphi$ 为弧光电阻上的压降，三相短路时过渡电阻是弧光电阻，弧光电阻上压降小于 $5\%U_{\mathrm{N}}$。

（5）距离保护逻辑。

1）保护启动时，如果按躲过最大负荷电流整定的振荡闭锁过电流元件尚未动作或动作不到 10ms，则开放振荡闭锁 160ms，另外不对称故障开放元件、对称故障开放元件任一元件开放则开放振荡闭锁；可选择"投振荡闭锁"去闭锁Ⅰ、Ⅱ段距离保护，否则距离保护Ⅰ、Ⅱ段不经振荡闭锁而直接开放。

2）合闸于故障线路时加速跳闸可有两种方式：一是受振闭控制的Ⅱ段距离继电器在合闸过程中加速跳闸；二是在合闸时，还可选择"投重合加速Ⅱ段距离"、"投重合加速Ⅲ段距离"，由不经振荡闭锁的Ⅱ段或Ⅲ段距离继电器加速跳闸。手动合闸时总是加速Ⅲ段距离。

二、阻抗元件保护单体测试方法及案例

下面引入实例讲解距离保护阻抗元件定值的试验方法。用阻抗值和灵敏角确定保护区域的保护装置都可参考此例。

1. *RCS-941* 型线路成套装置保护（见图 4-29）

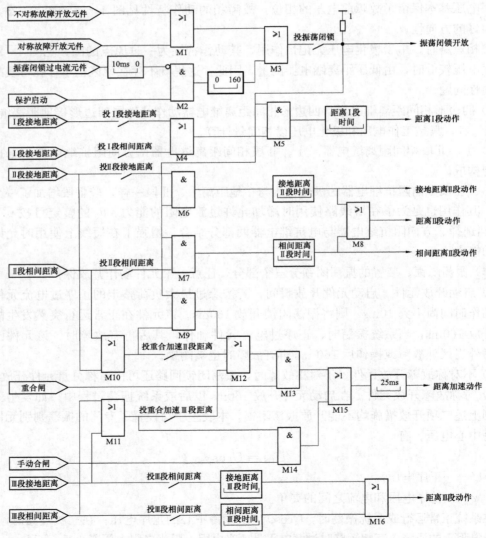

图 4-29　RCS-941 型线路成套装置距离保护框图

测试类别：接地、相间距离保护。

定值清单和控制字设置见表 4-13 和表 4-14。

表 4-13　　　　　　　　　　　　定 值 清 单

序号	定值名称	单位	定值设定
1	零序补偿系数		0.67
2	接地距离Ⅰ段定值	Ω	1
3	接地距离Ⅱ段定值	Ω	2
4	接地距离Ⅱ段时间	s	0.5
5	接地距离Ⅲ段定值	Ω	6
6	接地距离Ⅲ段时间	s	2
7	相间距离Ⅰ段定值	Ω	1
8	相间距离Ⅱ段定值	Ω	2
9	相间距离Ⅱ段时间	s	0.5
10	相间距离Ⅲ段定值	Ω	6
11	相间距离Ⅲ段时间	s	2
12	正序灵敏角		78°
13	零序灵敏角		80°
14	接地距离偏移角		0°
15	相间距离偏移角		0°

表 4-14　　　　　　　　　　　　控 制 字

序号	控制字	投入/退出	序号	控制字	投入/退出
1	投Ⅰ段接地距离	1	4	投Ⅰ段相间距离	1
2	投Ⅱ段接地距离	1	5	投Ⅱ段相间距离	1
3	投Ⅲ段接地距离	1	6	投Ⅲ段相间距离	1

距离保护定值校验步骤如下：

（1）在模块选择窗口，见图 4-30，单击选择"线路保护定值校验"。

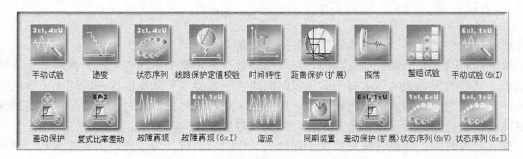

图 4-30　选择"线路保护定值校验"

（2）测试项目选定为"阻抗定值校验"，见图 4-31。

（3）单击"试验参数"书签，见图 4-32。

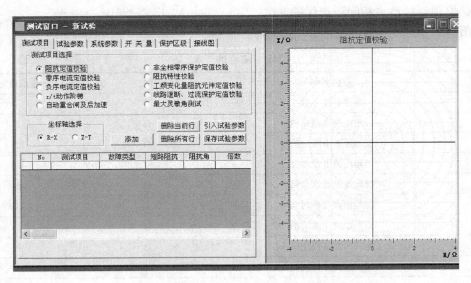

图 4 - 31　阻抗定值校验

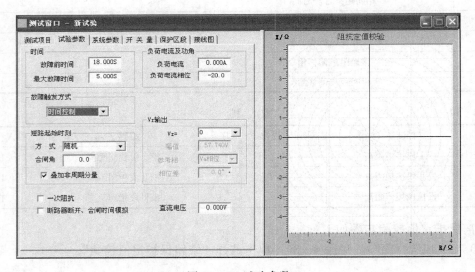

图 4 - 32　试验参数

在"试验参数"书签页主要需要关注的参数是两个时间。

故障前时间：在给保护加故障前，先要给装置一个正常的电压和电流，使其处于正常工作状态。这段时间称为故障前时间。这段时间应大于装置 TV 断线的检测时间＋重合闸充电时间。高压线路保护的启动时间较长，一般为 15s 左右，可长不可短，否则，在做距离保护测试的时候会出现测距不准误动作、重合闸失败等现象。

最大故障时间：这段时间只要大于保护的动作时间即可。为不使保护装置误判"跳闸失败"，故障时间只能设置得略大于动作时间定值。那是由于当时没有接保护动作接点，测试仪不论装置动作与否，在到达状态时间之后才自动切换到下一个状态，如果故障时间设置得过长，保护在发出跳闸令后仍然检测到故障长期存在，将启动"跳闸失败"逻辑。像"线路保护定值校验"这样的自动测试是需要接动作接点的,测试仪在输出故障时,也在不断检测接点状态,一旦接点发生变位(跳闸信号)就会马上停止故障量的输出。因此,"最大故障时间"这个参数可以设置得稍大一些。要将距离Ⅰ、Ⅱ、Ⅲ段一并添加到测试列表之中,Ⅲ段的时间最长,为保证三段都能可靠动作,"最大故障时间"应设置得大于Ⅲ段动作时间。Ⅲ段的动作时间定值是 2s,这里设置 5s。为了节省整个试验时间,将其设置为 2.2s 或 2.5s 更好。

(4)单击"系统参数"书签,见图 4-33。

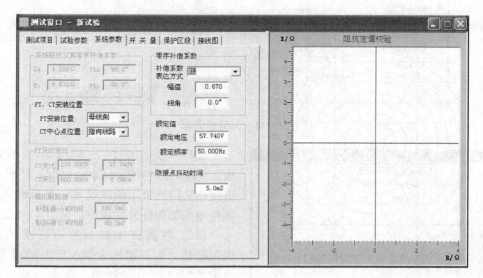

图 4-33　系统参数

(5)如果要做接地距离测试,"零序补偿系数"这个参数一定要按照定值正确输入。常见的形式有两种。一种是"KL"表达方式,它由"幅值"和"相角"两个参数构成。RCS-941 型保护装置就是这种形式。"幅值"按照定值单的"零序补偿系数"填入即可,这里定值是 0.67。"相角"设置为 0。一种是"RE/RL 和 XE/XL"方式。它由"KR"(电阻补偿系数)和"KX"(电抗补偿系数)两个参数构成。如果定值单上给出的是这两个参数作为零序补偿系数,则选择这种表达方式并输入定值即可。

(6)单击"开关量"书签,见图 4-34。

(7)测试仪有 8 对开关量接点。在做线路保护测试时默认定义为两组跳闸接点,都是跳A、跳B、跳C、重合闸。如果保护装置投的是三跳,则只需要接一个跳闸接点即可,A、B、C 都行,但要把"跳闸判定"改为"三相跳闸"。

(8)返回"测试项目"书签,把各项接地故障、相间故障依次添加到任务列表之中。

(9)单击添加测试项后,阻抗定值校验参数设置窗口就会弹出。

(10)首先添加 A 相接地故障。阻抗角按照零序灵敏角输入。短路电流一般默认 5A 即可。软件会根据阻抗值和输入的短路电流自动计算短路电压。如果阻抗值过小,例如,低于 0.5Ω,则应将短路电流设置得大一些,例如 20A。如果阻抗值过大,例如,大于 100Ω,则应将短路电流设置得小一些,例如 0.3A。"整定值"区域按照定值输入即可,在要做的测试项目后面打勾。

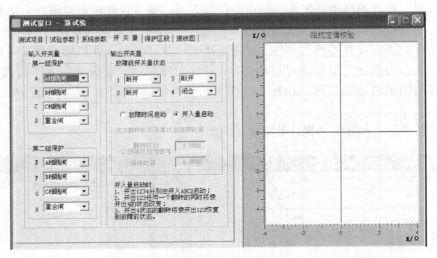

图 4-34　开关量设置

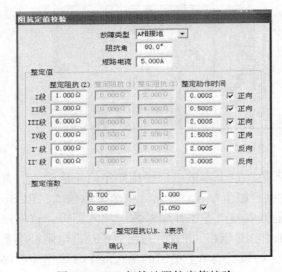

图 4-35　A 相接地阻抗定值校验

（11）"整定倍数"一般选 0.95 和 1.05 即可。如果还要精确测试动作时间，还要选 0.7，进行 0.7 倍的整定阻抗设置。单击确认，将 A 相接地添加到任务列表中，见图 4-35。

（12）在测试项目书签页再次单击"添加"按钮，打开阻抗定值校验参数设置窗口。故障类型选择 B 相接地。定值、整定倍数与 A 相一样。单击确定将 B 相接地添加到任务列表中。

（13）在测试项目书签页再次单击"添加"按钮，打开阻抗定值校验参数设置窗口。故障类型选择 C 相接地。定值、整定倍数与 A、B 相一样。单击确定将 C 相接地添加到任务列表中。

（14）在测试项目书签页再次单击"添加"按钮，打开阻抗定值校验参数设置窗口。

（15）故障类型选择 AB 短路，阻抗角整定为"正序灵敏角"，短路电流仍默认为 5A，见图 4-36。

（16）定值要按照相间阻抗定值重新输入，整定倍数仍取 0.95 和 1.05，单击确定将 AB 短路添加到任务列表中。

（17）在测试项目书签页再次单击"添加"按钮，打开阻抗定值校验参数设置窗口。故障类型选择 BC 短路，定值、整定倍数与 AB 短路一样，单击确定将 BC 短路添加到任务列表中。在测试项目书签页再次单击"添加"按钮，打开阻抗定值校验参数设置窗口，故障类型选择 CA 短路，定值、整定倍数与 AB、BC 短路一样，单击确定将 CA 短路添加到任务列表中。

（18）接地、相间所有的测试项目都已经添加到任务列表之中，单击开始试验。

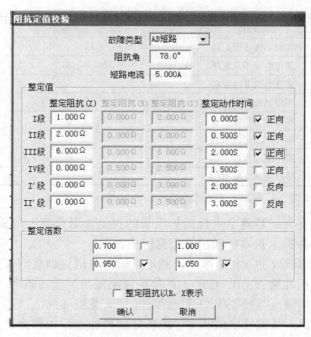

图 4-36 AB 短路阻抗定值校验

（19）单击▶按钮开始试验。测试仪按测试项目表的顺序模拟所设置的各种故障，并记录保护跳、合闸时间。检查保护装置动作正确性。

对 CSL101 系列保护装置的试验，定值由电阻、电抗构成，则需要在参数设置窗口勾选"整定值以 R、X 表示"。或直接将灵敏角设置为 90°，阻抗值等于各段的电抗值即可。

2. CSL101B 型线路微机保护

测试项目：接地距离、相间距离、零序保护的定值校验及动作时间测试。

设置定值清单见表 4-15。

表 4-15

定 值 清 单

序号	定值名称	单位	定值设定
1	零序补偿系数 KX①		0.699
2	零序补偿系数 KR		0
3	接地距离Ⅰ段定值	Ω	2
4	接地距离Ⅱ段定值	Ω	4
5	接地距离Ⅱ段时间	s	0.5
6	接地距离Ⅲ段定值	Ω	6
7	接地距离Ⅲ段时间	s	1
8	相间距离Ⅰ段定值	Ω	2
9	相间距离Ⅱ段定值	Ω	4
10	相间距离Ⅱ段时间	s	0.5
11	相间距离Ⅲ段定值	Ω	6

续表

序号	定值名称	单位	定值设定
12	相间距离Ⅲ段时间	s	1
13	零序电流Ⅰ段定值	A	3
14	零序电流Ⅱ段定值	A	2.5
15	零序电流Ⅱ段时间	s	0.5
16	零序电流Ⅲ段定值	A	2
17	零序电流Ⅲ段时间	s	1
18	零序电流Ⅳ段定值	A	1
19	零序电流Ⅳ段时间	s	1.5

① 零序补偿系数：选择 RE/RL 和 XE/XL 方式。KX＝0.699，KR＝0。

保护压板投退：在保护装置上进行保护压板的投退。退高频、退重合闸，投距离保护，测试过程中再根据软件提示投零序保护退距离保护。

（1）试验接线。测试仪的三相电压、三相电流输出分别接到被测保护装置的电压、电流输入端子。测试仪的开入量 A、B、C 的一端接到被测保护装置的跳闸出口触点 CKJA、CKJB、CKJC 上，另一端短接并接到保护跳闸的正电源，见图 4-37。

（2）添加测试项目。将阻抗定值和零序电流定值校验点添加到测试项目列表。

1）在"测试项目"的属性页中选择"阻抗定值校验"，单击"添加"按钮，弹出阻抗定值校验对话框，选择故障类型为 A 相接地，因为校验的定值为电抗值，所以阻抗角为 90°，输入各段整定阻抗。

2）设置校验点的整定倍数。0.95 倍定值保护可靠动作（即本段动作），1.05 倍定值保护可靠不动作（即本段不动作，下一段动作），0.70 倍定值测试保护动作时间（即本段动作的动作时间）。

3）单击"确认"按钮，将测试点添加到测试项目列表中，见图 4-38。在测试项目的属性页中选择"零序电流定值校验"，单击"添加"按钮弹出零序电流定值校验对话框。

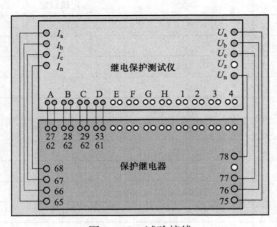

图 4-37　试验接线

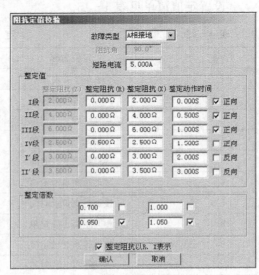

图 4-38　阻抗定值校验

4）设置校验点的零序电流整定值以及整定倍数。0.95 倍定值保护可靠不动作（即本段不动作，下一段动作），1.05 倍定值保护可靠动作（即本段动作），1.20 倍定值测试保护动作时间（即本段动作的动作时间）。

5）单击"添加"按钮，将所有测试项目一次添加到测试项目列表中，见图 4-39。这时测试项目列表中既有阻抗定值校验项，也有零序电流定值校验项。

6）可一次完成所有测试项目的测试，也可选择其中某一项目进行测试（如只做阻抗、或只做零序电流定值校验），可以通过图 4-40 所示对话框来选择。

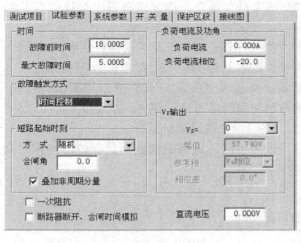

	No	测试项目	故障类型	短路阻抗	阻抗角	倍数
✔	8	阻抗定值	AB短路	2.100Ω	90.0°	1.050
✔	9	阻抗定值	AB短路	3.800Ω	90.0°	0.950
✔	10	阻抗定值	AB短路	4.200Ω	90.0°	1.050
✔	11	阻抗定值	AB短路	5.700Ω	90.0°	0.950
✔	12	阻抗定值	AB短路	6.300Ω	90.0°	1.050
✔	13	零序定值	A相接地	1.000Ω	90.0°	0.950
✔	14	零序定值	A相接地	1.000Ω	90.0°	1.050
✔	15	零序定值	A相接地	1.000Ω	90.0°	0.950

当前项目全选(S)
当前项目清除(C)

全部选择(X)
全部清除(Q)

删除当前行(D)
删除所有行(A)

导入…(I)
导出…(E)

图 4-39 测试项目列表　　　　　　图 4-40 测试项目选择对话框

（3）试验参数设置。故障前时间设为 18s（大于保护整组复归时间或重合闸充电时间，微机保护一般要取 20s 左右），最大故障时间设为 5s（大于保护最长动作时间，一般取 3s 左右）。故障触发方式设置为时间控制，按照设置的时间自动完成所有故障模拟试验，见图 4-41。

（4）开关量设置。因为保护分相跳闸（综重方式），设置 A、B、C 和 D 分别为保护的跳 A、跳 B、跳 C 和重合闸动作触点。

（5）系统参数设置。零序补偿系数是由定值单或保护装置说明书中给出的；TV、TA 安装位置要根据现场的实际位置进行设置，见图 4-42。

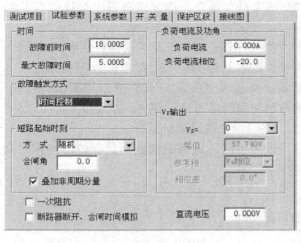
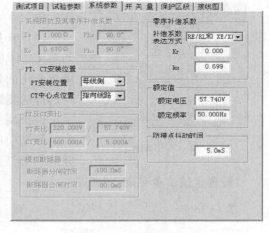

图 4-41 试验参数　　　　　　　　图 4-42 系统参数设置

（6）保存试验参数。

（7）开始试验。单击 ▶ 按钮开始试验。测试仪按测试项目表的顺序模拟所设置的各种故障，并记录保护跳、合闸时间。在试验进行过程中可监视测试仪输出及保护动作的信息，完成测试项目列表中的所有试验项目后自动结束试验。

（8）设置、保存、打印试验报告，见图 4 - 43。

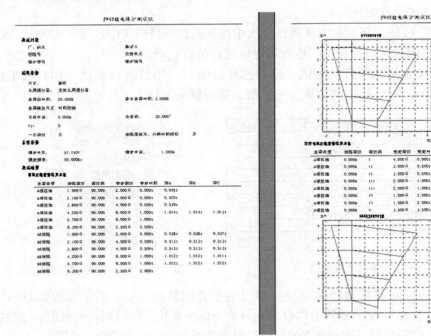

图 4 - 43　试验报告

3. 阻抗（Z/T）动作特性测试

该测试单元一次性自动完成 Ⅰ ～ Ⅳ 段距离保护在各种短路阻抗、各种故障类型条件下阻抗时间特性的测试和定值检验并给出特性图。

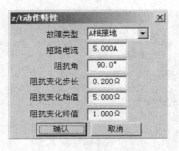

图 4 - 44　Z/T 动作特性

（1）在"测试项目"属性页的测试项目中选择"Z/T 动作阶梯"。

（2）单击"添加"按钮，弹出 Z/T 动作特性测试对话框，如图 4 - 44 所示。选择故障类型、短路电流及阻抗角，输入阻抗变化的始值、终值及其变化步长。单击"确认"按钮，将选择的测试点添加到测试项目列表中，方法同上。

保护型号：CSL101B 线路微机保护。

测试项目：设置不同的短路阻抗点测试保护的动作时间并绘制 Z/T 特性图。

设置定值清单见表 4 - 16。

表 4 - 16　　　　　　　　　定 值 清 单

序号	定值名称	单位	定值设定
1	零序补偿系数 KX[①]		0.699
2	零序补偿系数 KR		0
3	接地距离 Ⅰ 段定值	Ω	2

续表

序号	定值名称	单位	定值设定
4	接地距离Ⅱ段定值	Ω	4
5	接地距离Ⅱ段时间	s	0.5
6	接地距离Ⅲ段定值	Ω	6
7	接地距离Ⅲ段时间	s	1
8	相间距离Ⅰ段定值	Ω	2
9	相间距离Ⅱ段定值	Ω	4
10	相间距离Ⅱ段时间	s	0.5
11	相间距离Ⅲ段定值	Ω	6
12	相间距离Ⅲ段时间	s	1
13	零序电流Ⅰ段定值	A	3
14	零序电流Ⅱ段定值	A	2.5
15	零序电流Ⅱ段时间	s	0.5
16	零序电流Ⅲ段定值	A	2
17	零序电流Ⅲ段时间	s	1
18	零序电流Ⅳ段定值	A	1
19	零序电流Ⅳ段时间	s	1.5

① 零序补偿系数：选择 RE/RL 和 XE/XL 方式。KX＝0.699，KR＝0。

保护压板投退：在保护装置上进行保护压板的投退。退高频、重合闸和零序保护压板，投距离保护。测试过程中再根据软件提示投零序保护退距离保护。

（1）试验接线。测试仪的三相电压、三相电流输出分别接到被测保护装置的电压、电流输入端子，测试仪的开入量 A、B、C 的一端接到被测保护装置的跳闸出口触点 CKJA、CKJB、CKJC 上，另一端短接并接到保护跳闸的正电源，见图 4－45。

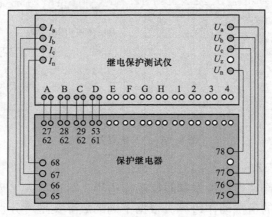

图 4－45　测试接线图

（2）添加测试项。在"测试项目"属性页的测试项目中选择"Z/T动作阶梯"。单击"添加"按钮，弹出Z/T动作特性测试对话框。故障类型选择A相接地，短路阻抗角设置为90°，设置阻抗始值、终值及变化步长。单击"确认"按钮，将选择的测试点添加到测试项目列表中，见图4-46。坐标轴选择为Z-T坐标平面。

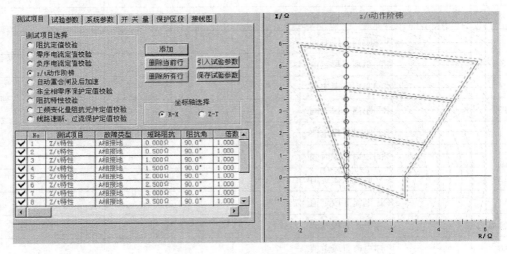

图4-46　测试项目

（3）试验参数、开关量、系统参数设置见图4-47。

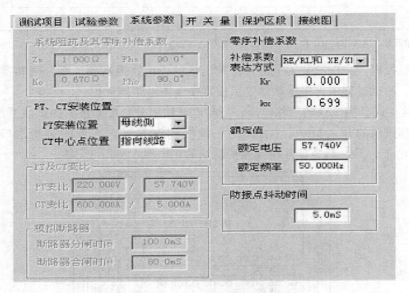

图4-47　系统参数设置

（4）试验、报告、保存见图4-48。

针对距离保护的动作特性，搜索其阻抗动作边界。可以搜索出圆特性、多边形特性、弧形以及直线等各种特性的阻抗动作边界。根据不同的故障类型可分别描绘出接地阻抗和相间阻抗特性。

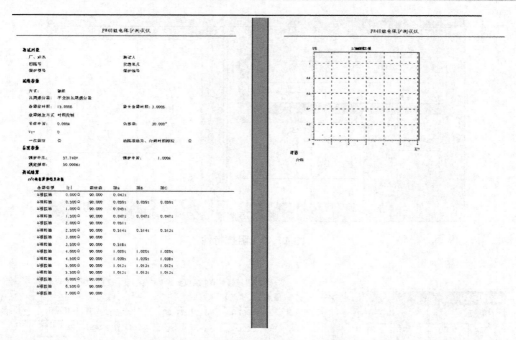

图 4 - 48　试验报告

4. 稳态 Ⅱ 段接地阻抗特性扫描（见表 4 - 17）

表 4 - 17　　　　　　　　　　　定　值　清　单

序号	定值名称	单位	定值设定
1	零序补偿系数 KL		0.67
2	接地距离 Ⅰ 段定值	Ω	2
3	接地距离 Ⅱ 段定值	Ω	4
4	接地距离 Ⅱ 段时间	s	0.5
5	接地距离 Ⅲ 段定值	Ω	6
6	接地距离 Ⅲ 段时间	s	1

保护压板：在保护装置上退零序保护、重合闸压板、投距离保护压板。

（1）试验接线见图 4 - 49。

（2）阻抗特性。

1）编辑阻抗特性。进入"保护区段"属性页，单击"新建"按钮，选中新建的列表，再单击"编辑"按钮进入编辑窗编辑阻抗特性，见图 4 - 49。

2）添加搜索线。在测试窗口右侧的阻抗平面中单击鼠标左键设置查找线的圆心，尽量设在拟定阻抗特性的中心。单击"添加序列"按钮设置扫描半径、起始角、终止角及角度步长使得扫描区覆盖整个拟定的阻抗动作边界，见图 4 - 50。

必要时添加单条扫描线（如灵敏角下）。如设置扫描线的起点 $R=0\Omega$，$X=0\Omega$，设置扫描线的长度为 3.0 Ω，角度为 75°。单击"添加"按钮将单条扫描线添加到测试列表中，见图 4 - 51。

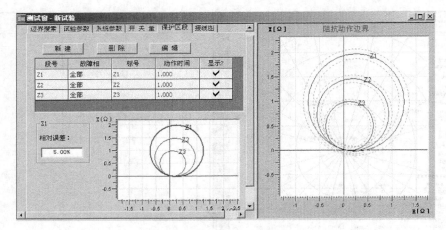

图 4-49　阻抗特性

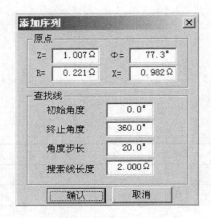

图 4-50　添加序列

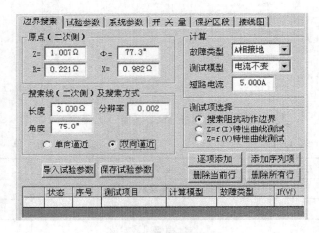

图 4-51　边界搜索 1

设置故障类型为 A 相接地。选择计算模式为电流不变，短路电流为 1A。设置查找精度即分辨率为 0.002Ω，见图 4-52。

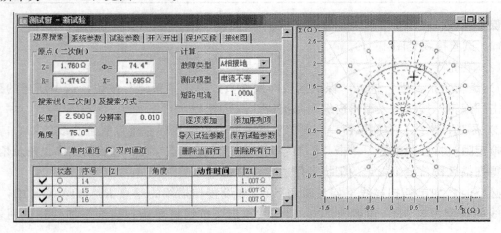

图 4-52　边界搜索 2

（3）试验参数设置（见图 4-53）。故障前时间设置为 18s（大于保护整组复归时间或重合闸充电时间），最大故障时间为 0.6s（大于Ⅱ段出口时间小于Ⅲ段出口时间使Ⅲ段不动作），最小动作确认时间等于 0.4s 使Ⅰ段出口不被确认。"一次阻抗"及"断路器断开、合闸时间模拟"不选，负荷电流设为零。故障触发方式为时间控制。

在系统参数设置中，设置零序补偿系数：选择 KL 方式，KL＝0.67，相角＝0°，见图 4-54。

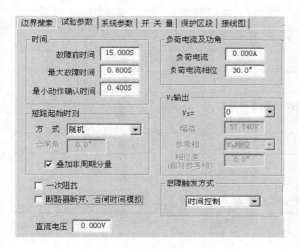

图 4-53　试验参数

图 4-54　系统参数

因为扫描阻抗动作边界只需判断保护的动作与否，所以开入量设为三跳。

（4）试验。单击▶按钮开始试验。完成所有测试项目后自动结束试验。测试仪将按测试项目表中的排列顺序依次模拟所设置的各种故障。查找得到的阻抗动作边界、保护动作时间以及故障电压、电流值的大小均记录在项目列表中，以便在试验中或试验结束后浏览试验结果。

任务三　110kV 输电线路继电保护装置整组测试

🔊【学习目标】

通过学习和实践，学生能掌握 110kV 输电线路微机型继电保护装置整组检验项目，能够利用继电保护测试仪对保护装置整组功能进行测试；能制订整组保护测试方案，能做测试数据记录、测试数据分析处理；具备 110kV 输电线路微机型继电保护装置整组测试的能力，能对二次回路出现的简单故障进行正确分析和处理。

🤲【任务描述】

以小组为单位，做好工作前的准备，制订整组保护测试方案，绘制试验接线图，完成整组保护测试，并填写试验报告，整理归档。

🎙【任务准备】

1. 任务分工

工作负责人：＿＿＿＿　　　　　　　　　调试人：＿＿＿＿

仪器操作人：_____   记录人：_____

2. 试验用工器具及相关材料（见表 4-18）

表 4-18   试验工器具及相关材料

类别	序号	名 称	型号	数量	确认（√）
仪器仪表	1	微机试验仪		1套	
	2	钳形电流表		1块	
	3	万用表		1块	
	4	组合工具		1套	
消耗材料	1	绝缘胶布		1卷	
	2	打印纸等		1包	
图纸资料	1	保护装置说明书、图纸、调试大纲、记录本（可上网收集）		1套	
	2	最新定值通知单等		1套	

3. 危险点分析及预控（见表 4-19）

表 4-19   危险点分析及预控措施

序号	工作地点	危险点分析	预控措施	确认签名
1	线路保护柜	误跳闸	1）工作许可后，由工作负责人进行回路核实，确认二次工作安全措施票所列内容正确无误。 2）对可能误跳运行设备的二次回路进行隔离，并对所拆二次线用绝缘胶布包扎好。 3）检查确认出口压板在退出位置	
		误拆接线	1）认真执行二次工作安全措施票，对所拆除接线做好记录。 2）依据拆线记录恢复接线，防止遗漏。 3）由工作负责人或由其指定专人对所恢复的接线进行检查核对。 4）必要时二次回路可用相关试验进行验证	
		误整定	严格按照正式定值通知单核对保护定值，并经装置打印核对正确	
2	保护柜和户外设备区	人身伤害	1）防止电压互感器二次反送电。 2）进入工作现场必须按规定佩戴安全帽。 3）登高作业时应系好安全带，并做好监护。 4）攀登设备前看清设备名称和编号，防止误登带电设备，并设专人监护。 5）工作时使用绝缘垫或戴手套。 6）工作人员之间做好相互配合，拉、合电源开关时发出相应口令；接、拆电源必须在拉开的情况下进行；应使用完整合格的安全开关，装配合适的熔丝	

4. 填写二次安全措施票（见表 4 - 20）

表 4 - 20　　　　　　　　　　　二 次 安 全 措 施 票

被试设备名称		×××110kV 输电线路			
工作负责人		工作时间		签发人	

工作内容：××型 110kV 输电线路微机继电保护装置整组测试

工作条件：停电

安全措施：包括应打开及恢复压板、直流线、交流线、信号线、联锁线和联锁开关等，按工作顺序填用安全措施。已执行，在执行栏打"√"。已恢复，在恢复栏打"√"

序号	执行	安全措施内容	恢复
1		确认所工作的线路保护装置已退出运行，检查全部出口压板确已断开，检修压板确已投入，记录空开、压板位置	
2		从保护柜断开电压互感器二次接线	
2.1		X3（A630）	
2.2		X4（B630）	
2.3		X5（C630）	
2.4		X6（N600）	
3		断开信号、录波启动二次线	
4		外加交直流回路应与运行回路可靠断开	
5			
6			
7			

执行人：　　　　　监护人：　　　　　恢复人：　　　　　监护人：

❦【任务实施】

测试任务见表 4 - 21。

表 4 - 21　　　　　　　110kV 输电线路继电保护装置整组测试

一、制订测试方案	二、按照测试方案进行试验
1. 熟悉图纸及保护装置说明书	1. 测试接线（接线完成后需指导教师检查）
2. 学习本任务相关知识，参考本教材附录中相关规程规范、继电保护标准化作业指导书，本小组成员制订出各自的测试方案（包括测试步骤、试验接线图及注意事项等，应尽量采用手动测试）	2. 在本小组工作负责人主持下按分工进行本项目测试并做好记录，交换分工角色，轮流本项目测试并记录（在测试过程中，小组成员应发扬吃苦耐劳、顾全大局和团队协作精神，遵守职业道德）
3. 在本小组工作负责人主持下进行测试方案交流，评选出本任务执行的测试方案	3. 在本小组工作负责人主持下，分析测试结果的正确性，对本任务测试工作进行交流总结，各自完成试验报告的填写
4. 将评选出本任务执行的测试方案报请指导老师审批	4. 指导老师及学生代表点评及小答辩，评出完成本测试任务的本小组成员的成绩

本学习任务思考题
1. 110kV 输电线路微机型继电保护装置全部整组测试项目有哪些？
2. 保护功能整组测试包含哪些项目，各项目如何进行测试？
3. 整组测试之前需要做哪些检查工作？
4. 绘制整组测试接线图。
5. 制订整组测试方案。
6. 现场 110kV 输电线路微机型继电保护装置整组检验工作的安全技术措施及危险点分析有哪些？

📖【相关知识】

一、110kV 输电线路继电保护装置整组测试内容举例

1. 保护功能整组测试

测试时，将重合闸方式选择开关置于整定位置，测量重合动作时间，重合闸整组动作时间应与整定的时间误差不大于 30ms。需要分别进行下列各项试验：

1）模拟接地距离Ⅰ段范围内 A 相瞬时和永久性接地故障；

2）模拟相间距离Ⅰ段范围内 AB 相间、BC 相间接地、三相瞬时性和永久性故障；

3）模拟距离Ⅱ段范围 A 相瞬时接地和 BC 相间瞬时故障（停用主保护）；

4）模拟距离Ⅲ段范围 B 相瞬时接地和 CA 相间瞬时故障（停用主保护和零序保护）；

5）模拟零序方向过电流Ⅱ段动作范围内 C 相瞬时和永久性接地故障（停用主保护和距离保护）；

6）模拟零序方向过电流Ⅲ段动作范围内 A 相瞬时和永久性接地故障（停用主保护和距离保护）；

7）模拟零序方向过电流Ⅳ段动作范围内 B 相瞬时和永久性接地故障（停用主保护和距离保护）；

8）反方向出口故障。

各保护压板软、硬压板均投入，所有零序保护的"零序保护带方向"控制字均投入，模拟反方向出口瞬时性短路故障。分别模拟 B 相接地、CA 相间、ABC 三相故障，模拟故障时间应不小于距离Ⅲ段和零序保护动作时间最长段的整定时间定值，故障阻抗可设置为 $X=R=0.1\Omega$。

只有距离Ⅲ段经延时动作，其他保护均不应动作。

以 WXH - 801/802 高压线路微机保护装置为例，填写保护功能整组检验报告（见表 4 - 22）。

表 4 - 22　　　　　　　　　　　　保护功能整组检验报告

故障类型		相别	保护投退情况	保护动作情况			
				单重方式	三重方式	综重方式	停运方式
Z1	瞬时	AN	全投				
		AB	全投				
		BCN	全投				
		ABC	全投				
	永久	AN	停用主保护				
		AB	全投				
		BCN	停用主保护				
		ABC	全投				
Z2	瞬时	AN	停用主保护				
		BC	停用主保护				
Z3	瞬时	BN	停用主保护和零序保护				
		CA	停用主保护和零序保护				

续表

故障类型		相别	保护投退情况	保护动作情况			
				单重方式	三重方式	综重方式	停运方式
方向 I02	瞬时	CN	停用主保护和距离保护				
	永久	CN	停用主保护和距离保护				
方向 I03	瞬时	AN	停用主保护和距离保护				
	永久	AN	停用主保护和距离保护				
方向 I04	瞬时	BN	停用主保护和距离保护				
	永久	BN	停用主保护和距离保护				
反向出口	瞬时	BN	全投				
		CA	全投				
		ABC	全投				

2. 重合闸动作时间

分别模拟 A 相接地、B 相接地、C 相接地、AB 短路、BC 断路、CA 短路故障测试重合闸动作时间，填写重合闸动作时间检验报告（见表 4 - 23）。

表 4 - 23　　　　　　　　　　重合闸动作时间检验报告

故障相别	AN	BN	CN	AB	BC	CA
重合闸动作时间（ms）						

3. 断路器失灵保护配合联动检验

断开断路器保护至失灵保护屏"启动失灵"出口压板，将该线路保护电流回路与断路器保护电流回路串联，分别模拟 A 相接地故障和 BC 相间故障。所加故障量应使保护动作且故障电流大于失灵启动电流整定值，而模拟故障持续时间应与失灵启动动作时间相配合。断路器保护启动失灵保护触点应接通，填写断路器失灵保护配合联动检验报告（见表 4 - 24）。

表 4 - 24　　　　　　　　　　断路器失灵保护配合联动检验报告

故障相别	断路器保护启动失灵保护触点动作情况
AN	
BC	

4. 开关输入量的整组试验

参照工程设计图纸，对下列开入量进行整组检验。检验时应在外部回路中分别模拟各种可造成此路开入量动作的条件，来检验保护装置感受的开入量状态变化情况。若状态变位不正常，则应在外部回路中查找缺陷。模拟某一路条件时，应使该回路尽可能完整，以达到最好的检验效果，填写开关输入量整组检验报告（见表 4 - 25）。

表 4 - 25　　　　　　　　　　开关输入量的整组检验报告

开入量	装置端子	整组检验方法
压力低闭锁重合	N2 - L	在断路器操作箱处模拟断路器液（气）压压力低闭锁重合闸触点闭合
沟通三跳	N2 - R	分别在重合闸方式置于"三重方式"和"停用方式"、重合闸未充好电、有闭锁重合开入等情形下，模拟 A 相接地故障

续表

开入量	装置端子	整组检验方法
闭锁重合	N2 - V	在操作箱处短接 SHJ 触点
信号复归	N2 - Z	按下保护屏上"复归"按钮，保护动作后应能复归保护动作信号，或告警条件消失后应能复归告警信号
三跳位置	N2 - BB	分别进行断路器三跳和三合操作
跳闸位置	N2 - JJ	分别进行断路器任一相跳位
外部三跳启动重合	N2 - KK	本装置重合闸方式分别置"三重方式"和"综重方式"，在另一套线路保护装置上模拟相间故障三跳启动重合闸
外部单跳启动重合	N2 - MM	本装置重合闸方式分别置"单重方式"，在另一套线路保护装置上模拟单相故障单跳启动重合闸

5. 与中央信号、远动装置或计算机监控系统配合的联调检验

在做整组检验各项检验时，检查相应的中央信号、传至远动装置的信号应正确。如果变电站采用了自动化系统，上传至自动化系统后台的信息应正确，填写检验报告（见表 4 - 26）。

表 4 - 26　　　　　与中央信号、远动装置或计算机监控系统配合的联调检验报告

检验项目	检验结果
与中央信号联动情况	
与远动装置联动情况	
与计算机监控系统联动情况	

6. 额定交流下拉合装置直流工作电源，装置运行正常性检验

保护装置处于正常运行状况下，加入额定交流电压和额定交流电流。人为拉合保护装置的直流工作电源，保护装置不应误动，并报"装置失电告警"信号，记录检验结果。

二、110kV 输电线路继电保护装置整组测试方法及案例

（1）整组测试举例一：使用 PW 系列微机继电保护测试仪，模拟 A 相接地零序二段永久性故障重合闸整组传动试验。

可以分别利用"状态序列"和"整组试验"模块模拟故障进行整组传动试验。

1）方法一：使用"状态序列"模块用零序Ⅱ段保护做整组传动试验。

图 4 - 55 所示"状态序列"模块是将系统发生故障时电流、电压发生的若干变化用一系列的状态描述出来，从而让保护装置根据这些状态分析故障并采取相应的补救措施——告警或跳闸。和手动测试一样，状态序列也可以对电流电压等模拟量的幅值、相位、频率进行任意操作。两者的主要区别是，状态序列是一种半自动的测试模式，它可以精准地把握各个状态维持的时间，让模拟量（电流电压）、数字量（开入接点、开出接点）严格地按照时间刻度配合起来，满足一些试验的特殊要求，而这些试验往往是手动无法完成的。

下面使用"状态序列"模块用零序Ⅱ段保护做整组传动试验。

测试类别：零序Ⅱ段永久性故障重合闸传动试验。

设置定值清单，见表 4 - 27。

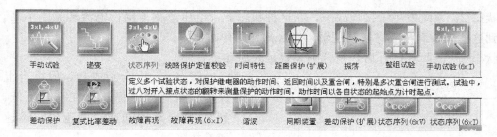

图 4-55　状态序列

表 4-27　　　　　　　　　　　　　　定　值　清　单

序号	定值名称	单位	定值设定
1	电流二次侧额定值	A	1
2	零序电流Ⅱ段定值	A	4.2
3	零序电流Ⅱ段时间	s	2
4	单相重合闸时间	s	0.5
5	三相重合闸时间	s	0.5

设置控制字，见表 4-28。

表 4-28　　　　　　　　　　　　　　控　制　字

序号	控制字	投入/退出	序号	控制字	投入/退出
1	投重合闸	1	3	投综重方式	1
2	投重合闸不检	1			

测试方案：零序过电流的过程可以分解为 4 个状态。

状态 1：系统运行在正常状态下，这时的电压、电流都维持在正常水平——电压为三相平衡的 57.74V，电流为轻载或直接为 0，见图 4-56。

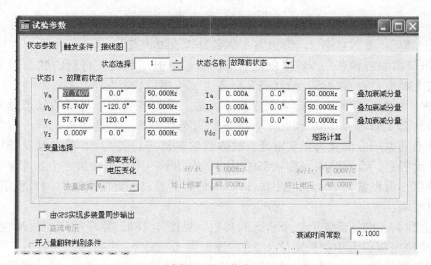

图 4-56　状态 1

状态 2：系统发生了接地故障，在这种状态下，电压急剧下降，电流却急剧增高。保护检测到这些条件满足零序跳闸逻辑，则经短延时单跳出口。

状态 3：故障相跳开后，重合闸装置延时启动重合闸。

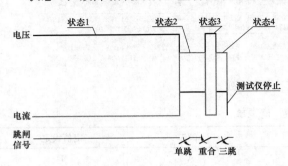

图 4-57　状态软件示意图

状态 4：重合闸成功，但重合上之后，保护检测到故障仍然存在（电压低、电流高），则启动后加速跳闸逻辑，迅速三跳，切除故障。

要在软件中创建 4 个状态并命名，如图 4-57 所示，然后再分别对它们进行设置。

操作步骤：

a）单击"添加新状态"按键来创建新的状态，单击"确定"将新的状态插入到当前状态之后，见图 4-58。

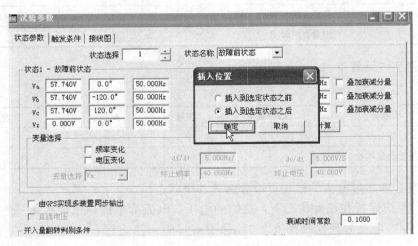

图 4-58　插入状态

b）向上翻页，查看状态 2，给状态 2 命名为"故障状态"。

c）单击"添加新状态"按键来创建新的状态，单击"确定"将新的状态插入到当前状态之后，向上翻页，查看状态，给状态 3 命名为"跳闸后状态"。

d）单击"添加新状态"按键来创建新的状态，单击"确定"将新的状态插入到当前状态之后，给状态 4 命名为"重合状态"，向下翻页至状态 1，创建状态完毕，准备开始设置参数。故障前的电压应设置为正常电压。故障前的电流可设置为 0。单击触发条件书签，进入触发条件设置页。设置结束当前状态的时间，启动下一个状态。第一个状态可以设置由时间控制其结束，可设置为 20s，见图 4-59。这是为了躲过装置的启动时间、整组复归时间、重合闸充电时间。

e）向上翻页，准备设置第二个状态的参数，见图 4-60。零序故障时故障相电压很低，设置为 0。故障电流应大于保护定值 4.2A，设置为 4.5A。

如果做距离保护，可以单击"短路计算"按键打开"短路计算窗口"，利用软件自动计算阻抗，如图 4-61。

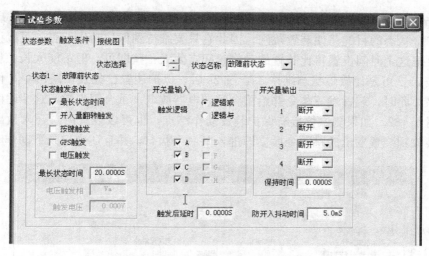

图 4-59　状态 1 触发条件设置

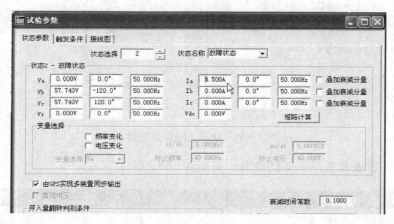

图 4-60　状态 2 参数设置

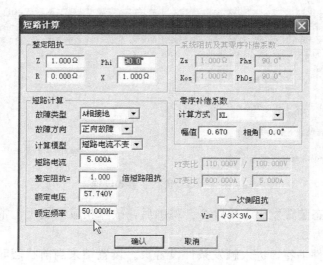

图 4-61　整定阻抗

f）单击触发条件书签，进入触发条件设置页。设置结束当前状态的时间，启动下一个状态。第二个状态的目的是使装置跳闸，因此它只要维持到保护动作即可。可以设置由时间控制，只要把这个时间设置得比装置的动作时间定值大一些即可，但不能太长，比如装置的动作时间是 2s，可是让故障状态维持 5s，过 2s 后，保护装置已经发出跳闸令，但却发现故障没有切除，此时，装置发三跳令并给重合闸继电器放电，重合闸失败。这个时间可设置为 2.2s，见图 4-62。如果测试仪接有保护装置动作结点，也可以设置由"开入量翻转触发"。当测试仪接收到装置发出的跳闸令后立即进入下一个状态，并且还会记录下动作时间。

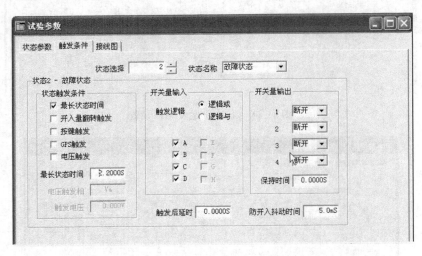

图 4-62　状态 2 触发条件设置

向上翻页，准备设置状态 3 的参数，见图 4-63。

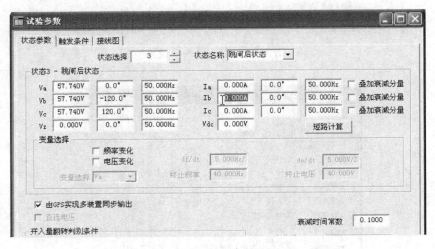

图 4-63　状态 3 参数设置

g）在第二个状态装置发出了单跳令。跳闸后，故障相应恢复至正常状态，电压恢复为 57.74V，电流恢复为 0。

h）单击触发条件书签，进入触发条件设置页。设置结束当前状态时间，启动下一个状态。第三个状态的目的是使装置重合闸，因此它只要维持到保护重合闸即可。可以设置由时间控制，只要把这个时间设置得比装置的重合闸时间定值大一些即可，但不能太长，如果装置的动作时间是 0.5s 但是故障状态维持 2s，过 0.5s 后，保护装置发现重合闸后没有检测到二次故障，认为可以正常运行。2s 后装置一样会三跳出口，这是由于 1.5s 不足以给重合闸充电造成的。保护在 2s 时会延时出口，没有后加速。本例中设置的是 0.6s，见图 4-64。

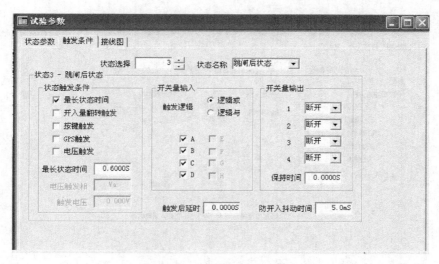

图 4-64　状态 3 触发条件设置

i) 向上翻页，准备设置第四个状态的参数。经过第三个状态，保护已经重合闸成功了，如果校验瞬时性故障，那么这个区域可以按照第三个状态设置，也就是重合后没有再发生故障；如果校验永久性故障，这里可以按照第二个状态设置，也就是重合后发现原故障仍然存在。

j) 单击触发条件书签，进入触发条件设置页，见图 4-65。

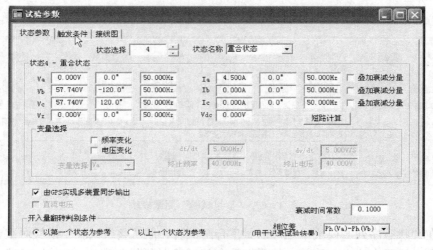

图 4-65　状态 4 参数设置

　　k）如果是瞬时性故障，故障切除后可重合至正常状态，这个状态 4 可有可无，如果用时间触发，时间可任意设置；如果是永久性故障，装置在这个状态检测到二次故障会取消延时，加速跳闸。用时间触发，时间也可任意设置，因为只要不设置为 0，它总是比"动作时间"（瞬动≈0）大，本里设为 1s，见图 4 - 66。如果接有动作结点的话，也可以选择"开入量翻转触发"可以记录下后加速时间。

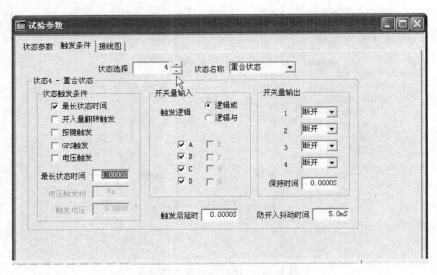

图 4 - 66　状态 4 触发条件

　　l）最后，按下联机键开始试验，检查断路器动作是否正确。
　　2）方法二：使用"整组试验"模块进行整组传动试验。图 4 - 67 中"整组试验"测试模块提供了各种各样的故障模式。可以设置一个大电流让过电流保护、零序保护、差动保护、高频保护动作；也可以设置一个小阻抗让距离保护动作；还可以把这些故障设置成瞬时性故障、永久性故障或是转换性故障。设置什么样的故障不太重要，重要的是要使断路器跳闸。

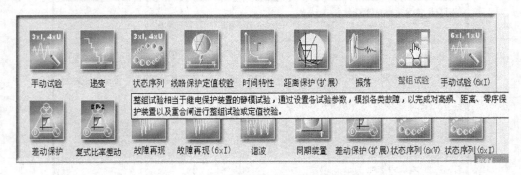

图 4 - 67　"整组试验"测试模块

　　虽然在"状态序列"模块中也可以做重合闸试验，但"整组试验"模块对重合闸试验的检测更全面，设置方法也更简单。需要做重合闸试验时可优先选用"整组试验"测试模块。一般设置方法是：首先根据需要设置一个故障，过电流、零序把这个电流设置得大一些，阻抗保护就把阻抗设置得小一些，然后设置故障类型。

图 4-68 中，如果"故障性质"状态栏都不勾选就是瞬时性故障，如果勾选第一个就是永久性故障，勾选第二个就是转换性故障。此区域开启，可设置第二次故障。接下来设置其他各书签页的参数、界面，设置方法与线路保护定值校验模块完全相同。

一般，保护只有Ⅰ、Ⅱ段可以单相、三相重合闸，Ⅲ、Ⅳ段的故障直接出口三相永跳。这是因为保护重合闸的目的就是为了判别这个故障是瞬时性的还是永久性的。瞬时性故障的特征是故障短时存在，断路器在跳开后再重合时故障

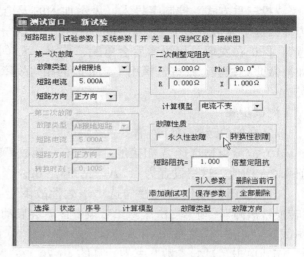

图 4-68 短路阻抗设置

就已经消失了，可以重合成功继续运行。永久性故障的特征是故障存在的时间很长，断路器在跳开后再重合时，故障不会消失。因此，瞬时性、永久性故障的主要区别就是，故障会不会很快消失。Ⅰ、Ⅱ段故障量较大，为减少对设备的损伤，应快速跳闸，过零点几秒，再合一次闸，如果故障消失了，就正常运行，否则就快速出口三跳。Ⅲ、Ⅳ段的故障量较为小，线路能够带故障运行的时间较长，跳闸时间定值较大。经过一段较长的时间，故障仍没有消失，显然是永久性故障，则应该闭锁重合闸，三相永跳出口。

下面用"整组试验"把零序Ⅱ段永久性故障再做一次测试，并投入重合闸检同期。

测试类别：零序二段永久性故障重合闸传动试验。

设置定值清单，见表 4-29。

表 4-29   定 值 清 单

序号	定值名称	单位	定值设定
1	电流二次侧额定值	A	1
2	零序电流Ⅱ段定值	A	4.2
3	零序电流Ⅱ段时间	s	2
4	单相重合闸时间	s	0.5
5	三相重合闸时间	s	0.5
6	固定角度差定值		0°
7	同期合闸角		30°

设置控制字，见表 4-30。

表 4-30   控 制 字

序号	控制字	投入/退出	序号	控制字	投入/退出
1	投重合闸	1	3	投三重方式	1
2	投检同期方式	1			

"投三重方式"控制字投入，表示加入的无论是单相故障还是三相故障都将三相跳闸。为什么这个模拟试验不像状态序列那样投"综重"方式呢？因为零序是单相故障，如投"综重"，保护在发现单相故障后会单跳、单重，而单跳、单重是不进行重合闸检测的。因此，如果做此类试验，最好选择用Ⅰ、Ⅱ段的相间故障使保护出口三跳，或将重合闸方式设置为"三重"。

测试步骤：

a）在模块选择窗口，单击"整组试验"。

b）故障类型选择 A 相接地，因为有接地故障就会有零序电流，短路电流设置为大于定值 4.2A 的值，这里设置为 4.5A，见图 4-69。

c）"故障性质"状态栏勾选"永久性故障"。如果不勾选就是瞬时性故障。如果勾选"转换性故障"，则第二次故障参数设置区就会启动，转换性故障常常应用于不灵敏零序段的测试。

d）单击"试验参数"书签，见图 4-70。在"试验参数"书签页主要的参数是故障前时间和故障后时间。

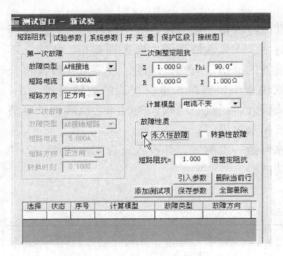

图 4-69　短路阻抗设置

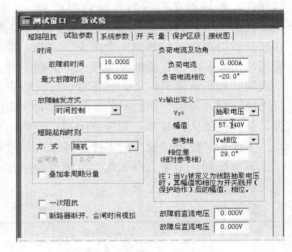

图 4-70　试验参数

故障前时间：在给保护加故障前，先要给装置一个正常的电压和电流，使其处于正常工作状态。这段时间应大于装置 TV 断线的检测时间＋重合闸充电时间。高压线路保护的启动时间较长，一般为 15s 左右。本例设定的是 18s，否则，在做距离保护测试时会出现测距不准误动作、重合闸失败等现象。

最大故障时间：这段时间应大于保护动作时间＋重合时间＋后加速时间，也就是大于从故障开始到整个传动过程结束的最小时间。在"状态序列"测试中，为不使保护装置误判"跳闸失败"，故障时间只能设置得略大于动作时间定值。由于没有接保护动作结点，测试仪不论装置动作与否，在到达状态时间之后才自动切换到下一个状态，如果故障时间设置得过长，保护在发出跳闸令后仍然检测到故障长期存在，将启动"跳闸失败"逻辑。因此，"最大故障时间"可以设置得稍长，例如，动作时间为 0.6s，重合时间为 0.5s，则最大故障时间至少应设置为 1.2s，要大于 1.2s。这是由于投入了重合闸检同期方式。

　　在重合闸时，保护装置会自动检测母线电压对线路电压的角度差，小于整定值时，允许重合闸。定值单中"固定角度差"表示的含义是用于检无压或同期的方式，线路电压U_X可接入相或相间电压，该定值指检同期时线路电压U_X相对于母线电压U_A的角度，典型的整定值见表4-31。

表4-31　　　　　　　　　　　　　　　角　度　整　定　值

线路电压相别	A	B	C	AB	BC	CA
整定值（°）	0	240	120	30	270	150

　　由于整定值是0°，故抽取电压将与A相比对相位。

　　除电压、电流按正常接法接线之外，测试仪的U_z应接图4-71的U_x作为抽取电压。软件中这一区域的设置：U_z＝选择抽取电压，幅值默认即可。参考相：Va相位，相位差定值为30°，则设置为29°以下，保护应能重合上，设为31°以上，保护应闭锁重合闸。如果要做检无压定值，方法类似，例如检无压定值为60V，参考相：Vab，则设置参考相为Vab，电压设置为58V以下，如图4-72所示，保护应可靠动作。设置为62V以上保护应可靠闭锁。

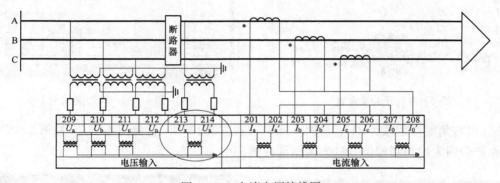

图4-71　电流电压接线图

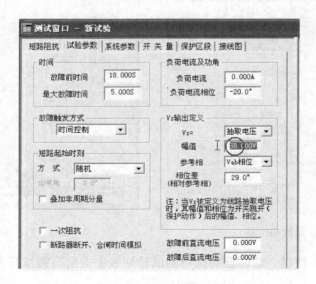

图4-72　电压幅值设置

e）开关量页面，检查电流电压回路接线，结点默认定义"A"为跳A相，"B"为跳B相，"C"为跳C相，"D"为重合闸。如果保护投入的是三跳，只有三跳结点，则线接在哪个结点上，相应地跳闸模式更改为"三相跳闸"，见图4-73。

f）单击"短路阻抗"书签，进入"整组传动"主界面。

g）单击"添加测试项"按键，见图4-74。软件自动将刚才设置的参数制作成测试任务，添加到测试计划表之中。设置检同期相位差定值为30°，那么设置角度参数29°时，进行第一个测试项目，应能让保护可靠动作、重合闸、后加速动作。

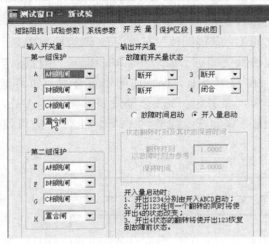

图4-73　开关量设置

图4-74　添加测试项1

h）再将角度参数改为31°，见图4-75。再添加测试项2，见图4-76。做第二个测试项目，保护会因为检测到相位差过大闭锁重合闸。

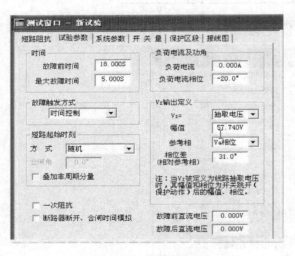

图4-75　修改相位差

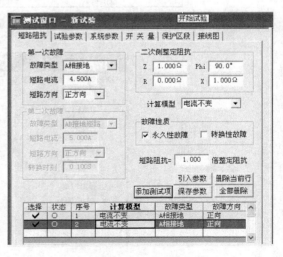

图4-76　添加测试项2

i）单击"开始"按键，软件自动执行测试计划表中的所有测试任务，注意检查断路器动作情况。

学习项目五

超高压线路保护装置测试

【学习项目描述】

通过该项目的学习，能对纵联方向保护、纵联距离保护、纵联电流差动保护进行单端测试，能对光纤通道进行测试，能对超高压线路光纤纵联保护通道进行联调。

【学习目标】

通过学习和实践，能利用继电保护测试仪及超高压输电线路保护的原理、逻辑框图等相关知识，对超高压输电线路纵联保护装置进行测试。能制订测试方案对微机超高压输电线路纵联保护装置进行单端测试、通道试验，能做测试数据记录、测试数据分析处理。具备超高压输电线路纵联保护装置测试能力，能对超高压输电线路纵联保护装置二次回路出现的简单故障进行正确分析和处理。

【学习环境】

继电保护测试实训室应配置有超高压线路保护装置 15 套（纵联方向保护、纵联距离保护、纵联电流差动保护各 5 套）、继电保护测试仪 10 套、平口小号螺丝刀 50 个、投影仪 1 台、计算机 1 台。

注：每班学生按 40～50 人计算，学生按 4～5 人一组。学生可以交叉互换完成学习任务。

任务一　纵联方向保护单端测试

【学习目标】

通过学习和实践，能看懂纵联方向保护逻辑图及二次回路图，能够利用继电保护测试仪及纵联方向保护原理、逻辑框图等知识，对纵联方向保护装置进行测试。能制订测试方案对纵联方向保护装置进行单端测试，能做测试数据记录、测试数据分析处理。具备纵联方向保护装置测试的能力，能对纵联方向保护装置二次回路出现的简单故障进行正确分析和处理。

【任务描述】

以小组为单位，做好工作前的准备，制定纵联方向保护的测试方案，绘制试验接线图，完成纵联方向保护的测试，并填写试验报告，整理归档。

🎙 【任务准备】

1. 任务分工

工作负责人：_____　　　　　　　　调试人：_____

仪器操作人：_____　　　　　　　　记录人：_____

2. 试验用工器具及相关材料（见表 5-1）

表 5-1　　　　　　　　　　　试验用工器具及相关材料

类别	序号	名　　称	型号	数量	确认（√）
仪器仪表	1	微机试验仪		1套	
	2	钳形电流表		1块	
	3	万用表		1块	
	4	组合工具		1套	
消耗材料	1	绝缘胶布		1卷	
	2	打印纸等		1包	
图纸资料	1	保护装置说明书、图纸、调试大纲、记录本（可上网收集）		1套	
	2	最新定值通知单等		1套	

3. 危险点分析及预控措施（见表 5-2）

表 5-2　　　　　　　　　　　危险点分析及预控措施

序号	工作地点	危险点分析	预控措施	确认签名
1	线路保护柜	误跳闸	1）工作许可后，由工作负责人进行回路核实，确认二次工作安全措施票所列内容正确无误。 2）对可能误跳运行设备的二次回路进行隔离，并对所拆二次线用绝缘胶布包扎好。 3）检查确认出口压板在退出位置	
		误拆接线	1）认真执行二次工作安全措施票，对所拆除接线做好记录。 2）依据拆线记录恢复接线，防止遗漏。 3）由工作负责人或由其指定专人对所恢复的接线进行检查核对。 4）必要时二次回路可用相关试验进行验证	
		误整定	严格按照正式定值通知单核对保护定值，并经装置打印核对正确	
2	保护柜和户外设备区	人身伤害	1）防止电压互感器二次反送电。 2）进入工作现场必须按规定佩戴安全帽。 3）登高作业时应系好安全带，并做好监护。 4）攀登设备前看清设备名称和编号，防止误登带电设备，并设专人监护。 5）工作时使用绝缘垫或戴手套。 6）工作人员之间做好相互配合，拉、合电源开关时发出相应口令；接、拆电源必须在拉开开关的情况下进行；应使用完整合格的安全开关，装配合适的熔断器	

4. 填写二次安全措施票（见表 5-3）

表 5-3 　　　　　　　　　　　**二 次 安 全 措 施 票**

被试设备名称					
工作负责人		工作时间		签发人	

工作内容：

工作条件：停电

安全措施：包括应打开及恢复压板、直流线、交流线、信号线、连锁线和连锁开关等，按工作顺序填用安全措施。已执行，在执行栏打"√"。已恢复，在恢复栏打"√"

序号	执行	安全措施内容	恢复
1		确认所工作的线路保护装置已退出运行，检查全部出口压板确已断开，检修压板确已投入，记录空气断路器、压板位置	
2		从保护柜断开电压互感器二次接线	
3		断开信号、录波启动二次线	
4		外加交直流回路应与运行回路可靠断开	

【任务实施】

测试任务见表 5-4。

表 5-4 　　　　　　　　　　**纵联方向保护单端测试**

一、制订测试方案	二、按照测试方案进行试验
1. 熟悉图纸及保护装置说明书	1. 测试接线（接线完成后需指导教师检查）
2. 学习本任务相关知识，参考本教材附录中相关规程规范、继电保护标准化作业指导书，本小组成员制订出各自的测试方案（包括测试步骤、试验接线图及注意事项等，应尽量采用手动测试）	2. 在本小组工作负责人主持下按分工进行本项目测试并做好记录，交换分工角色，轮流本项目测试并记录（在测试过程中，小组成员应发扬吃苦耐劳、顾全大局和团队协作精神，遵守职业道德）
3. 在本小组工作负责人主持下进行测试方案交流，评选出本任务执行的测试方案	3. 在本小组工作负责人主持下，分析测试结果的正确性，对本任务测试工作进行交流总结，各自完成试验报告的填写
4. 将评选出本任务执行的测试方案报请指导老师审批	4. 指导老师及学生代表点评及小答辩，评出完成本测试任务的本小组成员的成绩

本学习任务思考题
1. 国内超高压线路纵联方向保护的厂家和型号有哪些？
2. 纵联方向保护所用的方向元件有哪几种？说明其基本原理是什么？
3. 纵联方向保护的保护功能测试包括哪些项目？
4. 画出纵联方向保护的试验接线图。
5. 说出纵联方向保护功能测试的方法。

【相关知识】

一、纵联方向保护原理

纵联方向保护利用通道将保护装置对故障方向判别的结果传送到对侧，每侧保护根据两侧保护装置的动作过程逻辑来判断和区分是区内故障或区外故障。

（一）纵联方向保护的基本原理

纵联方向保护按照传送信号方式的不同可分为闭锁式和允许式。闭锁式纵联方向保护的信号传送见图 5-1。假设短路功率的方向从母线流向线路为正方向，从线路流向母线为反方向。设在线路 BC 范围内 k 点发生故障，流经断路器 3 和 4 的短路功率 S_k 均为正方向，而流经断路器 1 和 2 的短路功率 S_k 分别为正向和反向。由此可见，区内故障时两侧的短路

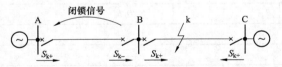

图 5-1　闭锁式纵联方向保护的基本原理示意图

功率方向均为正；区外故障时两侧短路功率方向却相反，而近故障侧总是负的，远故障侧总是正的。对于闭锁式纵联方向保护，短路功率方向为负的一侧发送闭锁信号，正的一侧则不发送任何信号。

允许式纵联方向保护的信号传送见图 5-2。对允许式纵联方向保护，在 S_k 为正的一端向对端发送允许信号。此时每端的收信机只能接收对端的信号而不能接收自身的信号。每端的保护必须在方向元件动作，同时又收到对端的允许信号之后，才能动作于跳闸，显然只有故障线路的保护符合这个条件。对非故障线路而言，远离故障一端是方向元件动作，收不到允许信号，而近故障一端是收到了允许信号但方向元件不动作，因此都不能跳闸。

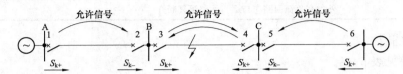

图 5-2　允许式纵联方向保护的基本原理示意图

1. 闭锁式高频方向保护动作逻辑

闭锁式高频方向保护原则上规定每端短路功率方向为正时，不发送高频信号，为负时发送高频闭锁信号。因此在故障时收不到高频信号表示两侧都为正方向，允许出口跳闸；在一段相对较长时间内收到高频信号时表示两侧中有一侧为负方向，就闭锁保护。

实际上为了正确比较两侧短路功率方向、防止误动，故障时总是首先在两侧发信，让高频方向保护在收到两侧的高频信号后再比较短路功率方向。因此闭锁式高频方向保护先由相电流差突变量元件驱动 KS1 启动继电器控制发信，然后在短路功率正方向动作时用方向元件驱动停信继电器 KS2 去控制停信。在正方向侧停信后，还要等待对侧的高频信号是否消失或继续存在，才能正确判断区内或区外故障。因此微机方向高频保护动作的逻辑要求为：①启动后收到高频信号，而且收到的高频信号持续时间达 5～7ms；②收信机在收到上述持续信号后又收不到信号；③本侧判短路功率正方向并已停信，保护才能出口跳闸。以上条件同时满足并经过延时确认后才发跳闸脉冲。闭锁式高频方向保护动作逻辑框图见图 5-3。

为了对保护逻辑进一步理解，将区内和区外故障时收信机收信闭锁时间的配合绘制成图进行比较，见图 5-4。

从图 5-4 可见，区内故障时高频信号持续时间必须大于 A 和 B 两点的时间，即必须等待对侧传来高频信号及在本侧停信后还要持续一段时间。这是因为高频信号的传递需要一定时间，闭锁信号比较也需要一定时间。信号的比较需要时间是闭锁式高频保护动作慢的主要原因。从图 5-4 还可以看出，保护必须在收到高频信号 5～7ms 后又收不到信号才能确定是区内故障，即在对侧停信信号消失，线路上不再传送高频信号后一段时（延时确认）才发出跳闸脉冲。

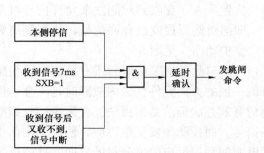

图 5-3　闭锁式高频方向保护的动作逻辑

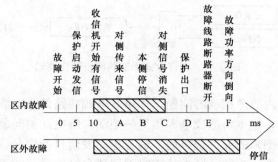

图 5-4　区内外故障收信闭锁时间示意图

对区外故障，最重要的是防止误动作，在区外故障线路的断路器断开后，近故障侧不能立即停信，必须延长一些时间用以防止区外故障切除后功率方向元件倒向而误动作，在 F 点后才能允许停信。图 5-4 中斜影线表示收信闭锁时间区域。

2. 允许式高频方向保护动作逻辑

（1）通道不阻塞时保护动作逻辑。当高频方向保护启动时，用正向动作的方向元件驱动发信继电器去控制发信机向对侧发允许信号。当两侧均发允许信号时，可判断是区内故障，但就每一侧而言，其程序逻辑是收到对侧允许信号及本侧是正方向，经延时确认后发跳闸脉冲。允许式高频方向保护基本逻辑如图 5-5 所示。

（2）通道阻塞时保护动作逻辑。为了防止本线路故障时通道阻塞而拒动，允许方式下，设置解除闭锁方式。这种工作方式仅在相间故障时投入，并要求保护启动前监频信号是正常的，即故障前通道是完好的，无监频消失开入。对于相相耦合双频制的允许方式，通道完全阻塞只可能发生在三相接地故障时。单相接地和相间故障只发生信号衰减，不会发生通道阻塞。在本线路相间故障，通道又发生阻塞时只要本侧方向元件判定为正方向同时又收不到对侧发来的允许信号，却有来自收信机的"监频消失"开入信号，在上述条件均满足时经 20ms 延时确认后才发出跳闸脉冲。解除闭锁方式的保护动作逻辑见图 5-6。启动前无监频消失开入是先决条件，故障时收不到允许信号，并有监频信号消失开入是判断通道阻塞的必要条件。

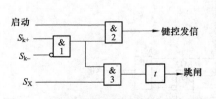

图 5-5　允许式高频方向保护基本逻辑

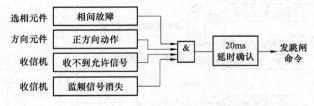

图 5-6　解除闭锁方式保护动作逻辑

实际上解除闭锁方式是在允许方式前提下，作为解决通道阻塞的一个附加措施。如果线路内部单相接地故障（通道不可能阻塞），只要本侧判为正方向又收到对侧发来的允许信号，即可出口跳闸。

（3）三跳回授功能。如果线路的一侧断路器断开的情况下，线路发生故障，断开侧方向元件不能动作，不能控制发信机发出允许信号，将使电源侧保护拒动。为此可以设置"三跳

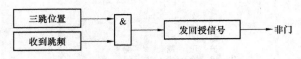

图 5-7　允许方式下三跳回授动作逻辑

回授"逻辑功能,即断开侧保护根据三跳位置开入,在收到对侧发来允许信号时立即向对侧回授发出允许信号,使对侧高频保护动作,见图 5-7。

与此类情况相似的还有单端电源线路区内故障拒动的问题,如单端电源线路的无电源侧一般的方向元件在区内故障时是不会动作的,这也将造成电源侧保护拒动。解决此类问题的有效办法仍然是回授法。在无源侧收到电源侧来的允许信号后,远方控制发信机产生允许信号,回授跳频发至电源侧,使电源侧保护动作。为防止区外故障时误回授允许信号,在无电源侧利用反应故障分量的方向元件的反方向动作信号,闭锁远方控制的发信回路。

（二）纵联方向保护动作逻辑

RCS 901 系列保护装置是以工频变化量方向和零序方向元件构成的纵联方向保护及工频变化量距离元件构成的快速 I 段作为主保护。

纵联方向保护由整定控制字选择是采用允许式还是闭锁式,两者的逻辑有所不同,都分为启动元件动作保护进入故障测量程序和启动元件不动作保护在正常运行程序两种情况。

1. 闭锁式纵联保护程序逻辑

一般与专用收发信机配合构成闭锁式纵联保护时,位置停信、其他保护动作停信、通道交换逻辑等都由保护装置自动实现,这些信号都应接入保护装置而不接至收发信机,即发信或停信只由保护发信触点控制,发信触点动作即发信,不动作则为停信。

（1）故障测量程序中闭锁式纵联保护逻辑。故障测量程序中闭锁式纵联方向保护程序启动后的逻辑框图如图 5-8 所示,其逻辑说明如下。

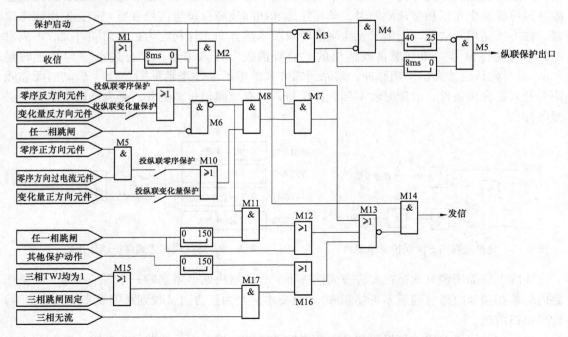

图 5-8　闭锁式纵联方向保护程序启动后的逻辑框图

1）启动元件动作即进入故障程序，直接启动发信机发闭锁信号（M14＝1）。

2）反方向元件动作时（M6＝0），立即闭锁正方向元件的停信回路（M8＝0，M7＝0，M13＝1，M14＝1），发信机继续发闭锁信号，即方向元件中反方向元件 F_0- 和 ΔF_- 动作优先，这样有利于防止故障功率倒方向时误动作。

3）启动元件动作后，收信8ms后（M2＝1）才允许正方向元件投入工作，当反方向元件不动作（M6＝1），变化量正方向元件或零序正方向及过电流元件动作时（M10＝1，M8＝1，M7＝1），立即停止发信（M13＝0，M14＝0）。

4）当该装置其他保护（如工频变化量阻抗、零序延时段、距离保护）动作，或外部保护（如母线差动保护）动作跳闸时（M12＝1），立即停止发信（M13＝0、M14＝0），并在跳闸信号返回后，停信展宽150ms，但在展宽期间若反方向元件动作，立即返回（M6＝0、M11＝0、M12＝0、M13＝1、M14＝1），继续发信。

5）三相跳闸固定回路动作或三相跳闸位置继电器均动作且无流（M17＝1、M16＝1）时，始终停止发信（M13＝0、M14＝0）。

6）区内故障时，正方向元件动作而反方向元件不动作（M6＝1、M10＝1、M8＝1、M7＝1、M3＝1），两侧均停信（M13＝0、M14＝0），经8ms延时高频方向保护出口（M3＝1，8ms后M5＝1）；装置内设有功率倒方向延时回路，该回路是为了防止区外故障后，在断合开关的过程中故障功率方向出现倒方向，短时出现一侧正方向元件未返回，另一侧正方向元件已动作而出现瞬时误动而设置的。如图5-9所示，RCS-901装置装设于1、2两端，若图中k点发生故障，1为正方向，2为反方向，M侧停信，N侧发信，断路器4跳时，故障功率倒向可能使1为反方向，2为正方向。如果N侧停信的速度快于M侧发信，则N侧可能瞬间出现正方向元件动作（M10＝1、M8＝1，M7＝1），同时无收信信号（M3＝1、M4＝0）。这种情况可以通过当连续收信40ms以后，方向比较保护延时25ms动作（在40ms后再记忆25ms时间内M5＝0），闭锁M5的方式来躲过。

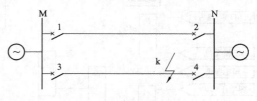

图5-9　功率倒方向

（2）正常运行程序中闭锁式纵联保护逻辑。通道试验、远方启动发信逻辑由该装置实现，这样进行通道试验时就把两侧的保护装置、收发信机和通道一起进行检查。收发信机与该装置配合时，收发信机内部的远方起信逻辑部分应取消。

1）远方启动发信。闭锁式纵联保护的经常性通道试验是保证保护可靠性的重要措施。

闭锁式纵联保护的高频收发信机应实现远方启动发信。其原因之一是为了方便高频通道检查，而不必由两侧的值班人员同时配合进行。当一侧手动启动发信，对侧收信后自动发信并自保持，手动启动发信侧可以独立监测通道工作情况。

远方启动发信的重要性还在于可以提高被保护线路两侧闭锁式纵联保护装置配合工作的可靠性。闭锁式纵联保护固有的性能弱点是区外故障时，近故障侧保护反方向启动发信元件如因元件或回路异常而不能启动发信机发出闭锁信号时，此时如对侧装置的正方向停信元件灵敏度足够而动作就可能造成误动作，但是如果具有远方启动发信回路，则远故障侧保护启动时发出闭锁信号，近故障侧收信后即可远方启动发信，发出连续的闭锁信号。此时，即使远故障侧保护因正方向停信元件动作而停信，但近故障侧发出的闭锁信号仍将继续存在，使远故障侧保护不至于误动作。

可见，远方启动发信本质是：经常性地模拟区外故障时反方向侧启动发信的情况，通过通道试验的办法，为闭锁式纵联保护在区外故障时的安全性提供可靠的保证，从而在根本上消除了上述的闭锁式纵联保护可能存在的区外故障时闭锁不可靠的固有弱点。

正常运行程序中闭锁式纵联保护未启动时的逻辑框图如图 5 - 10 所示，其程序逻辑说明为：当收到对侧信号后，如 KTP 未动作（运行中，M6＝0、M7＝0、M5＝0、M3＝1、M4＝1、M2＝1），则立即发信；如 KTP 动作（M6＝1、M7＝1、M5＝1、M3＝0），则延时 100ms 发信（M5＝0、M3＝1、M4＝1、M2＝1）；当用于弱电侧，判断任一相电压或相间电压低于 30V（M9＝1、M8＝1、M7＝1、M5＝1、M3＝1）时，延时 100ms 发信，这保证在线路轻负荷，启动元件不动作的情况下，由对侧保护快速切除故障。无上述情况时则本侧收信后，立即由远方启信回路发信，10s 后停信。

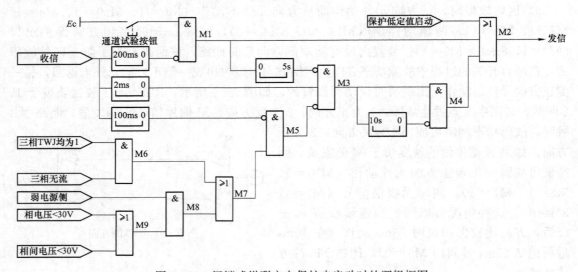

图 5 - 10　闭锁式纵联方向保护未启动时的逻辑框图

2）通道试验。对闭锁式通道，正常运行时需进行通道信号交换，由人工在保护屏上按下通道试验按钮，本侧发信（M1＝1），收信 200ms 后停止发信（M1＝0）；收对侧信号达 5s 后本侧再次发信，10s 后停止发信（发信解环）。在通道试验过程中，若保护装置启动，则结束本次通道试验。

2. 允许式纵联保护逻辑

（1）故障测量程序中允许式纵联保护逻辑。故障测量程序中允许式纵联保护启动后的逻辑框图如图 5 - 11 所示。

1）正方向元件动作逻辑。正方向元件动作（M6＝1、M7＝1）且反方向元件不动（M4＝1、M5＝1），即发允许信号，同时收到对侧允许信号（M2＝1）达 8ms 后纵联保护动作（M3＝1）。

2）防止故障功率倒向保护误动逻辑。如在保护启动（见图 5 - 9 N 侧保护）40ms 内不

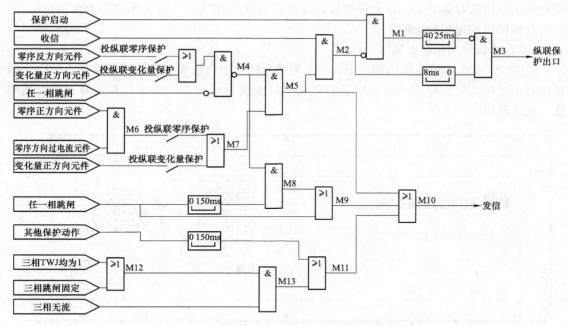

图 5 - 11　允许式纵联方向保护启动后的逻辑框图

满足纵联保护动作的条件（如反方向元件动作 M4＝0、M5＝0、M2＝0、M1＝1），则其后纵联保护动作需经 25ms 延时，防止故障功率倒向时（N 侧保护改为正向动作，则 M5＝1、M2＝1、M1＝0）保护误动。

3）当本装置的其他保护（如工频变化量阻抗、零序延时段、距离保护）动作跳闸，或外部保护（如母线差动保护）动作跳闸（M11＝1）时，立即发允许信号（M10＝1），并在跳闸信号返回后，发信展宽（记忆）150ms（M8＝1、M9＝1、M10＝1），但在展宽期间若反方向元件动作（M4＝0、M8＝0、M9＝0、M10＝0），则立即返回，停止发信。

4）三相跳闸固定回路动作或三相跳闸位置继电器均动作且无流（M12＝1、M13＝1、M11＝1、M10＝1）时，始终发信。

（2）正常运行程序。正常运行程序中允许式纵联保护未启动时的逻辑框图，如图 5 - 12 所示。

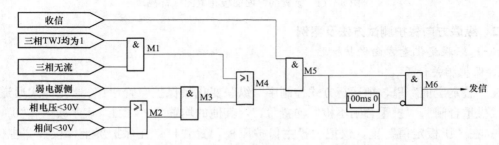

图 5 - 12　允许式纵联方向保护未启动时的框图

当收到对侧信号后，如三相已分闸 KTP 均为 1 且无流（M1＝1、M4＝1），则给对侧发100ms 允许信号（M6＝1）；当用于弱电侧，判断任一相电压或相间电压低于 30V 时，当收到对侧信号后给对侧发 100ms 允许信号，这保证在线路轻负荷，启动元件不动作的情况下，可由对侧保护快速切除故障。

（三）纵联方向保护图纸

以 RCS‑901 保护装置为例，图 5‑13 为装置的正面面板布置及指示灯。图 5‑14 为装置的背面面板布置。图 5‑15 为端子的定义图，虚线为可选件。图 5‑16 为装置的交流电流、电压回路。

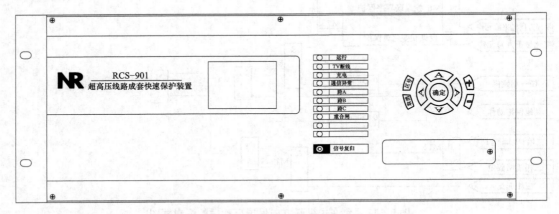

图 5‑13　装置的正面面板布置及指示灯

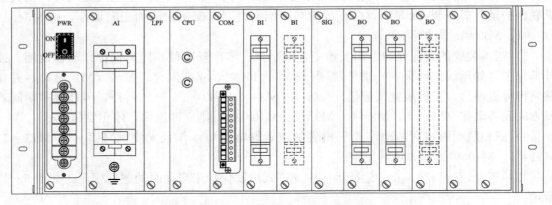

图 5‑14　装置的背面面板布置图（背视）

二、纵联方向保护测试方法及案例

（一）纵联变化量方向保护检验

1. 保护相关设置

在"整定定值"里，把运行方式控制字"纵联变化量保护"置"1"、"允许式通道"置"0"、"投重合闸"、"投重合闸不检"均置"1"，其他的均置"0"（"1"表示投入，"0"表示退出）。在"压板定值"里，仅把"投主保护压板"置"1"。在保护屏上，仅投"主保护"硬压板，并把重合把手切在"综重方式"；将收发信机整定在"负载"位置，或将本装置的发信输出接至收信输入构成自发自收。

纵联变化量方向保护定值见表 5‑5。

1 — PWR

名称	端子
直流电源 +	101
直流电源 −	102
	103
24V光耦 +	104
24V光耦 −	105
大地	106

2 — AI

名称	端子	名称	端子	类别
IA	201	IA′	202	
IB	203	IB′	204	电流(A)
IC	205	IC′	206	
I0	207	I0′	208	
UA	209	UB	210	
UC	211	UN	212	电压(V)
Ux	213	Ux′	214	
	215	大地		

3 — LPF (空) **4 — CPU** (空)

5 — COM

名称	端子	类别
485−1A	501	串口1
485−1B	502	
485−1地	503	
485−2A	504	串口2
485−2B	505	
485−2地	506	
对时485A	507	时钟同步
对时485B	508	
对时地	509	
打印RXA	510	打印
打印TXB	511	
对时地	512	

6 — BI(25V)

名称	端子	名称	端子
启动打印	602	对时开入	601
信号复归	604	保护检修态	603
备用	606	纵联保护	605
备用	608	备用	607
停用/闭锁重合闸	610	备用	609
其他保护停信	612	通道试验	611
24V光耦 +	614		613
	616	24V光耦 −	615
备用	618	备用	617
备用	620	3db告警	619
TWJA	622	收信	621
TWJB	624	TWJB	623
收信	626	低气压闭重	625
备用	628	备用	627
	630	解除闭锁	629

7 — BI(220/110V)可选件

端子	名称	端子
702	光耦1+	701
704	TWIA	703
706	TWIB	705
708	IWJC	707
710	低气压闭重	709
712	光耦1−	711
714		713
716		715
718	光耦2+	717
720	收信	719
722	备用	721
724		723
726	解除闭锁	725
728	光耦2−	727
730		729

8 — SIG (空)

9 — BO

名称	端子	名称	端子	类别
BSJ−L	902	公共L	901	中央信号
BTJ−1	904	BJJ−1	903	
公共2	906	XHJ−1	905	遥信
BJJ−2	908	BSJ−2	907	
FX−1	910	公共1	909	收发信机
	912		911	
FX−2	914	公共2	913	事件记录
	916		915	
RST−1	918	RST−1	917	复归
TJ−1	920	公共	919	启动重合闸1
BCJ−1	922	TJABC−1	921	
TJ−2	924	公共	923	启动重合闸2
BCJ−2	926	TJABC−2	925	
TJ−3	928	公共	927	切机切负荷
BCJ−3	930	TJABC−3	929	

A — BO

名称	端子	名称	端子	类别
跳闸1公共	A02	合闸公共	A01	公共
跳闸2公共	A04		A03	
	A06	TJA−1	A05	
TJA−1	A08	TJB−1	A07	跳合闸
TJB−2	A10	TJC−1	A09	
TJC−2	A12	HJ−1	A11	
	A14		A13	
公共	A16	TJ−A	A15	遥信
TJC	A18	TJB	A17	
公共	A20	TJ−3	A19	跳闸3
TJC−3	A22	TJB−3	A21	
公共	A24	TJA−4	A23	跳闸4
TJC−4	A26	TJB−4	A25	
HJ	A28	HJ	A27	遥信
HJ−2	A30	HJ−2	A29	合闸2

B — BO(可选件)

名称	端子	名称	端子
跳闸5公共	B02		B01
跳闸6公共	B04		B03
	B06	TJA−5	B05
TJA−6	B08	TJB−5	B07
TJB−6	B10	TJB−5	B09
TJC−6	B12		B11
	B14		B13
跳闸7公共	B16	TJA−7	B15
TJC−7	B18	TJB−7	B17
跳闸8公共	B20	TJA−8	B19
TJC−8	B22	TJB−8	B21
	B24		B23
	B26		B25
	B28		B27
	B30		B29

C — BO(可选件)

端子	名称	端子
C02		C01
C04		C03
C06		C05
C08		C07
C10		C09
C12		C11
C14		C13
C16	TDGJ−1	C15
C18	TDGJ−2	C17
C20		C19
C22		C21
C24		C23
C26		C25
C28		C27
C30		C29

E — 备用 (空)

图 5-15 RCS-901 装置端子定义图（背视）

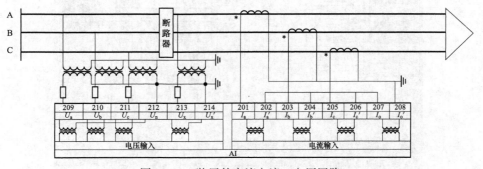

图 5-16 装置的交流电流、电压回路

表 5-5　　　　　　　　　　　　纵联变化量方向保护定值

序号	定值名称	整定值	序号	定值名称	整定值
1	电流变化量启动值	0.2A	2	零序补偿系数	0.84

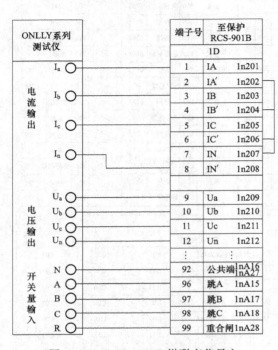

图 5-17　RCS-901B 纵联变化量方向保护测试接线图

2. 试验接线

试验接线如图 5-17 所示，将测试仪的电压输出端"Ua"、"Ub"、"Uc"、"Un"分别与保护装置的交流电压"Ua"、"Ub"、"Uc"、"Un"端子相连。

将测试仪的电流输出端"Ia"、"Ib"、"Ic"分别与保护装置的交流电流"IA"、"IB"、"IC"（极性端）端子相连；再将保护装置的交流电流"IA"、"IB"、"IC"（非极性端）端子短接后接到"IN"（零序电流极性端）端子，最后从"IN"（零序电流非极性端）端子接回测试仪的电流输出端"In"。

将测试仪的开入接点"A"、"B"、"C"、"R"分别与保护装置的分相跳闸出口接点"跳 A"、"跳 B"、"跳 C"以及"重合闸"触点相连。

3. 纵联变化量方向保护校验

在"整组试验"菜单里，试验过程由保护的触点动作情况控制，此次试验包括以下几个过程：故障前→故障，跳闸→重合闸。

（1）"设置①"页面设置，见图 5-18。

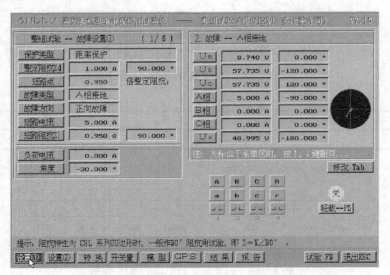

图 5-18　纵联变化量方向保护检验"设置①"页面

其中：

1）保护类型：可任意选择，默认为距离保护。

2）整定阻抗 Z_d：取默认值 $1\angle 90°\Omega$。短路点：取 0.95 倍。设置的整定阻抗要保证计算出的故障电压不越限。

3）故障类型：设为 A 相接地，也可根据需要修改。

4）故障方向：设为正向故障。

5）短路电流：设置短路时的电流，大于电流变化量启动值（0.2A），设为 5.0A。

6）短路阻抗 Z_1：根据整定阻抗 Z_d 和短路点，程序自动计算出故障时，保护安装处距离短路点之间的短路阻抗 $Z_1 = 0.95 \times Z_d$。

7）负荷电流，角度：取默认值 $0.0\angle -30°$。

（2）"设置②"页面设置，见图 5-19。

其中：

1）故障触发：为方便试验，一般设为时间触发。

2）故障前时间：该时间的设置一般大于保护的复归时间（含重合闸充电时间），根据该保护装置，设为 28.000s。

3）永久故障？：设为瞬时性故障。

4）直流分量？：设为叠加直流（非周期分量）。

5）衰减时间 t：设为 0.05s。

6）试验限时：故障开始到试验结束之间的时间限制，一般应保证保护在该时间内可以完成整个"跳闸→重合→再跳闸"的过程。根据该保护装置，设为 2.000s。

7）其他的参数设置均取默认值，见图 5-19。

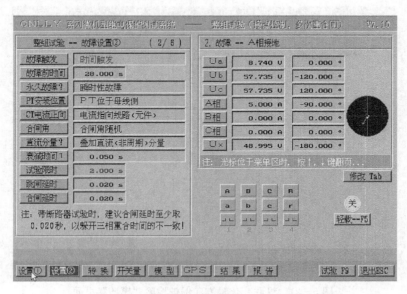

图 5-19 纵联变化量方向保护检验"设置②"页面

（3）"开关量"页面设置，见图 5-20。

其中：

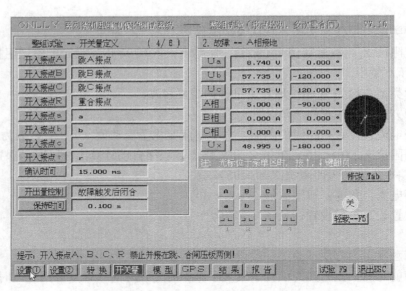

图 5-20　纵联变化量方向保护检验"开关量"页面

1）开入接点：该保护采用分相跳闸出口，故根据实际接线，把开入接点 A 设为"跳 A接点"，开入接点 B 设为"跳 B接点"，开入接点 C 设为"跳 C接点"，开入接点 R 设为"重合接点"，确认时间默认为"15ms"。

2）开出量由于不影响试验，不考虑设置。

（4）"模型"页面设置，见图 5-21。

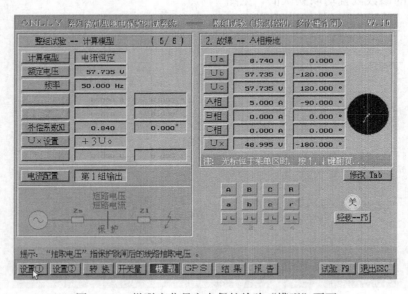

图 5-21　纵联变化量方向保护检验"模型"页面

其中：

1）计算模型：一般取"电流恒定"。

2）额定电压：保护 TV 二次侧的额定相电压，一般为 57.735V。

3）频率：电压、电流的输出频率，中国大陆地区为 50.0Hz。

4）补偿系数 K_1：对于相间故障不需要考虑补偿系数 K_1 的设置。若设为单相接地故障，则必须考虑零序补偿系数 K_1 的设置，具体设置如下：零序补偿系数 K_1 的设置方式为 $(Z_0 - Z_1)/(3Z_1)$，幅值为 0.84（取零序补偿系数），角度为 0°。

5）电流配置：根据实际接线，设为第 1 组电流输出。

（5）试验过程及结果记录。参数设置完毕后，按测试仪面板上的"Start"快捷键开始试验，或按"试验 F9"按钮开始试验。

在试验过程中，测试仪先输出空载状态（输出时间为故障前时间 28.0s，等待保护复归，重合闸充电完成）；然后再输出故障状态，直到保护可靠跳闸，开入接点 A 闭合；接着再输出重合闸状态，直到保护重合闸成功，开入接点 R 闭合；最后自动结束试验。

（6）在上述试验中，保证其他参数不变，只将"设置①"页面设置中的故障方向改为"反向故障"。按测试仪面板上的"Start"快捷键，重新开始试验后，保护不动作。

（二）纵联零序方向保护检验

1. 保护相关设置

在"整定定值"里，把运行方式控制字"投纵联零序方向"置"1"、"允许式通道"置"0"、"投重合闸"、"投重合闸不检"均置"1"，其他的均置"0"（"1"表示投入，"0"表示退出）。

在"压板定值"里，"投主保护压板"和"投零序保护压板"均置"1"。在保护屏上，投"主保护"和"投零序保护"硬压板，并把重合把手切在"综重方式"。

将收发信机整定在"负载"位置，或将本装置的发信输出接至收信输入构成自发自收。

纵联零序方向保护定值见表 5 - 6。

表 5 - 6　　　　　　　　　　　　　　纵联零序方向保护定值

序号	定值名称	整定值	序号	定值名称	整定值
1	零序启动电流	0.5A	2	零序方向过电流定值	1.0A

2. 试验接线

试验接线见图 5 - 17。

3. 纵联零序方向保护检验

在"整组试验"菜单里，试验过程由保护的接点动作情况控制，此次试验包括以下几个过程：故障前→故障，跳闸→重合闸。

（1）"设置①"页面设置，见图 5 - 22。

其中：

1）保护类型：选为零序保护。

2）整定电流 I_d：设为"零序方向过电流定值 1.0A"。

3）短路点：故障时的短路点电流，根据继电保护的调试规程，一般取 1.05 倍，以检查保护动作的灵敏性。

4）故障类型：设为 A 相接地，也可根据需要修改。

5）故障方向：设为正向故障。

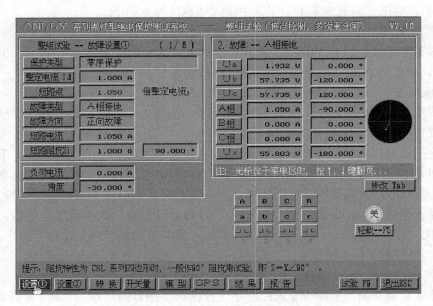

图 5-22　零序方向保护检验"设置①"页面

6）短路电流：由程序自动计算，其幅值等于整定电流 I_d 乘以短路点。

7）短路阻抗 Z_1：设置短路时的阻抗，一般取默认值 $1.0\angle 90°$，也可修改，但要保证计算出的短路电压不越限。

8）负荷电流，角度：取默认值 $0.0\angle -30°$。

（2）"设置②"页面设置，见图 5-23。

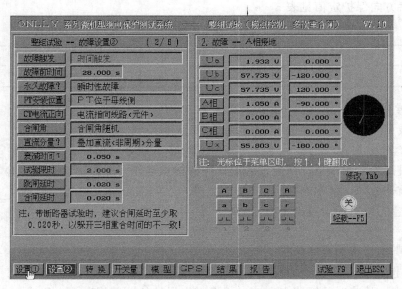

图 5-23　零序方向保护检验"设置②"页面

其中：

1）故障触发：为方便试验，一般设为时间触发。

2）故障前时间：该时间的设置一般大于保护的复归时间（含重合闸充电时间），根据该保护装置，设为 28.000s。

3）永久故障？：设为瞬时性故障。

4）直流分量？：设为叠加直流（非周期分量）。

5）衰减时间 t：设为 0.05s。

6）试验限时：故障开始到试验结束之间的时间限制，一般应保证保护在该时间内可以完成整个"跳闸→重合→再跳闸"的过程。根据该保护装置，设为 2.000s。

7）其他的参数设置均取默认值，见图 5-23。

（3）"开关量"页面设置，见图 5-24。

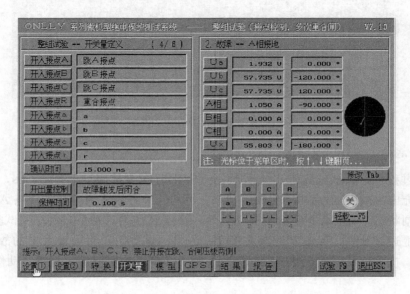

图 5-24 零序方向保护检验"开关量"页面

其中：

1）开入接点：该保护采用分相跳闸出口，故根据实际接线，把开入接点 A 设为"跳 A 接点"，开入接点 B 设为"跳 B 接点"，开入接点 C 设为"跳 C 接点"，开入接点 R 设为"重合接点"，确认时间默认为"15ms"。

2）开出量由于不影响试验，不考虑设置。

（4）"模型"页面设置，见图 5-25。

其中：

1）计算模型：一般取"电流恒定"。

2）额定电压：保护 TV 二次侧的额定相电压，一般为 57.735V。

3）频率：电压、电流的输出频率，中国大陆地区为 50.0Hz。

4）补偿系数 K_1：短路阻抗 Z_1 的零序补偿系数，一般取默认值 $0.67\angle0°$，也可修改，但要保证计算出的短路电压不越限。

5）电流配置：根据实际接线，设为第 1 组电流输出。

（5）试验过程及结果记录。参数设置完毕后，按测试仪面板上的"Start"快捷键开始

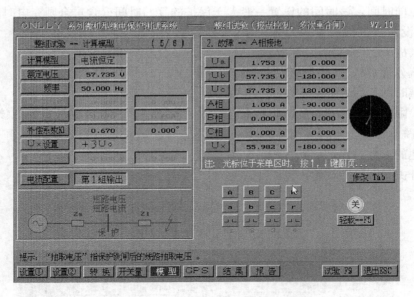

图 5-25 零序方向保护检验"模型"页面

试验，或按"试验 F9"按钮开始试验。

在试验过程中，测试仪先输出空载状态（输出时间为故障前时间 28.0s，等待保护复归，重合闸充电完成）；然后再输出故障状态，直到保护可靠跳闸，开入接点 A 闭合；接着再输出重合闸状态，直到保护重合闸成功，开入接点 R 闭合；最后自动结束试验。

（6）在上述试验中，保证其他参数不变，只将"设置①"页面设置中的故障方向改为"反向故障"。按测试仪面板上的"Start"快捷键，重新开始试验后，保护不动作。

任务二　纵联距离保护单端测试

🔊【学习目标】

通过学习和实践，能看懂纵联距离保护逻辑图及二次回路图，能够利用继电保护测试仪及纵联距离保护原理、逻辑框图等知识，对纵联距离保护装置进行测试。能制订测试方案，对纵联距离保护装置进行单端测试，能做测试数据记录、测试数据分析处理。具备纵联距离保护装置测试的能力，能对纵联距离保护装置二次回路出现的简单故障进行正确分析和处理。

🖐【任务描述】

以小组为单位，做好工作前的准备，制订纵联距离保护的测试方案，绘制试验接线图，完成纵联距离保护的测试，并填写试验报告，整理归档。

🎤【任务准备】

1. 任务分工

工作负责人：_____　　　　　　调试人：_____

仪器操作人：_____　　　　　　记录人：_____

2. 试验用工器具及相关材料（见表 5-7）

表 5-7 　　　　　　　　　**试验用工器具及相关材料**

类别	序号	名　称	型号	数量	确认（√）
仪器仪表	1	微机试验仪		1 套	
	2	钳形电流表		1 块	
	3	万用表		1 块	
	4	组合工具		1 套	
消耗材料	1	绝缘胶布		1 卷	
	2	打印纸等		1 包	
图纸资料	1	保护装置说明书、图纸、调试大纲、记录本（可上网收集）		1 套	
	2	最新定值通知单等		1 套	

3. 危险点分析及预控措施（见表 5-8）

表 5-8 　　　　　　　　　**危险点分析及预控措施**

序号	工作地点	危险点分析	预控措施	确认签名
1	线路保护柜	误跳闸	1）工作许可后，由工作负责人进行回路核实，确认二次工作安全措施票所列内容正确无误。 2）对可能误跳运行设备的二次回路进行隔离，并对所拆二次线用绝缘胶布包扎好。 3）检查确认出口压板在退出位置	
		误拆接线	1）认真执行二次工作安全措施票，对所拆除接线做好记录。 2）依据拆线记录恢复接线，防止遗漏。 3）由工作负责人或由其指定专人对所恢复的接线进行检查核对。 4）必要时二次回路可用相关试验进行验证	
		误整定	严格按照正式定值通知单核对保护定值，并经装置打印核对正确	
2	保护柜和户外设备区	人身伤害	1）防止电压互感器二次反送电。 2）进入工作现场必须按规定佩戴安全帽。 3）登高作业时应系好安全带，并做好监护。 4）攀登设备前看清设备名称和编号，防止误登带电设备，并设专人监护。 5）工作时使用绝缘垫或戴手套。 6）工作人员之间做好相互配合，拉、合电源开关时发出相应口令；接、拆电源必须在开关拉开的情况下进行；应使用完整合格的安全开关，装配合适的熔断器	

4. 填写二次安全措施票（见表 5 - 9）

表 5 - 9 二 次 安 全 措 施 票

被试设备名称					
工作负责人		工作时间		签发人	

工作内容：

工作条件：停电

安全措施：包括应打开及恢复压板、直流线、交流线、信号线、连锁线和连锁开关等，按工作顺序填用安全措施。已执行，在执行栏打"√"。已恢复，在恢复栏打"√"

序号	执行	安全措施内容	恢复
1		确认所工作的线路保护装置已退出运行，检查全部出口压板确已断开，检修压板确已投入，记录空气断路器、压板位置	
2		从保护柜断开电压互感器二次接线	
3		断开信号、录波启动二次线	
4		外加交直流回路应与运行回路可靠断开	

【任务实施】

测试任务见表 5 - 10。

表 5 - 10 纵联距离保护单端测试

一、制订测试方案	二、按照测试方案进行试验
1. 熟悉图纸及保护装置说明书	1. 测试接线（接线完成后需指导教师检查）
2. 学习本任务相关知识，参考本教材附录中相关规程规范、继电保护标准化作业指导书，本小组成员制订出各自的测试方案（包括测试步骤、试验接线图及注意事项等，应尽量采用手动测试）	2. 在本小组工作负责人主持下按分工进行本项目测试并做好记录，交换分工角色，轮流本项目测试并记录（在测试过程中，小组成员应发扬吃苦耐劳、顾全大局和团队协作精神，遵守职业道德）
3. 在本小组工作负责人主持下进行测试方案交流，评选出本任务执行的测试方案	3. 在本小组工作负责人主持下，分析测试结果的正确性，对本任务测试工作进行交流总结，各自完成试验报告的填写
4. 将评选出本任务执行的测试方案报请指导老师审批	4. 指导老师及学生代表点评及小答辩，评出完成本测试任务的本小组成员的成绩

本学习任务思考题
1. 国内超高压线路纵联距离保护的厂家和型号有哪些？
2. 纵联距离保护的基本原理是什么？
3. 纵联距离保护有哪些优缺点？
4. 纵联距离保护功能测试包括哪些项目？
5. 画出纵联距离保护的试验接线图。
6. 说出纵联距离保护功能测试的方法。

【相关知识】

一、纵联距离保护原理

（一）纵联距离保护的基本原理

纵联方向保护是一种综合比较线路两端方向元件动作行为的保护，主要是利用方向元件具有方向性的特点构成保护，不仅方向元件是具有方向性的继电器，而且具有方向性的阻抗继电器也可以保证在反方向短路时可靠不动作。因此可利用具有方向性的阻抗继电器来代替方向元件构成纵联保护。

设在图 5-26 的系统中，故障线路和非故障线路两端都装有具有方向性的阻抗继电器。显然对于故障线路 BC 两端的阻抗继电器来说，由于短路在正方向，所以只要短路点位于它的保护范围内两端的阻抗继电器都能动作。而对于非故障线路 AB 两端的阻抗继电器来说，近故障点的 B 端判断为反方向短路故而阻抗继电器不动作。远离故障点的 A 端判断为正方向短路，短路点位于继电器的保护范围内时阻抗继电器动作，短路点位于继电器的保护范围外时阻抗继电器不动作，所以 A 端阻抗继电器可能动作也可能不动作。故障线路和非故障线路两端的阻抗继电器的动作情况也已标在图 5-26 中。综合上述分析可知，故障线路的特征是两端的阻抗继电器均动作，而非故障线路的特征是两端中至少有一端（近故障点侧）的阻抗继电器不动作，所以综合比较两端阻抗继电器的动作行为可以区分故障线路与非故障线路。由于这种保护的核心元件是阻抗继电器，故而把这种纵联保护称作纵联距离保护。

图 5-26　纵联距离保护原理图

从上面区分故障线路和非故障线路的基本原理可知对纵联距离保护的核心元件——阻抗继电器应提出如下要求：①该阻抗继电器应有良好的方向性。从本质上讲该保护的原理就是利用它的方向性来实现的。②为了确保故障线路两端的阻抗继电器都能可靠动作，阻抗继电器应在本线路全长范围内故障都有足够的灵敏度（灵敏系数大于 1.3～1.5）。所以该阻抗继电器的定值应该用距离保护第Ⅱ、Ⅲ段的整定值。凡是满足上述要求的阻抗继电器原则上都可用来构成纵联距离保护。

1. 闭锁式纵联距离保护

当用闭锁信号实现纵联距离保护时，可让阻抗继电器不动作的一端一直发闭锁信号。这样在非故障线路 AB 上至少近故障点的 B 端可一直发闭锁信号，所以两端保护被闭锁不会动作。而在故障线路 BC 上由于两端阻抗继电器均动作，所以最后两端都不发闭锁信号故而两端都能跳闸。

闭锁式纵联距离保护的简略原理框图见图 5-27。

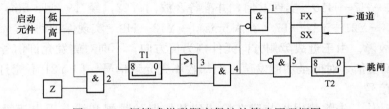

图 5-27　闭锁式纵联距离保护的简略原理框图

2. 允许式纵联距离保护

允许式纵联距离保护可分为超范围（POTT）和欠范围（PUTT）两种。超范围允许信号的纵联距离保护区分故障线路和非故障线路的方法与闭锁式纵联距离保护完全相同。故障线路和非故障线路的特征见图 5-26。与闭锁式纵联距离保护不同的仅是信号使用的方法不同。在超范围允许信号的纵联距离保护中由 Z 动作的一端向对端发允许信号。这样在故障线路 BC 上两端都向对端发允许信号，对每一端来说从收到对端信号知晓对端的 Z 动作，再判断本端也是 Z 动作，两个构成"与"逻辑发跳闸命令，所以故障线路两端都能跳闸。在非故障线路 AB 上，近故障点的 B 端虽然可能会收到对端的允许信号，但是由于本端（B 端）Z 不动作，"与"逻辑没有输出不会跳闸。远离故障点的 A 端虽然本端的 Z 可能动作，但由于从来没有收到对端的允许信号知晓对端的 Z 不动作，"与"逻辑也没有输出也不会跳闸，所以非故障线路两端保护都不发跳闸命令。从上述分析也可以看出允许信号主要是在故障线路上送的。

超范围允许式纵联距离保护的简略原理框图见图 5-28。

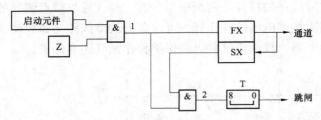

图 5-28　超范围允许式纵联距离保护的简略原理框图

（二）纵联距离保护动作逻辑

CSC-101A（B）S 数字式超高压线路保护装置适用于 220kV 及以上电压等级的双母线和 3/2 断路器各种接线方式。主保护为光纤纵联距离保护；后备保护均为三段式距离保护和四段式零序方向保护及零序反时限保护，B 型装置具有重合闸功能。

CSC-101S 纵联距离保护装置配置有纵联方向距离元件、纵联零序方向元件及负序方向元件，纵联方向距离保护包括接地方向距离元件和相间方向距离元件，负序方向元件主要用于在振荡闭锁中与纵联方向距离元件配合，以快速切除各种多相故障和单相接地故障。纵联零序方向元件灵敏度较高，可作为高阻接地故障时对纵联方向距离保护在灵敏度上的补充。纵联保护可由纵联压板控制投退。

1. 允许式纵联距离保护逻辑

当线路区内故障时，两端保护装置的启动元件动作，正方向元件动作，反方向元件不动作，保护启动向对侧发允许信号，允许对侧跳闸；如是线路外部故障，则线路一端正方向元件动作，收不到允许信号，另一端则收到允许信号而正方向元件却不动作，因此两端都不能跳闸。允许式纵联距离保护的逻辑见图 5-29。

（1）区内故障。纵联保护启动，同时有正方向元件动作，无反方向元件动作，经门 Y9—Y11—H6—H7—H10—实现发信，并准备开放门 Y22；经 T9 延时 5ms 收到对侧允许信号后，门 H8—Y21—Y22—T7（确认 5ms）—Y13—H9—实现保护动作。

（2）区外故障。由于近故障侧方向元件判为反方向，不向对侧发允许信号，即近故障侧门 Y9 不动，不发信，对侧虽然能发信，但却收不到允许信号，门 Y21 不能打开，门 H9 不输出保护动作信号。

（3）相继动作。先跳侧保护装置在检测到其他保护跳闸和线路无电流后，经门 Y20—H1—H5—Y19—H10—实现发信；或判"跳位 A、跳位 B、跳位 C"和"线路无电流"后，经门 Y1—H1—H5—Y19—H10—实现发信，由 T12 控制发信脉冲展宽 120ms。

（4）区外故障功率倒向问题。当发生区外故障时，本保护应不动作，但当故障线路有一

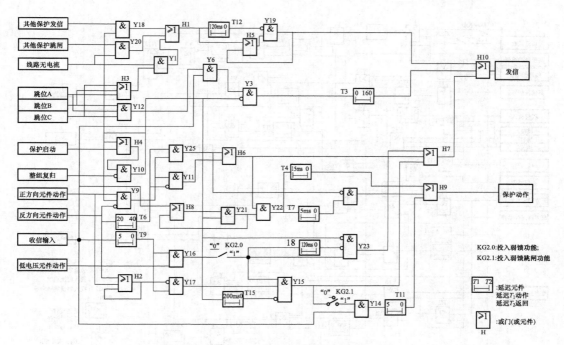

图 5-29　允许式纵联距离保护逻辑

侧跳开后本保护可能出现功率倒向问题，解决的办法是方向元件从反向到正向延时 40ms 发信，以躲开两侧都为正方向的时间，如此时再发生内部故障，则延时 15ms 确认两侧都发信才跳闸。故障开始功率反方向元件动作时门 Y9、Y11 关闭，转为正方向 40ms 后 Y9、T6—Y25 开放（Y11 仍关闭）—H6—H7—H10—实现发信，同时闭锁 Y13 防止误跳，如内部故障，则门 H8—Y21—Y22 开放，再经 T4（15ms 确认）—H9—实现保护动作。

（5）弱馈保护。

1）弱馈端电流突变量元件不启动，低电压启动：弱馈端也能启动保证强电源侧快速跳闸。如弱馈端保护在收到允许信号后且低电压元件动作，门 Y16 经控制字 KG2.0 开放门 Y23—H7—H10—实现发信 120ms（T8 控制），保证强电源侧快速跳闸。

2）弱馈端电流突变量元件启动保护动作逻辑：在启动时间小于 T15（200ms）时，弱馈端正反方向元件均不动作、低电压元件动作、收到允许信号 5ms，门 H2—Y17—Y15（Y16—KG2.0 开放）— H7—H10—实现发信，若投弱馈跳闸控制字 KG2.1，则门 Y15—KG2.1—Y15—T11（确认 5ms）—实现保护动作。

（6）保护未启动，收到允许信号且有跳位 A、跳位 B、跳位 C，经门 Y6—Y3—T3—H10—实现发信 160ms（T3 控制），作用是保证线路对侧纵联保护可靠动作。

（7）其他保护发信端子有开入，且保护已启动，由 Y18—H1—H5—Y19— H10—实现发信 120ms（T12 控制），使对侧可靠跳闸。

2. 闭锁式纵联距离保护逻辑

闭锁式纵联距离保护的逻辑见图 5-30。

（1）跳闸后逻辑。驱动跳闸令应在故障切除后收回，本装置在发出跳闸命令后的 40ms 内不考虑撤销命令，以保证可靠跳闸。

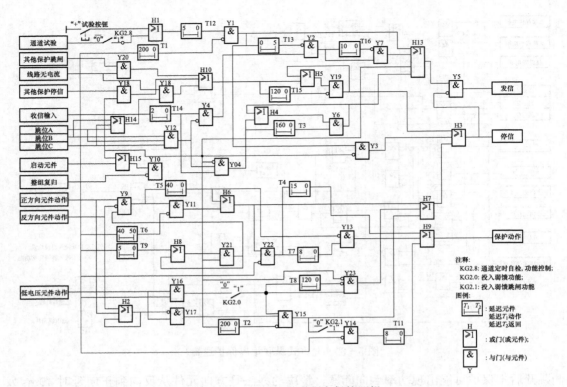

图 5-30　闭锁式纵联距离保护逻辑

保护发跳闸命令后，则停信命令一直持续到跳闸命令收回后 120ms 才返回，以保证两侧纵联保护能够可靠动作。

保护发三跳令后 12s 三相无电流，程序转至整组复归，12s 是考虑三相重合闸最长整定时间不会大于 10s。如果单跳后 5s 故障相仍无电流，程序转至整组复归，5s 是由于单相重合闸延时不可能大于 5s。

（2）弱馈停信与跳闸逻辑。当保护安装处为弱电源或无电源方式，正方向发生区内故障时，启动元件可能无法启动，被对侧（启动元件）远方起信，从而闭锁纵联保护，使对侧拒动。此时应投入纵联保护的弱馈功能和弱馈跳闸功能，以便开放对侧跳闸。

（3）低电压弱馈停信逻辑。当弱电源保护的功能投入时，即使启动元件不动作，只要保护满足以下条件，则弱电源侧保护也能向对侧停信。

1）电压低于 $0.5U_N$。

2）有收信信号（无论闭锁式还是允许式）。

弱电源侧将快速停信，并展宽 120ms，以保证强电源侧保护快速跳闸。

（4）保护启动时弱馈侧跳闸逻辑。如果弱馈侧的启动元件动作并同时满足下列条件，且弱电源侧保护跳闸控制字投入，则经对侧的闭锁信号确认后，弱馈侧就可以跳闸。

1）至少有一相或相间电压低于 0.5%。

2）各保护正方向和反方向元件均不动作。

3）启动元件动作时间小于 200ms。

4）收不到对侧闭锁信号 8ms。

（5）相继动作。如果在大电源侧出口附近经大电阻接地，由于助增作用，可能使对侧纵联保护停信灵敏度不足，此时靠大电源侧零序Ⅰ段或接地距离Ⅰ段先动作，在本侧断路器跳开助增消失后对侧纵联保护再相继动作。保护在任何情况下，先跳侧纵联保护的停信元件在检测到本装置内零序、距离保护发出跳闸令后，检测原故障相确无电流后，将停信脉冲展宽120ms。

（6）功率倒向问题。为防止区外短路过程中因零序或负序功率倒向而造成误动作，保护方向元件从反向倒正向元件动作带40ms延时，跳闸确认15ms延时。

（7）其他保护动作停信。为防止线路电流互感器与断路器之间发生死区故障保护拒动，在保护启动状态下，且"其他保护停信"有开入，则保护停信120ms后返回。

（8）三跳位置停信。保护未启动，当TWJ有开入时，只要收到对侧信号，保护即延时160ms再发信。保护启动后，自动解除三跳位置停信。

（9）远方启动发信。如TWJ开入为0，当收到对侧信号，即立即发信10s，直到停信元件动作。

（三）纵联距离保护图纸

以CSC-101保护装置为例，图5-31为装置的正面面板布置及指示灯。图5-32为装置的背面面板布置图。图5-33为装置的交流电流、电压回路。图5-34为端子的定义图。

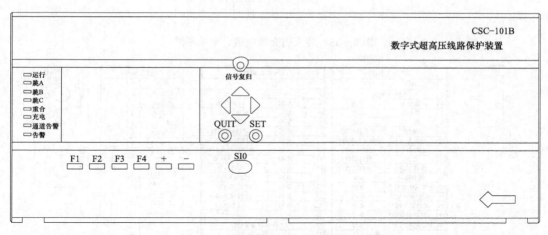

图5-31　装置的正面面板布置及指示灯

CSC_101(2)BS 数字式超高压线路保护装置插件布置图											
1	2	3		4	5	6	7	8	9		10
交流	CPU1	CPU2		管理	开入1	开入2	开出1	开出2	开出3		电源
X1				X3	X4	X5	X7	X8	X9		X10

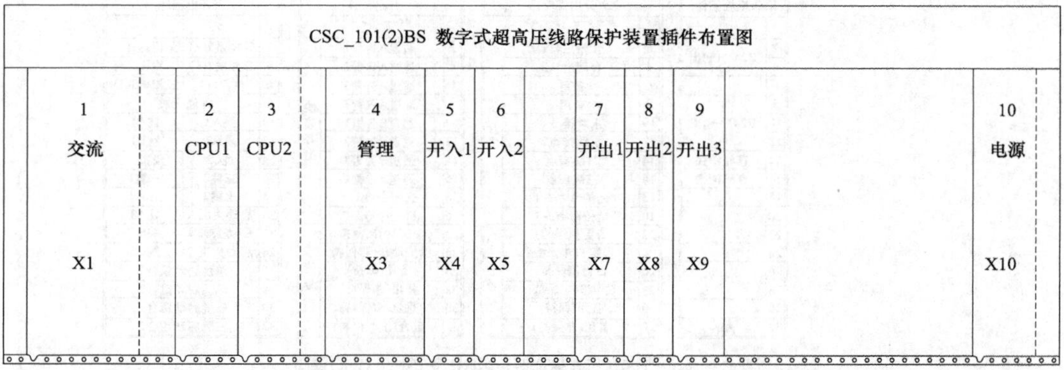

图5-32　装置的背面面板布置图

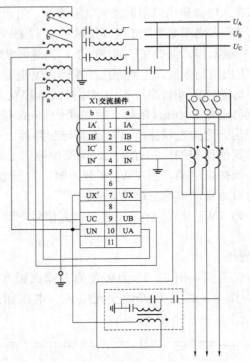

图 5-33　装置的交流电流、电压回路

测试端口

X5(开入插件)	
c	a
2	R24V+输入
4　跳位A	单重
6　跳位B	三重
8　跳位C	综重
10　备用	重合闸停用
12　远传命令1	重合长延时控制
14　远传命令2	闭锁重合闸
16　备用	三跳启动重合
18　沟通三跳*	单跳启动重合
20　远方跳闸	通道B检修
22　低气压闭锁重合	备用
24　其他保护发信	备用
26　闭锁重合闸*	备用
28　三跳启动重合*	备用
30　单跳启动重合*	备用
32	R24V-输入

X4(开入插件)	
c	a
4　备用	纵联压板
6　备用	距离I段压板
8　备用	距离II、III段压板
10　备用	零序I段压板
12　备用	零序其他段压板
14　备用	零序反时限压板
16　备用	通道A检修
18　备用	沟通三跳
20　备用	通道B检修
22　备用	闭锁远方操作
24　备用	检修装态压板
26　备用	信号复归
30	告警I(非保持)
32	告警I(保持)

X3(管理插件)	
备用	1
打印发	2
打印收	3
打印地	4
485-2B	5
485-2A	6
485-1B	7
485-1A	8
GPS	9
GPSGND	10
LON-2A	11
LON-2B	12
LINGND	13
LON-1A	14
LON-1B	15
备用	16

以太网

X2(光纤插件)	
通道A	PX
	TX
通道B	PX
	TX

X10(电源插件)	
c	a
2	R24V+输出
8	R24V-输出
14	直流消失
16	直流消失
20	1
26	2
32	⏚

X9(开出插件)	
c	a
2	合闸出口1
4	合闸出口2
6	备用
8	备用
10	永跳接点1
12	永跳接点2
14	单跳接点
16	三跳接点
18	远传命令2-1
20	远传命令2-2
22	告警I(保持)
24	告警I(非保持)
26	告警II(保持)
28	告警II(非保持)
30	备用(保持)
32	备用(非保持)

开出　信号

X8(开出插件)	
c	a
2	通道A告警1
4	通道A告警2
6	通道A告警3
8	通道A告警4
10	通道B告警1
12	通道B告警2
14	通道B告警3
16	通道B告警4
18	远传命令1-2
22	保护动作(保持)
24	保护动作(非保持)
26	备用(保持)
28	备用(非保持)
30	重合闸(保持)
32	重合闸(非保持)

快速开出　信号

X7(开出插件)	
c	a
2　分相跳2(+)	分相跳1(+)
4　三相跳2(+)	三相跳1(+)
6　失灵(+)	三相跳3(+)
8	沟通三跳
10　跳A2	跳A1
12　跳B2	跳B1
14　跳C2	跳C1
16　三跳2	三跳1
18　永跳2	永跳1
20　启动失灵A	跳A3
22　启动失灵B	跳B3
24　启动失灵C	跳C3
26	单跳启动重合1
28	单跳启动重合2
30	三跳启动重合1
32	三跳启动重合2

图 5-34　BS 型装置端子的定义图（双通道）

注：当开入用强电 220、110V 时，X5-c2 需接入正电源；X5-c32 需接入负电源。

二、纵联距离保护测试方法及案例

纵联距离保护装置配置有纵联方向距离元件、纵联零序方向元件及负序方向元件，纵联方向距离保护包括接地方向距离元件和相间方向距离元件。下面分别介绍以上各种元件的检验。

（一）纵联距离方向元件检验

投入"纵联保护"压板，重合闸切换开关放"停用"位置，断路器置于合位。将测试仪的电流、电压分别加到保护装置的相关位置，测试仪器输入 A 接 1D97 及 1D104 端子，监视录波单跳触点，试验接线如图 5-35 所示。

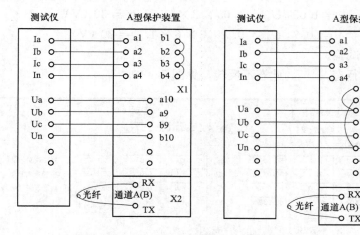

图 5-35　纵联距离保护试验接线

纵联距离保护的定值单见表 5-11。

表 5-11　　　　　　　　　　　　纵联距离保护的定值单

序号	定值名称	整定值	序号	定值名称	整定值
1	纵联距离电抗定值	3Ω	3	纵联零序电流值	7A
2	纵联距离电阻定值	5Ω			

1. 检验项目

模拟 A、B、C 单相接地瞬时故障，$m=0.95$，保护应可靠动作；$m=1.05$，保护应不动作；$m=0.7$，保护应可靠动作，测量保护动作时间。

模拟 AB、BC、CA 单相接地瞬时故障，$m=0.95$，保护应可靠动作；$m=1.05$，保护应不动作；$m=0.7$，保护应可靠动作，测量保护动作时间。

2. 检验实例

（1）模拟双侧电源线路区内 A 相经过渡电阻接地故障（阻抗角约为 60°），检验距离元件定值。

（2）计算检验数据。加故障电流 $I_a=6A$，阻抗角 $\varphi=60°$，将相关定值代入阻抗测量元件微分方程

$$U_{ph} = L_{ph} \frac{d(\dot{I}_{ph} + K_X \times 3\dot{I}_0)}{dt} + R_{ph}(\dot{I}_{ph} + K_r \times 3\dot{I}_0)$$

式中 U_{ph}——相电压；

$\quad I_{ph}$——相电流；

$\quad L_{ph}$——相电感；

$\quad R_{ph}$——相电阻。

经过简化可得
$$U_a = m \times 3\dot{I}_0 Z_r$$

式中 Z_r 为该相量阻抗在 R 轴方向的值。

$Z_r = X_{DZ} / (\tan 7° + 1.732)$，由于定值电抗 $X_{DZ} = 3\Omega$，可得 $Z_r = 1.6\Omega$。

$$m = 0.95, U_a = 0.95 \times 3 \times 6 \times 1.6 = 27 \text{ (V)}$$
$$m = 1.05, U_a = 1.05 \times 3 \times 6 \times 1.6 = 30 \text{ (V)}$$
$$m = 0.7, U_a = 0.7 \times 3 \times 6 \times 1.6 = 20 \text{ (V)}$$

（3）状态序列法试验。

1）1态：空载运行态，15s，此态不反转，见图 5-36。

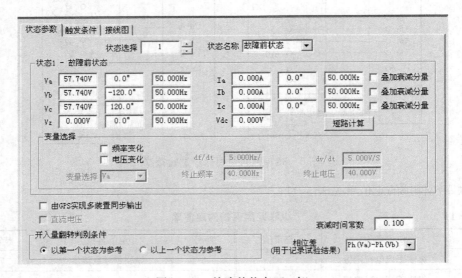

图 5-36 故障前状态（1态）

2）2态：以 $m = 0.95$ 为例，故障态，1s，U_a 为 27V，0°，I_a 为 6A，300°，以 1 态为参考，见图 5-37。触发条件使用 A 触发反转，见图 5-38。

装置面板上相应跳闸灯亮，液晶上显示"纵联保护出口"。

1）$m = 1.05$ 试验。将 2 态中的电压 U_a 改为 30V，其他设置不变，保护不动作。

2）$m = 0.7$ 试验。将 2 态中的电压 U_a 改为 20V，其他设置不变，装置面板上相应跳闸灯亮，液晶上显示"纵联保护出口"。t_a 时间应小于 35ms，实测为 33ms。

（二）纵联零序检验

投入"纵联保护"压板，重合闸切换开关放"停用"位置，断路器置于合位。将测试仪的电流、电压分别加到保护装置的相关位置，测试仪器输入 A 接 1D97 及 1D104 端子，监视录波单跳触点，试验接线如图 5-35 所示。

1. 检验项目

模拟 A、B、C 单相接地瞬时故障，通入 $I = m \times I_{0.set}$（整定值）。$m = 0.95$，保护应不动

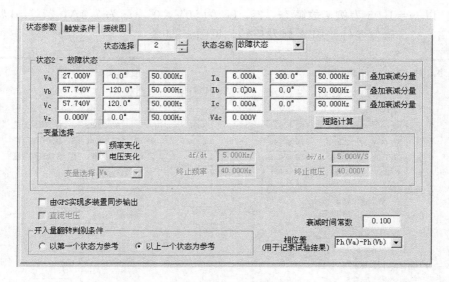

图 5-37　故障状态（2 态）

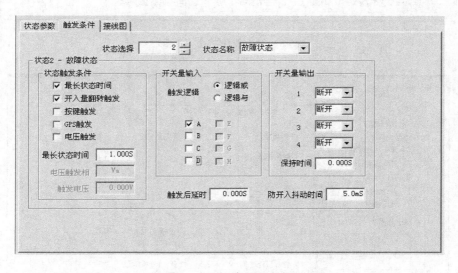

图 5-38　2 态触发条件

作；$m=1.05$，保护应可靠动作；$m=1.2$，保护应可靠动作，测量保护动作时间。

2. 检验实例

(1) 模拟双侧电源线路区内 A 相经过渡电阻接地故障，检验纵联零序方向元件定值。

(2) 计算检验数据。由于 $I_{0.\,\mathrm{set}}=7\mathrm{A}$，可得

$$m=1.05，I_\mathrm{a}=1.05\times 7=7.4\,(\mathrm{A})$$
$$m=0.95，I_\mathrm{a}=0.95\times 7=6.6\,(\mathrm{A})$$
$$m=1.2，I_\mathrm{a}=1.2\times 7=8.4\,(\mathrm{A})$$

(3) 状态序列法试验。

1 态：空载运行态，15s，此态不反转，见图 5-36。

2 态：以 $m=1.05$ 为例，故障态，2s，U_a 为 50V，0°，I_a 为 7.4A，270°，以 1 态为参考，见图 5-39。触发条件使用 A 触发反转，见图 5-40。

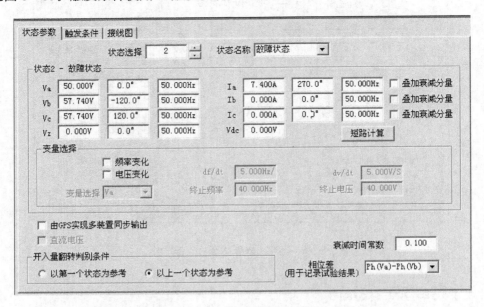

图 5-39　故障状态（2 态）

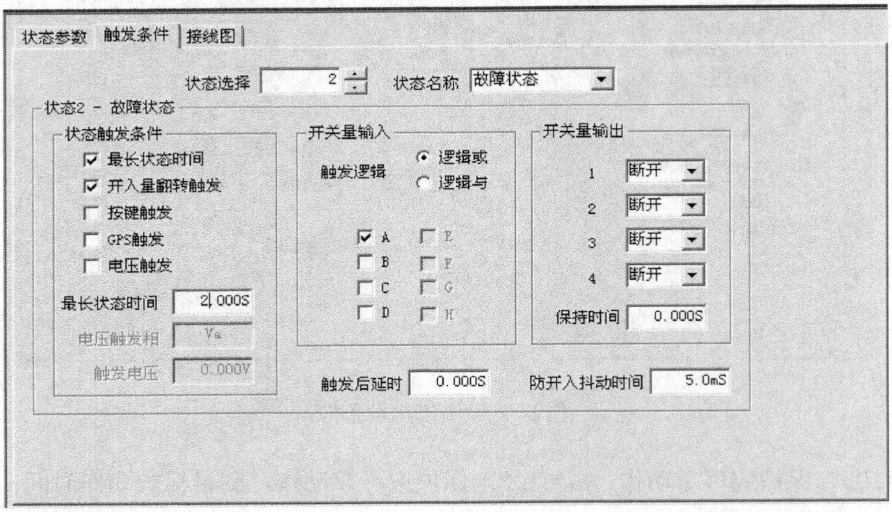

图 5-40　2 态时间

装置面板上相应跳闸灯亮，液晶上显示"纵联保护出口"。

1）$m=0.95$ 试验。将 2 态中的电压 I_a 改为 6.6A，其他设置不变，保护应不动作。

2）$m=1.2$ 试验。将 2 态中的电压 I_a 改为 8.4A，其他设置不变，装置面板上相应跳闸灯亮，液晶上显示"纵联保护出口"。T_a 时间应小于 35ms，实测为 34ms。

（三）纵联距离保护试验记录

试验完成后填写记录表 5-12。

表 5 - 12　　　　　　　　　　　纵联距离保护试验记录

投入保护	模拟故障量	故障相别	时间要求	所加电流（A）	显示动作时间（ms）	试验仪测量时间（ms）	动作报文是否正确
纵联距离方向保护	0.7Ω	ABC	<30ms				
	0.95 相间保护定值	AB					
	1.05 相间保护定值	AB					
	0.95 接地保护定值	CN					
	1.05 接地保护定值	CN					
纵联零序方向	$1.05I_{0.\text{setTK}}$	CN					
	$0.95I_{0.\text{setTK}}$	CN					
	$1.2I_{0.\text{setTK}}$	CN					

任务三　纵联电流差动保护单端测试

【学习目标】

通过学习和实践，能看懂光纤电流差动保护逻辑图及二次回路图，能够利用继电保护测试仪及光纤电流差动保护原理、逻辑框图等知识，对光纤电流差动保护装置进行测试。能制订测试方案，对光纤电流差动保护装置进行单端测试，能做测试数据记录、测试数据分析和处理。具备光纤电流差动保护装置测试的能力，能对光纤电流差动保护装置二次回路出现的简单故障进行正确分析和处理。

【任务描述】

以小组为单位，做好工作前的准备，制订光纤电流差动保护的测试方案，绘制试验接线图，完成光纤电流差动保护的测试，并填写试验报告，整理归档。

【任务准备】

1. 任务分工

工作负责人：＿＿＿＿＿＿　　　　　　　　调试人：＿＿＿＿＿＿

仪器操作人：＿＿＿＿＿＿　　　　　　　　记录人：＿＿＿＿＿＿

2. 试验用工器具及相关材料（见表 5 - 13）

表 5 - 13　　　　　　　　　　　试验用工器具及相关材料

类别	序号	名　　称	型号	数量	确认（√）
仪器仪表	1	微机试验仪		1套	
	2	钳形电流表		1块	
	3	万用表		1块	
	4	组合工具		1套	
消耗材料	1	绝缘胶布		1卷	
	2	打印纸等		1包	

续表

类别	序号	名　称	型号	数量	确认（√）
图纸资料	1	保护装置说明书、图纸、调试大纲、记录本（可上网收集）		1套	
	2	最新定值通知单等		1套	

3. 危险点分析及预控措施（见表5-14）

表5-14　　　　　　　　危险点分析及预控措施

序号	工作地点	危险点分析	预控措施	确认签名
1	线路保护柜	误跳闸	1）工作许可后，由工作负责人进行回路核实，确认二次工作安全措施票所列内容正确无误。 2）对可能误跳运行设备的二次回路进行隔离，并对所拆二次线用绝缘胶布包扎好。 3）检查确认出口压板在退出位置	
		误拆接线	1）认真执行二次工作安全措施票，对所拆除接线做好记录。 2）依据拆线记录恢复接线，防止遗漏。 3）由工作负责人或由其指定专人对所恢复的接线进行检查核对。 4）必要时二次回路可用相关试验进行验证	
		误整定	严格按照正式定值通知单核对保护定值，并经装置打印核对正确	
2	保护柜和户外设备区	人身伤害	1）防止电压互感器二次反送电。 2）进入工作现场必须按规定佩戴安全帽。 3）登高作业时应系好安全带，并做好监护。 4）攀登设备前看清设备名称和编号，防止误登带电设备，并设专人监护。 5）工作时使用绝缘垫或戴手套。 6）工作人员之间做好相互配合，拉、合电源开关时发出相应口令；接、拆电源必须在拉开开关的情况下进行；应使用完整合格的安全开关，装配合适的熔断器	

4. 填写二次安全措施票（见表5-15）

表5-15　　　　　　　　二 次 安 全 措 施 票

被试设备名称					
工作负责人		工作时间		签发人	

工作内容：

工作条件：停电

安全措施：包括应打开及恢复压板、直流线、交流线、信号线、连锁线和连锁开关等，按工作顺序填用安全措施。已执行，在执行栏打"√"。已恢复，在恢复栏打"√"

序号	执行	安全措施内容	恢复
1		确认所工作的线路保护装置已退出运行，检查全部出口压板确已断开，检修压板确已投入，记录空气断路器、压板位置	
2		从保护柜断开电压互感器二次接线	
3		断开信号、录波启动二次线	
4		外加交直流回路应与运行回路可靠断开	

【任务实施】

测试任务见表5-16。

表5-16　　　　　　　　　　　　　纵联电流差动保护单端测试

一、制订测试方案	二、按照测试方案进行试验
1. 熟悉图纸及保护装置说明书	1. 测试接线（接线完成后需指导教师检查）
2. 学习本任务相关知识，参考本教材附录中相关规程规范、继电保护标准化作业指导书，本小组成员制订出各自的测试方案（包括测试步骤、试验接线图及注意事项等，应尽量采用手动测试）	2. 在本小组工作负责人主持下按分工进行本项目测试并做好记录，交换分工角色，轮流本项目测试并记录（在测试过程中，小组成员应发扬吃苦耐劳、顾全大局和团队协作精神，遵守职业道德）
3. 在本小组工作负责人主持下进行测试方案交流，评选出本任务执行的测试方案	3. 在本小组工作负责人主持下，分析测试结果的正确性，对本任务测试工作进行交流总结，各自完成试验报告的填写
4. 将评选出本任务执行的测试方案报请指导老师审批	4. 指导老师及学生代表点评及小答辩，评出完成本测试任务的本小组成员的成绩

本学习任务思考题
1. 国内超高压线路光纤电流差动保护的厂家和型号有哪些？
2. 光纤电流差动保护的基本原理是什么？
3. 比率制动式光纤电流差动保护的原理及动作范围是什么？
4. 光纤电流差动保护有哪些优缺点？
5. 光纤电流差动保护的保护功能测试包括哪些项目？
6. 画出光纤电流差动保护的试验接线图。
7. 说出光纤电流差动保护功能测试的方法。

【相关知识】

一、光纤电流差动保护原理

光纤分相差动保护采用光纤通道、电流差动原理，性能优越，广泛用于超高压线路。

输电线路两侧电流采样信号通过编码变成码流形式后，转换成光信号经光纤送至对侧保护，保护装置收到对侧传来的光信号先解调为电信号，再与本侧保护的电流信号构成差动保护。光纤通道通信容量大，采用分相差动方式，即三相电流各自构成差动保护。

（一）光纤电流差动保护的基本原理

光纤电流差动保护是根据电流循环原理构成的保护，一般规定保护测量电流的参考方向一律由母线指向线路。电流的参考方向、电流互感器的极性和连接方式见图5-41，设流入差动继电器的电流为I_d。

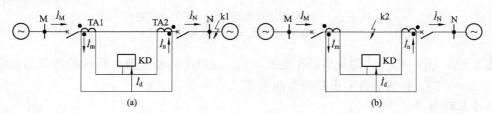

图5-41　电流纵联差动保护原理图
（a）正常或区外故障；（b）区内故障

当线路正常运行及外部故障 k1 时，流入差动继电器中的电流如图 5-41（a）所示。

$\dot{I}_d = \dot{I}_m - \dot{I}_n = \dfrac{\dot{I}_M}{n_{TA1}} - \dfrac{\dot{I}_N}{n_{TA2}}$，由于线路是正常运行或外部故障，因此保护装置应不动作。那么就要求流入差动继电器中的电流小于差动继电器的动作电流。在不考虑电流互感器误差的情况下，此时流入差动继电器的电流为零，即 $\dot{I}_d = \dot{I}_m - \dot{I}_n = \dfrac{\dot{I}_M}{n_{TA1}} - \dfrac{\dot{I}_N}{n_{TA2}} = 0$。因为 $|\dot{I}_M| = |\dot{I}_N|$，所以，只要保证 n_{TA2} 与 n_{TA1} 的变比相同，即 $n_{TA2} = n_{TA1} = n_{TA}$，当区外发生故障或正常运行时，流入到差动继电器中的电流 $\dot{I}_d = 0$。从原理上讲，输电线路两侧应装设特性和变比都相同的电流互感器。

当线路内部故障时，短路电流如图 5-41（b）所示，$\dot{I}_d = \dot{I}_m + \dot{I}_n = \dot{I}_k$，$\dot{I}_k$ 为短路点总的短路电流。

通过分析可以看出，当发生外部故障或正常运行时，流入到差动继电器中的电流 $I_d = 0$，而发生内部故障时，流入差动继电器中的电流 $I_d = |\dot{I}_k|$。实际上由于存在励磁电流、电流互感器误差等因素的影响，线路在正常运行及外部故障时，差动电流也不为零，是一个较小的数值，将这个较小的电流称为不平衡电流 I_{und}。不平衡电流是指一次侧差动电流严格为零时，二次侧流入保护的差动电流。因此，当发生区外故障或正常运行时，流入到差动继电器中的电流应为 $I_d = |\dot{I}_m - \dot{I}_n| = I_{und}$，所以纵差保护判据可以理解为 $I_{oct} > I_{und}$。

（二）比率制动式光纤电流差动保护

为了提高光纤电流差动保护装置躲外部故障的能力，保护生产厂家采用的都是带比率制动特性的纵联电流差动保护。

比率制动式电流差动元件动作特性见图 5-42（b）。图 5-42（a）中规定线路两侧电流的参考方向是从母线流向线路为正。图 5-42（b）中差动电流 $I_d = |\dot{I}_M + \dot{I}_N|$，即等于两侧电流相量和的绝对值；制动电流 $I_{res} = |\dot{I}_M - \dot{I}_N|$，即等于两侧电流相量差的绝对值。动作电流与制动电流对应的工作点位于比率制动特性曲线上方，继电器动作。

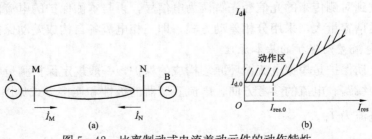

图 5-42　比率制动式电流差动元件的动作特性
(a) 参考方向；(b) 动作特性

图 5-42（b）中，$I_{d.0}$ 为最小动作电流，$I_{res.0}$ 为最小制动电流，折线的斜率为制动系数 $K_{res} = 0.5 \sim 0.75$，折线上方阴影部分为动作区。

动作方程为

$$\begin{cases} I_d > K_{res} I_{res} \\ I_d > I_{d.0} \end{cases}$$

从上式看出判据不是简单的过电流判据 $I_d > I_{d.0}$，而是引入了制动特性，即制动电流增大时抬高动作电流。制动特性广泛用于各种差动保护，防止外部故障穿越性电流形成的不平衡电流导致保护误动。下面进行具体分析。

1. 外部故障

如图 5-43（a）所示，当外部故障时，设短路电流为 $\dot{I}_k$，$\dot{I}_k$ 为穿越性的外部故障电流，则 $\dot{I}_M = \dot{I}_k$、$\dot{I}_N = -\dot{I}_k$，由于存在励磁电流，电流互感器有误差等因素的影响，可得出

差动电流 $$I_d = |\dot{I}_M + \dot{I}_N| = I_{unb}$$

制动电流 $$I_{res} = |\dot{I}_M - \dot{I}_N| = 2I_k$$

由于 $I_{unb} << 2I_k$，差动电流不会进入动作区，保护不动作。

2. 内部故障

内部故障情况见图 5-44，设内部故障时短路电流为 $\dot{I}_k$，则

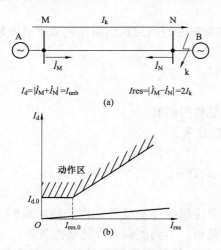

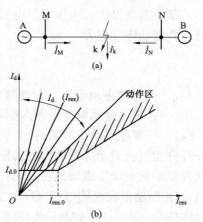

图 5-43 外部故障时的动作特性
（a）制动电流、差动电流；（b）动作特性

图 5-44 内部故障时的动作特性
（a）制动电流、差动电流；（b）动作特性

差动电流 $$I_d = |\dot{I}_M + I_N| = I_k$$

制动电流 $$I_{res} = |\dot{I}_M - \dot{I}_N| = (0 \sim 1)I_k$$

$I_d/I_{res} = (1 \sim \infty)I_k$，$I_d$ 与 I_{res} 的关系在图 5-44（b）中标注的区间内，保护可靠动作。I_k 为故障点总的短路电流，制动电流大小与短路电流的分布有关，注意制动系数 K_{res} 应小于 1。

（三）光纤电流差动保护动作逻辑

高压输电线路每侧各装有一个光纤分相电流差动保护装置，两侧保护实时采样并向对侧发送采样值，两侧保护根据本侧和收到的对侧系统的实时采样值计算差动电流，本侧电流差动保护元件动作后，还需要收到对侧的保护动作信号才能出口跳闸。RCS-931 线路保护装置中光纤差动保护由三部分组成：变化量相差动保护、稳态相差动保护和零序差动保护。

（1）变化量相差动保护。采用相电流变化量构成，典型动作方程为

$$\begin{cases} \Delta I_{CD\Phi} > 0.75 \Delta I_{R\Phi} \\ \Delta I_{CD\Phi} > I_H \end{cases}$$

式中　　$\Delta I_{CD\Phi}$——工频变化量差动电流，即两侧电流变化量相量和的幅值；

　　　　$\Delta I_{R\Phi}$——工频变化量制动电流，即两侧电流变化量的标量和；

　　　　I_H——差动保护整定值；

　　　　Φ——取 A、B、C。

（2）稳态相差动保护。采用稳态相电流构成，典型动作方程为

$$\begin{cases} I_{CD\Phi} > 0.75 I_{R\Phi} \\ I_{CD\Phi} > I_H \end{cases}$$

式中　　$I_{CD\Phi}$——差动电流，即两侧电流相量和的幅值；

　　　　$I_{R\Phi}$——制动电流，即两侧电流的标量和；

　　　　I_H——差动保护整定值；

　　　　Φ——取 A、B、C。

（3）零序差动保护。采用零序电流构成，零序保护对经高过渡电阻接地故障具有较高的灵敏度，典型动作方程为

$$\begin{cases} I_{CD0} > 0.75 I_{R0} \\ I_{CD0} > I_{QD0} \end{cases}$$

式中　　I_{CD0}——零序差动电流，即两侧零序电流相量和的幅值；

　　　　I_{R0}——零序制动电流，即两侧零序电流的标量和；

　　　　I_{QD0}——零序启动电流定值。

光纤分相电流差动保护动作逻辑框图如图 5 - 45 所示。

光纤差动保护动作逻辑说明如下：

1）三相断路器在跳闸位置（D1）或经保护启动控制的差动元件动作，均向对侧发差动动作允许信号（D3）（一侧断路器跳闸后，对侧跳闸前，本侧差动元件处动作状态）。

2）A 相差动元件、B 相差动元件、C 相差动元件一般是采用变化量差动、稳态量差动、零序差动原理构成的。

3）收到对侧发来的差动动作允许信号（即对侧差动信号）及本侧保护启动同时差动元件动作时（D9），本侧保护才动作，所以两侧保护启动、两侧差动元件同时动作，两侧保护才动作。

4）通道异常时，两侧保护闭锁（D5）。

5）TA 断线期间，本侧的启动元件、差动元件可能动作，但对侧启动元件不动作，不向本侧发差动保护动作信号，故差动保护不会误动作。但是当 TA 断线时再发生故障或系统扰动导致启动元件动作，就可能误动，故设 TA 断线闭锁。

6）若"差动保护投入"置"1"投入，则在断线期间 D5 输出为"0"，闭锁电流差动保护；若"差动保护投入"置"0"退出，且该相差流大于"TA 断线差流定值"为"1"，在断线期间，D5 输入全"1"输出为"1"，仍开放电流差动保护。

7）装置用于弱电源侧时，区内发生短路故障，差动元件动作，但启动元件有可能不动作。此时若收到对侧的差动保护动作允许信号（对侧启动元件动作、对侧差动保护动作），则通过判断本侧差动元件动作的相关相电压、相关相间电压，如小于 60％额定电压，则启

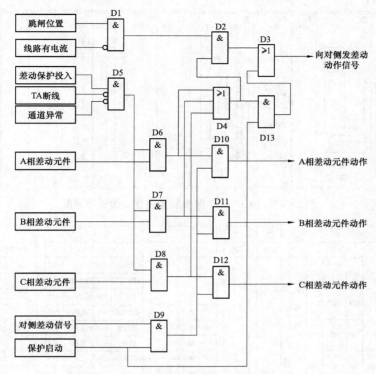

图 5-45　光纤差动保护动作逻辑框图

动元件动作，进入故障测量程序，允许对侧跳闸，本侧也能选相跳闸。

　　8）本侧三相跳闸情况。本侧三相跳闸时，若分相差动元件动作，或门 D4 及与非门 D1 经与门 D2、或门 D3 向对侧发出"差动保护动作允许信号"，解决本侧断路器未合闸、对侧合闸于故障线路时因本侧保护无电流启动而不发"差动保护动作信号"问题。

　　（四）光纤电流差动保护装置图

　　以 RCS-931 保护装置为例，图 5-46 为装置的正面面板布置及指示灯。图 5-47 为装置的背面面板布置图。图 5-48 为端子的定义图，虚线为可选件。图 5-49 为装置的交流电流、电压回路。

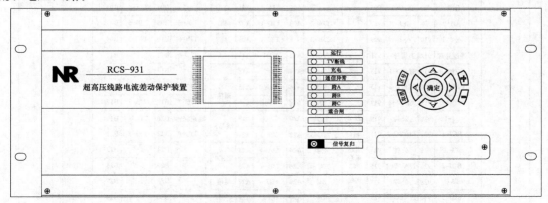

图 5-46　RCS-931 保护装置的正面面板布置及指示灯

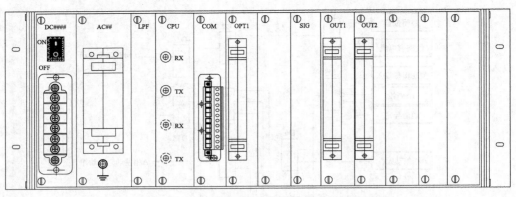

图 5-47　RCS-931 保护装置的背面面板布置图

图 5-48 上半部端子（背视）

1 DC		2 AC				3 LPF	4 CPU
直流电源+	101	IA	201	IA′	202		
直流电源-	102	IB	203	IB′	204		
	103	IC	205	IC′	206		
24V光耦+	104	IO	207	IO′	208		
24V光耦-	105	UA	209	UB	210		
大地	106	UC	211	UN	212		
		Ux	213	Ux′	214		
		215		大地			

AC 列中：电流（201~208）、电压（209~214）、大地（215）

5 COM			
485-1A	501	串口1	
485-1B	502		
485-1地	503		
485-2A	504	串口2	
485-2B	505		
485-2地	506		
对时485A	507	时钟同步	
对时485B	508		
对时地	509		
打印RXA	510	打印	
打印TXB	511		
打印地	512		

6 OPT1(24V)			
打印	602	601	对时
信号复归	604	603	投检修态
投距离	606	605	投主保护
重合方式1	608	607	投零序
投闭重	610	609	重合方式2
备用2	612	611	备用1
24V光耦+	614	613	
	616	601	24V光耦-
三跳重合	618	617	单跳重合
备用4	620	619	备用3
TWJA	622	621	备用5
TWJC	624	623	TWJB
远跳	626	625	压力闭锁
远传2	628	627	远传1
	630	629	备用6

7 OPT2(220/110V)可选件			
	702	701	光耦1+
	704	703	TWJA
	706	705	TWJB
	708	707	IWJC
	710	709	压力闭锁
	712	711	光耦1-
	714	713	
	716	715	
	718	717	光耦2+
	720	719	远跳
	722	721	远传1
	724	723	远传2
	726	725	备用6
	728	727	光耦2-
	730	729	

图 5-48 下半部端子（背视）

8 SIG		9 OUT1			
		BSJ-L	902	公共1 901	中央信号
		XTJ-1	904	BJJ-1 903	
		公共2	906	XHJ-1 905	遥信
		BJJ-2	908	BSJ-2 907	
		公共3	910	公共4 909	
		通道异常	912	通道异常 911	通道异常及远传
		远传1-1	914	远传2-1 913	
		远传1-2	916	远传2-2 915	
		远传1-2	918	远传2-2 917	
		TJ-1	920	公共 919	启动重合闸1
		BCJ-1	922	TJABC-1 921	
		TJ-2	924	公共 923	启动重合闸2
		BCJ-2	926	TJABC-2 925	
		TJ-3	928	公共 927	切机切负荷
		BCJ-3	930	TJABC-3 929	

A OUT2				
跳闸1公共	A02	合闸公共	A01	公共
跳闸2公共	A04		A03	
	A06	TJA-1	A05	跳合闸
TJA-2	A08	TJB-1	A07	
TJB-2	A10	TJC-1	A09	
TJC-2	A12	HJ-1	A11	
	A14		A13	
公共	A16	TJA	A15	遥信
TJC	A18	TJB	A17	
公共	A20	TJ-3	A19	跳闸3
TJC-3	A22	TJB-3	A21	
公共	A24	TJA-4	A23	跳闸4
TJC-4	A26	TJB-4	A25	
HJ	A28	HJ	A27	遥信
HJ-2	A30	HJ-2	A29	合闸1

B OUT(可选件)			
跳闸5公共	B02	B01	
跳闸6公共	B04	B03	
	B06	TJA-5 B05	
TJA-6	B08	TJB-5 B07	
TJB-6	B10	TJC-5 B09	
TJC-6	B12	B11	
	B14	B13	
跳闸7公共	B16	TJA-7 B15	
TJC-7	B18	TJB-7 B17	
跳闸8公共	B20	TJA-8 B19	
TJC-8	B22	TJB-8 B21	
	B24	B23	
	B26	B25	
	B28	B27	
	B30	B29	

C 备用　E 备用

图 5-48　RCS-931 保护装置端子定义图（背视）

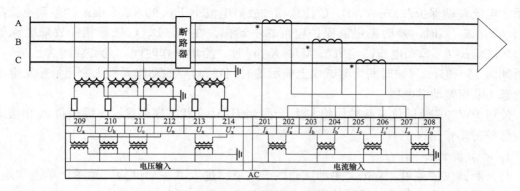

图 5-49　RCS-931 保护装置的交流电流、电压回路图

二、光纤电流差动保护测试方法及案例

光纤电流差动保护试验前：了解对侧线路运行情况，先将光端机（CPU 插件上）的 TX 和 RX 用尾纤短接，控制字"通道自环"设置为 1，构成自环方式。再投入被试保护压板及控制字进行试验，严防对侧运行线路跳闸。将测试仪的电流、电压分别加到保护装置的相关位置，并设置保护跳闸触点停表（见图 5-50 中的输入 A 触点）。试验接线见图 5-50。

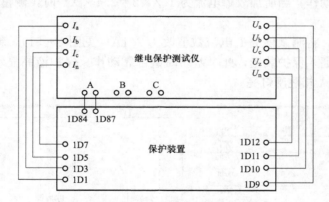

图 5-50　光纤电流差动保护试验接线

差动保护定值检验仅投入主保护压板，保护定值控制字中"投纵联差动保护"、"专用光纤"、"通道自环"、"投重合闸"和"投重合闸不检"均置 1。合上断路器，TWJA、TWJB、TWJC 都为 0。保护装置重合闸充电，直至"充电"灯亮。

电流差动保护的定值单见表 5-17。

表 5-17　　　　　　　　　　　　电流差动保护的定值单

序号	定值名称	整定值	序号	定值名称	整定值
1	差动电流高定值	4A	3	零序启动电流	1A
2	差动电流低定值	3A			

（一）差动保护高定值检验

在 A、B、C 任意相加故障电流大于 $1.05 \times 0.5 \text{max}$（"差动电流高定值"、$4U_N/X_{C1}$）时差动保护应可靠动作，式中 X_{C1} 为线路全长的正序容抗。装置面板上相应跳闸灯亮，液晶上显示"电流差动保护"。在 A、B、C 任意相加故障电流小于 $0.95×0.5\text{max}$（"差动电流高定值"、$4U_N/X_{C1}$）时，差动高定值保护应可靠不动作。在 A、B、C 任意相加故障电流等于 $1.2×0.5\text{max}$（"差动电流高定值"、$4U_N/X_{C1}$）时，测量动作时间，允许误差为 $±5\%$，动作时间为 $15\sim35\text{ms}$（该时间为测试仪上显示的时间）。对应的动作元件为变化量差动继电器和稳态 I 段相差动继电器。

使用 PW30E 测试仪有两种检验方法：手动测试法和状态序列法。下面模拟 A 相接地故障时保护的动作情况。

1. 手动测试法

打开测试仪主菜单，双击"手动试验"子菜单，进入"手动试验"菜单。单击"运行"图标，其图标变为灰色，给保护装置通入正序正常电压，无电流。再单击"锁定"图标，其图标应下沉，使装置输出保持上述状态。

差动高值计算：差动电流高定值 I_H 整定值为 4A，$X_{C1}=100\Omega$，$U_N=57.7\text{V}$。中间计算过程为：$4U_N/X_{C1}=4×57.7/100=2.4$（A），比 I_H（4A）小，取 4A。由于是自环运行，差动动作值还要除以 2，因此差动高值的计算值应该为 2A。当所加故障电流为 $1.05×2=2.1$（A）时，差动高值保护应可靠动作；当所加故障电流为 $0.95×2=1.9$（A）时，差动高定值保护可靠不动作；当所加故障电流为 $1.2×2=2.4$（A）时，测量差动高值保护动作时间。

按照计算结果，将测试仪上 I_a 电流数值改为 2.1A（见图 5-51），释放"锁定"图标，将图所示电流数值通入保护装置，此时差动高值可靠动作。保护液晶显示"电流差动保护"动作，信号灯显示 A 相跳闸灯亮。

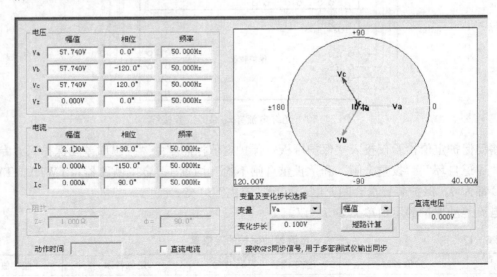

图 5-51　手动测试法修改数值

按照上述方法，先通入正常电流、电压，进行"锁定"，再将图 5-51 中的电流 I_a 改为 1.9A，释放"锁定"图标，将图面所示电流数值通入保护装置，差动高值应该可靠不动（此时，差动低值可能动作，但可以从动作时间上明显区分，差动高值动作时间小于 40ms，差动低值动作时间为 $50\sim80\text{ms}$）。

　　同样，先通入正常电流、电压，进行"锁定"，再将电流 I_a 改为2.4A，释放"锁定"图标，将图5-51所示电流数值通入保护装置，测量差动高值动作时间。

　　2. 状态序列法

　　(1)设置状态1(正常状态)。打开测试仪菜单，双击"状态序列"子菜单，进入"状态序列"菜单，设置状态选择"1"，状态名称为"故障前状态"；在"状态参数"页面，给装置通入正常正序电压，无电流，见图5-52。

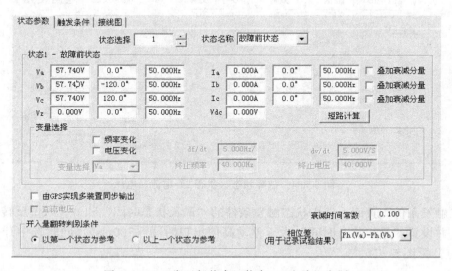

图5-52　正常运行状态(状态1)电流、电压

　　在"触发条件"页面的"最长状态时间"设置大于TV断线闭锁复归时间13s，见图5-53。

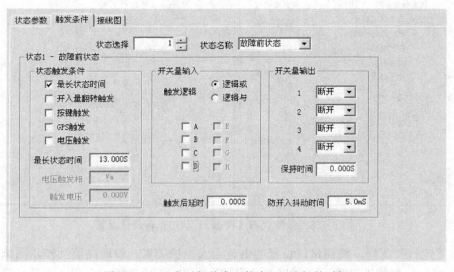

图5-53　正常运行状态(状态1)施加的时间

　　(2)设置状态2(故障状态)。在工具栏上单击"添加新状态"图标，添加一新状态(状态2)；在"状态参数"页面，给装置通入差动高值可靠动作电流 $I_a = 1.05 \times 2 = 2.1A$，

见图 5-54。

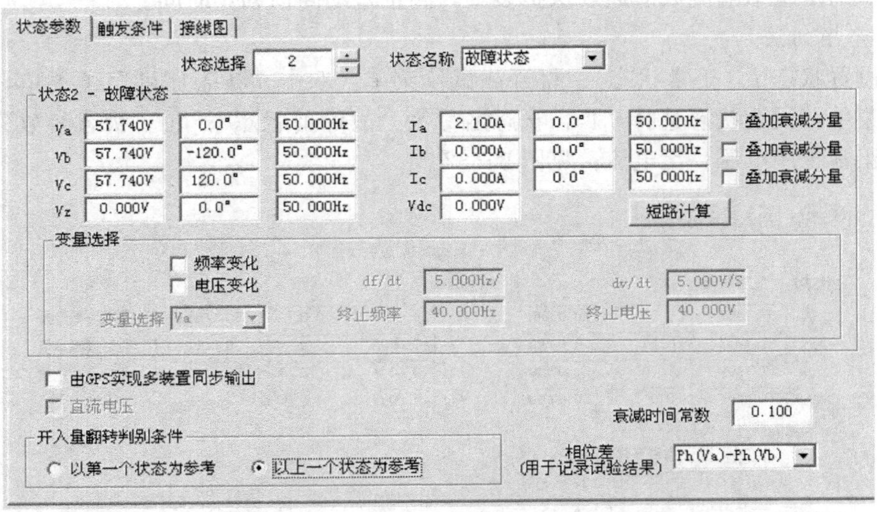

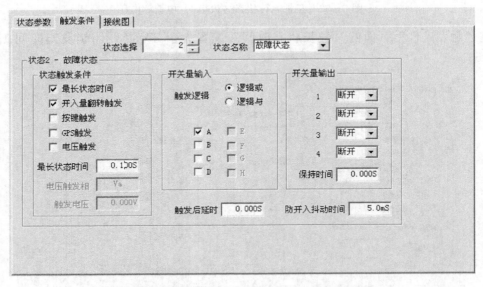

图 5-54　故障状态（状态 2）电流、电压

在"触发条件"页面，选中状态触发条件的"最长状态时间"和"开入量反转触发"两个选项，并设置"最长状态时间"大于差动高值出口时间（100ms），同时选中开关量输入的 A 触点，见图 5-55。

图 5-55　故障状态（状态 2）状态反转条件设置

单击"运行"图标，将测试仪设定的电流通入保护装置，差动高值动作，测试仪下方显示 $T_a=0.025s$，保护液晶显示"电流差动保护"动作，动作时间 25ms（注意：液晶显示与保护动作时间配合起来判别是相差动 I 段、相差动 II 段还是零差保护动作，它们动作时间分别是小于 40、50~80、110~140ms），信号灯显示 A 相跳闸灯亮。

1）0.95倍试验。将故障状态（见图5-54）中电流I_a改为1.9A，故障状态时间（见图5-55）不变，则差动高值不动作（可能差动低值动作）。

2）1.2倍试验。将故障状态（见图5-54）中电流I_a改为2.4A，故障状态时间（见图5-55）不变，测量差动高值保护动作时间（小于40ms）。

（二）差动保护低定值检验

在故障电流大于1.05×0.5max（"差动电流低定值"、$1.5 U_N / X_{C1}$）时差动保护应可靠动作，式中X_{C1}为线路全长的正序容抗。装置面板上相应跳闸灯亮，液晶上显示"电流差动保护"。在故障电流小于0.95×0.5max（"差动电流低定值"、$1.5 U_N / X_{C1}$）时，差动保护应可靠不动作。等于1.2×0.5max（"差动电流低定值"、$1.5 U_N / X_{C1}$）时，测量动作时间，允许误差为$\pm 5\%$，动作时间为50~80ms（该时间为测试仪上显示的时间）。对应的动作元件为稳态Ⅱ段相差动继电器。

差动低值计算：差动电流低定值I_L整定值为3A，$X_{C1}=100\Omega$，$U_N=57.7$V。中间计算过程为：$1.5 U_N / X_{C1}=1.5 \times 57.7/100=0.9$（A），比$I_L$（3A）小，取3A。由于是自环运行，差动动作值还要除以2，因此差动高值的计算值应该为1.5A。当所加故障电流为$1.05 \times 1.5=1.575$（A）时，差动低值保护应该可靠动作；当所加故障电流为$0.95 \times 1.5=1.8$（A）时，差动低定值保护可靠不动作；当所加故障电流为$1.2 \times 1.5=3$（A）时，测量差动高值保护动作时间。

下面只介绍用状态序列法做试验的步骤：

（1）设置状态1（正常状态）。给装置通入正常正序电压，无电流，见图5-52。

时间大于TV断线闭锁复归时间13s，见图5-53。

（2）设置状态2（故障状态）。给装置通入差动低值可靠动作电流$1.05 \times 1.5=1.575$（A），将图5-54中电流I_a改为1.575A。

故障时间大于差动低值出口时间（100ms），见图5-55。

按"运行"图标，将测试仪设定的电流通入保护，差动低值动作，测试仪显示$T_a=0.068$s，保护液晶显示电流差动保护动作，动作时间68ms（由时间判断为差动低值保护动作）。

1）0.95倍试验。将故障状态（见图5-54）中电流I_a改为1.425A，故障状态时间（见图5-55）不变，则差动低值可靠不动作。

2）1.2倍试验。将故障状态（见图5-54）中电流I_a改为1.8A，故障状态时间（见图5-55）不变，测量差动低值保护动作时间小于50~80ms。

（三）零序差动继电器检验

（1）抬高差动电流高定值、差动电流低定值（或选用小于差动电流高、低值，大于零差启动值的电流）。

（2）整定X_{C1}，使得$U_N / X_{C1} > 0.1 I_N$，本例$X_{C1}=100\Omega$。加三相电压U_N，$I=U_N/(2X_{C1}) \angle 90°$（模拟电容电流，超前电压90°），满足补偿条件。本例$I=U_N/(2X_{C1})=57.7/(2 \times 100)=0.3$（A），见图5-56。时间大于TV断线复归时间，取13s。

增加单相电流，使得零序电流大于零序启动电流（本例$I_0=1$A，将I_a加反相电流0.8A，见图5-57），故障时间设置为200ms，零序差动动作，动作时间为125ms左右。减小状态2见图5-57）中I_a电流，使零序差动不动作，测量到临界值。

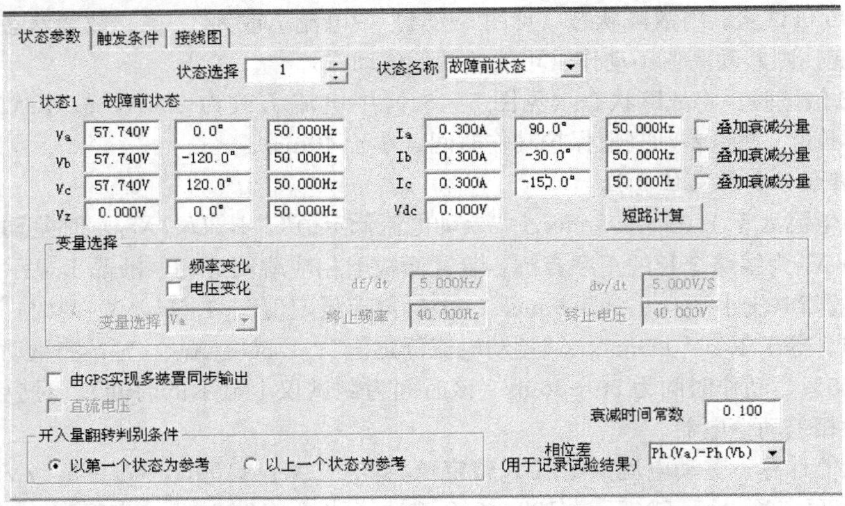

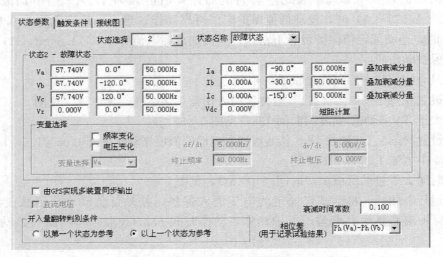

图 5 - 56　校验零差保护正常运行时有电容电流（状态 1）

图 5 - 57　校验零差保护故障状态（状态 2）

（四）差动保护试验记录

试验完成后填写记录表 5 - 18。

表 5 - 18　　　　　　　　　　　光纤电流差动保护试验记录

投入保护	模拟故障量	故障相别	时间要求	所加电流（A）	显示动作时间（ms）	试验仪测量时间（ms）	动作报文是否正确
光纤纵差保护	0.95×0.5 倍差动电流高定值						
	1.05×0.5 倍差动电流高定值						
	1.2×0.5 倍差动电流高定值						
	0.95×0.5 倍差动电流低定值						
	1.05×0.5 倍差动电流低定值						
	1.2×0.5 倍差动电流低定值						
	零序差动保护						

任务四　光纤纵联保护通道测试

【学习目标】

通过学习和实践，能说出光纤通道的构成、种类等，能够利用继电保护测试仪、光功率计等对光纤通道进行测试。能制订光纤通道的测试方案，能做测试数据记录、测试数据分析处理。具备光纤通道测试的能力，能对光纤通道出现的简单故障进行正确分析和处理。

【任务描述】

以小组为单位，做好工作前的准备，制订光纤通道的测试方案，绘制试验接线图，完成光纤通道的测试，并填写试验报告，整理归档。

【任务准备】

1. 任务分工

工作负责人：_____　　　　　　　　　调试人：_____

仪器操作人：_____　　　　　　　　　记录人：_____

2. 试验用工器具及相关材料（见表 5-19）

表 5-19　　　　　　　　　　　试验用工器具及相关材料

类别	序号	名　称	型号	数量	确认（√）
仪器仪表	1	微机试验仪		1套	
	2	光功率计		1块	
	3	光衰耗器		1块	
	4	组合工具		1套	
消耗材料	1	尾纤		2根	
	2	棉花球		1包	
	3	工业乙醇		1瓶	
图纸资料	1	保护装置说明书、图纸、调试大纲、记录本（可上网收集）		1套	
	2	最新定值通知单等		1套	

3. 危险点分析及预控（见表 5-20）

表 5-20　　　　　　　　　　　危险点分析及预控措施

序号	工作地点	危险点分析	预控措施	确认签名
1	线路保护柜	误跳闸	1）工作许可后，由工作负责人进行回路核实，确认二次工作安全措施票所列内容正确无误。 2）对可能误跳运行设备的二次回路进行隔离，并对所拆二次线用绝缘胶布包扎好。 3）检查确认出口压板在退出位置	

序号	工作地点	危险点分析	预控措施	确认签名
1	线路保护柜	误拆接线	1）认真执行二次工作安全措施票，对所拆除接线做好记录。 2）依据拆线记录恢复接线，防止遗漏。 3）由工作负责人或由其指定专人对所恢复的接线进行检查核对。 4）必要时二次回路可用相关试验进行验证	
		误整定	严格按照正式定值通知单核对保护定值，并经装置打印核对正确	
2	保护柜和户外设备区	人身伤害	1）防止电压互感器二次反送电。 2）进入工作现场必须按规定佩戴安全帽。 3）登高作业时应系好安全带，并做好监护。 4）攀登设备前看清设备名称和编号，防止误登带电设备，并设专人监护。 5）工作时使用绝缘垫或戴手套。 6）工作人员之间做好相互配合，拉、合电源开关时发出相应口令；接、拆电源必须在拉开的情况下进行；应使用完整合格的安全开关，装配合适的熔断器	

4. 填写二次安全措施票（见表 5-21）

表 5-21　　　　　　　　　二 次 安 全 措 施 票

被试设备名称				
工作负责人		工作时间		签发人	

工作内容：

工作条件：停电

安全措施：包括应打开及恢复压板、直流线、交流线、信号线、联锁线和联锁开关等，按工作顺序填用安全措施。已执行，在执行栏打"√"。已恢复，在恢复栏打"√"

序号	执行	安全措施内容	恢复
1		确认所工作的线路保护装置已退出运行，检查全部出口压板确已断开，检修压板确已投入，记录空气断路器、压板位置	
2		从保护柜断开电压互感器二次接线	
3		断开信号、录波启动二次线	
4		外加交直流回路应与运行回路可靠断开	

📖【任务实施】

测试任务见表 5-22。

表 5 – 22	光纤纵联保护通道测试
一、制订测试方案	**二、按照测试方案进行试验**
1. 熟悉图纸、保护装置及接口装置说明书	1. 测试接线（接线完成后需指导教师检查）
2. 学习本任务相关知识，参考本教材附录中相关规程规范、继电保护标准化作业指导书，本小组成员制订出各自的测试方案（包括测试步骤、试验接线图及注意事项等，应尽量采用手动测试）	2. 在本小组工作负责人主持下按分工进行本项目测试并做好记录，交换分工角色，轮流本项目测试并记录（在测试过程中，小组成员应发扬吃苦耐劳、顾全大局和团队协作精神，遵守职业道德）
3. 在本小组工作负责人主持下进行测试方案交流，评选出本任务执行的测试方案	3. 在本小组工作负责人主持下，分析测试结果的正确性，对本任务测试工作进行交流总结，各自完成试验报告的填写
4. 将评选出本任务执行的测试方案报请指导老师审批	4. 指导老师及学生代表点评及小答辩，评出完成本测试任务的本小组成员的成绩

本学习任务思考题
1. 说明光纤的结构及分类。
2. 光纤通道的构成方式有哪些？
3. 光纤通道与高频通道相比较有何优缺点？
4. 光纤通道测试包括哪些项目？
5. 画出光纤通道测试时的试验接线图。
6. 说出光功率计的使用方法。

📖【相关知识】

一、光纤通道

（一）光纤的基本知识

1. 光纤的结构与分类

光纤为光导纤维的简称。继电保护所用光纤为通信光纤，是由纤芯和包层两部分组成的，如图 5 – 58 所示。纤芯区域完成光信号的传输；包层则是将光封闭在纤芯内，并保护纤芯，增加光纤的机械强度。

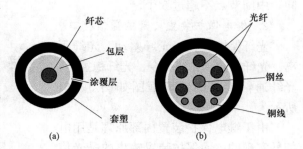

图 5 – 58　光纤与光缆的结构
（a）光纤结构；（b）光缆结构

光缆由多股光纤制成，光纤结构如图 5 – 58（a）所示。纤芯由高折射率的高纯度二氧化硅材料制成，直径仅 $100 \sim 200\mu m$，用于传送光信号。包层为掺有杂质的二氧化硅，作用是使光信号能在纤芯中产生全反射传输。涂覆层及套塑用来加强光纤机械强度。

光缆由多根光纤绞制而成，为了提高机械强度，采用多股钢丝起加固作用，光缆中还可以绞制铜线用于电源线或传输电信号。光缆可以埋入地下，也可以固定在杆塔上，或置于空心的架空地线中（复合地线式光缆 OPGW）。

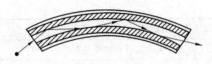

图 5 - 59　光在光纤中的传播

2. 光在光纤中的传播

光信号在光纤中的传播过程如图 5 - 59 所示，只要正确选择光线的入射角，进入光纤内的光线就会以全反射的形式在光纤中向前传输，当通过同样一段光纤时，以不同角度入射后，光信号在光纤中所走的路径也不一样，沿光纤轴前进的光走的路径最短，而与轴线交角大的光所走的路径长。

（二）光纤通道构成方式

1. 光纤通道基本构成

线路光纤保护按照保护原理分为光纤纵联电流差动保护、纵联光纤方向（距离）保护和光纤远方跳闸式保护 3 种。按照光纤通道传输方式光纤通道分为专用光纤通道和复用光纤通道。与传统纵联保护相似，线路两侧的光纤保护装置必须看作一个整体，两侧配置同型号及同版本的保护装置。本侧光纤保护将电信号变为光信号，通过光缆把光信号传送到对端。同样，对侧保护也将电信号变为光信号，通过光缆将光信号传送到本侧。一个基本光纤通信系统由发送调制模块、光源、光纤连接器、光纤通道、光纤接收器、接收解调器模块组成，如图 5 - 60 所示。

图 5 - 60　基本光纤通信系统组成图

光纤差动保护可采用专用光纤或复用通道。在纤芯数量及传输距离允许范围内，优先采用专用光纤作为传输通道。当传输距离较远，传输功率不满足条件时，可采用复用通道，可以复接 2M 或 64k 数字通道，尽量复接 2M 通道。采用复用方式时，应保证发、收路径相同，中间节点不超过 6 个。

2. 继电保护装置内部的通信接口

光纤保护装置（光纤差动、光纤距离、光纤方向、光纤命令、光纤稳控等）光纤通信接口的原理框图如图 5 - 61 所示。

由于继电保护装置内部原理是用电信号实现的，而保护装置输出的是光信号，所以需要用通信接口进行光与电的转换。在发送时将从串行通信控制器（SCC）来的二进制的电信号数据经过光纤发送码型变换后，去调制光发射器（LD），将连续变化的数据码流转换成

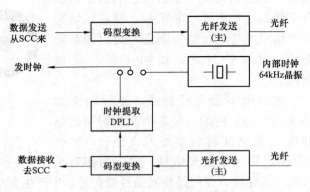

图 5 - 61　光纤保护装置的光纤通信接口原理图

连续变化的光脉冲。在接收时，对弱的光信号，进行放大、整形、再生成电信号的数据码流，送给串行通信控制器，供 CPU 读取。

3. 继电保护装置与光纤通道的连接方式

（1）继电保护专用光纤通道。图 5-62 是采用继电保护专用光纤通道的连接方式，两地之间给保护装置配置了专用的纤芯。这种专用纤芯方式相对比较简单，运行的可靠性也比较高，保护动作性能能够得到保障，日常的运行维护工作量也很少，已经得到了广泛的使用。有条件的地区，220kV 及以下线路光纤保护多采用专用纤芯方式，目前专用纤芯工作方式完全可以运行在 120km 及以下的光缆长度上。

图 5-62　专用光纤通道连接方式

（2）复用通信设备传输通道。图 5-63 是采用复用通信设备传输通道的连接方式，两地之间通过通信网（例如 SDH 传输网）通信。由于通信网是复用的，所以需要用通信设备进行信号的复接。通信设备是在电信号中进行复接的，而保护装置输出的是光信号，所以中间还有通信接口装置实现光电转换。这种复用通道连接方式涉及的中间设备较多，通信时延也较长，运行的可靠性较低，保护的动作性能得不到保障，日常的运行维护工作量也比较大，问题查找不易。所以复用通道是以牺牲保护装置的性能，来换取通信资源的利用率的。

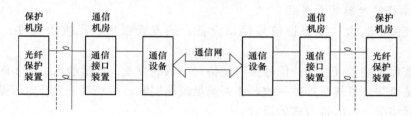

图 5-63　复用通道连接方式

4. 通信接口装置

图 5-63 中的通信接口装置用来完成将保护装置输出的光信号转换成通信设备所能接收的标准电信号。根据通信设备所能提供的电接口速率，可以分为 64kbit/s 和 2048kbit/s 两类。

通信接口装置通常安装在变电站的通信机房，通过电缆（64kbit/s 时使用屏蔽双绞线，2048kbit/s 时使用同轴电缆）与通信设备相连，通过光缆与保护设备相连。

通信设备一般只提供电接口的业务，在 G.703 中对业务端接口的物理电平有严格的定义，无论是 64kbit/s 还是 2048kbit/s 速率都是三电平信号，这样才能保证各个厂家的通信设备都能够和业务端互联、互通。而光通道中传的是二电平码流，这就需要将光纤中的二电平码流转换成三电平码流。二电平码流含有直流分量，信号在通信设备内部传输时，不能含有直流分量，且低频分量应尽量少，这是因为在终端机和再生中继器的靠外侧，加有脉冲变压器，对直流分量起阻碍作用，并且对低频成分衰减也较大。经通信设备将各路信号复用后，再转换成二电平的光信号传送至远方。这就要求继电保护传输的数据线路码流频谱中应消除长"0"和长"1"，并包含定时时钟信息。接收端经过变换得到时钟信息，使得接收端时钟和发送端时钟保持同步。通信设备数字复接接口的功能是：把收到的光信号变成电信号，把收到的电信号变成光信号，即将接收到的光的单极性（二电平）码转换成通信的电的双极性（三电平）码，将通信的电的双极性（三电平）码转换成光的单极性（二电平）码。

（三）基于光纤通道的辅助功能

可以利用保护的数字通道，不仅交换两侧电流数据，同时也交换开关量信息，实现一些辅助功能，其中包括远跳及远传。由于数字通信采用了 CRC 校验，并且所传开关量又专门采用了字节互补校验及位互补校验，因此具有很高的可靠性。在实际应用中，保护的通道常用于远方跳闸功能的实现，如断路器保护失灵动作出口远跳、过电压保护装置动作远跳等功能都可以借助光纤保护实现。

（1）远跳。保护装置接收到远跳开入时，经过专门的互补校验处理，作为开关量，连同电流采样数据及 CRC 校验码等，打包为完整的一帧信息，通过数字通道，传送给对侧保护装置。对侧装置每收到一帧信息，都要进行 CRC 校验，经过 CRC 校验后再单独对开关量进行互补校验。只有通过上述校验后，并且经过连续三次确认，才认为收到的远跳信号是可靠的。收到经校验确认的远跳信号后，可以无条件三跳出口或经本地判别出口。

（2）远传。同远跳一样，装置也借助数字通道分别传送远传 1、远传 2。区别只是在于接收侧收到远传信号后，并不作用于本装置的跳闸出口，而只是如实地将对侧装置的开入接点状态反映到对应的开出接点上。

二、光纤通道测试方法及案例

1. 单侧本机发光器功率测试

（1）检查保护装置（或保护信号接口设备）的发光器件、光接收器件、光纤连接器类型。

（2）检查保护装置（或保护信号接口设备）参数的设置（包括通道、同步时钟、同步通信速率等）是否与订货规范参数一致，能否满足现场实际。特别对于光纤电流差动保护，应根据通道实际情况进行时钟方式的设置。

（3）详细阅读光纤保护装置及信号接口设备的技术说明书，以确认保护装置可否进行自环试验。对不能进行自环试验的装置，必须采用两侧同时测试的办法进行测试。

（4）检查保护装置（或保护信号接口装置）的内部跳线，以确定标称光功率。

（5）检查保护装置（或保护信号接口装置）内部菜单中有关光纤参数的设定值，看其是否和定位单或按照厂家说明书一致，且符合现场实际。

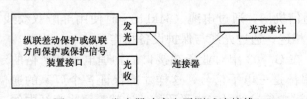

图 5-64　发光器功率电平测试连接线

（6）用光功率计和尾纤测量保护装置（或保护信号接口装置）的发光器功率，应与通道插件上的标称值一致（误差±3dBm）。试验接线如图 5-64 所示。若光功率计的波长选择 1310nm、装置发光器标称功率为 −15dBm，则测得的发信功率应在为（15±3）dBm 范围内。

注意事项：①选择的光功率计的光波长应与装置的波长一致；②最好用厂家提供的专用尾纤进行测试；③测试前应检查尾纤头是否清洁；④连接器与保护装置和光功率计的连接应可靠接触；⑤测得的发光器功率应为测量值与 2 个连接器的衰耗 0.3dB 之和。

2. 单侧本机光接收器光接收灵敏度测试

采用光衰耗器、光功率计和尾纤，检查保护装置（或保护信号接入装置）的光接收器光接收灵敏度。试验方法：按图5-65 (a)接线，选择光衰耗器的光波长，其应与保护装置的波长一致，缓慢调节光衰耗器的衰耗，使其从0dB逐渐增加至装置的误码率出现，且通道异常告警继电器动作；然后再将光衰耗器调至通道异常告警刚好恢复。随后，将保护装置收信端尾纤拔出，用光功率计进行测量光功率，如图5-65 (b)所示。

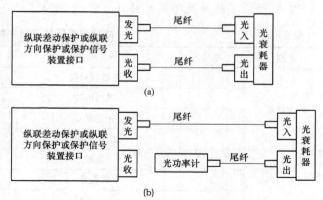

图5-65　光接收器光接收灵敏度测试接线图
(a) 测试接线；(b) 测量光功率

3. 通道测试注意事项

(1) 要检查光纤头是否清洁，光纤连接时，一定要注意测试时检查并确认FC连接器上的凸台和法兰盘上的缺口对齐，然后旋紧FC连接器。当连接不可靠或光纤器不清洁时，测试数据就会有偏差。

(2) 检查所使用的连接器类型，应符合厂家技术要求。

(3) 测试中光功率计及光衰耗器的光波长选择与被测设备的光波长一致。

(4) 试验前应检查通信设备中屏蔽双绞线（同轴电缆的外壳）屏蔽线应可靠接地。

(5) 尾纤不能折，防止损坏玻璃纤维，要把多余的尾纤正确盘好，并固定好，防止开关屏门时挤坏尾纤。

(6) 现场注意防鼠，以防咬坏尾纤。

(7) 光纤保护在现场调试中，除了差动保护在现场做联调试验需要花费一定的精力外，光纤通道的测试也是一项细致工作，只有保证光纤通道正常，才能确保系统试验的进行。

任务五　光纤纵联保护通道联调

【学习目标】

通过学习和实践，能够利用继电保护测试仪、光功率计等对光纤通道进行联调。能制定光纤通道联调的方案，能作测试数据记录、测试数据分析处理。具备光纤通道联调的能力。

【任务描述】

以小组为单位，做好工作前的准备，制定光纤通道联调方案，绘制试验接线图，完成光纤通道的联调，并填写试验报告，整理归档。

【任务准备】

1. 任务分工

工作负责人：_____　　　　　调试人：_____

仪器操作人：_____　　　　　记录人：_____

2. 试验用工器具及相关材料（见表 5 - 23）

表 5 - 23　　　　　　　　　　试验用工器具及相关材料

类别	序号	名　称	型号	数量	确认（√）
仪器仪表	1	微机试验仪		1 套	
	2	光功率计		1 块	
	3	光衰耗器		1 块	
	4	组合工具		1 套	
消耗材料	1	尾纤		2 根	
	2	棉花球		1 包	
	3	工业乙醇		1 瓶	
图纸资料	1	保护装置说明书、图纸、调试大纲、记录本（可上网收集）		1 套	
	2	最新定值通知单等		1 套	

3. 危险点分析及预控（见表 5 - 24）

表 5 - 24　　　　　　　　　　危险点分析及预控措施

序号	工作地点	危险点分析	预控措施	确认签名
1	线路保护柜	误跳闸	1）工作许可后，由工作负责人进行回路核实，确认二次工作安全措施票所列内容正确无误。 2）对可能误跳运行设备的二次回路进行隔离，并对所拆二次线用绝缘胶布包扎好。 3）检查确认出口压板在退出位置	
		误拆接线	1）认真执行二次工作安全措施票，对所拆除接线做好记录。 2）依据拆除记录恢复接线，防止遗漏。 3）由工作负责人或由其指定专人对所恢复的接线进行检查核对。 4）必要时二次回路可用相关试验进行验证	
		误整定	严格按照正式定值通知单核对保护定值，并经装置打印核对正确	
2	保护柜和户外设备区	人身伤害	1）防止电压互感器二次反送电。 2）进入工作现场必须按规定佩戴安全帽。 3）登高作业时应系好安全带，并做好监护。 4）攀登设备前看清设备名称和编号，防止误登带电设备，并设专人监护。 5）工作时使用绝缘垫或戴手套。 6）工作人员之间做好相互配合，拉、合电源开关时发出相应口令；接、拆电源必须在拉开的情况下进行；应使用完整合格的安全开关，装配合适的熔断器	

4. 填写二次安全措施票（见表 5-25）

表 5-25　　　　　二 次 安 全 措 施 票

被试设备名称					
工作负责人		工作时间		签发人	

工作内容：

工作条件：停电

安全措施：包括应打开和恢复压板、直流线、交流线、信号线、联锁线和联锁开关等，按工作顺序填用安全措施。已执行，在执行栏打"√"。已恢复，在恢复栏打"√"

序号	执行	安全措施内容	恢复
1		确认所工作的线路保护装置已退出运行，检查全部出口压板确已断开，检修压板确已投入，记录空开、压板位置	
2		从保护柜断开电压互感器二次接线	
3		断开信号、录波启动二次线	
4		外加交直流回路应与运行回路可靠断开	

【任务实施】

测试任务见表 5-26。

表 5-26　　　　　光纤纵联保护通道联调

一、制订测试方案	二、按照测试方案进行试验
1. 熟悉图纸、保护装置及接口装置说明书	1. 测试接线（接线完成后需指导教师检查）
2. 学习本任务相关知识，参考本教材附录中相关规程规范、继电保护标准化作业指导书，本小组成员制订出各自的测试方案（包括测试步骤、试验接线图及注意事项等，应尽量采用手动测试）	2. 在本小组工作负责人主持下按分工进行本项目测试并做好记录，交换分工角色，轮流本项目测试并记录（在测试过程中，小组成员应发扬吃苦耐劳、顾全大局和团队协作精神，遵守职业道德）
3. 在本小组工作负责人主持下进行测试方案交流，评选出本任务执行的测试方案	3. 在本小组工作负责人主持下，分析测试结果的正确性，对本任务测试工作进行交流总结，各自完成试验报告的填写
4. 将评选出本任务执行的测试方案报请指导老师审批	4. 指导老师及学生代表点评及小答辩，评出完成本测试任务的本小组成员的成绩

本学习任务思考题
1. 纵联电流保护电流同步测量的方法有哪几种？
2. 光纤通道联调包括哪些项目？
3. 画出光纤通道联调时的试验接线图。
4. 说出光纤通道联调的方法。

【相关知识】

一、纵联电流保护电流同步测量

对于电流差动保护，最重要的是比较两侧同时刻的电流，在载波通信传递两侧电流时，首先要将各端电流量的瞬时值通过采样数字化，保护常用的采样速率为每工频周波 12~24 点，相差一个采样间隔则相差 $30°$~$15°$，保护必须使用两侧同步数据才能正确工作。两侧

"同步数据"是指两侧的采样时刻必须严格同时刻和使用两侧相同时刻的采样点进行计算。然而两端相距上百千米，无法使用同一时钟来保证时间统一和采样同步，如何保证两个异地时钟时间的统一和采样时刻的严格同步，成为输电线路纵联电流差动保护应用必须解决的技术问题。常见的同步方法有基于数据通道的同步方法和基于全球定位系统（GPS）同步时钟的同步方法。

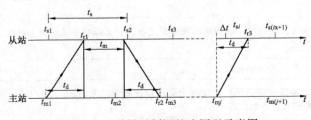

图 5-66　采样时刻调整法原理示意图

1. 基于数据通道的同步方法

基于数据通道的同步方法包括采样时刻调整法、采样数据修正法和时钟校正法，以采样时刻调整法应用较多。图 5-66 所示的线路两侧保护中，任意规定一侧为主站，另一侧为从站。两侧的固有采样频率相同，采样间隔为 T_s，由晶振控制。t_{m1}、t_{m2}、…、t_{mj}、$t_{m(j+1)}$ 为主站时标采样时刻点，t_{s1}、t_{s2}、…、t_{si}、$t_{s(i+1)}$ 为从站时标采样时刻点。

通道延时的测定：在正式开始同步采样前，主站在 t_{m1} 时刻向从站发送一帧信息，该信息包括主站当前时标和计算通道延时 t_d 的命令；从站收到命令后延时 t_m 将从站当前时标和延时时间 t_m 回送给主站。由于两个方向的信息传送是通过同一路径，可认为传输延时相同。主站收到返回信息的时刻为 t_{r2}，可计算出通道延时为

$$t_d = \frac{t_{r2} - t_{m1} - t_m}{2}$$

主站延时 t'_m 再将计算结果 t_d 及延时 t'_m 送给从站；从站接收到主站再次发来的信息后按照与主站相同的方法计算出通道延时 t'_d，并将 t'_d 与主站计算送来的 t_d 进行比较，两者一致时表明通信过程正确、通道延时计算无误，则开始采样，否则自动重复上述过程。

主站时标与从站时标的核对：在上述通道延时的测定过程中，主、从站都将各自的时标送给了对端（也可以专门单独发送），从站可以根据主站时标修改自己的时标，与主站相同，以主站时标为两侧的时标，这种方式应用较多；也可以两侧都保存两侧的时标，记忆两侧时标的对应关系。

采样时刻的调整：假定采用以主站的时标为两侧时标方式，主站在当前本侧采样时刻 t_{mj} 将包括通道延时 t_d 和采样调整命令在内的一帧信息发送给从站，从站根据收到该信息的时刻 t_{r3} 以及 t_d 可首先确定出 t_{mj} 所对应本侧的时刻 t_{si} 然后计算出主、从站采样时刻间的误差 Δt。

$$\Delta t = t_{si} - (t_{r3} - t_d) = t_{si} - t_{mj}$$

式中　t_{si}——与 t_{mj} 最靠近的从站采样时刻。

$\Delta t > 0$ 说明主站采样较从站超前，$\Delta t < 0$ 说明主站采样较从站滞后。为使两站同步采样，从站下次采样时刻 $t_{s(i+1)}$ 应调整为 $t_{s(i+1)} = (t_{si} + T_s) - \Delta t$。为稳定调节，常采用的调整方式为 $t_{s(i+1)} = (t_{si} + T_s) - \dfrac{\Delta t}{2^n}$，其中 2^n 为稳定调节系数，逐步调整，当两侧稳定同步后，即可向对侧传送采样数据。

基于数据通道的采样时刻调整法，主站采样保持相对独立，其从站根据主站的采样时刻进行实时调整。试验证明，当稳定调节系数 2^n 选取适当值时，两侧采样能稳定同步，两侧

不同步的平均相对误差小于 5%。为保证两侧时钟的经常一致和采样时刻实时一致，两侧需要不断地（一定数量的采样间隔）校时和采样同步（取决于两侧晶振体的频差），增加通信的数据量。

2．基于具有统一时钟的同步方法

全球定位系统 GPS 是美国于 1993 年全面建成的新一代卫星导航和定位系统。由 24 颗卫星组成，具有全球覆盖、全天候工作、24h 连续实时地为地面上无限个用户提供高精度位置和时间信息的能力。GPS 传递的时间能在全球范围内与国际标准时钟（UTC）保持高精度同步，是迄今为止最为理想的全球共享无线电时钟信号源。

图 5－67 中，专用定时型 GPS 接收机由接收天线和接收模块组成，接收机在任意时刻能同时接收其视野范围内 4～8 颗卫星的信息，通过对接收到的信息进行解码、运算和处理，能从中提取并输出两种时间信号：一是秒脉冲信号 1PPS（1 pulseper second），该脉冲信号上升沿与标准时钟 UTC 的同步误差不超过 $1\mu s$；二是经串行口输出与 1 PPS 对应的标准时间（年、月、日、时、分、秒）代码。在线路两端的保护装置中由高稳定性晶振体构成的采样时钟每过 1s 被 1PPS 信号同步一次（相位锁定），能保证晶振体产生的脉冲前沿与 UTC 具有 $1\mu s$ 的同步精度，在线路两端采样时钟给出的采样脉冲之间具有不超过 $2\mu s$ 的相对误差，实现了两端采样的严格同步。接收机输出的时间码可直接送给保护装置，用来实现两端相同时标。

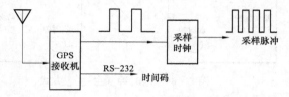

图 5－67　基于 GPS 的同步采样方案

二、通道联调与常见问题

与通道联调相关的几个控制字："专用光纤"或"发送时钟"，这两个控制字都用于描述保护装置光纤通信口的发送码流所用的时钟是用保护装置内部时钟还是从接收码流提取的时钟；"本侧纵联码"和"对侧纵联码"，这两个控制字是用来识别光纤通信所连接的两端的两台保护装置，确实为同一种保护的两端装置。

1．发送时钟和接收时钟

光纤差动保护的关键是线路两端装置之间的数据交换，保护装置一般都采用同步通信方式。保护装置发送和接收数据采用各自的时钟，分别为发送时钟和接收时钟。保护装置的接收时钟固定为从接收码流中提取，保证接收过程中没有误码和滑码产生。发送时钟可以有两种方式：①采用内部晶振时钟；②采用接收时钟作为发送时钟。采用内部晶振时钟作为发送时钟常称为内时钟方式，采用接收时钟作为发送时钟常称为外时钟方式。

两端装置采用时钟的运行方式可以有以下三种方式：

（1）两端装置均采用外时钟方式，如图 5－68 所示。从接收码流中提取时钟（收时钟）实现位同步，同时将接收时钟作为信息的发送时钟实现系统同步。两端装置通信的收、发时钟均采用外部时钟，即外时钟方式，这种方式通常称为从-从方式。

（2）两端装置均采用内时钟方式，如图 5－69 所示。两端装置通信的发送时钟均采用内部独立的晶振，即内时钟方式，这种方式通常称为主-主方式。

（3）一端装置采用内时钟，另一端装置采用外时钟方式。这种方式会使整定定值更复杂，故不推荐采用。

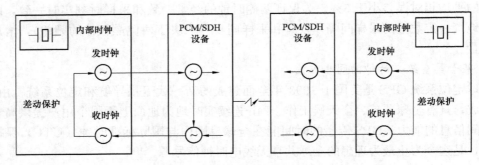

图 5 - 68　从-从时钟方式

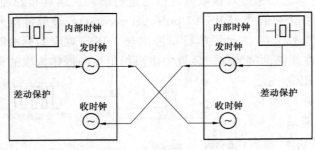

图 5 - 69　内时钟（主-主）方式

保护装置通过整定控制字"专用光纤"或"发送时钟"来决定通信时钟方式。控制字置为 1，装置自动采用内时钟方式；反之，自动采用外时钟方式。

对于 64kbit/s 速率的装置，其"专用光纤"或"发送时钟"控制字整定如下：①保护装置通过专用纤芯通信时，两端保护装置的"专用光纤"或"发送时钟"控制字都整定成"1"；②保护装置通过 PCM 复用通信时，两端保护装置的"专用光纤"或"发送时钟"控制字都整定成"0"；

对于 2048 kbit/s 速率的装置，其"专用光纤"或"发送时钟"控制字整定如下：①保护装置通过专用纤芯通信时，两端保护装置的"专用光纤"或"发送时钟"控制字都整定成"1"。②保护装置通过复用通道传输时，两端保护装置的"专用光纤"或"发送时钟"控制字按如下整定：当保护信息直接通过同轴电缆接入 SDH 设备的 2048 kbit/s 板卡，同时 SDH 设备中 2048kbit/s 通道的"重定时"功能关闭或没有"重定时"功能时，"专用光纤"或"发送时钟"控制字置 1（推荐采用此方式）；当保护信息直接通过同轴电缆接入 SDH 设备的 2048 kbit/s 板卡，同时 SDH 设备中 2048 kbit/s 通道的"重定时"功能打开时，"专用光纤"或"发送时钟"控制字置 0；当保护信息通过通道切换等装置接入 SDH 设备的 2048kbit/s 板卡，"专用光纤"或"发送时钟"控制字的整定需与其他厂家的设备配合。

2. 通道的联调

（1）专用纤芯通道的联调。光纤保护使用专用光纤通道时，由于通道单一，所以出现的问题相对较少，解决起来也较为方便。一般需要用光功率计，进行线路两端的收、发光功率检测，并记录测试值。最好能在不同天气（晴、雨、雪等）不同时间（早、中、晚）检测多次，这样能检测出光纤熔接点存在的问题。尤其是对一些长线路，由于熔接点多，熔接点的质量会直接影响线路的总衰耗。

（2）复用通信设备传输通道的联调。对于复用传输通道来讲，由于传输中间环节多，时延长，出现问题的概率也大得多。大量的通道联调问题均为此类问题。由于保护人员不熟悉通信设备，遇到此类问题时，缺乏手段和经验，很难迅速地解决问题。因此在光纤保护通道联调之前，必须先进行通道测试，以确定通道的信号传输质量。尽量减少通道联调中可能出现的问题。

　　在进行通道联调时，应根据实际运行的通道工况来进行测试，若保护设备工作在 64kbit/s 速率上时，则测试应在 64kbit/s 速率上进行；若保护工作在 2048kbit/s 速率上时，则测试应在 2048kbit/s 速率上进行。要求测试时间至少为 24h，并且尽可能长。只有在线路两端测试均无误码后，才能将保护设备接入通道，进行跨通道的保护调试。

　　在没有误码仪时，通道联调将会比较困难。如果光纤保护具有自环测试功能，可借助此功能进行多次测试，逐步逼近实际运行通道。

　　3. 通道传输时间测试

　　数字式纵差保护对两侧的数据质量要求较高，最重要的是两侧数据必须为同时刻，即数据的同步。目前常用的几种解决方法都是基于数字通道收发延时相等的等腰梯形算法，因此，通道传输时间的测试也显得十分重要。现场由于受到设备的限制，在实际测试中，对于两侧保护装置（或保护信号接口装置）有显示通道传输时间功能的，可以直接记录传输时间，并且对两侧测得的数据进行比较，要求两侧的通道传输时间相差不能大于 1ms。

　　对于保护装置（或保护信号接口装置）没有显示通道传输时间功能的，可以用继保测试仪带通道进行测试。测试时，在对侧保护装置（或保护信号接口装置）上自环，本侧启动保护远跳（或远传）触点，测试收远跳（或远传）的时间，这一段的延时可以用 t' 表示。考虑到这种方式测得的时间包括保护装置中间继电器的动作时间，所以真实的通道传输时间为

$$t = t' - t_1 - t_2$$

式中　t'——测试仪测得的通道传输时间；

　　　　t_1——本侧保护中间继电器动作时间；

　　　　t_2——对侧保护中间继电器动作时间。

　　通道延时应小于 20ms。专用光纤通道传输时间测试接线如图 5-70 所示。

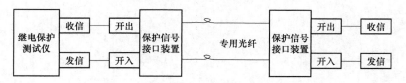

图 5-70　专用光纤通道传输时间测试接线图

$$t = 2T_P + NT_S + T_0$$

式中　t——延时时间；

　　　　T_P——每侧 PCM 设备复接延时时间；

　　　　T_S——SDH 设备传输延时时间；

　　　　N——保护迂回通道 SDH 设备转接总数；

　　　　T_0——光纤延时时间。

　　4. 通道逻辑试验

　　（1）远方跳闸功能：分别将控制字投入和退出，检验远方跳闸功能受启动元件和方向元件控制的正确性。

　　（2）模拟远传命令动作的正确性。

　　（3）模拟其他保护发信装置动作的正确性。

（4）带通道试验：对侧在跳位，本侧进行纵联保护试验，检验实际通道的正确性。

5. 通道联调中遇到的常见问题

（1）通信时钟的设置，在复用通信设备传输通道时，就 64kbit/s 和 2048kbit/s 两种传输速率时，保护设备的通信时钟设置是不一致的，必须参考保护厂家的说明书。

（2）光纤连接时，光纤接头多为 FC 型，在连接时注意尾纤接头、法兰盘、光器件的表面清洁，如有需要可用棉球、丝绸沾无水酒精清洁。连接时注意一定要将尾纤 FC 接头的凸台对准 FC 连接器的缺口，然后将接头插到连接器里，使凸台完全卡入缺口中，用手旋紧 FC 接头的外壳。

（3）光纤、尾纤的盘绕与保护。尽量避免光纤弯曲、折叠，过大的曲折会使光纤的纤芯折断。在必须弯曲时，必须保证弯曲半径大于 3cm（直径大于 6cm），否则会增加光纤的衰减。光缆、光纤、尾纤铺放、盘绕时只能采用圆弧形弯曲，绝对不能弯折，不能使光缆、光纤、尾纤呈锐角、直角、钝角弯折。对光缆、光纤、尾纤进行固定时，必须用软质材料进行。如果用扎线扣固定时，千万不能将扎线扣拉紧。

学习项目六

同步发电机保护装置测试

【学习项目描述】

　　通过该项目的学习，能对同步发电机纵联差动保护、匝间短路保护、定子接地保护、失磁保护、失步保护和过负荷及过电流保护进行测试。

【学习目标】

　　通过学习和实践，学生能够利用继电保护测试仪及同步发电机保护的原理等相关知识对同步发电机保护进行测试。能做测试数据记录、测试数据分析处理。

【学习环境】

　　继电保护测试实训室应配置同步发电机保护装置 10 套、继电保护测试仪 10 套、平口小号螺丝刀 50 个、投影仪 1 台、计算机 1 台。

　　注：每班学生按 40～50 人计算，学生按 4～5 人一组。学生可以交叉互换完成学习任务。

任务一　同步发电机纵联动差动保护测试

【学习目标】

　　通过学习和实践，学生能够利用继电保护测试仪及同步发电机纵联差动保护（简称纵差保护）的原理等相关知识对同步发电机纵联差动保护进行测试。能做测试数据记录、测试数据分析处理。

【任务描述】

　　以小组为单位，做好工作前的准备，制定同步发电机纵联差动保护的测试方案，绘制试验接线图，完成同步发电机纵联差动保护的特性测试，并填写试验报告，整理归档。

【任务准备】

　　1. 任务分工

工作负责人：＿＿＿＿＿＿＿　　　调试人：＿＿＿＿＿＿＿

仪器操作人：＿＿＿＿＿＿＿　　　记录人：＿＿＿＿＿＿＿

2. 试验用工器具及相关材料（见表 6 - 1）

表 6 - 1　　　　同步发电机保护装置测试用工器具及相关材料

类别	序号	名　　称	型号	数量	确认（√）
仪器仪表	1	继电保护试验仪		1 套	
	2	万用表		1 块	
消耗材料	1	绝缘胶布		1 卷	
	2	打印纸等		1 包	
图纸资料	1	同步发电机保护说明书、调试大纲、记录本		1 套	
	2				

【任务实施】

测试任务见表 6 - 2。

表 6 - 2　　　　同步发电机纵联差动保护测试

一、制订测试方案	二、按照测试方案进行试验
1. 熟悉同步发电机保护说明书及同步发电机保护保护二次图纸	1. 测试接线（接线完成后需指导教师检查）
2. 学习本任务相关知识，本小组成员制订出各自的测试方案（包括测试步骤、试验接线图及注意事项等，应尽量采用手动测试）	2. 在本小组工作负责人主持下按分工进行本项目测试并做好记录，交换分工角色，轮流本项目测试并记录（在测试过程中，小组成员应发扬吃苦耐劳、顾全大局和团队协作精神，遵守职业道德）
3. 在本小组工作负责人主持下进行测试方案交流，评选出本任务执行的测试方案	3. 在本小组工作负责人主持下，分析测试结果的正确性，对本任务测试工作进行交流总结，各自完成试验报告的填写
4. 将评选出本任务执行的测试方案报请指导老师审批	4. 指导老师及学生代表点评及小答辩，评出完成本测试任务的本小组成员的成绩

本学习任务思考题
1. 画出同步发电机比率制动差动保护动作特性，写出动作方程。
2. 如何测试发电机比率制动差动保护起始动作电流？
3. 如何录制发电机比率制动差动保护制动特性？
4. 如何测试发电机比率制动差动保护动作时间？

【相关知识】

一、发电机纵差保护原理

1. 基本动作原理

微机型发电机纵差保护有比率制动式、标积制动式、故障增量式三种类型。实际被广泛采用的是比率制动式和标积制动式。

（1）比率制动式纵差保护。通常比率制动式纵差保护的动作方程为

$$|\dot{I}_s - \dot{I}_n| \geqslant I_{dz0} \left(\frac{1}{2}|\dot{I}_s + \dot{I}_n| \leqslant I_{zd0} \text{ 时} \right) \tag{6-1}$$

$$|\dot{I}_s - \dot{I}_n| \geqslant K_z \left(\frac{|\dot{I}_s + \dot{I}_n|}{2} - I_{zd0} \right) \left(\frac{1}{2}|\dot{I}_s + \dot{I}_n| \leqslant I_{zd0} \text{ 时} \right) \tag{6-2}$$

式中　$\dot{I}_s$——发电机端部差动 TA 二次电流；

　　　$\dot{I}_n$——发电机中性点差动 TA 二次电流；

　　　K_z——动作特性曲线的斜率，一般简称比率制动系数；

　　　I_{dz0}——差动保护最小动作电流（也叫启动电流或初始动作电流）；

　　　I_{zd0}——拐点电流。

当区外故障时，$\dot{I}_s$ 与 $\dot{I}_n$ 相等，方向相同，$|\dot{I}_s-\dot{I}_n|=0$，保护不会动作；而发电机内部故障时，$\dot{I}_s$ 与 $\dot{I}_n$ 方向相反，故 $|\dot{I}_s-\dot{I}_n|$ 很大，保护能可靠动作。

（2）标积制动式纵差保护。标积制动式纵差保护的动作方程为

$$|\dot{I}_s-\dot{I}_n|\geqslant I_{dz0}\,(|\dot{I}_s+\dot{I}_n|\leqslant I_{zd0}\ \text{时})\qquad(6-3)$$

$$|\dot{I}_s-\dot{I}_n|\geqslant K_z\sqrt{I_sI_n\cos\varphi}-I_{dz0}\,(|\dot{I}_s+\dot{I}_n|>I_{zd0}\ \text{时})\qquad(6-4)$$

式中　φ——$\dot{I}_s$ 与 $\dot{I}_n$ 之间的夹角。

对于发电机而言，当区外故障时，$\dot{I}_s$ 与 $\dot{I}_n$ 大小相等、方向相同，故 $|\dot{I}_s-\dot{I}_n|=0$。

由式（6-4）可以看出，$K_z\sqrt{I_sI_n\cos\varphi}=K_zI_s$，可确保保护装置可靠不动作。而在内部故障时，$\dot{I}_s$ 与 $\dot{I}_n$ 之间的相位接近 180°，动作量很大，而制动量为负值（实际等于零），故保护可靠动作。

（3）不完全纵差保护。在定子绕组为多分支的发电机（特别是多分支水轮发电机）上，可采用不完全纵差保护。所谓不完全纵差保护，是指引入该差动保护各相的电流为发电机中性点电流的一部分及机端电流的全部。以比率制式不完全纵差保护为例，其动作方程是

$$|\dot{I}_s-n\dot{I}_n|\geqslant I_{dz0}\,(|\dot{I}_s+n\dot{I}_n|\leqslant I_{zd0}\ \text{时})\qquad(6-5)$$

$$|\dot{I}_s-n\dot{I}_n|\geqslant K_z\left(\frac{|\dot{I}_s+n\dot{I}_n|}{2}-I_{zd0}\right)(|\dot{I}_s+n\dot{I}_n|>I_{zd0}\ \text{时})\qquad(6-6)$$

式中　n——穿过中性点 TA 一相铁芯的定子绕组分支数与定子绕组每相分支数之比，通常小于 1。

选择适当的 TA 变比或整定差动保护两侧之间的平衡系数，使发电机正常运行时

$$|\dot{I}_s-n\dot{I}_n|=0$$

（4）发电机突变量纵差保护。突变量（故障分量）纵差保护的动作方程式为

$$\left|\frac{\Delta I_{dz}}{\Delta I_{zd}}\right|\geqslant K\qquad(6-7)$$

式中　K——一个常数，其值一般取 0.8～1.0；

　　　ΔI_{dz}——动作量，$\Delta I_{dz}=|\Delta\dot{I}_s-\Delta\dot{I}_n|$；

　　　ΔI_{zd}——制动量，$\Delta I_{zd}=\frac{1}{2}|\Delta\dot{I}_s-\Delta\dot{I}_n|$。

2. 动作特性

目前，国内生产的微机发电机纵差保护，无论是比率制动还是标积制动式，其动作特性一般为两段拆线时。根据其动作方程，可以划分如图 6-1 所示的动作特性。

在图 6-1 中，I_{dz} 为动作电流；I_{zd} 为制动电流；I_{dz0} 为初始动作电流；I_{zd0} 为拐点电流；K_z 为比率制动系数。

由图 6-1 可以看出，表征差动保护特性的三个重要物理量是：最小动作电流 I_{dz0}，拐点电流 I_{zd0} 及比率制动系数 $K_Z=\tan\alpha$。

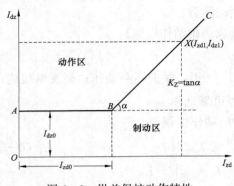

图 6-1　纵差保护动作特性

3. 拐点电流的计算

在具有比率制动特性的差动保护中，初始动作电流、拐点电流及比率制动系数为其三个重要的整定值。

在某些类型的发电机微机保护中，发电机差动保护的最小动作电流 I_{dz0} 及比率制动系数 K_Z 可以通过试验进行校验，而拐点电流 I_{zd0} 通过试验求得比较困难。

在 WFBZ-01 型、DGT801 型及 DGT801A 型装置中，可以通过操作系统（即利用界面键盘、或后台机或触摸机）装设试验装置（例如差动保护、失步保护及失磁保护有此功能）。在试验状态下，可以通过试验很方便地求出拐点电流。

以下介绍的是不在试验状态下，通过对试验数据的计算，求出拐点电流的方法。

设 X 点为图 6-1 所示动作特性曲线 BC 上的一个点，其坐标分别为 I_{dz1} 及 I_{zd1}；设比率制动系数 K_Z、最小动作电流为 I_{zd0}，则

$$\left.\begin{array}{l} K_Z = \dfrac{I_{dz1}-I_{dz0}}{I_{zd1}-I_{zd0}} \\ I_{zd0} = I_{zd1} - \dfrac{I_{dz1}-I_{dz0}}{K_Z} \end{array}\right\} \tag{6-8}$$

4. 动作逻辑

目前，国内生产的微机型发电机纵差保护的构成方式有两种，一种是分相差动（差动元件具有比率制动特性）；另一种是分相差动、循环闭锁及由负序电压解除循环闭锁。WFB-100 型属于第一种，而 WFBZ-01 型、DGT801 型及 DGT801A 型属于第二种。两种的构成框图分别见图 6-2 及图 6-3。

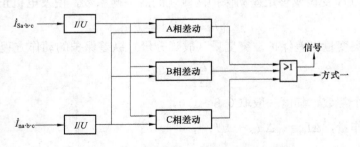

图 6-2　发电机差动保护框图（一）

在图 6-2 和图 6-3 中，$I_{Sa.b.c}$ 分别为机端差动 TA 二次 a、b、c 三相电流，$I_{na.b.c}$ 分别为中性点差动 TA 二次 a、b、c 三相电流。

此外，在 WFBZ-01 型、DGT801A 型发电机变压器组保护装置中还设有差动速断保护。在 WFBZ-01 型装置中，差动速断保护的出口及信号与比率制动差动保护共用。而在 DGT801 型装置或 DGT801A 型装置中，两者的出口及信号可以公用，也可以分开。

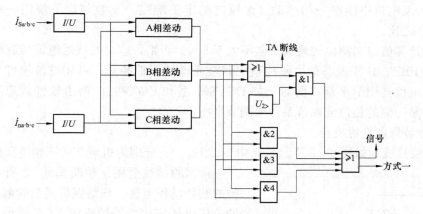

图 6-3　发电机差动保护框图（二）

二、调整试验

1. 两侧差动电流通道平衡状况的检查

若两侧差动电流通道调整不一致或特性相差较大，则在正常运行时就会产生较大的差流，甚至可能造成保护误动。另外，在长期运行之后，两侧构成通道的硬件系统的特性可能发生变化，造成不平衡。因此，为了提高纵差保护的动作可靠性，在保护出厂时或投运前（出厂验收或安装后）校验或定期检验时，校验两侧通道的平衡状况是必要的。

（1）试验接线。检查差动保护两侧通道平衡状况的试验接线如图 6-4 所示。

在图 6-4 中，I_a，I_b、I_c、I_n分别为机端差动 TA 二次三相电流接入端子；I'_a、I'_b、I'_c、I'_n分别为中性点差动 TA 二次三相电流接入端子。

要求：试验仪的容量应足够大，能较长时间输出足够大的（例如 25～30A）的电流。

（2）试验方法。操作界面键盘或触摸屏或拨轮开关（对于 WFBZ-01 型保护），调出差动保护实时参数的显示界面或显示有差

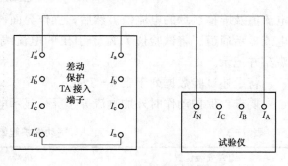

图 6-4　通道平衡测试接线

动保护 A 相差流的界面。操作试验电源，使其输出电流分别为 I_N 及 $5I_N$（I_N 为差动保护 TA 二次标称额定电流，一般等于 5A）的工频电流（对于频率为 100Hz 交流励磁发电机的差动通道，应输入 100Hz 的电流），观察并记录屏幕显示的差电流。再将试验仪 I_A 端子上的输出线分别接到 I_b、I'_b 及 I_c、I'_c 端子上，重复上述试验观察及记录。

要求：屏幕显示电流值清晰、稳定。对于完全纵差保护，记录的各差流的最大值应不大于 2%（即小于 0.1A）。而对于不完全纵差保护，且差动两侧的 TA 变比又相同时（靠软件调平衡），其差流值为

$$\left. \begin{array}{l} I_c = I_N\left(1-\dfrac{1}{n}\right) \\[2mm] I_c = 5I_N\left(1-\dfrac{1}{n}\right) \end{array} \right\}$$

（6-9）

式中　n——发电机中性点一相差动 TA 匝链的定子绕组分支数与定子绕组一相总分支数
　　　　之比。

要求：计算值与实测值的最大误差不大于 5%。否则，应对被试通道重新进行调整。

对于 WFBZ‐01 型及其他由硬件系统调整通道的保护装置，可用滤波模件中的调幅值
及调相位的电位器调节平衡；而对于如 DGT801 型和 DGT801A 型由软件调通道的保护装
置，可修改某一侧的相位或幅值系数来调节平衡。

2. 初始动作电流的校验

(1) 试验接线。如图 6‐5 所示，其中 U_a、U_b、U_c 分别为机端 TV 三相电压接入端子。

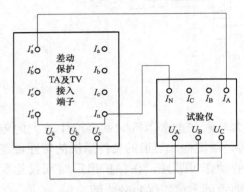

图 6‐5　起始动作电流测试接线

该试验接线适用于校验图 6‐3 所示的差动保
护的初始动作电流，该型保护需校验解除循环闭锁
的负序电压定值。若校验图 6‐2 所示差动保护的
动作电流，可不接输入电压。此外，试验仪的输出
电压，设定为正序三相对称电压。

(2) 试验方法。操作界面键盘或拨轮开关或触
摸屏，调出差动保护的 A 相差电流显示通道。操
作试验电源，使其输出电压（相电压）$U_B = U_C$，
且大于 3 倍的负序电压（即解除循环闭锁的负序电
压）定值，使 $U_A = 0$。由零缓慢增加试验仪的输出
电流至差动保护动作。记录保护刚刚动作时的外加
电流值及屏幕显示的电流值。然后，操作界面键盘或拨轮开关，调出差动保护的 B、C 相差
电流显示通道。将试验仪 I_A 端子引出的电流线分别接至 I_b、I_c 及 I'_b、I'_c 上，重复上述试验、
观察并记录。

将上述试验数据列于表 6‐3 中。

要求：保护动作时外加电流等于屏幕显示电流，并等于整定值，最大误差小于 5%。

表 6‐3　　　　　　　　　　　　差动保护起始动作电流　　　　　　　　　　　　　　　(A)

TA 安装位置		机端			中性点		
差动保护相别		A	B	C	A	B	C
动作电流	外加值						
	界面显示值						

3. 解除循环闭锁的负序电压值的测量

试验接线同图 6‐5。

操作界面键盘或拨轮开关或触摸屏，调出负序电压计算值显示通道。

操作试验仪，使其输出电流大于差动保护的初始动作电流。此时，装置发出 TA 断纠信
号。然后，缓慢同时增加试验仪输出电压 U_B、U_C（$\dot{U}_B$ 超前 $\dot{U}_C$ 120°）至差动保护动作记录外
加电压，观察并记录屏幕显示的负序电压。

要求：界面显示值清晰、稳定；外加电压（相电压）的 1/3 应等于负序电压的计算值，
并等于解除循环闭锁的负序电压的整定值；最大误差小于 5%。

4. 具有相电流突变量启动的差动保护动作电流校验

可采用冲击电流法或阶梯电流法校验，试验接线同图 6-5，但不需加电压。

(1) 冲击电流法。对差动保护的各侧、各相依次分相加突变电流，求出差动保护各侧及各相的动作电流。操作试验电源，使输出电流等于 0.95 倍差动保护的初始动作电流（整定值的 0.95 倍）。断开输出，再突然合上。连续重复 3 次，差动保护不应动作。然后，操作试验电源使其输出电流等于 1.05 倍的动作电流值。断开输出，再突然合上。连续重复 3 次，每次加流时差动保护应可靠动作。此时，则可认为保护的实际动作电流等于整定值。将上述试验情况列于表 6-4 中。

表 6-4　　　　　　　　　　　　　突变量启动的差动保护起始动作电流

TA 位置及差动保护相别	机端			中性点		
	A	B	C	A	B	C
0.95 倍的动作电流	应不动作	应不动作	应不动作	应不动作	应不动作	应不动作
1.05 倍的动作电流	应可靠动作	应可靠动作	应可靠动作	应可靠动作	应可靠动作	应可靠动作

(2) 阶梯电流法。加入电流按设定的步长呈阶梯式增加，使差动保护动作。应注意，设定的电流增加步长应大于相电流突变量启动元件的整定值。对差动保护的各侧、各相依次分相加电流，求出保护各侧及各相的动作电流。试验电源应采用微机试验仪。

要说明的是，上述两种校验方法均有误差，最大误差可能达到 9% 以上。为减小试验误差，在试验之前，可暂将相电流突变量启动元件的整定值调小。

5. 动作特性曲线的录制

动作特性曲线是表征差动保护动作特性的重要标志。通过该特性曲线可知道保护的初始动作电流、制动系数及拐点电流。因此，对于具有制动特性的纵差保护，录制其动作特性曲线是校验差动保护的必做项目。

录制发电机的动作特性曲线比较困难，这是因为无法得到只起制动作用或只起动作作用的单一电流。录制标积制动式差动保护的制动特性更加困难。

为方便录制发电机纵差保护动作特性曲线，在 WFBZ-01 型、DGT801 型及 DGT801A 型装置中，设置有专用试验状态。在该试验状态下，只要输入密码并确认后，便确定出差动保护的一侧电流（例如机端侧电流）只起制动作用，而另一侧电流只起动作量作用。

下面介绍对上述各种保护装置用试验态录制动作特性曲线的方法。

(1) WFBZ-01 型装置动作特性的录制。

1) 试验条件。将"调试/运行"切换开关置于"调试"位置，将拨指开关（保护投运小开关）"8"拨到"ON"位置；将拨轮开关分别置于"81"、"82"、"83"位置。置于"81"位置时，可录制 A 相差动特性曲线；置于"82"、"83"位置时，可分别录制 B 相及 C 相差动的特性曲线。操作键盘，输入密码"4585"，当屏幕上出现"good"后，迅速将"调试/运行"切换开关置于"运行"位置。此时屏幕上显示上、下两排内容，上排显示差流，下排显示制动电流。

2) 试验接线。录制 A 相差动保护比率制动特性的试验接线如图 6-6 所示。图 6-6 中，端子 I_a，I_b、I_c、I_n、I'_a、I'_b、I'_c、I'_n 的物理意义同图 6-4。

3) 试验方法。图 6-6 中，I_2 为制动电流，I_1 为差动电流。调节试验仪，使 I_2 分别为 0、

$0.5I_N$、$0.95I_{zdo}$、$1.05I_{zd0}$、$2I_N$、$4I_N$，然后分别在上述各点相应增大，至差动保护刚刚动作。记录各点的动作电流。

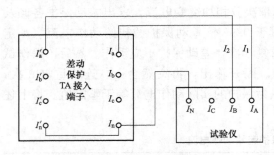

图 6-6　录制 A 相差动保护比率
制动特性的试验接线

再分别将拨轮开关置于"82"、"83"位置，分别按 3）中的试验条件设置，分别将图 6-6 中试验仪端子 I_A 及 I_B 的输出线改接至 I_b、I'_b 及 I_c、I'_c 上，重复上述试验及记录，作出 B 相差动及 C 相差动的特性曲线。

将上述试验数据列于表 6-5 中。表 6-5 中，I_{zdo} 为拐点电流，I_N 为标称额定电流（一般为 5A），$I_{1(1)}$、$I_{1(2)}$、…、$I_{1(6)}$ 分别为与各制动电流（$0.5I_N$、$0.95I_{zdo}$、…、$4I_N$）相对应的动作电流。

根据表 6-5 中所列出的数据，可求出各相的初始动作电流、拐点电流及比率制动系数。

表 6-5　　　　　　　　　　　　　比率制动式差动保护各相的动作特性

相别＼制动电流＼动作电流	0	$0.5I_N$	$0.95I_{zd0}$	$1.05I_{zd0}$	$2I_N$	$4I_N$
A	$I_{1(1)}$	$I_{1(2)}$	$I_{1(3)}$	$I_{1(4)}$	$I_{1(5)}$	$I_{1(6)}$
B	…	…	…	…	…	…
C	…	…	…	…	…	…

在制动电流由 0 增大至小于某一值之间，若相应的动作电流始终不变，则该动作电流叫初始动作电流。动作电流开始增大点的制动电流称为拐点电流。

另外根据表 6-3 中所列出的数据，可以计算出各相差动保护的比率制动系数 $K_{Z(A,B,C)}$，即

$$K_{Z(A,B,C)} = \frac{I_{1(6)} - I_{1(5)}}{4I_N - 2I_N} = \frac{I_{1(6)} - I_{1(4)}}{4I_N - 1.05I_{zd0}} \qquad (6-10)$$

要求：算出的制动系数应等于整定值，最大误差不大于 5%。

（2）DGT801 系列装置动作特性曲线的录制。

1）试验条件。操作界面键盘或触摸屏，调出发电机差动保护实时参数显示界面。选择试验态，单击"确认"键并输入密码后，即可开始试验。

2）试验接线、试验方法及制动系数的计算同 WFBZ-01 型保护装置。

（3）用拼凑法求制动系数及拐点电流。对于没有设置"试验态"的发电机微机保护装置，没有办法录制差动保护的动作特性曲线，而只能采用拼凑法求出初始动作电流及比率制动系数，然后计算出拐点电流。该方法适用于任何类型的微机发电机或变压器的保护装置。

1）试验接线。对于单相出口的差动保护，或如图 6-3 所示的采用负序电压解除循环闭锁的差动保护，试验接线见图 6-6（后者试验时，需加负序电压）。对于出口采用三取二方式或采用循环闭锁方式其他类型的微机型保护装置，可采用图 6-7 所示的试验接线。

2）初始动作电流 I_{zd0}。操作试验电源，使其输出电流与 $\dot{I}_1$、$\dot{I}_2$ 的相位相差 180°，且使 I_1

（或 I_2）等于 0，由 0 缓慢增加 I_2（或 I_1）至差动保护动作。记录动作电流，该电流等于初始动作电流 I_{dz0}。按上述试验方法分别求出其他两相差动保护的初始动作电流 I_{dz0}。

3）制动特性。为了提高差动保护动作可靠性，动作特性曲线上的拐点电流（即开始起制动作用时的最小电流）应小于被保护设备的额定电流。

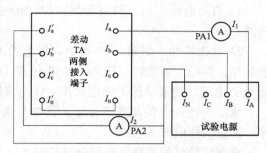

图 6-7　制作差动保护比率制动特性的测试接线

操作试验电源，使图 6-7 中的 I_2 等于 $1.2I_N$（I_N 是被保护设备的标称额定电流，一般为 5A），此时差动保护动作。然后增大 I_1 电流，使至差动保护动作返回。再慢慢降低 I_1 电流至差动保护刚刚动作，设此时的 I_1 电流等于 I_{dz1}。

增大 I_2 电流使其等于 $4I_N$，增大 I_1 电流使差动保护返回。再慢慢降低 I_1 电流使差动保护刚刚动作，设此时的 I_1 电流等于 I_{dz2}。

再将图 6-6 中试验仪的两路输出电流端子上的线分别改接到 I_b、I_c 及 I_b'、I_c' 上（按图 6-6 接线），或分别改接到端子 I_b、I_c 及 I_b'、I_c'、I_c、I_a 及 I_c'、I_a' 上（按图 6-7 接线），重复上述试验及记录。

将上述试验结果列于表 6-6 中。

表 6-6　　　　　　　　　　　比率制动式差动保护的动作特性

相别	I_{dz0}	$1.2I_N+I_{dz1}$	$1.2I_N-I_{dz1}$	$4I_N+I_{dz1}$	$4I_N-I_{dz1}$
A					
B					
C					

各相的比率制动系数为

$$K_Z = 2 \times \frac{(4I_N-I_{dz2})-(1.2I_N-I_{dz1})}{(4I_N+I_{dz2})-(1.2I_N+I_{dz2})} = \frac{5.6I_N+2(I_{dz1}-I_{dz2})}{2.8I_N+I_{dz2}-I_{dz1}} \quad (6-11)$$

各相的拐点电流为

$$I_b = 1.2I_N + \frac{1}{2}I_{dz1} - \frac{1.2I_N-I_{dz1}-I_{dz0}}{K_Z} \quad (6-12)$$

要求：计算出的拐点电流及制动系数与整定值完全相同，最大误差不大于 5%。

在作制动特性时，两点的 I_2 电流的取值（以上分别取 $1.2I_N$ 和 $4I_N$）应满足以下条件：第一点的 I_2 应大于拐点电流，第二点的 I_2 应尽量取大一些。

（4）标积制动式差动保护动作特性的录制。随着两侧差动 TA 二次电流的相位不同，标积制动式差动保护的制动特性曲线有无数条。当 $\cos\varphi=1$ 时，制动作用最强。另外，当区外故障时，$\cos\varphi$ 接近等于 1。因此，录制 $\cos\varphi=1$ 时的制动特性曲线（即最大制动特性曲线）有代表性的意义。

试验接线见图 6-6 或图 6-7。究竟采用哪种试验接线，取决于保护的构成及出口方式（即是单相式还是三取二方式等）。对于用负序电压解除循环闭锁的保护，尚需加两相电压。

1）启动电流 I_{dz0}。求标积制动式差动保护初始动作电流的试验方法，完全与比率制动式相同。

2）动作特性。如图 6-7 所示，加电流 I_1 使其大于拐点电流，例如等于 $1.2I_N$，差动保护动作。再操作试验仪，使 I_2 与 I_1 相位差 180°增大 I_2 电流，使差动保护返回。然后，慢慢降低 I_2 电流，使差动保护刚刚动作，设电流值为 I_{dz1}。

增加 I_1 电流，使其等于 $4I_N$。增加 I_2 至差动保护动作返回；降低 I_2 至差动保护刚刚动作，记录动作电流 I_{dz2}。

再将试验仪的两路电流线分别接到 I_b、I'_b 及 I_c、I'_c 端子上，重复上述试验及记录，作出 B 相差动及 C 相差动的动作特性曲线。

将上述试验数据列于表 6-7 中。

表 6-7　　　　　　　　　　标积式差动保护动作特性

相别	I_{dz0}	$1.2I_N - I_{dz1}$	$\sqrt{1.2I_N I_{dz1}}$	$4I_N - I_{dz2}$	$\sqrt{4I_N I_{dz2}}$
A					
B					
C					

根据表 6-7 中的数据，可以求得各相的制动系数，即

$$K_{Z(A,B,C)} = \frac{2.8I_N - I_{dz1} - I_{dz2}}{\sqrt{4I_N I_{dz2}} - \sqrt{1.2I_N I_{dz1}}} \qquad (6-13)$$

各相的拐点电流为

$$I_{dz0(A,B,C)} = \sqrt{1.2I_N I_{dz1}} - \frac{\sqrt{1.2I_N I_{dz1}} - I_{dz2}}{K_{Z(A,B,C)}} \qquad (6-14)$$

要求：计算得到的制动系数及拐点电流值应等于整定值，最大误差不大于 5%。

6. 差动速断定值的校验

在 WFBZ-01 型及 DGT801A 型微机发电机变压器组保护装置中，发电机差动保护设置差动速断功能。另外，在 WFBZ-01 型及有些 DGT801A 型保护装置中，差动速断保护与差动保护公用出口及信号回路。

如果差动速断保护与差动保护不公用出口及信号回路，则校验差动速断保护动作值的试验接线及试验方法，与校差动保护初始动作电流的方法完全相同。

当差动速断与差动保护公用出口及信号回路时，由于差动定值受整定范围所限，不可能整定到高于差动速断定值。因此，若按常规方法校验，不可能校验出差动速断的定值。

下面介绍差动速断与差动保护公用出口及信号回路时，差动速断保护的校验方法。

（1）WFBZ-01 型保护装置差动速断的校验。

1）试验条件。将差动保护的初始动作电流定值暂提高到大于或等于拐点电流定值，将比率制动系数定值提高到 0.9999。将"调试/运行"切换开关置于调试位置，将拨轮开关置于"81"，将拨指投运开关"8"拨到"ON"位置；输入密码"4585"，当屏幕上出现"good"后，迅速将"调试/运行"切换开关置于"运行"位置。此时屏幕上显示上、下两排内容，上排显示差流，下排显示制动电流。

2）试验方法。试验接线同图 6-6。操作试验仪，增大输出电压，使该电压（相电压）

大于解除循环闭锁整定的负序电压的 3 倍。将图 6-6 中所示的制动电流 I_2 增大到大于速断电流定值；然后增大差流 I_1，至差动保护动作，记录动作电流。

对于速断电流倍数定值很大的保护装置，当试验仪的容量不满足要求时，可以暂将差动速断倍数略减小。

再将图 6-6 中的试验电源线分别接到端子 I_b、I_b' 及 I_c、I_c' 而将对应试验条件中的拨轮开关分别置于"82"、"83"（即差动 B 相及 C 相试验态）位置。重复上述试验条件的设置、试验操作及测量，求出 B 相及 C 相差动的动作电流。

将上述试验数据列入表 6-8 中。

在校验结束之后，将整定值恢复至原来定值。

表 6-8　　　　　　　　　　　　发电机差动速断动作电流

相别	整定倍数	电流定值	实际动作电流	误差
A				
B				
C				

要求：动作电流等于整定值，其最大误差不大于 5%。

（2）DGT801A 型保护装置差动速断的校验。

1）试验条件。操作触摸屏（或控制机键盘），调出发电机差动保护运行实时参数显示界面。进行操作，选择发电机差动保护调试态。暂改变差动保护的整定值，使差动保护初始动作电流大于拐点电流，将比率制动系数调整到 1 以上。

2）试验接线及试验方法。试验接线同图 6-6。操作试验仪，使其输出电压中的负序电压分量（由界面上观察的负序电压的计算值）大于解除循环闭锁的负序电压定值。增大制动电流 I_2，使其大于差动速断值。然后增大差动电流 I_1 至差动保护动作，记录差动保护动作电流值。

再分别将图 6-6 中的试验仪的电流线改接在，I_b、I_b' 及 I_c、I_c' 上，重复上述试验操作及记录。

将上述试验数据列入表 6-8 所示的表格中。

要求：动作电流等于整定值，其最大误差不大于 5%。

另外，在某些发电机差动保护装置中，差动速断为单相式（即不采用循环闭锁）。此时，校验其差动速断整定值时，不加负序电压，只通入单相电流校验定值即可。因为不加负序电压时，通入单相电流，差动元件不会作用于出口。

7. 动作时间的测定

发电机纵差保护是发电机的主保护，其动作时间一般为 20~40ms。若无特殊要求，在校验保护时，可不测量其动作时间。

测量差动保护动作时间的方法，应根据不同的保护装置及现有的试验设备来决定。

以 WFBZ-01 型装置为例，介绍测量时间的方法。

（1）用微机继电保护测试仪测量时间。试验接线如图 6-8 所示。图 6-8 中，端子 1、2 为差动保护

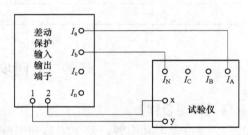

图 6-8　测量差动保护动作时间的测试

一对出口或信号接点的输出端子。该对接点与微机试验仪停止计时的返回接点输入端 x、y 相连接。

操作微机试验仪，使其输出电流为 1.2 倍的差动保护初始动作电流。试验仪选择在"测时状态"，发出启动试验命令，记录保护的动作时间。

在一般情况下（因某种原因，例如断路器遮断容量不够需增加延时除外），测得的动作时间应不大于 40ms。

要求：分别作出三相差动保护各相的动作时间。

此外，还可以对各相差动保护分别通入单相电流，测出每相保护的动作时间。其额外条件是在输入电压端子上加入不对称（单相或两相）电压，且该不对称电压中的负序电压分量应大于或等于解除循环闭锁的负序电压定值。

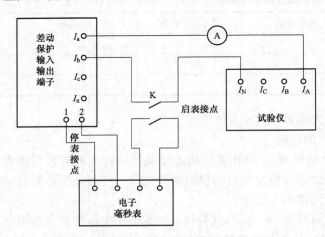

图 6-9　用毫秒表测试动作时间的测试接线

（2）用电子毫秒表测量动作时间。试验接线如图 6-9 所示。图 6-9 中，K 为单相试验开关，1、2 为差动保护信号继电器一对接点的输出端子。

试验前，电子毫秒表应切换到"空接点启动"及"空接点停止"工作状态。

试验时，先合上开关 K，调节电流源输出电流，使其等于 1.2 倍的差动保护初始动作电流。打开开关 K，用突然合上开关的方法测量时间。连续测量 3 次，取其平均值。

要求：测得的时间（除特殊要求之外），应不大于 40ms。

8. 校验结果汇总表

将对发电机差动保护的校验结果汇总于表 6-9 中。

表 6-9　　　　　　　　　　　　　发电机差动保护测试汇总表

项目	I_{dz0}		I_{zd0}		K_Z		差动速断	动作时间
整定值								
实测值（A、B、C相）								
误差（A、B、C相）								
备注								

任务二　同步发电机匝间短路保护测试

☑【学习目标】

通过学习和实践，学生能够利用继电保护测试仪及同步发电机匝间短路保护的原理等相关知识对同步发电机匝间短路保护进行测试。能做测试数据记录、测试数据分析处理。

【任务描述】

以小组为单位，做好工作前的准备，制订同步发电机匝间短路保护的测试方案，绘制试验接线图，完成同步发电机匝间短路保护的特性测试，并填写试验报告，整理归档。

【任务准备】

1. 任务分工

工作负责人：＿＿＿＿＿＿　　　　调试人：＿＿＿＿＿＿

仪器操作人：＿＿＿＿＿＿　　　　记录人：＿＿＿＿＿＿

2. 试验用工器具及相关材料（见表6-10）

表6-10　　　　　　　　　　　试验用工器具及相关材料

类别	序号	名　　称	型号	数量	确认（√）
仪器仪表	1	继电保护试验仪		1套	
	2	万用表		1块	
消耗材料	1	绝缘胶布		1卷	
	2	打印纸等		1包	
图纸资料	1	同步发电机保护说明书、调试大纲、记录本		1套	
	2				

【任务实施】

测试任务见表6-11。

表6-11　　　　　　　　　　　同步发电机匝间短路保护测试

一、制订测试方案	二、按照测试方案进行试验
1. 熟悉同步发电机保护说明书及同步发电机保护二次图纸	1. 测试接线（接线完成后需指导教师检查）
2. 学习本任务相关知识，本小组成员制订出各自的测试方案（包括测试步骤、试验接线图及注意事项等，应尽量采用手动测试）	2. 在小组工作负责人主持下按分工进行本项目测试并做好记录，交换分工角色，轮流本项目测试并记录（在测试过程中，小组成员应发扬吃苦耐劳、顾全大局和团队协作精神，遵守职业道德）
3. 在本小组工作负责人主持下进行测试方案交流，评选出本任务执行的测试方案	3. 在本小组工作负责人主持下，分析测试结果的正确性，对本任务测试工作进行交流总结，各自完成试验报告的填写
4. 将评选出本任务执行的测试方案报请指导老师审批	4. 指导老师及学生代表点评及小答辩，评出完成本测试任务的本小组成员的成绩

本学习任务思考题
1. 如何进行纵向零序电压式匝间保护零序电压通道的测试？
2. 如何进行对纵向零序电压元件测试？
3. 如何进行零序电流元件测试？
4. 如何进行负序功率方向元件测试？
5. 如何进行纵向零序电压式匝间保护TV断线闭锁元件测试？

【相关知识】

一、发电机匝间短路保护原理

目前，国内生产并广泛应用的微机发电机匝间保护主要有纵向零序电压式匝间保护和中性点零序电流式（即单元件横差）保护。此外，还有用负序功率方向及增量式负序功率方向元件构成的发电机定子绕组内部短路保护。

1. 纵向零序电压式匝间保护

在纵向零序电压式匝间保护中，反应发电机匝间短路的主判据是纵向零序电压（即纵向基波零序电压）。此外，为防止专用 TV 的一次断线时匝间保护误动，需采用专用 TV 断线闭锁。为了提高纵向零序电压式匝间保护的动作可靠性，不同厂家生产的装置中还采用了某些辅助判据（例如负序功率方向闭锁、3 次谐波电压制动等）来改善该型保护的性能。

（1）标准型纵向零序电压式匝间保护。在标准型匝间保护中，除有纵向零序电压元件、专用 TV 断线闭锁元件之外，还设置有负序功率方向闭锁元件。其构成框图如图 6 - 10 所示。图 6 - 10 中，$3U_0$ 为纵向零序电压；P_2 为负序功率。

负序功率方向元件采用允许式，即在发电机外部故障时，负序功率方向元件不动作，将匝间保护闭锁。采用这种闭锁方式的优点是：可防止专用 TV 回路任何不正常造成保护误动作的可能性。外部故障时，匝间保护不会误动。

（2）WFBZ - 01 型及 DGT801 系列装置中匝间保护匝间保护。在 WFBZ - 01 型及 DGT801 系列成套发电机变压器组保护装置中，纵向零序电压式匝间保护有两段定值，即次灵敏段和灵敏段。在灵敏段保护中，采用 3 次谐波电压变化量作制动量。其构成框图如图 6 - 11 所示。

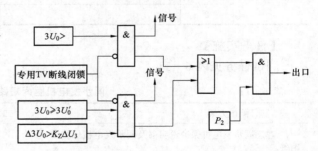

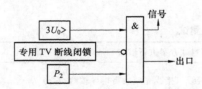

图 6 - 10　标准型纵向零序电压式匝间保护原理框图

图 6 - 11　WFBZ - 01 型及 DGT801 系列装置中匝间保护匝间保护构成框图

图 6 - 11 中，K_z 为制动系数；$3U_0$ 为纵向零序电压；$3U_0'$ 为纵向零序电压，低定值；$\Delta 3U_0$ 为纵向零序电压的变化量；ΔU_3 为 3 次谐波电压的变化量。

（3）WFB - 100 型装置中匝间保护。在 WFB - 100 型发电机变压器组保护装置中，纵向零序电压式匝间保护构成框图如图 6 - 12 所示。

（4）CSG300A 型装置中匝间保护框图。在 CSG300A 型保护装置中，匝间保护的构成框图如图 6 - 13 所示。图 6 - 13 中，U_2 为负序电压；I_a、I_b、I_c 为机端 TA 二次三相电流。

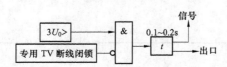

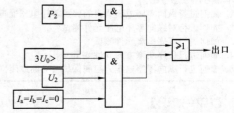

图 6 - 12　WFB - 100 型装置中匝间保护原理框图

图 6 - 13　CSC300A 型装置中匝间保护原理框图

（5）匝间保护的动作方程。总向零序电压式匝间保护主判据的动作方程为

$$3U_0 \geqslant U_{dz0} \tag{6-15}$$

在 WFBZ - 01 型、DGT801A 型和 DGT801 型装置中，匝间保护两段的动作方程为次灵敏段

$$3U_0 \geqslant U_{0hdz0} \tag{6-16}$$

灵敏段

$$\left.\begin{array}{l} 3U_0 \geqslant U_{0hdz0} \\ 3U_0 - U_{01dz0} \geqslant K_Z(U_3 - U_{3dz}) \end{array}\right\} \tag{6-17}$$

式中　　$3U_0$——纵向零序基波电压；

　　U_{0hdz0}——纵向零序电压高定值；

　　U_{01dz0}——纵向零序电压低定值；

　　K_Z——制动系数；

　　U_3——3 次谐波电压；

　　U_{3dz}——3 次谐波电压的整定值。

（6）关于专用 TV 断线闭锁。在大型发电机保护中，如果采用纵向零序电压式匝间保护，一定要有专用的 TV 断线闭锁元件。另外，当保护装置发出 TV 断线信号时，必须能判断出是匝间保护专用 TV 断线还是其他保护用普通 TV 断线。

鉴别 TV 断线并能判断出是哪一组 TV 断线的断线闭锁元件的构成有多种类型，其中应用较多一种如图 6 - 14 所示。

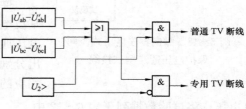

图 6 - 14 中，$\dot U_{ab}$、$\dot U_{bc}$ 为专用 TV 二次线电压；$\dot U'_{ab}$、$\dot U'_{bc}$ 为普压 TV 二次线电压；U_2 为普通 TV 二次的负序电压。

图 6 - 14　TV 断线闭锁元件框图

2. 零序电流式匝间保护

零序电流式匝间保护（即单元件横差保护），其零序电流取自发电机两组定子绕组的中性点连线上的 TV 二次。因此，该保护只能用于每相定子绕组为 2 个以上分支，且有两个中性点引出的发电机。

（1）动作方程。零序电流式匝间保护的动作方程为

$$3I_0 \geqslant I_{0dz} \tag{6-18}$$

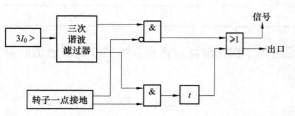

图 6 - 15　零序电流式匝间保护框图

（2）动作框图如图 6 - 15 所示。图 6 - 15 中，$3I_0$ 为发电机两个中性点之间的零序电流（TA 二次电流）；t 为动作延迟时，一般整定为 $0.3 \sim 0.5$s。

当转子回路无接地故障时，保护动作后瞬时切机，而发电机转子一点接地保护动作之后，经 $0.3 \sim 0.5$s 延时出口。

3. 负序功率方向保护

负序功率保护用于保护发电机定子绕组内部的各种故障。在 CSC300A 型装置中，其构

成框图如图 6 - 16 所示。

4. 故障分量负序方向保护

在 WFB - 100 型装置中，故障分量负序方向保护构成框图如图 6 - 17 所示。

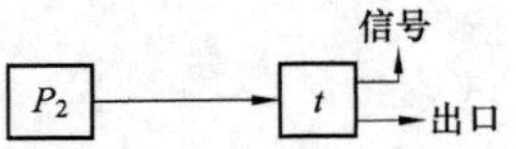

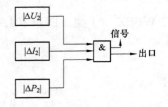

图 6 - 16 负序功率方向定子绕组内部短路保护框图

图 6 - 17 故障分量负序方向保护框图

在图 6 - 17 中，ΔP_2、ΔU_2、ΔI_2 分别为负序电流、负序电压及负序功率的变化量。

二、调整试验

由图 6 - 10～图 6 - 17 可知，对匝间保护的调试，主要是对纵向零序电压元件、零序电流元件、负序功率方向元件及 TV 断线闭锁等元件的调试。此外，通过试验，还要验证各种保护构成逻辑的正确性。

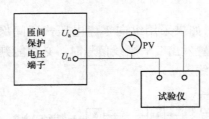

图 6 - 18 纵向零序电压式匝间保护电压通道测试接线

1. 纵向零序电压式匝间保护零序电压通道的测试

试验接线如图 6 - 18 所示。操作界面键盘或拨轮开关，调出匝间保护基波电压通道、3 次谐波电压通道的显示值及计算值。

操作试验仪，使其输出分别为 0.5、3、10、30V 的基波电压，观察及记录相应的基波电压通道和 3 次谐波电压通道显示电压及计算电压。再操作试验仪，使其输出分别为 0.5、3、6、10V 的 3 次谐波电压，观察及记录相应的基波电压通道和 3 次谐波电压通道显示电压及计算电压。将试验数据列于表 6 - 12 中。

表 6 - 12   电压通道显示电压值及计算电压值

加入电压		基波电压（V）				3 次谐波电压（V）			
		0.5	3	10	30	0.5	3	6	10
基波通道	通道显示值								
	计算值								
3 次谐波通道	通道显示值								
	计算值								

按表 6 - 12 中的数据，可求出基波电压通道的 3 次谐波滤过比和 3 次谐波电压通道的基波滤过比 K_3 和 K_1。

基波电压通道的 3 次谐波滤过比为

$$K_3 = \frac{U_3}{U_1} \times 100\% \tag{6-19}$$

3 次谐波通道的基波电压滤过比为

$$K_1 = \frac{U_1}{U_3} \times 100\% \tag{6-20}$$

要求：当加入基波电压时，基波通道显示的电压值及计算值，应等于外加电压值，而 3 次谐波通道的显示电压值应很小，3 次谐波电压的计算值应近似为零。而当加入 3 次谐波电压时，基波通道显示的电压值及基波电压计算值应近似为零，而 3 次谐波通道显示值及 3 次谐波电压的计算值应等于外加电压，K_3 和 K_1 均应小于 0.01。

2. 单元件横差保护零序电流通道的测试

试验接线如图 6-19 所示。

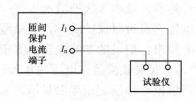

图 6-19 中，I_1、I_n 为发电机两中性点之间的 TA 二次电流接入端子。操作界面键盘或拨轮开关或触摸屏，调出零序电流式匝间保护的电流通道显示值及计算值。

图 6-19　零序电流通道测试接线

操作试验仪，使其输出电流分别为 0.5、5、10、20A 的基波电流，观察及记录通道电流的显示值及计算值。再操作试验仪，使其输出分别为 5、10A 的 3 次谐波电流，观察及记录通道电流的显示值及计算值。将试验数据列于表 6-13 中。

表 6-13　　　　　　　　单元件横差保护零序电流通道显示电流值与计算值

加入电流	基波电流（A）				3 次谐波电流（A）	
	0.5	5	10	20	3	10
通道显示值						
计算值						

要求：当加入基波电流时，通道电流的显示值及计算值与外加电流相等，其最大误差小于 5%；当加入 3 次谐波电流时，通道的显示值及计算值电流均应很小，与其加入的电流之比应不大于 2%。

3. WFBZ-01 型及 DGT801 系列装置纵向零序电压式匝间保护的调试

(1) 操作界面键盘或拨轮开关或触摸屏，调出匝间保护运行实时参数显示或纵向零序电压及 3 次谐波电压通道显示值及电压计算值显示界面。保护的投入压板（包括软压板）或投入拨指开关在闭合状态。

另外，对装置通入三相负序电压及负序电流使匝间保护实时参数显示的负序功率为正值。

试验接线同图 6-19。试验电源用微机试验仪。

按以下步骤进行调试：

1) 灵敏段动作值的校验。操作试验仪，使其输出电压中含有基波电压和 3 次谐波电压，其中基波电压分量大于灵敏段动作电压的整定值，而 3 次谐波电压分量也很大，灵敏段保护不动作。然后，维持电压中的基波电压不变，而缓慢减小 3 次谐波电压值至灵敏段保护动作，记录保护刚刚动作时界面显示的基波电压 U_0、3 次谐波电压 U_3。此时，应满足保护灵敏段刚刚动作时的条件，即

$$\left.\begin{array}{l} U_0 \geqslant U_{01dz} \\ |U_0 - U_{01dz}| \geqslant K_z |U_3 - U_{3dz}| \\ K_z = \dfrac{U_0 - U_{01dz}}{U_3 - U_{3dz}} \end{array}\right\} \qquad (6-21)$$

式中　U_0——保护灵敏段动作时加入的基波电压；

　　　U_3——保护灵敏段动作时加入的 3 次谐波电压；

　　U_{01dz}——保护灵敏段动作电压定值；

　　U_{3dz}——3 次谐波电压的整定值；

　　K_Z——制动系数。

要求：计算出的 K_Z 值等于整定值，最大误差小于 5%。

然后，减小 3 次谐波电压至一较小值。减小基波电压至灵敏段动作返回。再缓慢增加基波电压至灵敏段保护动作，记录刚刚动作时界面上显示的基波电压值。

要求：记录的基波电压值等于灵敏段的电压整定值。

2）次灵敏段动作电压的校验。操作试验仪，增大输出电压的基波电压，使匝间保护的次灵敏段动作，记录界面显示的基波电压值。

要求：保护次灵敏段动作时，界面显示的基波电压值等于整定值，误差小于 5%。再增加电压中的 3 次谐波电压值至 10V 以上，次灵敏段仍然动作，说明 3 次谐波电压对次灵敏段无影响。

3）负序功率方向元件的校验。操作试验仪，对装置通入三相对称负序电压及三相对称负序电流，并移动两者之间的相位，观察并记录界面上显示的负序功率的正、负及数值，并将显示值与计算值比较，两者的误差应小于 5%。

4）TV 断线闭锁元件动作特性的校验。在 WFBZ-01 型及 DGT801 系列装置中，匝间保护用 TV 断线闭锁元件，既能判断专用 TV 断线，又能判断其他保护用 TV（即普通 TV）断线。

a）动作逻辑正确性校验。校验 TV 断线元件逻辑的试验接线如图 6-20 所示。U_a、U_b、U_c 为专用 TV 二次三相电压接入端子，U'_a、U'_b、U'_c 为普通 TV 二次三相电压接入端子。

操作试验仪，使其输出电压为三相对称正序电压，电压值为 100V（线电压）。

在装置端子排电压端子上，去掉 U'_a 或 U'_b、U'_c 端子上的接入线，装置应发出"专用 TV 断线"信号。将 U_a、U_b、U_c 电压端子的接入线接上，而去掉 U_a 或 U_b、U_c 端子上的接入线，装置应发出"普通 TV 断线"信号。

b）差电压 ΔU_{ab}、ΔU_{bc} 定值的校验试验接线如图 6-21 所示。图 6-21 中，U_a、U_b、U_c 为专用 TV 二次三相电压接入端子，U'_a、U'_b、U'_c 为普通 TV 二次三相电压接入端子；U_A、U_B、U_C、U_N、U_L 为试验仪电压输出端子，U_1、U_n 为专用 TV 开口电压接入端子。

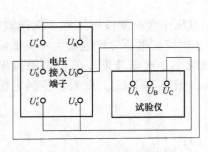

图 6-20　TV 断线闭锁试验接线

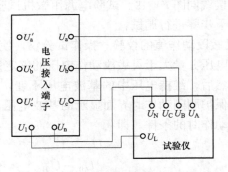

图 6-21　TV 差压定值测试接线

操作界面键盘或触摸屏或拨轮开关，调出匝间保护运行实时参数显示界面或差压显示通道。操作试验仪，使其输出电压为基波电压，设置 U_a、U_b、U_c 为三相正序对称电压；使 U_L 输出电压大于纵向零序电压的整定值，此时，匝间保护动作，出口信号灯亮。缓慢增大试验输出电压 U_A 电压至匝间保护动作刚刚返回，记录试验仪的输出电压 U_A；观察并记录界面上显示的差电压。此后，将 U_A 电压降到零，匝间保护重新动作。再缓慢升高试验仪输出电压 U_c 至保护动作刚刚返回，记录 U_c 电压，观察并记录界面上显示的差压 ΔU_{bc} 之值。

要求：外加电压值等于界面显示的差压值，并等于差压的整定值，最大误差小于 5%。也可用另一种方法校验。操作试验仪，使输出 U_L 电压大于纵向零序电压的整定值。此时，匝间保护动作。然后，同时缓慢升高 U_a、U_b、U_c 三相电压，至匝间保护动作刚刚返回。记录三相电压；观察并记录界面上显示的差压。要求：界面上显示的差压等于整定值，且等于外加电压（相电压）的 $\sqrt{3}$ 倍。

前一种方法的优点是：既校验了定值，又校验了装置内部接线或定义下载的正确性。

c) 负序电压整定值的校验。试验接线如图 6-22 所示。图 6-22 中的各符号的含义同图 6-21。操作界面键盘或触摸屏调出匝间保护运行实时参数显示界面。操作试验仪，使输出电压 U_c 大于纵向零序电压的整定值，匝间保护动作。设定试验仪，使输出电压 U_A 与 U_B 同相位，缓慢增加试验仪输出电压 U_B 至匝间保护动作返回。再缓慢增大 U_A 电压至保护重新动作。记录匝间保护刚刚动作时的 U_A 电压；观察并记录界面上显示的负序电压值。

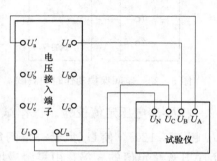

图 6-22 负序电压定值测试接线

要求：界面上显示的负序电压应等于负序电压的整定值，并等于电压的 1/3。

需要说明的是：当保护装置设置有抗干扰电容时，由于接电压的端子不能出现某一相开路工况，故宜采用 2 台试验仪进行校验。

d) TV 断线闭锁可靠性试验。试验接线同图 6-21。

操作试验仪，使输出 U_L 电压等于 10V（大于纵向 $3U_0$ 定值），使 $U_A = U_B = 57.7V$，$U_c = 0$，$\dot{U}_A$ 超前 $\dot{U}_B 120°$。

实加电压 10 次，匝间保护出口信号灯应可靠不亮及不闪动。

4. 其他保护装置中 $3U_0$ 匝间保护动作特性校验

(1) WFB-100 型装置的测试。试验接线如图 6-18 所示。

1) 纵向零序电压值的校验。将保护的动作延时调到最小，操作试验仪，使其输出电压为纯基波分量。电压由零升高至匝间保护出口信号灯亮，记录保护刚刚动作时的外加电压值。

要求：动作电压值等于整定值，最大误差应小于 5%。

2) 3 次谐波电压抑制效果的测试。暂将保护的基波动作电压调到 0.2V，调节试验仪，使其输出三次谐波电压为 20V，保护应不动作。在 20V 三次谐波电压下，冲击 5 次，匝间保护应可靠不动作。

3）动作时间的测量。试验接线如图 6-23 所示。在图 6-23 中，1、2 系匝间保护出口继电器的一对接点的输出端子（可用跳闸出口接点代替），将其与试验仪停止计时返回接点输入端子 x、y 连接。

操作试验仪，使其输出的基波电压大于匝间保护的动作电压，突加电压测动作时间。

要求：测得的动作时间应等于整定值，最大误差小于 5%。

（2）CSC300A 型装置中匝间保护的校验。校验 CSC300A 型装置零序电压式匝间保护的试验接线如图 6-24 所示。图 6-24 中 I_a、I_n 为 TA 二次 a 相电流接入端子，其他符号的物理意义同图 6-23。

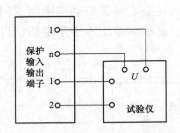

图 6-23 匝间保护动作时间测试

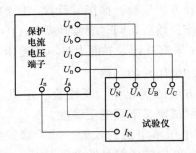

图 6-24 CSC300A 型装置匝间保护测试接线

1）零序电压定值校验。操作试验仪，使其输出电压为基波电压，并使 $U_A = U_B$，使 $\dot{U}_A$ 超前 $\dot{U}_B$ 120°。使 U_{ab} 大于 $\sqrt{3}$ 倍的负序电压整定值；增大 I_A 电流，使其等于或大于保护负序电流整定值的 3 倍。由零缓慢增大电压 U_C 至匝间保护动作。记录保护刚刚动作时的动作值。

要求：保护的动作电压等于整定值，最大误差应小于 5%。

2）负序电压定值的校验。操作试验仪，使输出电流为零，输出电压 U_{cn} 大于零序电压的整定值。缓慢增大电压 U_{ab} 至匝间保护动作，记录保护刚刚动作时的动作值 U_{ab}。

要求：$\sqrt{3} U_{ab}$ 与负序电压整定值相等，最大误差应小于 5%。

3）负序电流定值的校验。调节试验仪，使 I_A 电流为某一值（小于负序电流定值的 1/3）；使输出电压 U_c 大于零序电压元件的整定值，调节 $\dot{I}_c$ 与电压 $\dot{U}_{ab}$ 之间的相位，使 $\dot{I}_c$ 滞后 $\dot{U}_{ab}$ 产生的负序电压的相位（即使功率方向元件不动作）。缓慢增大 I_c 至匝间保护动作。记录保护刚刚动作时的电流 I_c。

要求：动作电流的 1/3 与保护的负序电流整定值相等，其最大误差小于 5%。

4）负序功率方向元件特性校验。调节试验仪，使 U_c 大于零序元件的整定值，使 I_c 小于负序电流元件整定值的 1/3，而使 U_{ab} 产生的负序电压小于负序电压元件的整定值。然后，缓慢向一个方向改变 $\dot{I}_c$ 与 $\dot{U}_{ab}$ 之间的相位，当 $\dot{I}_c$ 的相位刚刚超前 $\dot{U}_{ab}$ 产生的负序电压的相位时，匝间保护应可靠动作。记录保护刚刚动作时 $\dot{I}_c$ 与 $\dot{U}_{ab}$ 之间的相位 φ_1。继续向同一方向移动 $\dot{I}_c$ 与 $\dot{U}_{ab}$ 之间的相位，至匝间保护返回。

向相反方向移动 $\dot{I}_c$ 与 $\dot{U}_{ab}$ 之间的相位，至保护动作，记录保护刚刚动作时 $\dot{I}_c$ 与 $\dot{U}_{ab}$ 产生的负序之间的相位 φ_2。功率方向元件的动作范围为 $\varphi_2 - \varphi_1$；功率方向元件的最大灵敏角

（亦内角）为 $\varphi_{\max}=\dfrac{\varphi_2+\varphi_1}{2}$。

要求：功率方向元件的动作范围应大于 160°。而小于 180°，其最大灵敏角应等于保护的负序功率方向的整定内角。

说明：加电压 $\dot{U}_a$、$\dot{U}_b$，且 $\dot{U}_a$ 超前 $\dot{U}_b$120°时，负序电压的方向将超前 $\dot{U}_a$120°。

5. 零序电流式匝间保护（单元件横差保护）的校验

试验接线如图 6-25 所示。在图 6-25 中，I_1、I_n 为匝间保护 TA 二次电流的接入端子；1、2 为保护出口继电器一对接点的输出端子，将其与试验仪的停止计时返回接点 X、Y 相连接。

（1）动作电流的测量。操作试验仪，缓慢增大输出电流至匝间保护动作，记录保护刚刚动作时的电流。

要求：保护刚刚动作时的外加电流，等于保护的整定值其误差不大于 5%。

（2）动作时间的测量。使试验仪的输出电流等于 1.2 倍的保护动作电流，突加电流测动作延时。

要求：测得的动作延时应小于 40ms。

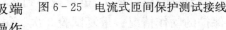

在保护柜后端子排上，用导线短接转子电压负极端子与大轴接入端子（使转子一点接地保护动作）。操作试验仪，重复上述试验，测量匝间保护的动作时间。

图 6-25　电流式匝间保护测试接线

要求：测得的动作时间应等于整定值，最大误差小于 5%。

6. 故障分量负序方向（ΔP_2）保护性能试验

（1）动作工况校验。反应故障分量的负序方向保护动作特性的校验，可以用突加电流及电压方法进行校验。试验接线如图 6-26 所示。

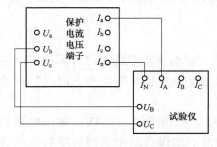

图 6-26　功率方向元件测试接线

在图 6-26 中，U_a、U_b、U_c、I_a、I_b、I_c、I_N 分别为负序功率方向元件用 TV 及 TA 二次三相电压及三相电流的接入端子。操作试验仪，使其输出电压等于额定电压（即相电压 57.7V，线电压等于 100V），且 $\dot{U}_B$ 超前 $\dot{U}_C$，使 $I_A=5A$ 并使 $\dot{I}_A$ 滞后 $\dot{U}_C$30°。

突然加入电流、电压，负序功率方向元件应可靠动作。而使 $\dot{I}_A$ 超前 $\dot{U}_B$30°。时，突加电流、电压，保护应可靠不动作。

（2）动作区及最大灵敏角的校验。操作试验仪，使 $\dot{I}_A$ 滞后 $\dot{U}_B$60°，突加电流、电压并观察保护动作情况，如果保护不动作，再增大 $\dot{I}_A$ 滞后 $\dot{U}_B$ 的角度，重复试验，直至保护动作，记录能使保护刚刚动作的 $\dot{I}_A$ 滞后 $\dot{U}_B$ 的角度 φ_1。然后，移动 $\dot{I}_A$ 使其超前 $\dot{U}_B$120°（滞后 240°），重复上述试验。若保护不动作，则应慢慢增大 $\dot{I}_A$ 超前 $\dot{U}_B$ 的角度，重复上述试验。记录能使保护刚刚动作的 $\dot{I}_A$ 滞后 $\dot{U}_B$ 角度 φ_2。则最大灵敏角为 $\varphi_{\max}=\dfrac{\varphi_2+\varphi_1}{2}$，动作范围为 $\varphi_2-\varphi_1$。

要求：动作区范围小于 180°而大于 160°，而最大灵敏角应等于给定的内角整定值。

（3）增量定值的校验。在 WFB - 100 型保护装置中，增量定值有负序电流增量、负序电压增量及负序功率增量。

1）负序电流增量的校验。试验接线同图 6 - 25。调节试验仪，使其输出电流 I_A＝5A，使电流 $\dot{I}_A$ 滞后 $\dot{U}_B$ 的角度为最大灵敏角。

调节试验仪的输出电压，使输出电压值（相电压值）为 3×1.05 倍负序电压增量的整定值。突加电流、电压，观察保护的动作情况。重复试验 3 次。每次加压、加流时，保护均应可靠动作。

然后，减小试验仪的输出电压，使其等于 0.95×3 倍负序电压的增量值。突加电流、电压，观察保护的动作情况。重复试验 3 次。每次加压、加流时，保护均应可靠不动作。

综合上述情况，则认为试验值等于整定值，即整定值无误。

2）负序电流增量定值的校验。调节试验仪，使其输出电压为额定电压（相电压为 57.7V），使电流 $\dot{I}_A$ 滞后 $\dot{U}_B$ 的角度为最大灵敏角。

调节 I_A 电流输出，使其等于 3×1.05 倍负序电流增量的定值。突加电流、电压，观察保护的动作情况。重复试验 3 次。每次加压、加流时，保护均应可靠动作。

调节试验仪，将 I_A 电流减小到 3×0.95 倍负序电流增量的定值。突加电流、电压，观察保护的动作情况。重复试验 3 次。每次加压、加流时，保护均应可靠不动作。

综合上述情况，则认为试验值等于整定值，即整定值无误。

3）负序功率增量的校验。将试验所得到的电流增量乘以电压增量的 1/9，便等于负序功率增量的动作值，该值应该等于整定值。

（4）动作时间的测量。试验接线如图 6 - 26 所示。不同的是，测时间时需将保护的一对常开接点与试验仪的停止计时接点连接。

操作试验仪，使输出电压及输出电流分别为电流增量及电压增量的 3.6 倍。突加电流、电压测时间。要求动作时间不大于 30ms。

7. 功率方向保护性能试验

在纵向零序电压式匝间保护中，采用负序功率方向元件区分发电机内部与外部故障。当外部故障时，将匝间保护闭锁。而在 CSG300A 型保护装置中，提供负序功率方向保护作为发电机内部故障的保护。试验接线如图 6 - 26 所示。

（1）动作范围及最大灵敏角的校验。操作试验仪，使其输出电压为 57.7V，输出电流为 5A。改变电流与电压之间的相位，使负序功率方向保护由不动作到动作（即负序功率由负值变到正值），记录保护刚刚动作时电流 $\dot{I}_A$ 滞后 $\dot{U}_B$ 的角度 φ_1。然后继续向动作区方向改变电流与电压之间的相角，直至保护返回。再向反方向改变相角差至保护刚刚动作。记录保护刚刚动作时电流 $\dot{I}_A$ 滞后 $\dot{U}_B$ 的角度 φ_2。该方向保护的动作范围为 $\varphi_2-\varphi_1$；最大灵敏角为

$$\varphi_{max}=\frac{\varphi_2+\varphi_1}{2}。$$

要求：动作范围小于 180°而大于 160°，最大灵敏角与整定的保护内角相等，最大差值应小于 5°。

（2）最小负序动作电流及最小负序动作电压的校验。试验条件：操作试验仪，使输出电

流使其输出电流$\dot{I}_A$及输出电压$\dot{U}_B$之间的夹角等于保护的最大灵敏角φ_{max}。

1）最小动作负序电流值的校验。操作试验仪，使输出相电压等于57V，由零缓慢增加I_A电流至保护动作，记录保护刚刚动作时的电流，该电流的1/3即为最小动作负序电流。

2）最小动作负序电压值的校验。操作试验仪，使输出电流I_A＝5A，由零缓慢增加电压至保护动作，记录保护刚刚动作时的相电压，该电压的1/3即为最小动作负序电压。

要求：如果负序电流及负序电压有整定值，则试验得到的负序电流及负序电压值应分别等于整定值。

说明：如果被校负序功率方向元件只作为闭锁元件用，则在校验之前应首先操作界面键盘或触摸屏，调出负序功率计算值显示界面。当显示的负序功率为正值时，则该元件动作；为负值时，则其不动作。

（3）动作时间的测量。试验接线、试验方法和要求同故障分量增量保护。

任务三　同步发电机定子接地保护测试

【学习目标】

通过学习和实践，学生能够利用继电保护测试仪及同步发电机定子接地保护的原理等相关知识对同步发电机定子接地保护进行测试。能做测试数据记录、测试数据分析处理。

【任务描述】

以小组为单位，做好工作前的准备，制订同步发电机定子接地保护的测试方案，绘制试验接线图，完成同步发电机定子接地保护的特性测试，并填写试验报告，整理归档。

【任务准备】

1. 任务分工

工作负责人：＿＿＿＿＿＿＿＿　　　　调试人：＿＿＿＿＿＿＿＿

仪器操作人：＿＿＿＿＿＿＿　　　　记录人：＿＿＿＿＿＿＿＿

2. 试验用工器具及相关材料（见表6-14）

表6-14　　　　　　　　　　试验用工器具及相关材料

类别	序号	名　称	型号	数量	确认（√）
仪器仪表	1	继电保护试验仪		1套	
	2	万用表		1块	
消耗材料	1	绝缘胶布		1卷	
	2	打印纸等		1包	
图纸资料	1	同步发电机保护说明书、调试大纲、记录本		1套	
	2				

【任务实施】

测试任务见表6-15。

表 6-15　　　　　　　　　　　　　　同步发电机定子接地保护测试

一、制订测试方案	二、按照测试方案进行试验
1. 熟悉同步发电机保护说明书及同步发电机保护保护二次图纸	1. 测试接线（接线完成后需指导教师检查）
2. 学习本任务相关知识，本小组成员制订出各自的测试方案（包括测试步骤、试验接线图及注意事项等，应尽量采用手动测试）	2. 在本小组工作负责人主持下按分工进行本项目测试并做好记录，交换分工角色，轮流本项目测试并记录（在测试过程中，小组成员应发扬吃苦耐劳、顾全大局和团队协作精神，遵守职业道德）
3. 在本小组工作负责人主持下进行测试方案交流，评选出本任务执行的测试方案	3. 在本小组工作负责人主持下，分析测试结果的正确性，对本任务测试工作进行交流总结，各自完成试验报告的填写
4. 将评选出本任务执行的测试方案报请指导老师审批	4. 指导老师及学生代表点评及小答辩，评出完成本测试任务的本小组成员的成绩
本学习任务思考题 1. 如何测试零序电压式定子接地保护？ 2. 如何测试零序电流式定子接地保护？ 3. 如何测试双频式定子接地保护？ 4. 如何测试叠加交流式定子接地保护？	

【相关知识】

一、发电机定子接地保护基本原理

发电机定子接地保护的种类很多，有零序电压式、零序电流式、双频式、叠加直流式、叠加交流式、注入电流式等。

目前，国内生产及应用较多的微机型发电机定子接地保护的种类主要有双频式 100% 的定子接地保护、零序电压式定子接地保护、零序电流式定子接地保护，叠加低频式（叠加20Hz）微机型定子接地保护也有应用。

下面主要介绍双频式 100% 的定子接地保护、零序电流式定子接地保护及叠加 20Hz 电压式定子接地保护的校验方法。

1. 双频式 100% 的定子接地保护

双频式 100% 的定子接地保护由基波零序电压式定子接地保护和 3 次谐波电压式定子接地保护两部分构成。基波零序电压式定子接地保护可以单独用于中小机组作定子接地保护，其保护范围是由发电机定子绕组端部（包括出线及与之有电联系的设备）至发电机内部的 80%～95% 定子绕组的接地故障。其保护的具体范围主要决定于动作电压的整定值，整定值越小，其保护范围越大。而 3 次谐波电压式保护主要保护发电机中性点及由中性点向机内 20%～25% 的定子绕组接地故障。

（1）动作方程。基波零序电压式保护的动作方程为

$$3U_0 \geqslant U_{0dz}$$

式中　$3U_0$——零序电压；

　　U_{0dz}——零序电压保护动作电压整定值。

3 次谐波电压式定子接地保护的构成主要有两种形式，即幅值、相位比较式和绝对值比较式。

幅值、相位比较式保护的动作方程为

$$|\dot{K}_1 \dot{U}_{S3} \geqslant \dot{K}_2 \dot{U}_{N3}| \geqslant K_3 U_{N3}$$

电压绝对值比较式保护的动作方程为

$$|\dot{U}_{S3}| \geqslant K_Z |\dot{U}_{N3}| + \Delta U$$

式中　$\dot{U}_{S3}$——发电机中性点 3 次谐波电压；

$\quad\quad U_{N3}$——发电机机端 3 次谐波电压；

$\quad\quad K_Z$——比率制动系数；

$\quad\quad \Delta U$——门槛值；

$\dot{K}_1$、$\dot{K}_2$——相位、幅值平衡系数；

$\quad\quad K_3$——制动系数。

（2）构成框图。目前，零序电压定子接地保护构成框图，有如图 6-27 所示的三种。

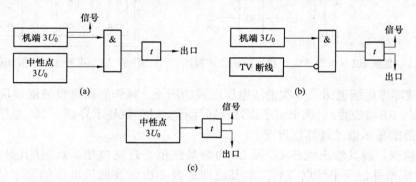

图 6-27　零序电压式定子接地保护

(a) 构成方式一；(b) 构成方式二；(c) 构成方式三

幅值相位比较式 3 次谐波电压式定子接地保护构成框图如图 6-28 所示。

幅值比较式 3 次谐波电压定子接地保护框图如图 6-29 所示。

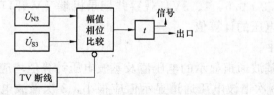

图 6-28　幅值相位比较式 3 次谐波电压定子接地保护框图　　图 6-29　幅值比较式定子接地保护框图

2. 零序电流式定子接地保护

下面介绍的零序电流式定子接地保护，适用于中、小型发电机。

输入保护的零序电流取自套在发电机三相出线上的专用零序 TA 的二次，其构成框图如图 6-30 所示。

3. 叠加 20Hz 交流电压式定子接地保护

该保护的动作原理是：将 20Hz 的低频电压，通过发电机开口三角形绕组或中性点 TV 二次叠加到发电机定子绕组回路中。其构成原理接线如图 6-31 所示。图 6-31 中，TAA 为装置内部辅加小 TA，R 为负载电阻。

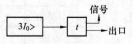

图 6-30　零序电流式
定子接地保护框图

二、调整试验

1. 双频式 100％的定子接地保护的调试

试验接线如图 6-32 所示。图 6-32 中，1、n 为机端 TV 开口电压接入端子；1′、n′为中性点 TV 或消弧线圈或配电变压器二次电压接入端子；X、Y 为试验仪停止计时的返回接点输入端子；1、2 为基波零序电压保护出口继电器一对接点输出端子；3、4 为 3 次谐波定子接地保护出口继电器一对接点输出端子。

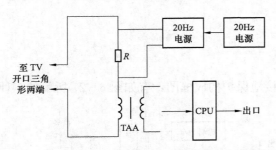

图 6-31　叠加 20Hz 电源式定子接地保护原理框图　　图 6-32　双频式定子接地保护测试接线

（1）基波零序电压通道及 3 次谐波电压通道的测量。操作界面键盘或触摸屏或拨轮开关（对于 WFBZ-01 型装置），调出定子接地保护运行实时参数显示界面或 $3U_0$ 电压通道与 3 次谐波电压通道的显示值及计算值界面。

操作试验仪，使其输出电压 U_A 及 U_B 均为基波值。升高电压 U_A，使其分别为 5、10、15、100V，观察并记录中性点 TV 二次基波通道及 3 次谐波通道电压的显示值、基波及 3 次谐波电压的计算值。升高电压 U_B，使其分别为 5、10、15、100V，观察并记录机端 TV 开口三角形基波通道及 3 次谐波通道电压的显示值、基波及 3 次谐波电压的计算值。

操作试验仪，使其输出电压 U_A 及 U_B 均为 3 次谐波值。升高电压 U_A，使其分别为 0.2、0.5、1、3V，观察并记录中性点 TV 二次 3 次谐波通道电压的显示值及 3 次谐波电压的计算值。升高电压 U_B，使其分别为 0.2、0.5、1、3V，观察并记录机端 TV 开口三角形 3 次谐波通道电压的显示值及 3 次谐波电压的计算值。

将上述测量结果列于表 6-16 中。

要求：外加基波电压时，相应基波通道显示的电压值及基波电压计算值均应等于外加电压，最大误差小于 5％；而相应的 3 次谐波电压通道显示值应很小，3 次谐波电压的计算值应等于零，其与外加基波电压的比值应小于 0.1％。

表 6-16　　　　　　　　基波电压通道及 3 次谐波电压通道测试值

外加电压频率及电压值			基波（V）				3次谐波（V）			
			5	10	15	100	0.2	0.5	1	3
中性点	基波通道	通道显示值								
		计算值								
	3次谐波通道	通道显示值								
		计算值								

续表

外加电压频率及电压值		基波（V）				3 次谐波（V）			
		5	10	15	100	0.2	0.5	1	3
机端	3 次谐波通道 · 通道显示值								
	3 次谐波通道 · 计算值								
	基波通道 · 通道显示值								
	基波通道 · 计算值								

外加 3 次谐波电压时，相应的 3 次谐波通道的电压显示值及 3 次谐波电压的计算值，均应与外加电压值相等，最大误差应小于 5%。

（2）基波零序电压保护定值的校验。暂将保护的动作延时调到较小值。试验接线如图 6-33 所示，操作试验仪，使其输出电压为基波值。由零缓慢增大 U_A 电压至 $3U_0$，定子接地保护动作［当该保护的构成框图如图 6-27（a）所示时，保护装置只发出 TV 断线信号］，记录定子接地保护刚刚动作时外加的电压值。

当 $3U_0$ 保护的构成框图如图 6-27（c）所示时，可由零慢慢升高 U_B 电压至 $3U_0$，保护动作，记录保护刚刚动作时外加的电压值。若构成框图如图 6-27（a）所示时，则应同时升高 U_A 及 U_B 电压至保护动作，记录保护刚刚动作时外加的电压值。

（3）3 次谐波定子接地保护动作逻辑校验。操作试验仪，使其输出电压为 3 次谐波电压，且 $U_A=1.2V$，$U_B=1V$，两者之间的相位差可等于 0° 或 180°。

1）$\dot{K}_1$、$\dot{K}_2$、K_3 的整定。对于 WFBZ-01 型保护装置，3 次谐波定子接地保护应按以下顺序整定：

a）将"调试/运行"切换开关置于"运行"位置，将拨轮开关拨到"15"位置；按一下"PE"键，屏幕上排显示动作量，下排显示制动量。

b）按一下"，"键，使动作量接近于零。然后迅速将"调试/运行"切换开关拨到"调试"位置（不允许按复位键），当界面上显示"dub"后，按下"PE"键，界面上便显示出 $\dot{K}_1$ 值。

c）按下"，"键，再输入密码"4585"，再按下"，"键，待界面上显示出"OPEN"后，按一下 E^2PROM 固化开关按钮，则 $\dot{K}_1$、$\dot{K}_2$ 自整定完毕。

d）速将"调试/运行"切换开关拨到"运行"位置，将拨轮开关拨到"17"位置；按下"PE"键，上排显示动作量，下排显示制动量。

e）按"0"或"2"、"4"、"6"键，使屏幕上显示的制动量为某一适宜值后，迅速将"调试/运行"切换开关拨到"调试"位置，当显示器显示"dub"后，按下"PE"键，下排显示 K_3 值，按下"，"键，再输入密码"4585"，再按下"，"键，待下排显示"OPEN"后，按一下 E^2PROM 固化开关按钮，则 K_3 自整定完毕。

DGT801 及 DGT801A 型装置 $\dot{K}_1$、$\dot{K}_2$、K_3 的整定方法，与 WBFZ-01 型装置相似，但界面操作系统及输入的密码不同。

对于幅值比较式 3 次谐波保护，不存在 $\dot{K}_1$、$\dot{K}_2$ 系数，只需要整定制动系数 K_3。K_3 的整定方法同 WBFZ - 01 型装置。

对于 DGT801A 型保护装置，由于是双 CPU 并行运行，因此，整定出来的 $\dot{K}_1$、$\dot{K}_2$ 及 K_3 均有两套，要求两个 $\dot{K}_1$ 及两个 $\dot{K}_2$ 应基本相同，两个 K_3 值也应相同。

如果两个 $\dot{K}_1$ 或两个 $\dot{K}_2$ 相差较大，多半是滤波元件有问题，应予以检查并处理。

2) 动作状况检查。操作试验仪，使其输出电压的频率为 150Hz。设定试验仪，使电压 $\dot{U}_A$ 与电压 $\dot{U}_B$ 的相位相同。由零增加 U_B 电压至保护动作，记录动作电压，其动作值应不大于 0.1V。然后，维持 U_B 电压不变，缓慢增大电压 U_A 至保护返回，继续增加 $\dot{U}_A$ 电压至保护重新动作，记录动作电压。$|\dot{U}_A - \dot{U}_B|$ 的绝对值应不大于 $K_3 U_B + 0.1V$。

对于幅值比较式或 $K_3 \geqslant 1$ 时的相位，幅值比较式 3 次谐波式定子接地保护中性点的 3 次谐波电压为纯制动量，即制动作用很强。

(4) 动作时间的测量。恢复 $3U_0$ 保护及 3 次谐波定子接地保护的动作延时，使其等于整定值。

1) $3U_0$ 保护动作时间的测量。将 $3U_0$ 保护出口继电器一对接点的输出端子（例如图 6 - 32 中的 1、2）与试验仪的停止计时返回接点接入端子 X、Y 连接起来。操作试验仪，使其输出基波电压大于整定值。突加电压测量动作时间。

要求：测得的动作时间等于整定值，最大误差小于 5%。

2) 3 次谐波定子接地保护动作时间的测量。将 3 次谐波定子接地保护出口继电器一对接点的输出端子（例如图 6 - 32 中的 3、4）与试验仪的停止计时返回接点接入端子 X、Y 连接起来。操作试验仪，使其 U_B 电压为 3 次谐波电压，其值大于动作电压。突加电压测量动作时间。

要求：测得的动作时间等于整定值，最大误差小于 5%。

2. 零序电流式定子接地保护的校验

试验接线如图 6 - 33 所示。不同的是：试验仪的输出为电流，且电流线接在零序电流式定子接地保护的电流输入端子上，而试验仪的停止计时返回接点与该保护的一对出口动合触点连接。

(1) 电流通道线性度校验。断开接地保护出口接点输出端子与试验仪停止计时返回接点接入端子之间的连线。操作界面键盘或拨轮开关或触摸屏，调出该保护电流通道显示值及电流的计算显示值。

操作试验仪，使输出工频电流值分别为 10、50、100、250、500mA 时，观察并记录相应的电流通道的显示值及计算值。将这些值列于表 6 - 17 中。

要求：通道显示值及计算值应等于外加电流值，其最大误差小于 5%。

表 6 - 17 $3I_0$ 通道电流显示值

通入电流（mA）	10	100	250	500
显示通道电流（mA）				
计算显示电流（mA）				

(2) 保护动作电流定值的校验。零序电流式定子接地保护定值的确定及校验比较困难。

原因是零序 TA 无变比，它是靠漏磁通将一次零序电流传递到二次的。不同型号的零序 TA，其传递特性根本不同，即便是同型号的 TA，其传递特性的离散值也相当大。因此，在校验及整定保护的整定值时，最好带着实际的 TA 进行。

保护动作电流定值的整定及校验接线如图 6-33 所示。图 6-33 中，TA 为零序 TA，1、2 为零序电流保护出口一对接点的输出端子，1、n 为零序 TA 二次电流接入端子。

1）保护整定值的确定。暂将该保护的动作延时调到较小值，操作拨轮开关（对 WFBW-01 型保护装置）或操作键或触摸屏（对其他型号的保护装置）调出其电流通道显示值。操作试验仪，使其输出电流等于一次零序电流整定值（例如 4A），观察并记录装置电流通道显示的电流值（毫安数）。该毫安电流值即为保护的实际整定值，用此值对保护进行整定。

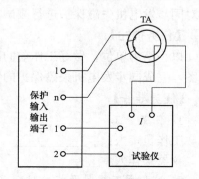

图 6-33　动作电流定值测试接线

2）保护整定值的整定及校验。操作界面键盘或触摸屏，将记录的保护实际整定值（毫安数），输入装置并固化。操作试验仪，由零缓慢增大输出电流至保护动作，记录保护刚刚动作时的电流及保护通道显示电流。

要求：保护动作时的外加电流等于一次电流的整定值，保护通道显示电流等于 TA 二次电流的整定值。最大误差应小于 5%。

3）动作时间的测量。将保护的动作延时恢复为整定值。连接保护出口继电器接点输出端子 1、2 与试验仪停止计时返回接点接入端子之间连线。调节试验仪使其输出电流等于 1.1 倍的一次电流整定值。突加电流，记录保护的动作时间，该动作时间应等于整定值。

3. 叠加低频电源式定子接地保护

目前，国内生产的微机型叠加低频电源式钉子接地保护，其低频电源采用 20Hz 电源。

（1）动作电阻及回路正确性校正校正。试验接线如图 6-34 所示。暂将保护的动作延迟时调至最小。

在图 6-34 中，端子 1、2 为 20Hz 电源电压接入子，端子 3、4 为机端 TV 开口三角或中性点 TV 二次的接线端子，R 为可调电阻箱（0~100kΩ），K 为单相开关。

操作测试仪，使其输入电压为 20Hz、100V。合上开关 K，调节电阻 R，使其由 100kΩ 缓慢减小，至定子接地保护动作。记录保护刚刚动作时的电阻值。该电阻值应乘以 TV 变比的二次方后等于整定值，误差不大于 10%。

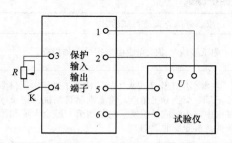

图 6-34　叠加低频电源式定子接地保护测试接线

（2）动作的时间的测量。将保护的动作时间恢复到整数值。调节变阻箱电阻，使其等于 0.8 倍的动作电阻，突合开关 K，测量保护的动作时间。

要求：动作时间应等于整定值，误差小于 5%。

任务四　同步发电机失磁保护测试

【学习目标】

通过学习和实践，学生能够利用继电保护测试仪及同步发电机失磁保护的原理等相关知识对同步发电机失磁保护进行测试。能做测试数据记录、测试数据分析处理。

【任务描述】

以小组为单位，做好工作前的准备，制订同步发电机失磁保护的测试方案，绘制试验接线图，完成同步发电机失磁保护的特性测试，并填写试验报告，整理归档。

【任务准备】

1. 任务分工

工作负责人：＿＿＿＿＿＿　　　　　调试人：＿＿＿＿＿＿

仪器操作人：＿＿＿＿＿＿　　　　　记录人：＿＿＿＿＿＿

2. 试验用工器具及相关材料（见表 6-18）

表 6-18　　　　　　　　　　　试验用工器具及相关材料

类别	序号	名　　称	型号	数量	确认（√）
仪器仪表	1	继电保护试验仪		1套	
	2	万用表		1块	
消耗材料	1	绝缘胶布		1卷	
	2	打印纸等		1包	
图纸资料	1	同步发电机保护说明书、调试大纲、记录本		1套	
	2				

【任务实施】

测试任务见表 6-19。

表 6-19　　　　　　　　　　　同步发电机失磁保护测试

一、制订测试方案	二、按照测试方案进行试验
1. 熟悉同步发电机保护说明书及同步发电机保护保护二次图纸	1. 测试接线（接线完成后需指导教师检查）
2. 学习本任务相关知识，本小组成员制订出各自的测试方案（包括测试步骤、试验接线图及注意事项等，应尽量采用手动测试）	2. 在本小组工作负责人主持下按分工进行本项目测试并做好记录，交换分工角色，轮流本项目测试并记录（在测试过程中，小组成员应发扬吃苦耐劳、顾全大局和团队协作精神，遵守职业道德）
3. 在本小组工作负责人主持下进行测试方案交流，评选出本任务执行的测试方案	3. 在本小组工作负责人主持下，分析测试结果的正确性，对本任务测试工作进行交流总结，各自完成试验报告的填写
4. 将评选出本任务执行的测试方案报请指导老师审批	4. 指导老师及学生代表点评及小答辩，评出完成本测试任务的本小组成员的成绩

续表

一、制订测试方案	二、按照测试方案进行试验

本学习任务思考题
1. 如何测试阻抗圆型失磁保护?
2. 如何测试逆功率 + 过电流型?
3. 如何录制阻抗圆特性?
4. 如何测试转子电压元件通道线性度?
5. 如何测试 $U_L - P$ 元件的动作特性?

【相关知识】

一、发电机失磁保护基本原理

国内生产并被广泛应用的微机型发电机失磁保护,主要有两种类型:一种是阻抗圆型,另一种是逆功率+过电流型。

1. 阻抗圆型失磁保护

发电机失磁后,机端测量阻抗的轨迹是在阻抗复平面上,由第一象限向第四象限变化,最后进入异步边界圆内。

在国内生产的保护装置中,衡量发电机失磁或励磁降低到不允许程度的机端测量阻抗轨迹,主要采用两个特性圆:静稳边界阻抗圆和异步边界阻抗圆,如图 6-35 所示。

在图 6-35 中,Ⅰ为静稳边界阻抗圆,Ⅱ为异步边界阻抗圆,X_d 为发电机同步电抗,X_d' 为发电机暂态电抗,X_s 为系统电抗。

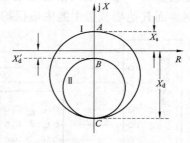

图 6-35　静稳边界阻抗圆
和异步边界圆

静稳边界圆的圆心坐标为 $\left[0, -j\dfrac{X_d-X_s}{2}\right]$,半径为 $\dfrac{X_d+X_s}{2}$;而异步边界圆的圆心坐标及半径分别为 $\left[0, -j\dfrac{X_d+X_d'}{2}\right]$ 及 $\dfrac{X_d-X_d'}{2}$。

在失磁保护中,当采用静稳边界圆作为失磁保护的动作判据时,为避免其误动,通常采用转子低电压闭锁。此外,为防止在 TV 断线及系统振荡时保护误动,还应设置 TV 断线闭锁及能躲过振荡的延时。

2. 逆无功+过电流型失磁保护

发电机失磁或励磁降低到不允许程度的唯一标志,是发电机逆无功及过电流同时发生。目前,国内生产及应用的该型失磁保护框图如图 6-36 所示。

发电机失磁后,若吸收无功且定子过电流(一般过负荷),其有功功率一定较大,失磁保护动作,发出减载指令,将有功功率减到允许值以下。如果失磁发电机吸收无功、定子过电流且机端电压低于允许值时,失磁保护除发出减载指令之外,还发出跳灭磁开关及切换厂用电指令。如果发电机失磁使系统电压大幅度降低,保护便发出解列、灭磁指令。如果由于故障而造成发电机逆无功及过电流,此时由于故障时出现负序电压,失磁保护被闭锁。且在故障消失后的 6~8s 时间内,由于闭锁元件保持动作状态,故失磁保护能可靠不动作。

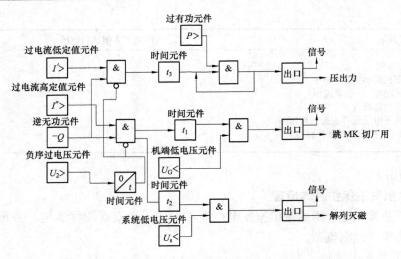

图 6 - 36　逆无功 + 过电流型失磁保护框图

二、调整试验

1. 阻抗圆型失磁保护

（1）阻抗圆特性的录制。对于不同的装置，录制阻抗圆的试验接线不同。在 WFBZ - 01 型装置中，除了用三相法录制动作阻抗圆之外，还可以设置专用试验态通过单相法进行录制。而其他型装置中的失磁保护阻抗圆，均应采用三相法进行录制。

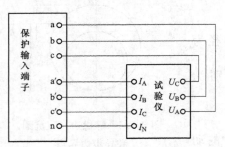

图 6 - 37　录制阻抗圆特性测试接线

录制阻抗圆特性的试验接线如图 6 - 37 所示，端子 a、b、c 及 a′、b′、c′ 分别为机端 TV 二次三相电压及机端（或发电机中性点）TA 二次三相电流的接入端子；I_A、I_B、I_C 及 U_A、U_B、U_C 则分别为试验仪三相电流及三相电压的输出端子。

1）三相法录制动作阻抗圆。

a）动作阻抗整定值的校验（以异步边界圆为例）。操作试验仪，使输出电流为三相对称正序电流，电流值通常为 2A，使输出电压为三相对称正序电压，其相电压值为 57V，并使电流超前电压 90°。

缓慢降低三相电压，至失磁保护动作，记录保护刚刚动作时的电压值 U_{dz1}。继续降低电压至保护动作返回，再缓慢升高电压值至保护重新动作，记录保护刚刚动作时的电压值 U_{dz2}。U_{dz2} 及 U_{dz1} 均为动作时的线电压。

按下式计算动作阻抗圆上的两个整定值

$$\left.\begin{array}{l} X_C = -\dfrac{U_{dz1}}{\sqrt{3}I} \\[4mm] X_B = -\dfrac{U_{dz2}}{\sqrt{3}I} \end{array}\right\}$$

式中　X_C、X_B——图 6 - 35 中异步边界圆上 C 点、B 点的阻抗值。

要求：计算值等于整定值，最大误差小于 5%。

b) 动作阻抗圆的录制。操作保护装置界面键盘、触摸屏或拨轮开关，调出失磁保护实时参数显示界面或机端阻抗计算值显示通道。操作试验仪，使三相电流值为 I（通常为2A），并使其超前三相电压的相角分别为 30°、60°、90°、120°、150°，重复 a）项中的操作试验及记录。观察并记录界面显示的 R 及 X 值。将试验结果列于表 6－20 中。

表 6－20　　　　　　　　　　　　动作阻抗圆特性　$(I = 12A)$

电流超前电压角度		30°	60°	90°	120°	150°
动作电压	U_{dz1}					
	U_{dz2}					
计算阻抗	X					
	R					
界面显示阻抗	X					
	R					

要求：计算阻抗与界面显示阻抗相等，并根据这些值作出阻抗圆的最大灵敏角为 90°，误差±5%。

2) 用单相法录制动作阻抗圆。在 WFBZ－01 型装置中，可以用单相法录制动作阻抗圆。试验接线如图 6－37 所示，但试验时只加电流 I_A 及电压 U_{AB}。

a) 试验条件。将失磁保护所在机箱的"调试/运行"切换开关拨至"调试"位置，将失磁保护的投运拨指开关置于"ON"位置，将拨轮开关拨到"84"位置。点击键"PE"，输入密码"4585"后，再按键","。当屏幕上显示屏出现"GOOD"之后，迅速将"调试/运行"切换开关拨至"运行"位置。此时，屏幕上显示出两排代码，上排显示"R"（电阻），下排显示"X"（电抗）。

b) 阻抗整定值的校验（仍以异步边界圆为例）。操作试验仪，使 I_A ＝1A 或 2A，U_{AB} ＝100V，使 $\dot{I}_A$ 超前 $\dot{U}_{AB}$ 60°（即 $\dot{I}_A$ 超前 $\dot{U}_A$ 90°）。设定试验仪，使能同时降低或升高两相电压（图 6－37 中的 U_A 及 U_B 电压）。缓慢降低电压 U_{AB} 至保护刚刚动作，记录动作电压 U_{dz1} 及屏幕显示的 R 值及 X 值。再继续降低电压 U_{AB} 至失磁保护返回。然后，缓慢增加电压 U_{AB} 至失磁保护重新动作，记录保护刚刚动作时的电压 U_{dz2} 及屏幕显示的 R 值及 X 值。

按下式计算动作阻抗

$$\left.\begin{array}{l} X_C = -\dfrac{U_{dz1}}{\sqrt{3}\,I} \\[2mm] X_B = -\dfrac{U_{dz2}}{\sqrt{3}\,I} \end{array}\right\}$$

计算出的 X_C、X_B 应分别等于整定值，也分别等于屏幕显示的 X 值，误差小于 5%。屏幕显示的 R 值近似等于零。

c) 动作阻抗圆的录制。调节试验仪，维持输出电流值等于 I ＝1A 或 2A 不变，而使电流 $\dot{I}_A$ 分别超前电压 $\dot{U}_A$ 0°、30°、60°、90°、120°时，分别重复 b）项试验，记录各动作电压及屏幕上显示的各 R、X 值。将上述数值列于表 6－21 中。

表 6 - 21 　　　　　　　　　　　　**动作阻抗圆特性 （I＝1A 或 2A）**

电流超前电压角度		0°	30°	60°	90°	120°
动作电压	U_{dz1}					
	U_{dz2}					
计算阻抗	X					
	R					
界面显示阻抗	X					
	R					

说明：表 6 - 21 中的计算阻抗和界面显示阻抗栏中，每点显示的电阻及电抗各有两个值（分别与 U_{dz1} 及 U_{dz2} 相对应）。

要求：各点计算出的 R 及 X，应分别等于各点屏幕显示的 R 值及 X 值。按上述数据绘制阻抗圆的最大灵敏角应为 $60°\pm5°$。

（2）静稳边界阻抗圆的录制。下面以单相法为例，介绍录制静稳阻抗圆的方法，试验条件同前面 2）项中的 a）。

1）阻抗整定值的校验。操作试验仪，使 I＝1A 或 2A，电压 U_{AB}＝100V，使电流超前电压 60°。缓慢降低电压至失磁保护刚刚动作，记录动作电压 U_{dz1} 及屏幕显示的 X 及 R 值。然后，使电流滞后电压 120°。重复上述试验。记录保护刚刚动作时的电压 U_{dz1} 及屏幕显示的 X 及 R 值。

按下式计算静稳阻抗圆上 C 点阻抗值

$$X_C = -\frac{U_{dz1}}{\sqrt{3}I}$$

然后，操作试验仪，使 $\dot{I}_A$ 滞后 $\dot{U}_{AB}$120°，重复上述试验及测量，并计算出静稳阻抗圆上 A 点的阻抗值 X_A。

要求：计算出的 X_C、X_A 值应分别等于整定值，也等于屏幕显示值。各误差应不大于 5%。

2）动作阻抗圆的录制。操作试验仪，使输出电流 $\dot{I}_A$ 超前电压 $\dot{U}_{AB}$ 的角度分别为 0°、30°、60°、90°、120°、180°、240°、270°、310°，重复上述试验。记录各点的动作电压 U_{dz} 及屏幕显示的 R 及 X。将上述值列于表 6 - 22 中。

表 6 - 22 　　　　　　　　　　　　　　**动作阻抗圆特性**

电流超前电压角度		0°	30°	60°	90°	120°	180°	240°	270°	310°
动作电压	U_{dz}									
计算阻抗	X									
	R									
界面显示阻抗	X									
	R									

　　要求：各点计算出的阻抗 R 及 X，应等于各点屏幕显示的电阻及电抗，误差小于 5%。并且，按试验及计算数据作出的阻抗圆，其最大灵敏角应为 60°±5°（电流超前电压）。

　　（3）转子电压元件的校验。

　　1）电压通道线性度校验。试验接线如图 6 - 38 所示。图 6 - 38 中，端子"＋"及"－"分别为保护柜端子排上转子电压的正、负极接入端子。

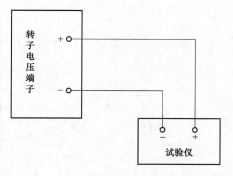

图 6 - 38　转子电压元件通道线性度测试接线

　　操作界面键盘或触摸屏或拨轮开关，调出失磁保护运行实时参数显示界面或转子电压计算值通道。操作试验仪，使其输出直流电压分别为 50、100、200、250、300V 时，观察并记录屏幕显示电压计算值。

　　要求：屏幕显示电压值等于外加电压值，最大误差小于 5%。

　　2）功率计算正确性的校验。试验接线如图 6 - 37 所示。对于 WFBZ - 01 型装置，操作拨轮开关，调出有功功率计算值显示通道。而对于 DGT801A 型装置，操作触摸屏，调出失磁保护运行实时参数显示界面。

　　操作试验仪，使三线线电压等于 100V，三相输出电流为 5A，电流与电压之间的夹角分别为 0°、30°、60°、90°时，观察并记录屏幕上显示的有功功率的计算值。按下式计算试验仪输出的有功功率

$$P = \sqrt{3}UI\cos\theta$$

式中　　P——有功功率；

　　　　U——试验仪输出线电压（100V）；

　　　　I——试验仪输出电流（5A）；

　　　$\cos\theta$——$\dot{U}$、$\dot{I}$ 之间夹角的余弦函数。

　　要求：屏幕上显示的以上各点功率应等于相应点的功率计算值，误差小于 5%。

　　3）动作特性（即 U_L - P）曲线的录制。对于不同型号的装置，录制动作特性曲线的试验接线及试验方法有差异。下面分别介绍录制 WFBZ - 01 型、DGT801A 型及 WFB - 100 型装置中 U_L - P 特性曲线的方法。

　　a）WFBZ - 01 型装置。试验接线如图 6 - 39 所示。在图 6 - 39 中，a、b、c 为失磁保护用机端 TV 二次三相电压接入端子；a′、b′、c′为发电厂高压母线 TV 二次三相电压接入端子；1、2 为失磁保护用 TA 二次 A 相电流接入端子；＋、－为转子电压接入端子；K 为单相试验开关；R 为滑线电阻（400Ω、1A）；PV 为直流电压表（0～300V）。

　　试验条件：将失磁保护系统低电压元件的动作电压暂整定为 85V。将保护所在机箱的"调试/运行"切换开关拨至"调试"位置，将保护的投运拨指开关的"8"置于"ON"位置，将拨轮开关拨到"85"位置，点击按键"PE"，输入密码"4585"后，再点击按键"，"，当显示屏出现"GOOD"之后，迅速将"调试/运行"切换开关拨至"运行"位置。此时，屏幕上显示出两排代码，上排出现"P"（有功功率），下排显示"U_fd"（转子电压）。

　　按照以下各条试验步骤进行试验操作：

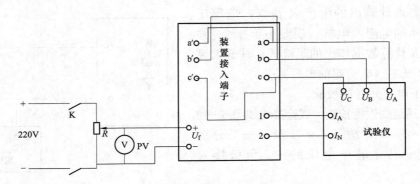

图 6-39　转子低电压元件测试接线

合上开关 K，调节滑线电阻 R，使加入保护的直流电压为最大，此时保护不动作。

操作试验仪，使输出电流 $I_A = 5\mathrm{A}$，电压 $U_{AB} = 80\mathrm{V}$，电流 $\dot{I}_A$ 滞后电压 $\dot{U}_{AB}$ 120°（屏显示的有功功率约为 0）。操作滑线电阻降低输出直流电压至保护动作，记录保护刚刚动作时的直流电压 U_{fd0}。

将直流电压升到最大。操作试验仪，改变电流与电压的夹角，使电流 $\dot{I}_A$ 滞后电压 $\dot{U}_A$ 30°。此时，屏幕上显示出的功率为 P_1。操作滑线电阻降低输出直流电压至保护动作。记录保护刚刚动作时的直流电压 U_{fd1}。

操作试验仪，改变电流与电压的夹角，使电流 $\dot{I}_A$ 滞后电压 $\dot{U}_A$ 60°。此时，屏幕上显示的功率为 P_2。操作滑线电阻降低输出直流电压至保护动作。记录保护刚刚动作时的直流电压 U_{fd2}。

操作试验仪，改变电流 $\dot{I}_A$ 与电压 $\dot{U}_A$ 的夹角，使屏幕上显示的有功功率等于整定的"反应功率"P_f。操作滑线电阻降低输出直流电压至保护动作。记录保护刚刚动作时的直流电压 U_{fd3}。

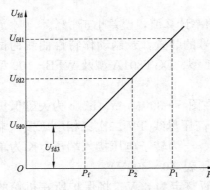

图 6-40　U_L-P 元件的动作特性

根据上述记录数据，作出 U_A-P_L 元件的动作特性，如图 6-40 所示。

要求 $U_{fd0} = U_{fd3}$，且等于转子电压元件的整定值。特性曲线的斜率为

$$K = \frac{U_{fd1} - U_{fd2}}{P_1 - P_2}$$

其值应等于整定值 K_f。

b）DGT801A 型装置。在 DGT801A 型装置中，阻抗型失磁保护的动作逻辑框图与 WFBZ-01 型装置不同，在系统电压元件不动作的情况下，其转子低电压元件只起缩短失磁保护动作时间的作用（减小 1.5s）。这是因为转子电压不受系统振荡的影响。

试验条件：暂将动作阻抗整定至较大（使在试验过程中阻抗元件动作）。

对于 DGT801 型及 DGT801A 型装置，校验失磁保护转子电压元件的试验接线如图 6-41 所示。a2、b2、c2 为失磁保护用发电厂高压母线 TV 二次三相电压接入端子；a1、b1、c1

为失磁保护用机端 TV 二次三相电压接入端子；a3、b3、c3 为失磁保护用 TA 二次三相电流接入端子；1、2 为失磁保护跳主开关的出口接点；其他符号的物理意义同图 6-39。

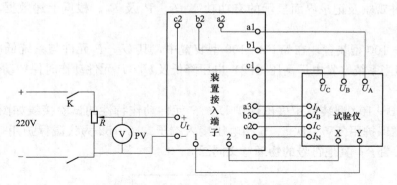

图 6-41　转子低电压元件测试接线

合上开关 K，调节滑线电阻 R，使加入保护的直流电压为最大，记录直流电压 U_{fd}。

操作界面键盘或触摸屏，调出失磁保护适时参数显示界面。

操作试验仪，使三相输出电压为三相对称正序电压，线电压值为 100V；使三相输出电流为三相对称电流，电流值为 5A；使三相电流与三相电压之间的夹角（电流滞后电压）维持 45°或 60°。记录界面上显示的有功功率 P，阻抗 $R+jX$（落在阻抗圆内），失磁保护动作。此时，应满足

$$U_{fd} = \frac{125}{866} \times \frac{P - P_f}{K_f}$$

式中　U_{fd}——外加直流电压；

　　　P——输入有功功率；

　　　P_f——反应功率的计算值；

　　　K_f——整定的转子电压系数。

突加电流、电压，测量失磁保护的动作时间，该时间应等于

$$t = t_1 + 1.5$$

式中　t——失磁保护动作时间，s；

　　　t_1——整定动作时间，s。

然后，调节滑线电阻，将电压降至 U_{fd1}，使其 U_{fd1} 小于 $\frac{125}{866} \times \frac{P - P_f}{K_f}$，而大于转子低电压元件的最小动作电压（最小动作电压为 U_{fd0} 一般为发电机空载的转子电压的 0.8 倍）。

突加电流、电压，测量失磁保护的动作时间，该时间应等于 $t = t_1 + 1.5s$。

调节滑线电阻，使其输出电压等于或小于最小动作电压 U_{fd0}。突加电流、电压，测量失磁保护的动作时间，该时间应等于 t_1。

如果试验结果满足上述条件，则说明 U_{fd0}-P 元件的整定特性与动作特性一致。还可以采用下面的试验方法。

试验条件：暂将系统低电压元件的整定值改为 85V。将动作阻抗圆按异步边界圆进行整定。如图 6-41 所示，操作试验仪，使输出三相对称电压值为 80V，三相电流为 5A。此时，系统低电压元件处于动作状态，而阻抗元件不动作。

操作试验仪，使三相电流滞后三相电压的角度分别为0°、30°、60°、90°时，滑动滑线电阻（使加入保护的直流电压慢慢降低），分别求出上述各状态下保护的动作电压 U_{fd1}、U_{fd2}、U_{fd3} 及 U_{fd0}，并观察及记录界面显示的有功功率 P_1、P_2 及 P_3。根据上述数据，绘出 U_L-P 的特性曲线。

c）WFB-100 型装置。在 WFB-100 型装置中，其 U_L-P 元件与系统低电压元件组成与门出口，即当系统（发电厂高压母线）电压降低及 U_L-P 元件动作时保护动作，作用于出口。

校验 WFB-100 型装置中失磁保护 U_L-P 元件动作特性的试验接线如图 6-42 所示。a1、b1 为失磁保护用 TV 二次 a、b 相电压接入端子；a2、b2 为失磁保护用 TA 二次 a、b 相电流的接入端子；其他符号的物理意义同图 6-39。

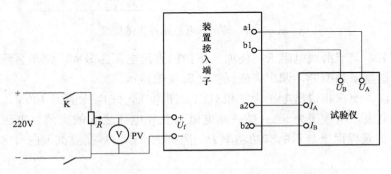

图 6-42　WFB-100 型装置 U_L-P 元件测试接线

试验操作步骤如下：

将图 6-42 中的滑线电阻置于阻值最大位置。操作界面键盘，暂将失磁保护的各段延时调到最小。

合上开关 K。调节滑线电阻 R，缓慢降低输出直流电压至保护动作。记录保护刚刚动作时的电压 U_{fd0}。

合上开关 K。维持输入装置的直流电压为 U_{fd0} 不变，操作试验仪，使输出电压 $U_{AB}=$ 100V，输出电流 $I_{AB}=1\sim2A$。缓慢移动 $\dot{U}_{AB}$ 和 $\dot{I}_{AB}$ 之间的相位（$\dot{I}_{AB}$ 滞后 $\dot{U}_{AB}$），逐渐减小有功功率至保护动作（发出信号）。记录保护刚刚动作时的有功功率 P_f。

调节滑线电阻 R，使输出电压为最大。操作试验仪，使输出电压 $U_{AB}=100V$，输出电流 $I_{AB}=2\sim3A$，$\dot{U}_{AB}$ 和 $\dot{I}_{AB}$ 同相位。

调节滑线电阻 R，缓慢降低输出直流电压至保护动作。计算并记录有功 $P_1=U_{AB}I_{AB}$ 及直流电压 U_{fd1}。

操作试验仪，使 $\dot{U}_{AB}$ 超前 $\dot{I}_{AB}$ 60°。调节滑线电阻缓慢降低输出直流电压至保护动作，计算并记录保护动作时有功功率 P_1（$P_1=U_{AB}I_{AB}\cos60°$）及直流电压 U_{fd2}。

要求：U_{fd0} 及 P_f 分别等于转子低电压元件最小动作电压的整定值及反应功率的整定值；而 $K=\dfrac{U_{fd1}-U_{fd2}}{P_1-P_2}$ 应等于整定系数（即 U_L-P 元件动作特性曲线的斜率）。最大误差小于 5%。

（4）动作时间及动作逻辑正确性检查。测量阻抗型失磁保护的动作时间及检查其逻辑回路正确性的试验接线如图 6-41 所示。

在试验之前，按定值通知单将失磁保护各动作量及动作时间进行整定。对于不同厂家生产的不同型号的装置，其失磁保护的逻辑框图相差较大，因此校验方法有差异。下面以 WFBZ-01 型及 DGT801 A 型装置为例，介绍试验方法。其他型号装置的试验方法大同小异。

1）转子低电压＋系统低电压回路及动作延时 t_3（转子电压及系统电压同时低时，失磁保护的出口延时）的校验。

试验条件：拆除图 6-41 中端子 a2、b2、c2 分别与端子 a1、b1、c1 之间的连线；断开试验仪与保护停止计时接点之间的连线。将试验仪输出电压线分别加在 a′、b′、c′上。

设保护的动作阻抗圆为异步边界圆。按以下步骤进行试验操作：

操作试验仪，使三相输出电压为额定电压（相电压为 57.7V，线电压为 100V）。断开图 6-41 中的开关 K（即使转子电压 $U_f = 0$），同时缓慢降低三相电压至失磁保护 t_3 信号灯亮，记录保护刚刚动作时的电压值 U_{sdz}。继续降低三相电压至保护动作返回，记录保护刚刚返回时外加电压。该电压应为系统电压的门槛值。

操作试验仪，升高三相电压至略小于动作电压 U_{sdz}。合上开关 K，调节滑线电阻 R，升高输出电压 U_f 至失磁保护返回；再降低 U_f 至保护重新动作，记录保护刚刚动作时的电压值 U_{fd0}。

要求：U_{sdz} 应等于系统低电压的整定值，U_{fd0} 等于转子最小动作电压的整定值。误差小于 5%。系统电压的门槛值应不大于 30V（线电压）。

将试验仪停止计时接点 X、Y 与失磁保护 t_3 出口的一对继电器接点的输出端子连接起来。操作试验仪，使输出三相电压高于 U_{sdz}，操作滑线电阻使 U_{fd} 小于 U_{fd0}。突加电流、电压测量保护动作时间，该时间应为无穷大。然后，将三相电压降低至 U_{sdz} 以下，突加电流、电压测量保护动作时间，记录动作时间 t_3。

要求：测得的动作时间等于整定值，误差小于 5%。

2）低阻抗＋转子低电压回路和 t_2（低阻抗元件及转子低电压同时动作时，失磁保护的出口延时）时间的测量。

试验条件：试验接线同图 6-41。断开端子 a1 与 a2、b1 与 b2、c1 与 c2 之间的连线，三相电压加在端子 a1、b1、c1 上。调节试验仪，使其输出三相电流与三相电压均为正序对称量，且电流超前电压 90°，电压与电流的比值小于发电机同步电抗 X_d（即在阻抗圆内）。合上开关 K。

按以下步骤进行试验操作：调节 R，使输出电压小于 U_{fd0}。操作试验仪，加电压、电流使失磁保护经 t_2 出口的信号灯亮。将试验仪停止计时接点 X、Y 与 t_2 出口信号继电器的一对接点连接起来。操作试验仪，突加电压、电流，记录动作时间。该时间应等于出口信号继电器的整定时间，其误差应小于 5%。然后，调节电阻 R，使其输出电压大大超过 U_{fd0}。操作试验仪，突加电压、电流，记录动作时间。该时间应等于 t_2 的整定时间与 1.5s 之和。

3）TV 断线闭锁功能的校验。

试验条件：试验接线同图 6-41。操作试验仪，使其输出电压、电流的大小及相位满足阻抗动作条件（即是测量阻抗在圆内）；开关 K 在闭合位置，拆除端子 a1（或 b1、c1）上的一根线。

操作试验器，突加电压、电流，失磁保护应不动作。重复操作 3 次，失磁保护应可靠不动作。将端子 a1（或 b1、c1）上拆下的线重新接上后，再加电压、电流，保护可靠动作。

调节电阻 R，使其电压低于 U_{fdo}。操作试验仪，使输出电压低于系统电压元件的整定值。拆除端子 a2（或 b2、c2）上的一根线。当有系统 TV 断线闭锁失磁保护的功能时，突加电压，失磁保护不应动作。重复操作 3 次，失磁保护应可靠不动作。

任务五　同步发电机失步保护测试

✓ 【学习目标】

通过学习和实践，学生能够利用继电保护测试仪及同步发电机失步保护的原理等相关知识对同步发电机失步保护进行测试。能做测试数据记录、测试数据分析处理。

👐 【任务描述】

以小组为单位，做好工作前的准备，制订同步发电机失步保护的测试方案，绘制试验接线图，完成同步发电机失步保护的特性测试，并填写试验报告，整理归档。

🔖 【任务准备】

1. 任务分工

工作负责人：＿＿＿＿＿＿＿　　　调试人：＿＿＿＿＿＿＿

仪器操作人：＿＿＿＿＿＿＿　　　记录人：＿＿＿＿＿＿＿

2. 试验用工器具及相关材料（见表 6-23）

表 6-23　　　　　　　　　　　　试验用工器具及相关材料

类别	序号	名　　称	型号	数量	确认（√）
仪器仪表	1	继电保护试验仪		1套	
	2	万用表		1块	
消耗材料	1	绝缘胶布		1卷	
	2	打印纸等		1包	
图纸资料	1	同步发电机保护说明书、调试大纲、记录本		1套	
	2				

〰 【任务实施】

测试任务见表 6-24。

表 6-24　　　　　　　　　　　　同步发电机失步保护测试

一、制订测试方案	二、按照测试方案进行试验
1. 熟悉同步发电机保护说明书及同步发电机保护保护二次图纸	1. 测试接线（接线完成后需指导教师检查）
2. 学习本任务相关知识，本小组成员制订出各自的测试方案（包括测试步骤、试验接线图及注意事项等，应尽量采用手动测试）	2. 在本小组工作负责人主持下按分工进行本项目测试并做好记录，交换分工角色，轮流本项目测试并记录（在测试过程中，小组成员应发扬吃苦耐劳、顾全大局和团队协作精神，遵守职业道德）

续表

一、制订测试方案	二、按照测试方案进行试验
3. 在本小组工作负责人主持下进行测试方案交流，评选出本任务执行的测试方案	3. 在本小组工作负责人主持下，分析测试结果的正确性，对本任务测试工作进行交流总结，各自完成试验报告的填写
4. 将评选出本任务执行的测试方案报请指导老师审批	4. 指导老师及学生代表点评及小答辩，评出完成本测试任务的本小组成员的成绩

本学习任务思考题
1. 如何测试双遮挡器型失步保护？
2. 如何测试透镜特性失步保护？

【相关知识】

一、发电机失磁保护基本原理

目前，国内生产及应用的微机型失步保护，均按测量发电机机端阻抗轨迹的原理构成。若按在阻抗复平面上的动作特性予以分类，主要有两类：双遮挡器动作特性和由三阻抗元件构成的透镜特性。

1. 双遮挡器动作特性

双遮挡器型失步保护在阻抗平面的动作特性如图 6 - 43 所示。在 WFBZ - 01 型、DGT 801 型及 DGT801A 型及 CSG300A 型装置中，均采用这种原理的失步保护。

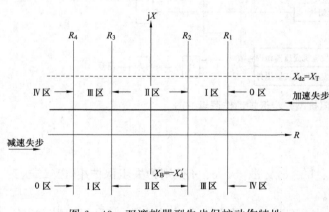

图 6 - 43　双遮挡器型失步保护动作特性

在图 6 - 43 中，直线 R_1、R_2、R_3、R_4 将阻抗复平面分为 0～4 共 5 个区。为防止振荡中心落在输电线路上时保护误动，限制失步保护的动作区在直线 $X_{dz} = X_T$（X_T 为变压器电抗）之下。发电机加速失步时，机端测量阻抗轨迹由 $+R$ 向 $-R$ 方向依次穿过 5 个区；减速失步时，则机端测量阻抗轨迹由 $-R$ 向 $+R$ 方向依次穿过 5 个区。每穿过一次 5 个区，记录滑极一次。由在各区间内停留时间的长短来区分短路故障与失步。

双遮挡器型失步保护动作逻辑框如图 6 - 44 所示。I_b 为发电机 TA 二次 b 相电流。

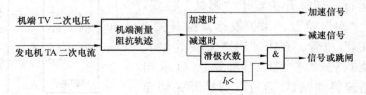

图 6 - 44　双遮挡器型失步保护动作逻辑框图

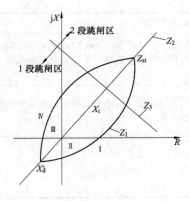

图 6-45　三阻抗型失步
保护动作特性

2. 三阻抗型动作特性

三阻抗型失步保护的动作特性如图 6-45 所示。

图 6-45 中，Z_1 为透镜阻抗圆；Z_2 为阻挡器直线阻抗元件，当机端阻抗落在直线上时，代表功角为 180°；Z_3 为电抗线阻抗元件。

由图 6-46 可以看出：三个阻抗元件将阻抗复平面分为 4 个区。发电机失步后，机端测量阻抗轨迹将依次较缓慢地穿过 Ⅰ、Ⅱ、Ⅲ、Ⅳ 区，并返回 Ⅰ 区。当完成上述穿越之后，被判为一个滑极。

三阻抗型失步保护的动作逻辑框图如图 6-46 所示。

图 6-46 中，I_a、I_b 为失步保护用 TA a、b 相电流；U_a、U_b 为失步保护用 TV a、b 相电压；N_{set} 为滑极次数整定值。

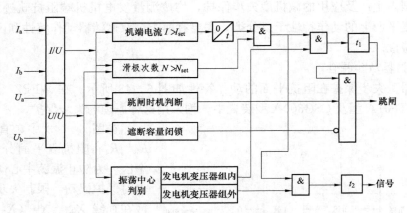

图 6-46　三阻抗型失步保护动作逻辑框图

二、调整试验

1. 双遮挡器保护的调试

试验接线如图 6-47 所示，端子 a′、b′、c′ 及 a、b、c、n 分别为失步保护用 TV 二次三相电压及 TA 二次三相电流的接入端子。

（1）WFBZ-01 型装置。对 WFBZ-01 型装置中的失步保护的校验，可以采用三相法，也可以采用单相法。采用较多的是单相法，下面重点介绍单相试验法。

将"调试/运行"切换开关置于"调试"位置，将拨轮开关置于"84"位置，保护投运拨指开关 8（或 7）置于"ON"位置。点击"PE"键后，输入密码"4585"及点击","键，当屏幕上显示出"GOOD"后，迅速将"调试/运行"切换开关切至"运行"位置。此时显示器上排显示"R"，下排显示"X"。

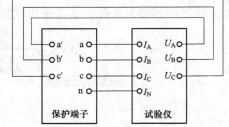

图 6-47　失磁保护测试接线图

操作试验仪，使输出 a 相电流 I_a 及 a、b 相电压 U_{ab}，电压值应小于某一值，输出电流为 5A，保证在试验操作过程中使装置的测量电抗始终落在图 6-43 中的电抗线 X_{dz} 之下。

1）模拟加速失步。操作试验仪，使三相电压与三相电流之间的相角为 0°。此时测量阻抗位于 +R 方向的 0 区。以某一速度改变电流与电压之间的相角（设定试验仪，使电流与电压之间相角变化步长可设定为 6°～8°），使测量电阻由 +R 向 -R 方向变化，依次穿过 0、Ⅰ、Ⅱ、Ⅲ、Ⅳ区。在此过程中，失步保护发出"加速"信号。重复上述过程，当滑极次数等于整定值时，保护应发出跳闸指令。

2）模拟减速失步。操作试验仪，使三相电压与三相电流之间的相角为 180°，此时测量阻抗位于 -R 方向的 0 区。以某一速度改变电流与电压之间的相角（角度变化步长可设定为 6°～8°），使测量电阻由 -R 向 +R 方向变化，依次穿过 0、Ⅰ、Ⅱ、Ⅲ、Ⅳ区。在此过程中，失步保护应发"减速"信号。重复上述过程，当滑极次数等于整定值时，保护应发出跳闸指令。

3）模拟系统短路故障。操作试验仪，使三相电压与三相电流之间的相角等于 0°，并较快地改变电压与电流之间的相角（角度变化步长设定 30°～40°），重复 1）项试验。失步保护不应发动作信号及出口跳闸。

操作试验仪，使电压与电流之间的相角等于 180°，较快地改变电压与电流之间的相角（角度变化步长设定 30°～40°），重复 2）项试验。失步保护不应发动作信号及出口跳闸。

4）模拟振荡中心位于线路上。操作试验仪，增大加入保护装置的电压，使在试验操作过程中测量阻抗的变化轨迹有时出现电抗大于 X_{dz} 的现象。重复 1）项或 2）项的操作，失步保护不应动作。

5）大电流闭锁出口跳闸回路正确性校验。操作试验仪，使其输出电流 I_b 大于断路器遮断电流的整定值。重复上述 1）、2）项试验。保护不应出口跳闸。

（2）DGT801A 型装置的调试。操作界面键盘或触摸屏，调出失步保护运行实时参数显示界面。操作试验仪，使输出电压为三相对称电压，且电压值较低；而使输出电流为三相对称电流。并在测量阻抗轨迹变化过程中，使测量电抗始终小于 X_{dz}。

重复（1）中的 1）、2）、3）、4）、5）项的试验。试验结果应分别完全同前。

2. 三阻抗元件保护

试验按图 6-47 接线，不同的是在试验过程中试验仪只输出 I_A、I_B 电流及 U_A、U_B 电压。

（1）滑极次数定值的校验。试验条件：将保护的动作延时 t_1、t_2 调到最小。操作试验仪，通入三相对称电压及三相电流。其电流值应大于启动电流定值，而电压值应较低，使在试验操作过程中测量阻抗的变化轨迹始终落在电抗线 Z_3 之下。使电压与电流同相位。此时，测量阻抗位于图 6-45 中的Ⅰ区。

以某一速度移动电压与电流之间的相位，使电流向超前电压相位的方向上移动（角度变化步长设定为 6°～8°），则测量阻抗的轨迹由图 6-45 的Ⅰ区依次通过Ⅱ区、Ⅲ区、Ⅳ区，再回到Ⅰ区，完成一次滑极。重复上述过程，至保护动作。保护动作时的滑极次数应等于整定值。

（2）模拟系统短路工况。操作试验仪，使电流与电压同相位，初始测量阻抗落在Ⅰ区，且使阻抗轨迹在变化过程中始终落在电抗线 Z_3 之下。较快速地移动电压与电流之间的相位

（角度变化步长整定为 $40°\sim 60°$ 左右），重复上述试验。无论滑极多少次，保护应可靠不动作。

（3）启动电流整定值的测量。操作试验仪，使输出电流略小于启动电流定值，其他条件同（1）项。以某一速度移动电压和电流之间的相角（角度变化步长可设定为 $6°\sim 8°$），重复上述试验，经过与滑极次数整定值相同的次数之后，保护应可靠不动作。

（4）跳开关闭锁电流定值的校核。操作试验仪，使输出电流略大于闭锁电流的整定值，其他条件同上。以某一速度移动电压和电流之间的相角，重复上述试验。经过与滑极次数整定值相同的次数之后，保护应可靠不动作。

校验完毕后，将 t_1 及 t_2 延时按整定通知单进行整定。

学习项目七

变压器保护装置测试

【学习项目描述】

　　通过学习和实践，学生能够掌握测试变压器保护装置对继电保护测试仪的要求及使用方法；能够掌握变压器比率差动保护特性、复合电压闭锁过电流保护及变压器保护装置整组测试的方法；能制订测试方案对变压器保护装置测试，能做测试数据记录、测试数据分析处理；对变压器保护装置二次回路出现的故障能正确分析处理。

【学习目标】

　　能够依据微机型变压器保护装置测试相关规程、规范，进行微机型变压器保护装置调试安全措施票的填写；并根据变压器保护说明书、逻辑图及二次回路图，熟练运用变压器比率差动保护原理、复合电压闭锁过电流保护原理，使用微机保护测试仪，完成变压器比率差动保护测试、复合电压闭锁过流保护测试、微机型变压器保护装置整组测试；能够进行变压器保护装置测试报告及其正确性分析，进行变压器保护装置故障排查。

【学习环境】

　　要求课程实施在继电保护理实一体化多媒体教室（微机型变压器保护屏），具备常用电工仪表、继电保护微机测试仪、变压器保护装置及说明书施工设计图、变压器保护装置测试作业指导书、变压器保护装置测试记录案例及继电保护测试相关规程、规范。

任务一　变压器比率制动差动保护特性测试

【学习目标】

　　能够应用变压器差动保护原理，根据厂家说明书和二次接线图纸，使用继电保护测试仪器仪表，正确编写测试方案，完成微机型变压器比率制动差动保护特性的测试。

【任务描述】

　　以国内主流厂家的微机型变压器保护屏为载体，应用变压器差动保护的原理与二次接线图纸，使用继电保护测试仪，依据标准化作业流程完成变压器差动通道平衡及平衡系数正确性检查、初始差动动作电流的校验、变压器比率特性的录制，并填写测试报告。

⏚ 【任务准备】

1. 任务分工:

工作负责人:＿＿＿＿＿＿　　　调试人:＿＿＿＿＿＿

仪器操作人:＿＿＿＿＿　　　记录人:＿＿＿＿＿＿

2. 试验用安全工器具及相关材料(见表 7 - 1)

表 7 - 1　　　　　　　　　试验用安全工器具及相关材料

类别	序号	名　　称	型号	数量	确认(√)
仪器仪表	1	微机试验仪		1套	
	2	数字式万用表		1块	
	3	钳形电流表		1块	
工器具		组合工具		1套	
消耗材料	1	绝缘胶布		1卷	
	2	打印纸等		1包	
图纸资料	1	保护装置说明书、图纸、调试大纲、记录本		1套	
	2	最新定值通知单、记录单等		1套	

3. 危险点分析及预控(见表 7 - 2)

表 7 - 2　　　　　　　　　危险点分析及预控措施

序号	危险点分析	预控措施	确认签名
1	误跳闸	1)工作许可后,由工作负责人进行回路核实,确认二次工作安全措施票所列内容正确无误。 2)对可能误跳运行设备的二次回路进行隔离,并对所拆二次线用绝缘胶布包扎好。 3)检查确认出口压板在退出位置	
2	误拆接线	1)认真执行二次工作安全措施票,对所拆除接线做好记录。 2)依据拆线记录恢复接线,防止遗漏。 3)由工作负责人或由其指定专人对所恢复的接线进行检查核对。 4)必要时二次回路可用相关试验进行验证	
3	误整定	严格按照正式定值通知单核对保护定值,并经装置打印核对正确	

4. 二次安全措施票(见表 7 - 3)

表 7 - 3　　　　　　　　　二次安全措施票

被试设备名称					
工作负责人		工作时间	月　日	签发人	

工作内容:1号主变压器保护检查

工作条件:停电

安全措施:包括应打开及恢复压板、直流线、交流线、信号线、联锁线和联锁开关等,按工作顺序填用安全措施。已执行,在执行栏打"√"。已恢复,在恢复栏打"√"

续表

序号	执行	安全措施内容	恢复
1		确认所工作的主变压器保护装置已退出运行，检查全部出口压板确已断开，检修压板确已投入，记录空气断路器、压板位置	
2		从母联保护屏（控制）端子排断开跳母联（分段）开关的连线	
3		从母差保护屏端子排上断开主变压器保护动作启动中压侧失灵（母差）保护及解除复压闭锁的连线	
4		从主变压器保护柜断开高压侧 TV 二次接线	
4.1		9D1（A630）	
4.2		9D15（B630）	
4.3		9D21（C630）	
4.4		9D25（N600）	
5		从主变压器保护柜断开中压侧 TV 二次接线	
6		从主变压器保护柜断开低压侧 TV 二次接线	
7		断开信号、录波启动二次线	
8		外加交直流回路应与运行回路可靠断开	

执行人：　　　　　监护人：　　　　　恢复人：　　　　　监护人：

❤【任务实施】

测试任务见表 7－4。

表 7－4　　　　　　　　变压器比率制动差动保护特性测试

一、制订测试方案	二、按照测试方案进行试验
1. 熟悉图纸及保护装置说明书	1. 测试接线（接线完成后需指导教师检查）
2. 学习本任务相关知识，参考本教材附录中相关规程规范、继电保护标准化作业指导书，本小组成员制订出各自的测试方案（包括测试步骤、试验接线图及注意事项等，应尽量采用手动测试）	2. 在本小组工作负责人主持下按分工进行本项目测试并做好记录，交换分工角色，轮流本项目测试并记录（在测试过程中，小组成员应发扬吃苦耐劳、顾全大局和团队协作精神，遵守职业道德）
3. 在本小组工作负责人主持下进行测试方案交流，评选出本任务执行的测试方案	3. 在本小组工作负责人主持下，分析测试结果的正确性，对本任务测试工作进行交流总结，各自完成试验报告的填写
4. 将评选出本任务执行的测试方案报请指导老师审批	4. 指导老师及学生代表点评及小答辩，评出完成本测试任务的本小组成员的成绩

本学习任务思考题
1. 简述微机型变压器保护装置的厂家、型号、功能。
2. 简述变压器保护配置及保护范围。
3. 简述变压器差动保护的基本原理。
4. 变压器比率制动的差动保护有何优点？
5. 变压器差动保护中不平衡电路产生的原因有哪些？
6. 什么叫变压器励磁涌流？励磁涌流有何特点？

📖【相关知识】

一、变压器差动保护原理

（一）差动保护基本工作原理

变压器纵差动保护原理接线如图 7－1 所示。以双绕组变压器为例进行分析，为了分析方便，忽略变压器接线形式。设变压器变比为 n_T，变压器一次绕组所接的电流互感器的变比为 n_{TA1}，二次绕组所接的电流互感器变比为 n_{TA2}。

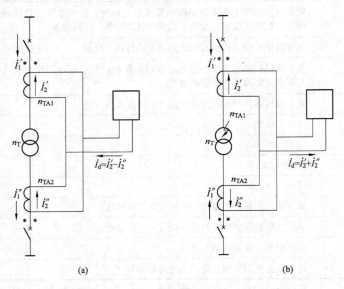

图 7-1　变压器纵差动保护原理接线
(a) 正常运行或外部故障时；(b) 区内故障时

当正常运行或外部故障时，电流方向如图 7-1 (a) 所示，流入差动继电器中电流为 $\dot{I}_d = \dot{I}'_2 - \dot{I}''_2$，而此时继电器应不动作，即 $\dot{I}_d = 0$，则

$$\dot{I}_d = \dot{I}'_2 - \dot{I}''_2 = \frac{\dot{I}'_1}{n_{TA1}} - \frac{\dot{I}''_1}{n_{TA2}} = 0$$

$$\frac{\dot{I}'_1}{n_{TA1}} = \frac{\dot{I}''_1}{n_{TA2}}$$

$$\frac{n_{TA2}}{n_{TA1}} = \frac{\dot{I}''_1}{\dot{I}'_1} = n_T$$

所以，当满足 $n_T = \dfrac{n_{TA2}}{n_{TA1}}$ 时，在正常运行或外部故障时，流入差动继电器的电流为零。

当区内发生故障时，电流方向如图 7-1 (b) 所示，流入差动继电器的电流为 $\dot{I}_d = \dot{I}'_2 + \dot{I}''_2$，保护装置可以动作。

在上面的分析中，忽略了变压器接线形式，目前，大中型变电站的变压器一般采用 Yd11 接线，二次侧超前一次侧 30°，即使满足 $n_T = \dfrac{n_{TA2}}{n_{TA1}}$ 条件，流入差动继电器的电流值也不为 0，如图 7-2 所示。

根据图 7-2 所示，要使高压侧即丫侧线电流与低压侧即△侧线电流同相，有两个方法，
方法一：将丫侧线电流向△侧线电流逆时针转 30°，例如 SGT756 微机型变压器保护装置。
方法二：将△侧线电流向丫侧线电流顺时针转 30°，例如 RCS978 微机型变压器保护装置。
下面以方法一为例进行详细讲述。

1. 相位补偿

当采用微机型保护装置以后，相位补偿均由软件实现，因此变压器高压侧与低压侧的电流互感器统一接成三角形，变压器差动保护交流接入回路如图7-3所示。

图7-3中，$\dot{I}_A^Y$、$\dot{I}_B^Y$、$\dot{I}_C^Y$为丫侧一次电流，$\dot{I}_A^\triangle$、$\dot{I}_B^\triangle$、$\dot{I}_C^\triangle$为△侧一次电流。根据图7-3一次电流方向可知变压器发生内部故障，当采用高压侧移相进行相位补偿时，相量图如图7-4所示。图7-4（a）中$\dot{i}_a^Y - \dot{i}_b^Y$、$\dot{i}_b^Y - \dot{i}_c^Y$、$\dot{i}_c^Y - \dot{i}_a^Y$为高压侧差流计算值，$\dot{i}_a^\triangle$、$\dot{i}_b^\triangle$、$\dot{i}_c^\triangle$为低压侧差流计算值。

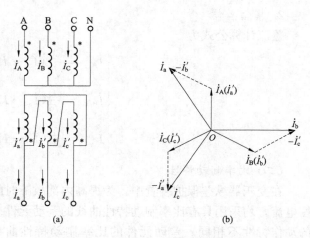

图7-2 变压器 Yd11 接线及相量图
（a）绕组接线图；（b）相量图

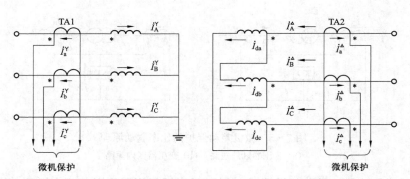

图7-3 变压器差动保护交流接入回路示意图

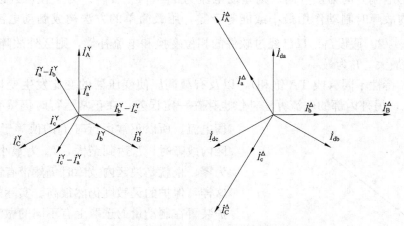

图7-4 高压侧移相差流相量图

2. 幅值补偿

差流计算公式为

$$\begin{cases} \dot{I}_{\text{A.r}} = \dfrac{1}{\sqrt{3}}(\dot{I}_a^Y - \dot{I}_b^Y) + \dot{I}_a^\triangle \\[2ex] \dot{I}_{\text{B.r}} = \dfrac{1}{\sqrt{3}}(\dot{I}_b^Y - \dot{I}_c^Y) + \dot{I}_b^\triangle \\[2ex] \dot{I}_{\text{C.r}} = \dfrac{1}{\sqrt{3}}(\dot{I}_c^Y - \dot{I}_a^Y) + \dot{I}_c^\triangle \end{cases}$$

(二) 比率制动特性

在变压器纵差保护装置中，为提高内部故障时的动作灵敏度及可靠躲过外部故障的不平衡电流，均采用具有比率制动特性曲线的差动元件。不同型号的纵差保护装置，其差动元件的动作特性不相同。差动元件的比率制动特性曲线有一段折线式、两段折线式及三段折线式。

经过相位校正和幅值校正处理后差动保护的动作原理可以按相比较，可以用无转角、变比等于1的变压器来解释。以图7-5说明微机差动保护的比率制动原理。

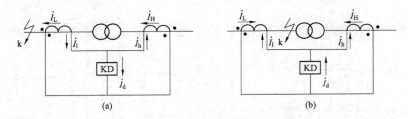

图 7 - 5　微机差动保护的比率制动原理
(a) 变压器区外短路；(b) 变压器区内短路

比率制动的差动保护是分相设置的，所以双绕组变压器可以单相来说明其原理。如果以流入变压器的电流方向为正方向，则差动电流为 $I_d = |\dot{I}_1 + \dot{I}_h|$。为了使区外故障时制动作用最大，区内故障时制动作用最小或能等于零，用最简单的方法构成制动电流，就可采用 $I_{\text{res}} = |\dot{I}_1 - \dot{I}_h|/2$。假设 $\dot{I}_1$、$\dot{I}_h$ 已经过软件的相位变换和电流补偿，则区外故障时 $\dot{I}_h = -\dot{I}_1$，这时 I_{res} 达到最大，I_d 为最小。

由于 TA 特性不同（或 TA 饱和），以及有载调压使变压器的变比发生变化等会产生不平衡电流 I_{unb}，另外内部的电流算法补偿也存在一定误差，在正常运行时仍然有小量的不平衡电流。所以正常运行时 I_d 的值等于这两者之和。区内故障时，I_d 达到最大，I_{res} 为最小，I_{res} 一般不为零，也就是说区内故障时仍然带有制动量，即使这样，保护的灵敏度仍然很高。实际的微机差动保护装置在制动量的选取上有不同的做法，关键是应在灵敏度和可靠性之间做一个最合适的选择。

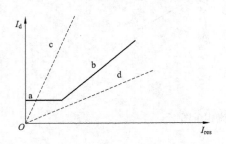

图 7 - 6　微机差动保护的比率制动特性曲线

以 I_d 为纵轴，I_{res} 为横轴，微机差动保护的比率制动特性曲线如图 7 - 6 所示，纵轴表示差动电

流 I_{res}，横轴表示制动电流 I_d，a、b 线段表示差动保护的动作整定值，这就是说 a、b 线段的上方为动作区，a、b 线段的下方为非动作区。另外 a、b 线段的交点通常称为拐点。c 线段表示区内短路时的差动电流 I_d。d 线段表示区外短路时的差动电流 I_d。微机差动保护的比率制动原理为：由于正常运行时 I_d 仍然有小量的不平衡电流 $I_{unb.n}$，所以差动保护的动作电流必须大于这个不平衡电流，即

$$I_{act.min} > I_{unb.n}$$

这个值用特性曲线的 a 段表示；当外部发生短路故障时，I_d 和 I_{res} 随着短路电流的增大而增大，如特性曲线的 d 线段所示，为了防止差动保护误动作，差动保护的动作电流 I_{op} 必须随着短路电流的增大而增大，并且必须大于外部短路时的 I_d，特性曲线的 b 线段表示的就是这个作用的动作电流变化值。当内部发生短路故障时，差动电流 I_d 的变化如 c 线段所示。一般来说，微机差动保护的比率制动特性曲线都是可整定的，$I_{act.min}$ 按正常运行时的最大不平衡电流确定，b 线段的斜率和与横轴的交点根据所需的灵敏度进行设定。

（三）变压器差动速断保护

当变压器内部严重故障 TA 饱和时，TA 二次电流的波形将发生严重畸变，其中含有大量的谐波分量，从而使涌流判别元件误判断成励磁涌流，致使差动保护拒动或延缓动作，严重损坏变压器，同时 TA 波形可能发生畸变而导致差动保护据动。

为克服纵差保护的上述缺点，设置差动速断元件。差动速断元件，实际上是纵差保护的高定值差动元件。差动速断元件反映的也是差流。与差动元件不同的是：它反映差流的有效值。不管差流的波形如何及含有谐波分量的大小，只要差流的有效值超过了整定值，它将迅速动作而切除变压器。因此差动速断不需要进行励磁涌流识别，同时由于它反应的是严重故障，所以也需要躲不平衡电流和 TA 断线闭锁，这点在调试时需注意和验证。

（四）涌流判别元件

变压器在空投或区外故障切除电压恢复过程中，内部会产生励磁涌流，而变压器在空投前后各通道状态量变化非常明显，采用了状态识别方式来提高判别的可靠性。为使在空投变压器时差动保护不误动，在所有的微机型变压器纵差保护中，均设置有涌流判别元件。

目前，在微机型保护装置中，采用较多的涌流判别元件有二次谐波制动元件、波形对称判别元件及间断角-波宽鉴别元件。

1. 二次谐波制动

变压器励磁涌流时波形的前半周与后半周不对称，因而含有丰富的二次谐波，二次谐波制动是利用这一波形特征来鉴别励磁涌流的。在变压器差动保护中，为衡量二次谐波制动的能力，采用一个专用的物理量，叫二次谐波制动比。在流过差动回路的差流中，含有基波电流及二次谐波电流，基波电流大于动作电流，而差动保护处于临界制动状态，此时差流中的二次谐波电流与基波电流的百分比即为二次谐波制动比，表示为

$$K_{2Z} = \frac{I_2}{I_1} \times 100\%$$

式中　K_{2Z}——二次谐波制动比；

　　　I_2——二次谐波电流；

　　　I_1——基波电流。

　　差动保护被制动的条件是：二次谐波电流与基波电流之比大于整定的二次谐波制动比。

　　由定义可知：整定的二次谐波制动比越大，单位二次谐波电流所起到的制动作用越差，保护躲涌流的能力越差，反之亦反。

　　2. 波形分析制动

　　波形分析制动是利用变压器励磁涌流时波形和故障波形的对称程度不一样来识别变压器是正常空投还是发生区内故障，利用这一特征，可以对变压器正常空投时产生的励磁涌流进行分相闭锁差动保护。

　　差流对称程度是一个概率统计，统计半个周波内的瞬时采样差流值满足对称条件的点数，如该统计值超过设定值，则认为该相差流对程度满足故障电流特征。

　　3. 波宽及间断角

　　理论分析及试验表明，变压器涌流波形往往偏于时间轴的一侧，且具有波形间断的特点。因此，可以由波形间断部分（间断角）的大小来区分励磁涌流及故障电流。

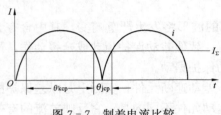

图 7-7　制差电流比较

图 7-7 中，i 表示一个周期差流的采样波形，且将负半周反向变成正半周；θ_{jcp} 为在半个周期内差电流小于制动电流的角度，也叫间断角；θ_{kcp} 为在半个周期内差电流大于制动电流的角度，也叫波宽；I_{Σ} 表示总的制动电流，它由固定制动门槛及制动电流产生的浮动门槛构成。

　　所谓间断角是指在半个工频周期内差电流的瞬时值连续小于制动门槛的角度。而波宽的概念与间断角相反，是指在半个工频周期内，差电流的瞬时值连续大于制动门槛的角度。设间断角为 θ_{jcp}，波宽角为 θ_{kcp}，则差动保护被开放（即允许动作于出口）的条件是

$$\begin{cases} \theta_{jcp} \leqslant \theta_{jcpH} \\ \theta_{kcp} \geqslant \theta_{kcpH} \end{cases}$$

式中　θ_{jcpH}——间断角整定值；

　　　　θ_{kcpH}——波宽整定值。

　　只有当实测的间断角大于间断角的整定值，而测量的波宽小于整定值时，保护才被闭锁。

　　4. 波形对称问题

　　为将变压器空投时的励磁涌流与变压器内部故障区分开来，在 PST-1200 系列微机变压器保护装置中，采用波形对称原理。其实质为：将差动回路的差流进行微分（及除去直流分量）后，来比较一个工频周期内差流的两个半波的对称性。

　　设微分后差流前半波上某一点的采样值为 I'_i，后半波上与前半波上某点相对称点的采样值为 I'_{i+180}，若

$$\left| \frac{I'_i + I'_{i+180}}{I'_i - I'_{i+180}} \right| \leqslant K$$

则认为差流的波形是对称的，产生差流的原因是故障而不是励磁涌流。其中 K 为不对称系数，一般 $K=2$。

　　（五）保护逻辑

　　目前，在国内生产及应用的微机变压器保护装置，其差动保护逻辑框图见图 7-8，图 7-8

（b）与图 7 - 8（c）的不同之处是图 7 - 8（c）有启动元件。

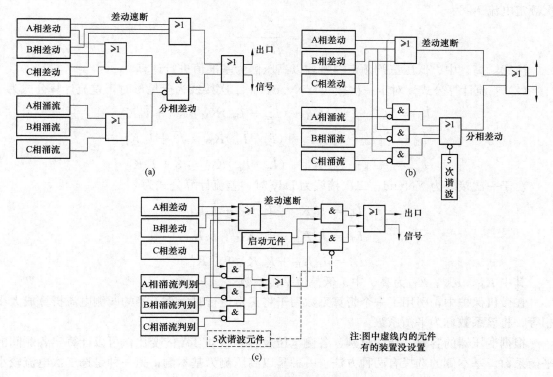

图 7 - 8　变压器差动保护逻辑框图
（a）涌流"或门"制动；（b）、（c）涌流分相制动（或判别）

二、变压器差动保护测试方法及案例

（一）差动通道平衡及平衡系数正确性检查

变压器在运行时，由于接线组别和变比不同，各侧电流大小及相位也不同，需通过数字方法对 TA 进行补偿，以消除电流大小和相位差异。下面以 SGT756 型装置为例进行讲述，该装置是以高压侧（丫侧）为基准的，所有的差动或者是分差保护计算量均是以高压侧为基准的。

对于如图 7 - 9 所示的 YNynd11 变压器模型，差动相关计算如下：

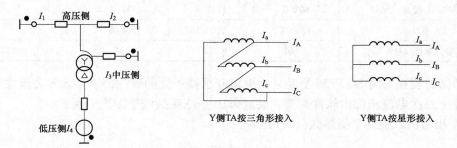

图 7 - 9　变压器模型及 TA 接线方式

（1）各侧额定电流指额定传输容量下变压器各侧 TA 二次电流。设某三绕组变压器，其一次接线为 YYd11，容量为 S，某侧运行额定电压为 U_N，TA 变比为 N_a，则相应的 TA 二次额定电流 I_{N2} 为

$$I_{N2} = \frac{S}{\sqrt{3}U_N N_a}$$

注意：高、中、低压三侧额定容量均以高压侧为基准值进行计算。

（2）差流计算公式。对于一次接线 YNynd11，二次接线为全星形时，差流计算公式为

$$\dot{I}_{da} = [(\dot{I}_{ah} - \dot{I}_{bh})K_H + (\dot{I}_{am} - \dot{I}_{bm})K_M]/\sqrt{3} + \dot{I}_{al}K_L$$

$$\dot{I}_{db} = [(\dot{I}_{bh} - \dot{I}_{ch})K_H + (\dot{I}_{bm} - \dot{I}_{cm})K_M]/\sqrt{3} + \dot{I}_{bl}K_L$$

$$\dot{I}_{dc} = [(\dot{I}_{ch} - \dot{I}_{ah})K_H + (\dot{I}_{cm} - \dot{I}_{am})K_M]/\sqrt{3} + \dot{I}_{cl}K_L$$

对于一次接线为 YNynd，二次接线为 Ddy 时，差流计算公式为

$$\dot{I}_{da} = \dot{I}_{ah}K_H + \dot{I}_{am}K_M + \dot{I}_{al}K_L$$

$$\dot{I}_{db} = \dot{I}_{bh}K_H + \dot{I}_{bm}K_M + \dot{I}_{bl}K_L$$

$$\dot{I}_{dc} = \dot{I}_{ch}K_H + \dot{I}_{cm}K_M + \dot{I}_{cl}K_L$$

其中 K_H、K_M、K_L 为高、中、低差流平衡系数。

在微机保护中，引用了一个折算系数用于将正常运行时大小不等的两侧电流折算成大小相等，将该系数称为平衡系数。

根据变压器的容量、接线组别、各侧电压及各侧差动 TA 的变比，可以计算出各侧间的平衡系数。基本侧的选择有两种方法：一种是以高压侧为基本侧；另一种是选二次电流较小侧为基本侧。SGT756 型装置以高压侧为基本侧，其高中低差流平衡系数为

$$K_H = \frac{I_{N2H}}{I_{N2H}} = 1; \quad K_M = \frac{I_{N2H}}{I_{N2M}}; \quad K_L = \frac{I_{N2H}}{I_{N2L}}$$

（3）通道平衡情况测试。一台容量为 360 000kVA 的 330kV 自耦式变压器，接线方式为 YNynd11，其各参数的计算见表 7-5。

表 7-5　　　　　　　　　　　　　变 压 器 参 数 表

项目	高压侧	中压测	低压侧	备注
容量 S（kVA）	360 000	360 000	360 000	各侧容量视为一样
额定电压 U_N（kV）	345	121	35	以铭牌为准
一次额定电流 I_N（kA）	602.5	1717.8	5938.6	
TA 变比 N	1200/1	3000/1	1500/1	
二次额定电流 I_{N2}（A）	0.502	0.573	3.96	$I_{N2} = I_N/N$

差动保护装置采用 SGT756 型装置，电流互感器各侧的极性都以母线侧为极性端。变压器各侧 TA 二次电流相位由软件调整，装置采用 Y-△变换调整差流平衡。

以 A 相为例，根据平衡系数公式可知

$$K_H = \frac{I_{N2H}}{I_{N2H}} = 1$$

$$K_M = \frac{I_{N2H}}{I_{N2M}} = 0.502/0.573 = 0.88$$

$$K_{\mathrm{L}} = \frac{I_{\mathrm{N2H}}}{I_{\mathrm{N2L}}} = 0.502/3.96 = 0.126$$

按图 7-10 接线，分别在测试仪的 I_{A}、I_{B}、I_{C} 端子上加电流 1A，操作界面键盘或触摸屏，调出差动保护运行实时参数显示界面或 A 相及 C 相差流显示通道，则界面上显示的差流分别如下：只有 I_{A} 加电流时，A 相差流为 0.57A，C 相差流为 0.57A；只有 I_{B} 加电流时，B 相差流为 0.57A，A 相差流为 0.57A；只有 I_{C} 加电流时，C 相差流为 0.57A，B 相差流为 0.57A。若按式计算让差流为零，则分别为：高压侧 A 相加 1A(0°) 电流时，低压侧 C 相须加 4.49A(−180°)，使 A 相差流为零，继而 C 相出现差流 0.57A；为使 C 相差流为零，低压侧 C 相加 4.49A(180°)。

结论：计算值与测量结果基本相同，说明平衡系数正确，通道已调平衡。

若试验结果与计算值相差较大，应检查原因并及时处理。

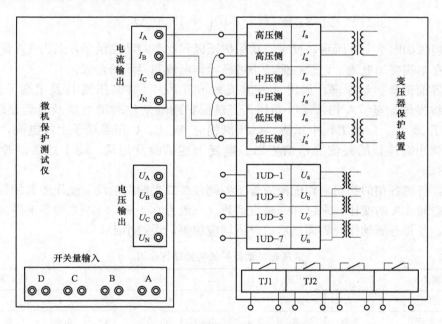

图 7-10　差动通道检查试验接线

将由试验仪接到高压侧 I_{a}、I_{a}' 端子上的线改接到中压侧、低压侧 I_{b} 及 I_{b}' 端子，加电流 1A，观察并记录差动保护的 A 相差流值。分别将测试仪的出线改接到中压侧或低压侧 I_{c} 及 I_{c}' 端子上，再分别调出 B 相及 C 相差流显示通道。重复上述试验、观察及记录。将上述试验及记录数据列于表 7-6 中。

表 7-6　　　　　　　　　差动通道平衡校验记录（通入电流 I_{N}）

电流加入端子		高压侧		中压测		低压侧	
		I_{a} 及 I_{a}'	I_{b} 及 I_{b}'	I_{a} 及 I_{a}'	I_{b} 及 I_{b}'	I_{b} 及 I_{b}'	I_{c} 及 I_{c}'
显示差流	A 相差流	0.57	0.57	0.51	0.51	0	0
	B 相差流	0	0.57	0	0.51	0.12	0
	C 相差流	0.57	0	0.51	0	0	0.12

　　要求：显示差流值与计算值，最大误差小于 5%。

　　试验数据与计算结果相差较大的原因可能有：通道调整误差（角误差或比误差）大；在计算时依据的参数有误（额定电流计算时全部参考高压侧额定容量）；平衡系数计算及输入有误（对其他型装置）；通道回路有问题。

　　（二）初始动作电流的校验

　　SGT756 型装置定值中引入了倍数的概念，差动的各定值参数都以高压侧额定电流为基准，用倍数表示。

　　设差动速断定值 $I_{ds}=5I_N$，即 $I_{ds}=5I_{N2H}$。各侧单相实加动作电流应为

$$I_{ah} = I_H \frac{1.732}{K_H} = I_{ds}\frac{1.732}{K_H} = 5I_{N2H} \times 1.732 = 4.35(A)$$

$$I_{am} = 5I_{N2M} \times 1.732 = 4.96(A)$$

$$I_{al} = \frac{I_{ds}}{K_L} = 5I_{N2L} = 19.8(A)$$

　　试验接线如图 7-10 所示，投入差动保护压板和比率差动控制字，退出 TA 断线闭锁差动保护，在单侧突加电流，记录各侧最小可靠动作电流和显示的差流。

　　操作界面键盘、触摸屏，调出 A 相差流显示值界面。在高压侧 I_a 及 I_a' 端子上加电流，电流由零缓慢增加至"A 相差动"动作，记录保护刚刚动作时的电流及界面显示的差流。再分别在 I_b 及 I_b'、I_c 及 I_c'，中压侧、低压侧相应 A、B、C 相各端子上加电流，并操作界面键盘，调出对应相的差流显示值界面。重复上述试验及记录。将上述各试验数据列入表 7-7 中。

　　要求：各侧各相的初始动作电流应等于各侧 TA 二次额定电流（变压器各侧的额定电流除以各侧差动 TA 的变比）乘以同一整定系数（一般为 0.4～0.5），并均等于界面显示的差流；另外，各相各侧动作时界面显示的差流均应相等，误差小于 5%。

表 7-7　　　　　　　　　　　　**变压器差动保护的初始动作电流**

加流侧	高压侧			中压侧			低压侧		
加流相	A	B	C	A'	B'	C'	a	b	c
动作电流	0.40	0.40	0.40	0.40	0.40	0.40	0.40	0.40	0.40
动作时界面显示电流	0.39	0.39	0.39	0.39	0.40	0.39	0.39	0.39	0.39

　　（三）比率制动特性的录制

　　录制国内生产及应用的微机型变压器差动保护动作特性时，常用方法有两种：拼凑法、自动绘制比率制动特性曲线。

　　1. 用拼凑法录制动作特性

　　考虑到继电保护微机测试仪电流输出路数情况，以 Yd11 两绕组变压器为例，用拼凑法录制差动保护比率制动特性时，试验接线见图 7-10。

　　对于 SGT756 型装置，动作电流为

$$I_{dz} = |\dot{I}_1 + \dot{I}_2|$$

式中　$\dot{I}_1$、$\dot{I}_2$——变压器Ⅰ、Ⅱ侧差动 TA 的二次电流。

　　比率制动的制动电流判据为

$$I_r = (|\dot{I}_1| + |\dot{I}_2| + |\dot{I}_3|)/2$$

$$I_r = (|\dot{I}_1| + |\dot{I}_2| + |\dot{I}_3| + |\dot{I}_4|)/2$$

$$I_r = (|\dot{I}_1| + |\dot{I}_2| + |\dot{I}_3| + |\dot{I}_4| + |\dot{I}_5|)/2$$

稳态比率差动动作条件为

$$(1)\ I_d \geqslant I_{op}; I_r < 0.8I_n$$

$$(2)\ I_d \geqslant (I_r - 0.8I_n) \times K_1 + I_{op}; 0.8I_n < I_r < 3I_n$$

$$(3)\ I_d \geqslant (I_r - 3I_n) \times K_2 + (3I_n - 0.8I_n) \times K_1 + I_{op}; 3I_n < I_r$$

式中 $\dot{I}_1$、$\dot{I}_2$、$\dot{I}_3$、$\dot{I}_4$、$\dot{I}_5$——各侧经折算后的电流;

$\qquad\quad I_{op}$——差动保护电流定值;

$\qquad\quad I_d$——变压器差动电流;

$\qquad\quad I_r$——变压器差动保护制动电流;

$\qquad\quad K_1$，K_2——比率制动的制动系数，软件一般设定为 $K_1 = 0.5$，$K_2 = 0.7$，用户可根据现场实际情况进行整定。

在国内生产的微机型变压器差动保护中，差动元件的动作特性多采用具有二段折线形的动作特性曲线，如图 7-11 所示。

图 7-11 中，I_{dz0} 为初始动作电流，I_{zd0} 为拐点电流，K 为比率制动系数（$K = \tan\alpha$）。

对于 SGT7656 型装置，其稳态比率差动制动曲线为三折线形，如图 7-12 所示。

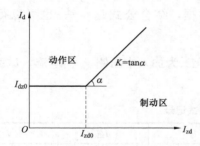

图 7-11 变压器差动保护的动作特性

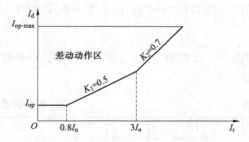

图 7-12 稳态比率差动制动曲线

影响比率制动式差动保护的动作特性的因素包括三个，即差动门槛、拐点电流、比率制动系数，差动门槛值提高、拐点电流减小及比率制动系数增加均可使动作区减少，灵敏度降低，使躲区外故障不平衡电流的能力增强，误动作可能性降低。反之，增加灵敏度误动作可能性增加。

注意：比率制动曲线是制动电流与差流之间的关系，不是高压侧电流与另一侧电流间的关系，图 7-11 和图 7-12 中所示的电流值均为经过平衡系数折算到高压侧差流值。

测试思路：①先确定制动电流的大小，计算出高压侧（A 相）的实际所加电流；②算出该点的差流理论值，计算出此时低压侧（A 相和 C 相）所加理论电流，使此时 C 相的差流为 0，A 相差流达到动作值；③在高压侧 A 相、低压侧 C 相加入所算理论值，低压侧 A 相先加略大于所算的理论值；④减小低压侧 A 相电流至差动保护动作。

测试方法及条件：①投入差动保护压板和比例差动控制字；②在实际加入电流时，需除以对应的平衡系数并乘以转角系数 1.732（高中压侧）；③试验时在高压侧加入电流 I_1，在中（低）压侧加入稍高于 I_2 的电流，突然加入 I_1、I_2，此时差动应不动作，降低其中一相电流，直至差动保护动作；④记录动作时 I_1、I_2 电流，并计算出差动电流 I_d 和制动电流 I_r；⑤重复上述试验，描点计算比率制动系数 K。

注意：在进行高低压侧、和中低压侧试验时，由于高压侧转角的原因，需在低压侧相应相加与高压侧（中压侧）大小相等、相位相同的平衡电流。

设 $I_{op}=0.4$，$I_n=0.2A$，据上述方法，测得数据见表 7-8。

表 7-8 变压器输入电流与制动电流、差动电流关系

I_r	I_d	$I_1=0.5I_d+I_r$	$I_2=I_1-I_d$
0.2	0.2	0.3	0.1
0.4	0.2	0.5	0.3
0.6	0.3	0.75	0.45
1.2	0.6	1.5	0.9
2	1	2.5	1.5
3	1.5	3.75	2.25

若对高压侧和中压侧进行试验，则高压侧套用 I_1 的数据，中压侧套用 I_2 的数据，结合公式 $I_{ah}=I_1\dfrac{1.732}{K_H}$ 及 $I_{am}=I_2\dfrac{1.732}{K_M}$ 可以得出一组数据。

同样，高对低的试验中，低压侧套用 I_2 的数据，结合公式 $I_{al}=\dfrac{I_2}{K_L}$ 也可以得出一组数据。

按图 7-10 接线，I_{ah} 为加入高压侧 A 相电流，I_{am} 为加入中压侧 A 相电流，试验数据见表 7-9。

表 7-9 变压器差动通道测试记录

I_r	I_d	I_1	I_2	I_{ah}	I_{am}
0.2	0.2	0.3	0.1	0.519	0.197
0.4	0.2	0.5	0.3	0.866	0.590
0.6	0.3	0.75	0.45	1.299	0.886
1.2	0.6	1.5	0.9	2.598	1.771
2	1	2.5	1.5	4.330	2.952
3	1.5	3.75	2.25	6.495	4.428

要求：按计算出的差动保护的各相比率制动系数等于整定值，最大误差不大于 5%。

2. 自动绘制比率制动特性曲线

现有的微机保护测试仪均有差动保护功能，打开差动保护界面，将动作方程、制动方程等参数设置正确，按照图 7-13 接线，注意此方法需要将跳闸出口作为保护测试仪的开关量输入。

（四）差动速断保护测试

差动速断保护的检验方法与前述比率制动差动保护的测试方法中启动值检验方法相同，

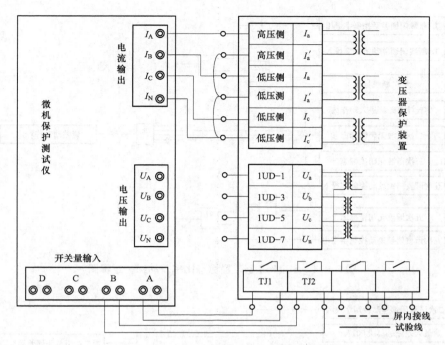

图 7-13　自动方法测试差动保护接线

可在差动速断区边界附近选择几个点进行检验。需注意的是，在谐波制动系数检验中，也可以将差动电流增大到差动速断区，此时应不受谐波制动控制。另外，在 TA 断线试验中，如电流增大到差动速断区，则差动保护仍然应可靠动作，不受 TA 断线闭锁控制字影响。

　　投入差动保护压板和差动速断控制字，在单侧突加电流，记录各侧最小可靠动作电流和显示的差流，试验结果记入表 7-10 中。

表 7-10　　　　　　　　　　　　差动速断测试记录

项目	高压侧（A）			中压侧（A）			低压侧（A）		
	A	B	C	A	B	C	A	B	C
动作电流	5.00	5.00	5.00	5.00	5.00	5.00	5.00	5.00	5.00
差流显示	4.99	4.99	5.00	4.99	4.99	4.99	4.99	4.99	4.99

（五）二次谐波制动比的测量

SGT756 型装置稳态比率差动逻辑见图 7-14，二次谐波满足标志见图 7-15。根据动作逻辑进行二次谐波制动比的相关检验。

（1）二次谐波电流计算精度的校验。在校验保护装置的二次谐波制动比时，应首先校验各相差动元件对二次谐波电流测量及计算的正确性及精度。

试验接线见图 7-10，二次谐波电流测量及计算正确性的校验，一般只校验变压器某一侧（例如高压侧）的差动通道。操作界面键盘、触摸屏或拨轮开关，调出差动保护运行实时参数显示界面或二次谐波电流计算值显示通道。操作试验仪，使输出的电流为二次谐波电流，电流由小增大，使电流值分别为 0.5、5、10、20A 时，分别观察并记录与各通入电流相对应界面显示的二次谐波电流的计算值。

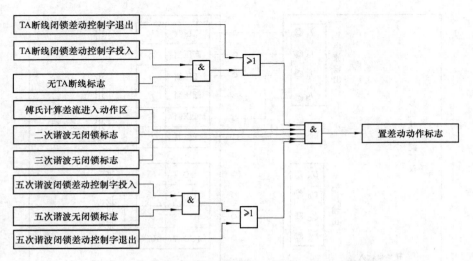

图 7-14　SGT756 型装置稳态比率差动保护逻辑图

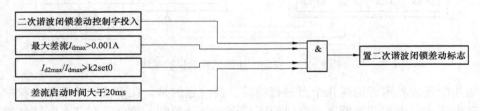

图 7-15　二次谐波满足标志

将图 7-10 中由试验仪接至高压侧端子 I_a 及 I'_a 的线分别改接在 I_b 及 I'_b 及 I_c 及 I'_c 端子上，重复上述试验、观察并记录。试验数据记入表 7-11 中。

表 7-11　　　　　　　　　　二次谐波测量及计算精度

外加二次谐波电流（A）		0.5	5	10	20
二次谐波 电流计算值	A 相差动	0.49	5.00	9.99	20.00
	B 相差动	0.49	4.96	9.99	20.00
	C 相差动	0.49	5.00	10.00	19.98

要求：界面显示的二次谐波电流，应等于外加电流值，其最大误差应小于 5%。否则，应检查通道滤波回路各元件参数是否正确，测量其对二次谐波电流的传递是否正确，测量其对二次谐波电流的传递是否正确。

（2）用单相法测量二次谐波制动比。单相法是在测量差动保护的二次谐波制动比时，只通入单相电流。在该单相电流中，既含有基波分量，又含有二次谐波分量，故又将该测量方法称为混频法。对于只有相电流突变量启动的保护装置，可采用此方法来校验差动保护的二次谐波制动比。

试验接线见图 7-10，操作试验仪，使输出电流 I_A 中含有基波电流和二次谐波电流，且使基波电流远大于差动保护的初始动作电流。

操作试验仪，调整二次谐波电流的大小，使其与基波电流之比等于整定的二次谐波制动比的 0.95 倍（例如，当二次谐波制动比的整定值为 18％时，而实际加入的值为 17.5％）。将该电流突然加入装置，观察差动保护的工况。重复加电流 3 次，每次加电流时，差动保护应可靠动作。

增大二次谐波电流分量，使其与基波电流之比等于二次谐波制动比的 1.05 倍（例如，实际加入值为 18.5％），将电流突然加入装置，重复试验 3 次，每次加电流时，差动保护均应可靠不动作，则可以认为测得的二次谐波制动比与整定值相等。

将图 7-10 中接高压侧 A 相端子的线，分别改接在 B 相及 C 相端子上，重复上述试验、操作及记录，校验出 B 相差动及 C 相差动的二次谐波制动比。

（3）用两相法测量二次谐波制动比。试验接线见图 7-13。操作试验仪，使 I_A 为基波电流，I_B 为二次谐波电流。增大 I_A 使其等于某一值（例如等于 5A）。此时，A 相差动保护动作。再缓慢增大 I_B 至 A 相差动刚返回，记录保护刚刚返回时的二次谐波电流值 I_A'。再增大 I_A 使其等于另一值，例如 I_A'' 等于 20A，A 相差动保护动作。再增大 I_B 至 A 相差动刚返回，记录保护刚返回时的二次谐波电流值 I_B''。然后将图 7-13 中由试验仪接至端子 I_a 和 I_a' 的线分别改接在 I_b 和 I_b' 述试验及记录，分别作出 B 相及 C 相的二次谐波制动比。

将以上各试验数据列入表 7-12 中。

表 7-12　　　　　　　　　　差动保护二次谐波制动比测量数据

相别	基波电流	二次谐波电流	基波电流	二次谐波电流
A	I_A'	I_B'	I_A''	I_B''
B	I_A'	I_B'	I_A''	I_B''
C	I_A'	I_B'	I_A''	I_B''

根据表中的数据，按下式计算出各相差动的二次谐波制动比

$$\begin{cases} K_{2Z} = \dfrac{KI_B'}{I_A'} \\ K_{2Z}' = \dfrac{KI_B''}{I_A''} \end{cases}$$

式中　K_{2Z}、K_{2Z}'——计算的二次谐波制动比；
　　　　K——加二次谐波电流侧与加基波电流侧之间的平衡系数。

要求：对各相差动计算出的 K_{2Z} 与 K_{2Z}' 均应相等，即 $K_{2Z} = K_{2Z}'$。另外，计算值应等于二次谐波制动比的整定值，最大误差小于 5％。

（六）差动速断定值的校验

实际上，差动速断保护的校验方法，与校验初始动作电流的方法完全相同，即在各侧、各相电流端子上分别通入单相电流至保护动作即可。但是在某些保护装置中，差动速断保护与差动保护公用信号及出口回路，又由于差动速断整定值远大于差动保护的初始动作电流，因此无法校验差动速断定值。此时，为了能正确的校验差动速断的定值，一般采用如下两种方法：①在校验差动速断时首先通过修改控制字将差动退出；②暂时修改差动速断的整定值，使其小于差动保护的初始动作电流。

在无法单独退出差动保护时，为了较精确地校核差动速断的整定值及检查其逻辑回路的正确性，可采用一种较好的解决方法。这种方法的实质也是将差动保护退出。校验差动速断

的试验接线见图 7-10，只给高压侧 A 相加入电流。采用这种试验方法，首先将差动保护的整定值暂作如下的改变：将差动保护的初始动作电流提高到大于其拐点电流。

如图 7-10 所示，操作试验仪，缓慢增大其输出电流至差动保护动作，记录动作电流。

再将由试验仪接至图中高压侧 A 相的线分别改接到 B 和 C 端子上，重复上述试验及记录，求出 B 和 C 相差动速断的动作电流。将上述试验数据列于表 7-13 中。

要求：实际动作电流应等于差动速断的整定值（当定值通知单上的数值为变压器的另一侧时，表 7-13 中的动作电流乘以平衡系数之后应等于速断定值），最大误差小于 5%。

表 7-13　　　　　　　　　　　　　差动速断动作电流

相别	整定值（A）	动作电流
A	5	4.99
B	5	5.00
C	5	4.98

（七）涌流闭锁方式正确性校验

为了可靠地躲过空投变压器时的励磁涌流，在一些保护装置中采用"或门"制动方式，三相电流中，只要有一相电流中的二次谐波分量与基波电流分量的百分比超过二次谐波制动比的整定值，立即将三相差动闭锁。

为使变压器内部严重故障时差动保护能快速及可靠地切除故障，差动速断应不受谐波电流（波形畸变）的影响，即动作电流只反应有效值。

（1）闭锁方式正确性校验。试验接线见图 7-13，操作试验仪，使 I_A 为纯基波电流，其电流值远远大于差动保护的初试电流；使 I_B 为基波与二次谐波的混频电流（其中基波电流分量大于初始动作电流），二次谐波电流分量与基波电流分量的百分比大于二次谐波制动比。只加 I_A 电流，差动保护动作，再加入 I_B 电流差动保护动作应返回。这表明该制动方式为"或门"制动。否则，应查明原因。

当制动方式为分相制动（即本相制动本相）时，重复上述试验操作过程，差动保护应始终动作，即与 I_B 无关。

（2）试验二次谐波对差动速断的影响。如图 7-10 所示，操作试验仪，退出 I_A 电流，使 I_B 电流的有效值大于差动速断的整定值，同时使二次谐波电流对基波电流的百分比大于二次谐波制动比，连续突合电流 3 次，每次加电流后，差动保护均应可靠动作。再将图 7-13 中高压侧 A 端子的线分别改接到 B 和 C 端子上，重复上述试验，以校验 B 相和 C 相差动速断动作情况。

（八）常见问题

无比率制动特性的原因有：①所加的两个电流的极性或者关联不对；②保护定值整定的 TA 的接法和绕组的接法不正确；③各路电流的输出不同时；④运行定值区不对。

比率制动曲线斜率不对的常见原因有：①是否充分考虑了各侧平衡系数；②计算制动电流拐点时是否考虑了丫-△关系中的的 $\sqrt{3}$ 倍关系；③所取两点是不是落在两条不同斜率的曲线区域；④制动电流没有固定，常见错误是固定一个电流然后抬高另一个电流，此时制动电流可能已经不是固定的，也就是说，曲线中的横坐标是变化的。

二次谐波系数不对的常见问题有：①转角关系没考虑，谐波加单相，而基波加多相；

②初始角度的影响，因测试台不同，影响也不一样，建议都用0°角作为初始角度来加；③检查所加谐波是以对基波的百分比表示还是直接以谐波电流大小表示。

注意：谐波不会闭锁差动速断保护。

任务二　变压器复合电压闭锁过电流保护测试

【学习目标】

能够应用变压器复合电压闭锁过电流保护的原理，根据厂家说明书和二次接线图纸，使用继电保护测试仪器仪表，正确编写测试方案，完成微机型变压器复合电压闭锁过电流保护的测试方法。

【任务描述】

以国内主流厂家的微机型变压器保护屏为载体，以小组为单位，应用变压器复合电压闭锁过电流保护的原理与二次接线图纸，使用继电保护测试仪，依据标准化作业流程，制订复合电压闭锁过电流保护的测试方案，绘制试验接线图，完成变压器复合电压闭锁过电流保护的测试，并填写测试报告。

【任务准备】

1. 任务分工

工作负责人：_____　　　调试人：_____

仪器操作人：_____　　　记录人：_____

2. 试验用安全工器具及相关材料（见表7-14）

表7-14　　　　　　　　　　试验用安全工器具及相关材料

类别	序号	名　称	型号	数量	确认（√）
仪器仪表	1	微机试验仪		1套	
	2	数字式万用表		1块	
	3	钳形电流表		1块	
工器具		组合工具		1套	
消耗材料	1	绝缘胶布		1卷	
	2	打印纸等		1包	
图纸资料	1	保护装置说明书、图纸、调试大纲、记录本		1套	
	2	最新定值通知单、记录单等		1套	

3. 危险点分析及预控（见表7-15）

表7-15　　　　　　　　　　危险点分析及预控措施

序号	危险点分析	预控措施	确认签名
1	误跳闸	1）工作许可后，由工作负责人进行回路核实，确认二次工作安全措施票所列内容正确无误。 2）对可能误跳运行设备的二次回路进行隔离，并对所拆二次线用绝缘胶布包扎好。 3）检查确认出口压板在退出位置	

序号	危险点分析	预控措施	确认签名
2	误拆接线	1）认真执行二次工作安全措施票，对所拆除接线做好记录。 2）依据拆线记录恢复接线，防止遗漏。 3）由工作负责人或由其指定专人对所恢复的接线进行检查核对。 4）必要时二次回路可用相关试验进行验证	
3	误整定	严格按照正式定值通知单核对保护定值，并经装置打印核对正确	

4. 二次安全措施票（见表 7 - 16）

表 7 - 16　　　　　　　　　　　　　　二次安全措施票

被试设备名称					
工作负责人		工作时间	月　　日	签发人	

工作内容：1 号主变压器保护检查

工作条件：停电

安全措施：包括应打开及恢复压板、直流线、交流线、信号线、联锁线和联锁开关等，按工作顺序填用安全措施。已执行，在执行栏打"√"。已恢复，在恢复栏打"√"

序号	执行	安全措施内容	恢复
1		确认所工作的主变压器保护装置已退出运行，检查全部出口压板确已断开，检修压板确已投入，记录空气断路器、压板位置	
2		从母联保护屏（控制）端子排断开跳母联（分段）开关的连线	
3		从母差保护屏端子排上断开主变压器保护动作启动中压侧失灵（母差）保护及解除复压闭锁的连线	
4		从主变压器保护柜断开高压侧 TV 二次接线	
4.1		9D1（A630）	
4.2		9D15（B630）	
4.3		9D21（C630）	
4.4		9D25（N600）	
5		从主变压器保护柜断开中压侧 TV 二次接线	
6		从主变压器保护柜断开低压侧 TV 二次接线	
7		断开信号、录波启动二次线	
8		外加交直流回路应与运行回路可靠断开	

执行人：　　　　监护人：　　　　　　恢复人：　　　　　　监护人：

【任务实施】

测试任务见表 7 - 17。

表 7 - 17　　　　　　　　　　　变压器复合电压闭锁过电流保护测试

一、制订测试方案	二、按照测试方案进行试验
1. 熟悉图纸及保护装置说明书	1. 测试接线（接线完成后需指导教师检查）
2. 学习本任务相关知识，参考本教材附录中相关规程规范、继电保护标准化作业指导书，本小组成员制订出各自的测试方案（包括测试步骤、试验接线图及注意事项等，应尽量采用手动测试）	2. 在本小组工作负责人主持下按分工进行本项目测试并做好记录，交换分工角色，轮流本项目测试并记录（在测试过程中，小组成员应发扬吃苦耐劳、顾全大局和团队协作精神，遵守职业道德）

续表

一、制订测试方案	二、按照测试方案进行试验
3. 在本小组工作负责人主持下进行测试方案交流，评选出本任务执行的测试方案	3. 在本小组工作负责人主持下，分析测试结果的正确性，对本任务测试工作进行交流总结，各自完成试验报告的填写
4. 将评选出本任务执行的测试方案报请指导老师审批	4. 指导老师及学生代表点评及小答辩，评出完成本测试任务的本小组成员的成绩

本学习任务思考题
1. 变压器复合电压的含义是什么？
2. 变压器复合电压闭锁过电流保护的工作原理是什么？
3. 电压互感器二次侧断线是否会影响变压器复合电压闭锁过电流保护？为什么？
4. 电流互感器二次侧断线是否会影响变压器复合电压闭锁过电流保护？为什么？
5. 变压器后备保护中过电流保护为什么要加入复合电压闭锁这个条件？
6. 变压器复合电压闭锁过电流保护的动作结果是什么？

【相关知识】

为反应变压器外部相间故障引起的过电流，以及纵差保护和气体保护的后备，应装设后备保护。后备保护分为相间故障的后备保护和中性点接地侧的接地故障的后备保护，前者一般由复压闭锁方向过电流保护或阻抗保护实现，后者一般由零序方向过电流保护实现。复合电压启动的方向过电流保护作为后备保护，广泛应用于 220kV 及以上电压等级的变压器保护。

一、复合电压闭锁过电流保护基本原理

1. 复合电压闭锁元件

复合电压闭锁元件由正序低电压和负序过电压元件构成，作为被保护设备及相邻设备相间故障的后备保护。保护的接入电流为变压器某侧电流互感器二次侧三相电流，接入电压为变压器本侧或其他侧的电压互感器二次侧三相电压。为提高保护的灵敏度，三相电流一般取自电源侧，而电压取自负荷侧。复压闭锁方向过电流保护的电压可取自本侧 TV，也可根据实际情况取自其他侧 TV，以解决灵敏度不够的问题。

2. 复合电压闭锁元件的启动判据

（1）复合电压指的是相间低电压或负序电压，以 SGT756 型装置为例，其动作判据为

$$U_{ab} < U_{LL.set}$$

或

$$U_{bc} < U_{LL.set}$$

或

$$U_{ca} < U_{LL.set}$$

或

$$3U_2 > 3U_{2.set}$$

式中　U_{ab}、U_{bc}、U_{ca}——TV 二次侧 ab、bc、ca 两相之间线电压；

$3U_2$——TV 二次值的负序电压，$3U_2 = U_A + a^2 U_B + a U_C$，$a$ 为旋转因子，大小为 $\cos120° + j\sin120°$；

$U_{LL.set}$——低电压元件动作电压整定值；

$3U_{2.set}$——负序电压元件的动作电压整定值。

（2）复合电压过电流保护。复合电压闭锁过电流保护，实质上是复合电压启动过电流保护，它适用于升压变压器、系统联络变压器及过电流保护不能满足灵敏度要求的降压变压器。

复合电压过电流保护由复合电压元件、过电流元件及时间元件构成，作为被保护设备及相邻设备相间短路故障的后备保护。保护的接入电流为变压器某侧 TA 二次三相电流，接入电压为变压器该侧或其他侧 TV 二次三相电压。为提高保护的动作灵敏度，三相电流一般取自电源侧，而电压一般取自负载侧。

在复合电压满足的条件下，保护的动作方程为：

$$I_{a(b,c)} > I_{op}$$

式中　$I_{a(b,c)}$——TA 二次 a 相或 b 相或 c 相电流；

　　　I_{op}——过电流元件动作电流整定值。

可见，复合电压元件的动作条件是相间电压低于低电压整定值或负序电压大于负序整定值。过电流元件的动作条件是相电流大于过电流定值。对于变压器保护，正常运行时，由于无负序电压，保护装置不动作。当外部发生不对称短路时，故障相电流启动元件动作，负序电压继电器动作，变压器两侧断路器跳闸，切除故障。复合电压启动的过电流保护具有以上优点：①在后备保护范围内发生不对称短路时，由负序电压启动保护，因此具有较高的灵敏度；②在变压器后（高压侧）发生不对称短路时，复合电压启动元件的灵敏度与变压器接线方式无关；③由于电压启动元件只接于变压器的一侧，所以接线较简单。变压器过电流保护中的复合电压闭锁条件主要是为了防止变压器过载时引起装置误动，变压器过载时，电压降低，电流升高，有可能达到过电流定值，而过载的情况只会发生很短的时间，如果没有低电压闭锁条件，会引起变压器解列，所以为了保证供电可靠性，加了低电压闭锁条件。而负序电压闭锁条件主要是为了提高三相短路的灵敏度。单相和两相短路时都会产生很大的负序电压，不用去考虑，而三相短路时，短路电流也是对称的，但在短路的瞬间，三相电压降低，会出现一定的负序值（6～9V），负序电压闭锁就是采用这个原理，在负序电压高于门槛（可整定）时可靠出口。由此可见，复合电压闭锁过电流的作用是为了防止变压器过载时的误动，提高三相短路故障时出口的灵敏度。

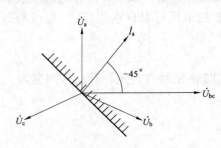

图 7-16　功率方向元件的动作特性

功率方向元件的动作条件是电流和电压的夹角在设定的动作区内，一般采用90°接线进行比较，即比较 $\dot{U}_{ab}$ 与 $\dot{I}_c$、$\dot{U}_{bc}$ 与 $\dot{I}_a$、$\dot{U}_{ca}$ 与 $\dot{I}_b$ 三个夹角。当 TA 极性端靠近母线侧时，方向元件整定为指向变压器（正方向）时 $45° > \theta > -135°$，最大灵敏角为 $-45°$，动作特性如图 7-16 所示。当整定为指向系统（反方向）时，动作区正好相反，灵敏角则为 $135°$。

对多电源变压器，不带方向的一段复压过电流保护往往作为总后备配置在电源侧。

3. TV 断线对复合电压闭锁过电流保护的影响

由于功率方向元件、复合电压元件都要用到电压量，所以 TV 断线会对它们产生影响。复合电压闭锁过电流（方向）保护应采取如下措施：低压侧固定不带方向，低压侧的复合电压元件正常时取用本侧（或本分支）的复合电压。判出低压侧 TV 断线时，在发 TV 断线告警信号的同时将该侧复压元件退出，保护不经过复压元件闭锁。高（中）压侧如果采用功率方向元件，正常时用本侧的电压，复合电压元件正常时由各侧复合电压的"或"逻辑构成。判出高（中）压某侧 TV 断线时，在发 TV 断线告警信号的同时该侧复压闭锁方向过电流保护中的复压元件采用其他侧的复压元件，另外将方向元件退出。这种情况下，发生不是整定方向的接地短路时允许保护动作。

TV 断线的判别可以用下面两个判据：①保护的启动元件未启动，正序电压小于 30V，且任一相电流大于 $0.04I_N$ 或开关在合位状态，延时 10s 报该侧母线 TV 异常。该判据用以判定 TV 三相断线。②保护的启动元件未启动，负序电压大于 8V，延时 10s 报该侧母线 TV 异常。该判据用以判定 TV 一相或两相断线。

4. 复合电压闭锁过电流保护的配置、跳闸对象及控制字

对于单侧电源的变压器，后备保护应装设在电源侧，作为纵差保护、气体保护及相邻元件保护的后备。对于多侧电压的变压器，各侧都应装设后备保护。当作为纵差保护、气体保护后备时，动作后跳开各侧断路器。此时装设在主电源侧的保护对变压器各侧的故障应均能满足灵敏度要求。当作为各侧母线和线路的后备保护时，动作后跳本侧断路器。此外当变压器某侧的断路器与电流互感器之间发生故障（死区故障）时，后备保护应能正确反应，起到后备作用。

在 330kV 及以上电压等级的变压器中，高压侧及中压侧的复压闭锁过电流保护只有一个"复压闭锁过电流保护"的控制字来选择投退。该控制字整定"1"时表示投入，整定"0"时表示退出。该保护不带方向，即在变压器内部或系统侧短路，该保护都可能动作。保护动作后经延时跳开变压器各侧断路器。低压侧有过电流保护和复压闭锁过电流保护，前者不带复合电压也不带方向，后者不带方向。低压侧有"过电流保护"、"复压闭锁过电流 1 时限"和"复压闭锁过电流 2 时限"三个控制字，整定"1"表示该保护投入，整定"0"表示该保护退出。过电流保护经延时跳本侧断路器，复压闭锁过电流 1 时限出口跳本侧断路器，复压闭锁过电流 2 时限出口跳开变压器各侧断路器。

在 220kV 电压等级变压器中，高压侧配置复压闭锁方向过电流保护。保护为二段式，第一段带方向，方向可整定，设两个时限。如果方向指向变压器，1 时限跳中压侧母联断路器，2 时限跳中压侧断路器；如果方向指向母线（系统），1 时限跳高压侧母联断路器，2 时限跳高压侧断路器。第二段不带方向，延时跳开变压器各侧断路器。"复压闭锁过电流Ⅰ段方向指向母线"控制字整定为"1"代表指向母线（系统），整定为"0"代表指向变压器。"复压闭锁过电流Ⅰ段 1 时限"、"复压闭锁过电流Ⅰ段 2 时限"、"复压闭锁过电流Ⅱ段"控制字选择相应保护的投退，"1"表示该保护投入，"0"表示该保护退出。中压侧配置复压闭锁方向过电流保护，保护设三时限。第一时限和第二时限带方向，方向可整定。如果方向指向变压器，1 时限跳高压侧母联断路器，2 时限跳高压侧断路器；如果方向指向母线（系统），1 时限跳中压侧母联断路器，2 时限跳中压侧断路器。第三时限不带方向，延时跳开变压器各侧断路器。"复压闭锁过电流方向指向母线"控制字整定为"1"代表指向母线（系统），整定为"0"，代表指向变压器。"复压闭锁过电流 1 时限"、"复压闭锁过电流 2 时限"、"复压闭锁过电流 3 时限"控制字选择相应保护的投退，"1"表示该保护投入，"0"表示该保护退出。中压侧还配置限时速断过电流保护，延时跳本侧断路器。"限时速断过电流保护"控制字选择它的投退。低压侧各分支上配置有过电流保护，设二段时限。第一时限跳开本分支分段断路器，第二时限跳本分支断路器。"过电流 1 时限"、"过电流 2 时限"控制字选择相应保护的投退。低压侧各分支上还配置有复压闭锁过电流保护，带方向，设三时限。第一时限跳开本分支分段断路器，第二时限跳开本分支断路器，第三时限跳开变压器各

侧断路器。"复压闭锁过电流1时限"、"复压闭锁过电流2时限"和"复压闭锁过电流3时限"控制字选择相应保护的投退。

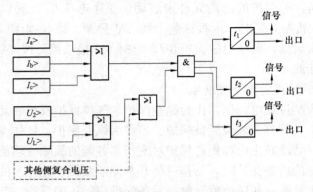

图 7-17　复合电压闭锁过电流保护框图

5. 保护逻辑

图 7-17 是复合电压闭锁过电流保护逻辑框图，图 7-18 是复合电压闭锁功率方向过电流保护的逻辑框图。

图 7-18 中，$U_2>$ 为负序过电压元件，$U_L<$ 为低电压元件，$P_a>$、$P_b>$、$P_c>$ 为过功率方向元件，$I_a>$、$I_b>$、$I_c>$ 为过电流元件。

功率方向元件通常采用 90° 接线，此时 $P_a=I_aU_{bc}\cos(\varphi+\alpha)$，$P_b=I_aU_{ca}\cos(\varphi+\alpha)$，$P_c=I_cU_{ab}\cos(\varphi+\alpha)$。

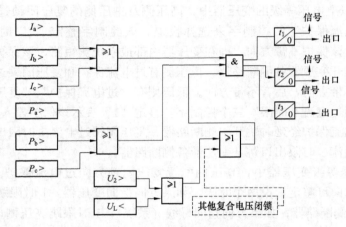

图 7-18　复合电压闭锁功率方向保护

二、变压器复合电压闭锁过电流保护的测试方法及案例

1. 试验接线

复合电压方向过电流保护的检验包括过电流元件、复合电压元件及方向元件。另外还应当对复合电压方向过电流保护的跳闸逻辑进行检验。对复合电压过电流保护的检验调试可参照此进行。下面以高压侧复合电压方向过电流保护为例进行说明，其他侧可参照此方法进行。当保护装置采用专用启动元件（相电流突变、差流及零序电流越限等）时，应先将各启动元件的整定值调到最小，对试验仪设定的电流变化步长应大于相电流突变量定值。以下介绍的对方向元件的校验方法，不适用于只有相电流突变量启动的保护装置。

复合电压闭锁过电流保护及复合电压闭锁功率方向过电流保护的试验接线如图 7-19 所示。

图 7-19 中，I_a、I_b、I_c、I_n 及 U_a、U_b、U_c、U_n 分别为保护 TV 二次三相电压及 TA 二次三相电流的接入端子；A、B、C、D 分别为各段时间出口继电器的一对触点的输入端子；TJ1、TJ2 为试验仪停止计时返回触点的接入端子。

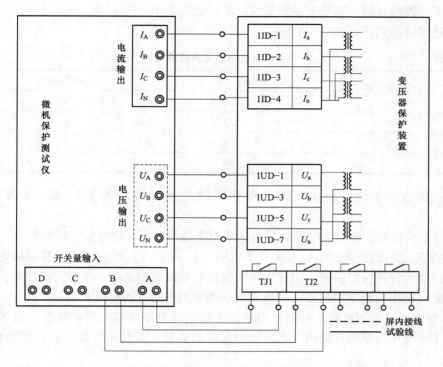

图 7-19　复合电压闭锁（方向）过电流保护试验接线

2. 复合电压闭锁过电流保护

对于不同类型的微机保护装置，采用的校验方法也不同。

（1）对于具有保护运行实时参数显示界面或能显示电压各序分量的装置。

1）过电流定值的校验。暂将保护的各段时间调到最小。操作试验仪，使各相输出电压等于零，缓慢由零升高 I_A 电流至保护刚刚动作，记录动作电流。将 I_A 减至零，分别对保护加 I_B 及 I_C 电流，重复上述试验操作、记录动作电流及返回电。

2）负序动作电压定值的校验。操作界面键盘，调出该保护运行实时参数显示界面或负序电压计算值显示通道。操作试验仪，使输出电压为三相对称正序电压，电压值为额定电压（线电压为 100V），使其相电流大于整定值，此时保护不动作。缓慢降低某一相电压至保护动作，记录界面显示的负序电压值，该电压值应等于保护负序电压的整定值。另外，还可以移动某相电压对其他两相之间的相位增大负序电压使保护动作记录负序电压值。

3）低电压定值的校验。操作试验仪，使输出电压为三相对称正序电压，电压值为额定电压使其相电流大于整定值此时保护不动作。同时缓慢降低三相电压至保护动作，记录保护刚刚动作时的外加电压值及屏幕显示的电压值。

4）动作时间的测量。操作试验仪，使三相电压为零，某一相电流等于 1.2 倍的整定值。按图 7-19 接线，恢复各段时间为整定值。将继电保护测试仪的电流输出接至变压器保护高压侧电流输入端子，电压输出接至变压器保护对应侧电压输入端子，另将变压器保护的跳高压侧的一对跳闸触点 TJ1 接到测试仪的任一开关量输入端，用于进行自动测试。突加电流测量动作时间，记录动作时间 t_1。如果还需测跳母联或分段断路器的时间，可引入其对应的跳闸触点 TJ2。如果需测主变压器各侧均跳闸，还需引入跳中、低压侧一对触点，则试验可同时测量多个跳闸时间，重复上述测量及记录，记录动作时间 t_2 及 t_3。

将上述试验结果列于表 7-18 中。

表 7-18　　　　　　　　　　　　复合电压过电流保护试验记录

相　别	动作电流	动作电压		动作时间		
		U_2	$U_L<$	t_1	t_2	t_3
A	0.60	7.00	70.69	5.60		
B	0.62	7.02	70.00	5.63		
C	0.63	7.00	70.00	5.61		

要求：各动作电流、动作电压及动作时间应等于各自的整定值，最大误差应小于 5%。

（2）对于没有保护运行实时参数显示（即不能显示电压各序分量）的装置。

1）过电流定值的校验。试验方法及要求同（1）中的 1）项。对于只有用相电流突变量作为专用启动元件的保护装置，应首先将突变量的定值调到最小。在增大动作电流时，应首先设定试验仪输出电流增加的步长，使其大于相电流突变量的定值。

2）负序电压定值的校验。对于能用控制字退出低电压闭锁元件的装置，将该元件暂时退出。对于不能用简单操作退出低电压闭锁元件的装置，可暂将低电压元件定值整定为 0V 或最小。

操作试验仪，使其输出两相电压 U_A 及 U_B，并使 U_A 值等于 U_B 且 $\dot{U}_A$ 超前 $\dot{U}_B 120°$；增大电流 I_A，并使其等于 1.2 倍的整定电流。同时升高 U_A 及 U_B 至保护动作，记录保护刚刚动作时的电压值。

要求：电压（U_A 或 U_B）值的 1/3 等于负序电压的整定值，其误差不应大于 5%。

3）低电压定值的校验。校验方法及要求同（1）中的 3）项。

4）各段时间定值的校验。试验方法及要求同（1）中的 4）项。

3. 复合电压闭锁过电流方向保护的校验

投入需测试的复合电压方向过电流保护控制字，按照定值投入方向元件及指向，投入复合电压功能，投入复合电压方向过电流保护功能硬压板。

试验假设高压侧复合电压方向过电流保护投入 I 段，I 段方向元件控制字投入，采用 90° 接线，且方向元件最大灵敏角为 -45°，方向指向变压器（正方向），过电流保护定值为 5A，整定跳闸矩阵动作时间 $t_1=0.5s$ 跳母联，跳闸矩阵 $t_2=1s$ 跳本侧。低电压闭锁值为 70V，负序电压闭锁值为 7V。

4. 复合电压闭锁功率方向保护的校验

（1）功率方向元件的动作范围及最大灵敏角。暂将保护各启动元件的动作电流整定到较小值，将各段的动作延时暂调到最小，将方向控制字设定为"1"。

1）P_A 功率方向元件的校验。操作试验仪，使 I_A 电流值为某一值（大于电流元件的整定值，另外对于具有零序电流越限启动元件的装置，该电流还应大于 3 倍零序电流的整定值）。使 U_B 与 U_C 大小相等，且 $\dot{U}_B$ 超前 $\dot{U}_C 120°$。

慢慢改变电流 $\dot{I}_A$ 与 $\dot{U}_B$ 之间的相角至保护动作，记录保护刚刚动作时间的相角 φ_1；再向同一方向移动相角至保护返回。然后，向相反方向移动相角至保护重新动作。记录保护刚刚动作时的 φ_2。

P_A 功率方向元件的动作范围为 $|\varphi_2 - \varphi_1|$，最大动作灵敏角 $\varphi_{\max(A)}$ 为

$$\varphi_{\max(A)} = \frac{\varphi_1 + \varphi_2}{2}$$

2）P_B、P_C 功率方向元件的校验。操作试验仪，给保护分别加 I_B 电流、U_C 及 U_A 电压（$\dot{U}_C$ 超前 $\dot{U}_A$ 120°）及 I_C 电流、U_A 及 U_B 电压（$\dot{U}_A$ 超前 $\dot{U}_B$ 120°）。重复上述 1）项试验操作，求得 P_B 及 P_C 元件的动作范围及最大灵敏角。

要求：P_A、P_B、P_C 各元件的动作范围均小于 180° 而大于 160°；最大灵敏角等于整定值，其最大误差不大于 ±5°。

通过改变控制字，将方向元件的动作方向整定为反方向，例如将功率方向控制字设定为"0"重复上述试验，求出各方向元件的动作范围及最大动作灵敏角。

要求：功率方向元件在反方向上的动作范围与正方向相同，而最大灵敏角与正方向相反。

（2）方向元件的最小动作电压的测量。操作试验仪，对保护加电流 I_A 及电压 U_A，并且使 $\dot{I}_A$ 与 $\dot{U}_A$ 之间的夹角等于最大灵敏角，使 I_A 的值大于电流元件的动作电流整定值（当用零电流越限作为专用启动元件时，该电流还应大于零序电流启动元件整定值的 3 倍）。使 U_A 降至零，再慢慢升高至保护动作，记录动作时的电压，该电压为最小动作电压。

另外，对于设置有仅用相电流突变量作为启动元件的保护装置，用上述方法无法校验功率方向元件的动作范围及最大灵敏角。此时，只能首先假定动作范围及最大灵敏角如设定的那样，然后设定一些角度，在这些角度下突加电流、电压试验，验证保护是否正确动作。

下面简要介绍只有相电流突变量作为专用启动元件保护装置的功率方向元件（以 P_A 为例）的校验方法。

设装置的最大灵敏角为 30°。试验接线如图 7-19 所示。操作试验仪，使 I_A 为某一值（大于电流元件的启动电流及大于相电流突变量启动电流），加 U_B 及 U_C 电压，使 $U_B = U_C$ 且 $\dot{U}_B$ 超前 $\dot{U}_C$ 120°。

调节电流与电压 U_B 之间的相角，使其分别为 90°、60°、30°、0°、−30°、−60°、−90°，在以上各角度下，突然加电流电压，观察保护动作情况。粗略估计动作区及最大灵敏角。

（3）过电流元件及各段动作延时的测量。试验方法及要求基本与复合电压闭锁过电流保护相同，不同的是，在试验之前，先解除功率方向元件，或使所加电流、电压之间的相角等于最大灵敏角，然后再校验动作电流及动作时间。

5. 常见问题

（1）复合电压过电流保护不能动作的解决办法：检查保护压板、定值及控制字是否满足动作条件。如为特殊版本需考虑特殊版本的特征。

（2）复合电压方向过电流保护无方向的常见问题：①测试仪没有加故障前时间，此时因

为 TV 断线或者 TV 失压开放了方向元件；②控制字中方向元件退出。

（3）复合电压方向元件有较大偏差的常见问题：①不可用测试台进行摇方向做试验，因为在摇的过程中可能出现 TV 断线开放保护动作；②因为用的是线电压与对应的相电流进行方向判断，所以计算的时候要注意电压的角度；③电流加错，造成多相有电流，因此注意在试验过程中不可加多个电流。

（4）复合电压元件试验时，负序定值测试不出来的常见原因有：①低电压元件始终处于动作状态；②负序电压的计算方式不对。

任务三　变压器其他保护的功能试验

☑【学习目标】

通过学习和实践，能够应用变压器后备保护例如阻抗保护、零序过电流保护等的基本原理，根据厂家说明书和二次接线图纸，使用继电保护测试仪器及相关仪表，做好变压器保护装置调试的工作前准备，制订测试方案，把握现场调试的危险点预控，正确填写安全技术措施工作票，根据变压器微机保护装置调试的作业流程，能做测试数据记录、测试数据分析处理，完成微机型变压器整组功能的测试。具备变压器整组功能测试的能力，能对变压器保护装置二次回路出现的简单故障进行分析和处理。

🙌【任务描述】

以国内主流厂家的微机型变压器保护屏为载体，一小组为单位，做好变压器微机型保护装置调试前工作准备，正确填写安全技术措施工作票后，根据变压器微机保护装置标准化作业流程，完成变压器电保护装置整组功能测试，并填写测试报告。

🔌【任务准备】

1. 任务分工

工作负责人：_____　　　　　调试人：_____

仪器操作人：_____　　　　　记录人：_____

2. 试验用安全工器具及相关材料（见表 7-19）

表 7-19　　　　　　　　试验用安全工器具及相关材料

类别	序 号	名 称	型号	数量	确认（√）
仪器仪表	1	微机试验仪		1套	
	2	数字式万用表		1块	
	3	钳形电流表		1块	
工器具		组合工具		1套	
消耗材料	1	绝缘胶布		1卷	
	2	打印纸等		1包	
图纸资料	1	保护装置说明书、图纸、调试大纲、记录本		1套	
	2	最新定值通知单、记录单等		1套	

3. 危险点分析及预控（见表 7 - 20）

表 7 - 20　　　　　　　　　　　　　危险点分析及预控措施

序号	危险点分析	预控措施	确认签名
1	误跳闸	1）工作许可后，由工作负责人进行回路核实，确认二次工作安全措施票所列内容正确无误。 2）对可能误跳运行设备的二次回路进行隔离，并对所拆二次线用绝缘胶布包扎好。 3）检查确认出口压板在退出位置	
2	误拆接线	1）认真执行二次工作安全措施票，对所拆除接线做好记录。 2）依据拆线记录恢复接线，防止遗漏。 3）由工作负责人或由其指定专人对所恢复的接线进行检查核对。 4）必要时二次回路可用相关试验进行验证	
3	误整定	严格按照正式定值通知单核对保护定值，并经装置打印核对正确	

4. 二次安全措施票（见表 7 - 21）

表 7 - 21　　　　　　　　　　　　　二次安全措施票

被试设备名称					
工作负责人		工作时间	月　日	签发人	

工作内容：1 号主变压器保护检查

工作条件：停电

安全措施：包括应打开及恢复压板、直流线、交流线、信号线、联锁线和联锁开关等，按工作顺序填用安全措施。已执行，在执行栏打"√"。已恢复，在恢复栏打"√"

序号	执行	安全措施内容	恢复
1		确认所工作的主变压器保护装置已退出运行，检查全部出口压板确已断开，检修压板确已投入，记录空开、压板位置	
2		从母联保护屏（控制）端子排断开跳母联（分段）开关的连线	
3		从母差保护屏端子排上断开主变压器保护动作启动中压侧失灵（母差）保护及解除复压闭锁的连线	
4		从主变压器保护柜断开高压侧 TV 二次接线	
4.1		9D1（A630）	
4.2		9D15（B630）	
4.3		9D21（C630）	
4.4		9D25（N600）	
5		从主变压器保护柜断开中压侧 TV 二次接线	
6		从主变压器保护柜断开低压侧 TV 二次接线	
7		断开信号、录波启动二次线	
8		外加交直流回路应与运行回路可靠断开	

执行人：　　　　监护人：　　　　　　恢复人：　　　　监护人：

❧【任务实施】

测试任务见表 7 - 22。

表 7 - 22　　　　　　　　　　变压器其他保护的功能试验

一、制订测试方案	二、按照测试方案进行试验
1. 熟悉图纸及保护装置说明书	1. 测试接线（接线完成后需指导教师检查）
2. 学习本任务相关知识，参考本教材附录中相关规程规范、继电保护标准化作业指导书，本小组成员制订出各自的测试方案（包括测试步骤、试验接线图及注意事项等，应尽量采用手动测试）	2. 在本小组工作负责人主持下按分工进行本项目测试并做好记录，交换分工角色，轮流本项目测试并记录（在测试过程中，小组成员应发扬吃苦耐劳、顾全大局和团队协作精神，遵守职业道德）
3. 在本小组工作负责人主持下进行测试方案交流，评选出本任务执行的测试方案	3. 在本小组工作负责人主持下，分析测试结果的正确性，对本任务测试工作进行交流总结，各自完成试验报告的填写
4. 将评选出本任务执行的测试方案报请指导老师审批	4. 指导老师及学生代表点评及小答辩，评出完成本测试任务的本小组成员的成绩

本学习任务思考题
1. 变压器阻抗保护的基本原理及作用是什么？
2. 变压器后备保护中相间阻抗保护、接地阻抗保护的阻抗元件接线方式及实现方法有什么区别？
3. 变压器相间阻抗保护的零度接线可以反应哪些故障类型？
4. 变压器零序过流保护的基本原理及作用是什么？

【相关知识】

一、变压器其他保护的基本原理

变压器整组功能中除了学习项目七中任务一及任务二的保护外，还包括阻抗保护、零序（方向）过电流保护、反时限零序过电流保护、间隙保护、非全相保护、过励磁保护及告警功能。下面重点介绍变压器阻抗保护及零序（方向）过电流保护的基本原理及测试方法。

（一）变压器阻抗保护基本原理

当电流、电压保护不能满足灵敏度要求时，或根据网络保护间配合的要求，变压器的相间故障保护可采用阻抗保护。阻抗保护通常用于 $330\sim500$kV 大型升压变压器、联络变压器及降压变压器，作为变压器引线、母线、相邻线路相间故障后备保护。阻抗特性为具有偏移特性的阻抗圆，偏移阻抗圆方向可整定。当将反向偏移整定值整定为 100％ 时，阻抗保护为全阻抗保护。一般情况下，高压侧的低阻抗保护一般设置 I 段两个时限。中压侧的低阻抗保护，通常设置 II 段或 III 段。而对于发电机变压器组低阻抗保护既可以装在变压器低压侧，也可以装在高压侧。目前的保护装置均可配置三段，每段三时限，跳闸逻辑可在线整定。TA 正极性在母线侧，定值中的指向均以此极性为基准。通常，阻抗保护通常做成零度接线的相间阻抗保护。其引入的电压、电流分别为 $\dot{U}_{ab}$、$\dot{I}_{ab}$，$\dot{U}_{bc}$、$\dot{I}_{bc}$，$\dot{U}_{ca}$、$\dot{I}_{ca}$，构成三个相间低阻抗元件。

1. 动作方程

TV 二次断线时，相应的相间阻抗保护被闭锁，如果本侧 A 相出现 TV 断线，那么闭锁 AB 和 AC 相间阻抗，而不闭锁 BC 相间阻抗。

阻抗元件动作特性如图 7 - 20 所示，阻抗方向指向变压器。Z_p 为阻抗元件正向阻抗，Z_n 为阻抗反向阻抗，φ 为阻抗角。

相间阻抗动作条件：①相间阻抗 Z_{AB}、Z_{BC}、Z_{CA} 中任一阻抗值落在阻抗圆中；②TV 未断线、未失压。

一般阻抗元件的动作特性为阻抗复平面上的一个偏移阻抗圆，其动作方程满足

$$Z_{ab}（或 Z_{bc} 或 Z_{ca}）\leqslant Z_{op}$$
$$I_{ab}（或 I_{bc} 或 I_{ca}）\geqslant nI_N$$

式中　Z_{ab}、Z_{bc}、Z_{ca}——相间阻抗元件，$Z_{ab}=U_{ab}/I_{ab}$，
　　　　　　　　　　　　$Z_{bc}=U_{bc}/I_{bc}$，$Z_{ca}=U_{ca}/I_{ca}$；

　　　　I_{ab}、I_{bc}、I_{ca}——TA 二次间电流；

　　　　Z_{op}——阻抗元件的定值阻抗；

　　　　I_N——相间阻抗保护安装侧的二次额
　　　　　　　　定电流。

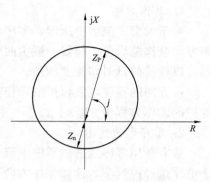

图 7-20　阻抗元件动作特性

2. 逻辑框图

变压器相间阻抗保护的逻辑框图如图 7-21 所示。

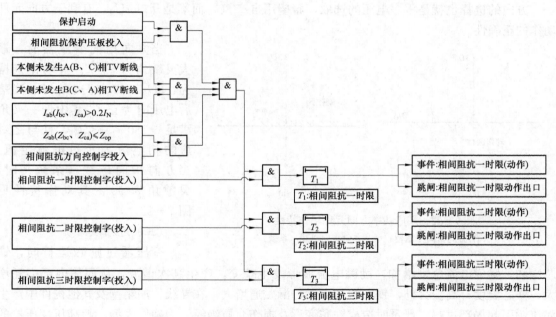

图 7-21　相间阻抗保护逻辑框图

（二）零序过电流及零序方向过电流保护

110kV 及以上变压器，在大电流系统侧应设置反应接地故障的零序电流保护。有两侧接大电流系统的三绕组变压器及三绕组自耦变压器，其零序电流保护应带方向，组成零序电流方向保护。

双绕组或三绕组变压器的零序电流保护的零序电流，可取自中性点 TA 二次，也可由本侧 TA 二次三相电流自产。零序功率方向元件的接入零序电压，可以取自本侧 TV 三次（即开口三角形）电压，也可由本侧 TV 二次三相电压自产。在微机型保护装置中，零序电流及零序电压大多是自产，因为有利于确定功率方向元件动作方向的正确性。

1. 动作方程

对于大型三绕组变压器，零序电流保护可采用三段，其中 I 段及 II 段带方向，第 III 段不带方向兼作总后备。每段一般由两级延时，以较短的延时缩小故障影响的范围或跳某侧断路器，以较长的延时切除变压器。

带方向的零序电流保护的动作方程为 $3I_0 \geq I_{opl}$，且方向指向正确。不带方向的零序电流保护的动作方程为 $3I_0 \geq I_{opl}$。

2. 零序电流选取

若有专用零序通道的零序电流，在零序方向过电流保护或者是零序过电流保护中均有一个电流选择控制字，比如零序方向过电流保护的"零序方向 I 段电流选择"有两个选项：其一为"自产 $3I_0$"；其二为"专用通道 $3I_0$"。方向的选择也就是零序电压的选取，希望用自产 $3U_0$ 而不是开口 $3U_0$，有利于方向元件动作的正确性。

3. 方向元件

各段带方向的零序过电流保护均可经方向控制控制字来决定保护是否经方向闭锁，如方向控制设为不带方向时，则此段保护变为单纯的零序过电流保护。

方向的选择也就是零序电压的选取，希望用自产 $3U_0$ 而不是开口 $3U_0$，有利于方向元件动作的正确性。

当方向指向变压器时，最大灵敏角为 $-90°$。其动作判据为：$3U_0 \sim 3I_0$ 的夹角（电流落后电压时为正），其中任一夹角满足 $-180° < \varphi < 0°$，且与之对应的相电流大于过电流定值。当方向指向母线（系统）时，灵敏角为 $90°$。其动作特性见图 7-22。

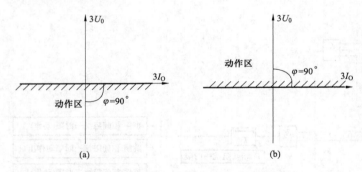

图 7-22 零序功率方向元件动作特性
(a) 方向指向变压器；(b) 方向指向母线（系统）

（三）过励磁保护

变压器过励磁运行时，铁芯饱和，励磁电流急剧增加，励磁电流波形发生畸变，产生高次谐波，从而使内部损耗增大、铁芯温度升高。另外，铁芯饱和之后，漏磁通增大，在导线、油箱壁及其他构件中产生涡流，引起局部过热。严重时造成铁芯变形及损伤介质绝缘。为确保大型、超高压变压器的安全运行，设置变压器过励磁保护非常必要。

1. 过励磁保护的作用原理

变压器运行时，其输入端的电压为

$$U = 4.44 fWSB$$

式中　U——电源电压；

　　　W——一次绕组的匝数；

　　　S——变压器铁芯的有效截面积；

　　　f——电源频率；

　　　B——铁芯中的磁密。

由于绕组匝数 W 及铁芯截面积 S 均为定数，故将上式简化成

$$B = KU/f$$

式中　K——常数，$K = 1/(4.44WS)$。

由上式可以看出，运行时变压器铁芯中的磁密与电源电压成正比，与电源的频率成反比，即电源电压的升高或频率的降低，均会造成铁芯中的磁密增大，进而产生过励磁。变压器及发电机的过励磁保护就是根据上述原理构成的。

在变压器过励磁保护中，采用了一个重要的物理量，称为过励磁倍数。设过励磁的倍数为 n，它等于铁芯中的实际磁密 B 与工作磁密 B_N 之比，即

$$n = \frac{B}{B_N} = \frac{U/f}{U_N/f_N}$$

式中　B，B_N——变压器铁芯磁通密度的实际值和额定值；

　　　f，f_N——实际频率和额定频率。

　　　n——过励磁倍数；

　　　U，U_N——加在变压器绕组的实际电压和额定电压。

变压器过励磁时，$n > 1$，n 值越大，过励磁倍数越高，对变压器的危害越严重。

在微机变压器保护装置中，直接利用计算辅助 TV 二次电压值对电压频率之比来测量过励磁倍数。

2. 动作方程

理论分析及运行实践表明：为有效保护变压器，其过励磁保护应由定时限和反时限两部分构成。定时限保护动作后作用于报警信号；反时限保护动作后去切除变压器。动作方程是

$$n > n_{opI}, n > n_{opH}$$

式中　n——测量过励磁倍数；

　　　n_{opI}——过励磁元件动作定时限启动倍数值；

　　　n_{opH}——过励磁元件动作反时限启动倍数值。

装置设定时限告警和反时限跳闸，反时限动作特性为八段式折线与过励磁动作特性曲线拟合，其反时限特性曲线上的各点，可以根据要求随意整定，其标准特性曲线如图 7-23 所示。

（四）间隙零序过电流过压保护

超高压电力变压器，均系半绝缘变压器，即位于中性点附近变压器绕组部分对地绝缘比其他部位弱，中性点的绝缘容易被击穿，因而配备中性点的间隙保护。

1. 原理接线

间隙保护的作用是保护中性点不接

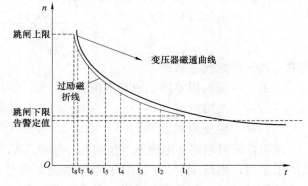

图 7-23　反时限过励磁保护动作特性曲线

地变压器中性点的绝缘安全。在变压器中性点对地之间安装一个击穿间隙。在变压器不接地运行时，若因某种原因变压器中性点对地电压升高到不允许值时，间隙击穿，产生间隙电流。另外，当系统发生故障造成全系统失去接地点时，接地故障时母线 TV 的开口三角形绕

组两端将产生很大的 $3U_0$ 电压。变压器间隙保护是用流过变压器中性点的间隙电流及 TV 开口三角形电压作为危机中性点安全判据来实现。

2. 动作方程

间隙保护的动作方程为

$$3I_0 \geqslant I_{0op}$$
$$或\ 3U_0 \geqslant U_{0op}$$

式中　$3I_0$——流过击穿间隙的电流（二次值）；

　　　$3U_0$——TV 开口三角形电压；

　　　I_{0op}——间隙保护动作电流；

　　　U_{0op}——间隙保护动作电压。

当间隙电流或 TV 开口电压大于动作值时，保护动作，经延时切除变压器。

（五）非全相保护

当某侧分相断路器某相拒跳（检测到断路器位置不对应）时，再检测到同时相应侧有一定的零序电流或负序电流，保护动作出口跳本侧断路器或变压器各侧断路器。本保护仅适用于分相跳闸的断路器。

电流元件判据：$3I_0 > I_{n0.set}$ 或 $3I_2 > I_{n2.set}$。

式中：$3I_0$——零序电流，由三相电流在软件中自产 $3I_0 = I_a + I_b + I_c$；

　　　I_{n0}——非全相零序过电流定值；

　　　I_2——负序电流，由三相电流在软件中自产 $3I_2 = I_a + \alpha^2 I_b + \alpha I_c$；

　　　I_{n2}——非全相负序过电流定值。

断路器位置判据：三相位置不对应的空触点。

（六）反时限零序过电流保护

反时限保护元件是动作时限与被保护线路中电流大小自然配合的保护元件，当电流大时保护动作时限短，而当电流小时动作时限长，可同时满足速动性和选择性的要求。反时限零序过流保护元件采用的反时限曲线公式如下

$$t = \frac{0.14}{\left(\dfrac{I}{I_p}\right)^{0.02} - 1} T_p$$

式中　T_p——时间系数；

　　　I_p——反时限零序电流基准值；

　　　I——故障电流；

　　　t——跳闸时间。

说明：反时限零序电流基准值可以小于 0.1A，保护最小动作值为反时限零序电流基准值的 1.1 倍，当前 $3I_0$ 小于反时限零序电流基准值的 1.1 倍且大于反时限零序电流基准值时，保护延时 90s 发反时限零序过电流告警信号。

（七）告警功能及其他辅助保护

1. 低电压零序过电压保护

由于 220kV 及以上变压器低压侧常为不接地系统，装置装设有一段零序过电压保护作为变压器低压侧接地故障保护，只发告警信号不跳闸。

低压侧零序过电压的动作判据是

$$3U_0 > U_{0set}$$

式中　$3U_0$——变压器低压一侧开口三角形电压；

　　　U_{0set}——变压器低压一侧零序过电压定值。

2. 过负荷保护

过负荷保护可装设在高、中、低侧及公共绕组侧。由于过负荷电流在大多数情况下是三相对称的，因此过负荷保护可以仅接在一相电流上。对于双绕组变压器，防止由于过负荷而引起异常高电流的过负荷保护通常装设在被保护变压器电源侧。

在有值班人员经常监视变压器的情况下，过负荷保护装置通常作用于信号。对没有值班人员监视而又可能长期过负荷的变压器，必要时过负荷保护可动作于断路器跳闸。不论装置是否处于启动状态均可以发过负荷告警信号，提醒运行人员及时调整变压器运行方式。有控制字可进行过负荷保护的投退。

过负荷的动作判据是

$$I_a（或 I_b 或 I_c） > I_L$$

式中　I_a、I_b、I_c——变压器各侧三相电流；

　　　I_L——变压器各侧过负荷定值。

3. 过负荷启动风冷

本保护反应变压器的负荷情况，监测变压器高、中压侧及公共绕组侧三相电流。

启动风冷的动作判据是

$$I_a（或 I_b 或 I_c） > I_L$$

式中　I_a、I_b、I_c——变压器各侧三相电流；

　　　I_L——变压器各侧过启动风冷定值。

4. 过负荷闭锁调压

本保护反应变压器的负荷情况，监测变压器高、中压侧及公共绕组侧三相电流。

闭锁调压的动作判据是

$$I_a（或 I_b 或 I_c） > I_L$$

式中　I_a、I_b、I_c——变压器各侧三相电流；

　　　I_L——变压器各侧过闭锁调压定值。

5. TV 二次异常判别

电压断线闭锁保护，是为了防止电压回路故障或某些原因造成失压后，引起阻抗元件等误动作。由电流构成的启动元件不受 TV 断线的影响，它可以在失压过程中起可靠闭锁作用。有了电流启动元件，仍需带 20ms 的延时闭锁。如果失压后不闭锁保护，当外部短路故障时，启动元件启动，就可能会造成阻抗元件等的误动作。

用启动元件反闭锁 TV 断线，而不用本侧的开口三角形的 $3U_0$ 反闭锁，这是由于正常时开口 $3U_0 = 0$，很难监视，万一 $3U_0$ 回路断线，如电压切换回路切换触点接触不良，系统真正发生不对称故障时，将不能反闭锁，断线闭锁将闭锁保护而不能跳闸，后果严重。

（1）TV 二次断线判据。在 TV 断线控制字投入及装置在不启动情况下的判据：自产零

序电压 $3U_0$ 大于 20V，单相电压小于 20V，则判 TV 断线；三相电压均小于 10V，判三相失压。

在 TV 断线控制字投入及装置在启动情况下的判据：这时候维持前一时刻装置的 TV 断线情况。

（2）TV 二次断线闭锁情况。TV 断线必须在 TV 断线控制字投入的情况下才能发断线告警信号以及起到闭锁功能，瞬时闭锁延时发信号。

三相电压恢复正常之后，TV 断线信号立即复归，同时解除 TV 断线闭锁功能。

二、变压器其他保护功能的测试方法及案例

（一）变压器阻抗保护测试

微机型主设备保护的试验方法有两种，一种是过去惯用的稳态试验方法，另一种是故障模拟法。稳态试验法的优点：可以比较精确地对被试保护各种参数、性能进行校验及测量描述，以便确定保护的最佳工作状态。故障模拟法只能粗略地验证保护的定值及是否能执行规定的功能。

对于只由相电流突变量启动的微机型保护装置，对低阻抗保护的校验只能采用故障模拟法。而对于具有零序越限及其他方式（除突变量以外）启动的保护装置，对低阻抗保护的校验，最好采用稳态试验方法。

以 SGT756 型装置为例介绍其试验方法。

（1）试验条件。选择控制字，退出 TV 断线闭锁。另外，校 Z_{AB} 时，对装置加 I_{AB} 电流及 U_{AB} 电压，校 Z_{BC} 时，对装置加 I_{BC} 电流及 U_{BC} 电压，校 Z_{CA} 时，对装置加 I_{CA} 电流及 U_{CA} 电压。试验接线如图 7-24 所示。

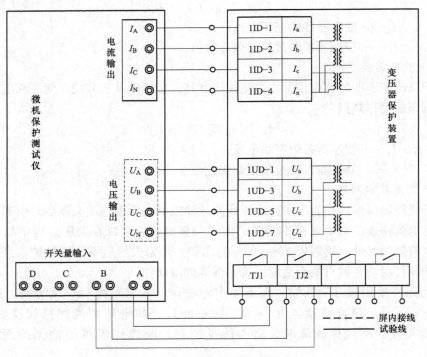

图 7-24　阻抗保护接线

（2）欲校阻抗圆的设定。设欲校阻抗圆为一个具有偏移度的方向阻抗圆，如图 7-25 所示。图 7-25 中，R_{dz} 为电阻定值，X_{dz} 为电抗定值；Z_{py} 为反向偏移百分比，$Z_{py} = -kZ_{py}$，k 为反向偏移系数。

注意：TV 断线闭锁阻抗保护。做阻抗试验时至少有一相电流要大于变压器本侧额定电流值。

（3）动作阻抗圆特性校验。保持外加电流等于 1A，按图 7-26 与图 7-27 进行设置，故障类型选择 AB 间、BC 相间、AC 相间阻抗，特性形状为圆特性，整定值为 16.72Ω，灵敏角为 80°。

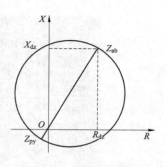

图 7-25 欲校阻抗圆

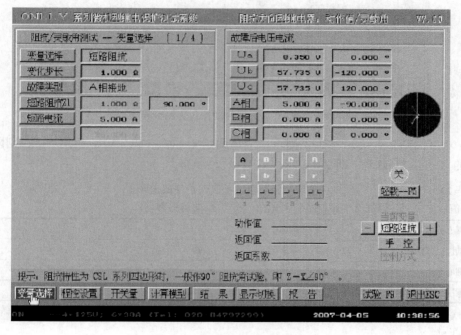

图 7-26 阻抗继电器校验界面

高压侧相间阻抗 I 段保护测试记录见表 7-23。

$$阻抗圆心\ Z_o = \frac{(1-N\%)Z_s}{2}$$

$$阻抗圆半径\ Z_r = \frac{(1+N\%)Z_s}{2}$$

$$测量阻抗\ Z = Z_o + Z' = \frac{U}{2I}$$

其中 $Z' = Z_r \angle \alpha$ 定义为阻抗圆上任一点对阻抗圆圆心的阻抗，故给定 α 值可得 Z 值。

TA 二次电流为 1A 时，固定 $I=0.5A$，相角 $=0°$，则阻抗圆上任一点的 Z 可由 U 确定，即 $Z=U$；TA 二次电流为 5A 时，固定 $I=2.5A$，相角 $=0°$，则阻抗圆上任一点的 Z 可由 U 确定，即 $Z=U/5$。

注意：

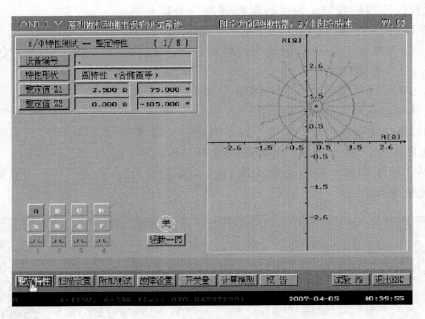

图 7 - 27　阻抗特性动作边界测试界面

（1）对（圆心）$\alpha=180°\sim330°$测点，应该固定 $I=1A$（或 2A），相角$=0°$；则阻抗圆上任一点的 Z 可由 U 确定，即 $Z=U/2$（或 $U/4$）。

表 7 - 23　　　　　　　　　　　高压侧相间阻抗 I 段保护测试记录

整定值：　　　　　阻抗值$=\underline{16.72}\Omega$，灵敏角$=\underline{80}°$，反向偏移率$=\underline{1}$。

（圆心）α	0°	30°	60°	90°	120°	150°
测量阻抗（Ω）	16.71	16.72	16.73	16.72	16.74	16.72
（圆心）α	180°	210°	240°	270°	300°	330°
测量阻抗（Ω）	16.68	16.68	16.69	16.70	16.70	16.72

□延时及出口
信号继电器___√___

	延时设定（ms）	延时实测（ms）	跳闸继电器	压板
一时限	1400	1423	正确动作	投入
二时限	1700	1721	正确动作	投入
三时限	2000	2022	正确动作	投入
四时限	10000	10024	正确动作	投入

（相间/接地）全阻抗_ I _段保护定值检验

相别	Z_{zd}	$0.95Z_{zd}$	$1.05Z_{zd}$
A	16.72	动作	不动作
B	16.72	动作	不动作
C	16.72	动作	不动作

结论：正确

常见问题：

1）阻抗保护拒动：①没有故障前时间、TV 断线闭锁了保护；②故障电流比本侧额定电流值小；③应该固定试验电流，使用变电压的方式做试验，如果固定阻抗，则可能使故障电流变化后小于本侧额定电流不能动作。

2）接地阻抗保护精度不够：①阻抗平面中反向偏移（零序补偿）系数与装置中整定的反向偏移（零序补偿）系数不一致；②设置定值时需要注意合适，防止计算后电压过高，大于额定电压值，不符合实际运行情况。

（二）零序过电流及零序（方向）过电流保护测试

注意事项：试验前要先弄清该版本的是否有零序电压闭锁逻辑及零序电流的获得方式为相电流自产还是单独零序通道。

1. 试验接线及设置

试验接线如图 7-28 所示。将继电保护测试仪的 A 相电流输出接至变压器保护高压侧电流输入端子，B 相电流输出接至高压侧零序电流输入端子。A 相电压输出接至变压器保护高压侧电压输入端子，B 相电压输出接至高压侧零序电压输入端子。投入需测试的零序方向过电流保护控制字，按照定值投入方向元件及指向，投入零序方向过电流保护功能硬压板。

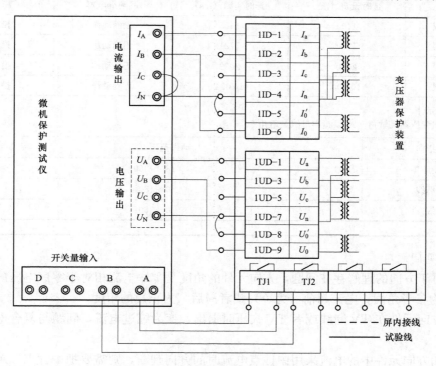

图 7-28　零序（方向）保护接线

试验前可打印或记录零序方向过电流保护定值，试验假设高压侧零序方向过电流保护投入 I 段，I 段方向元件控制字投入，且方向元件最大灵敏角为 75°，方向指向系统，零序过电流保护定值为 4A，整定跳闸矩阵动作时间 $t_1 = 0.5s$ 跳母联，$t_2 = 1s$ 跳本侧。零序电压闭锁值为 6V，零序电压功能投入。方向采用自产零序电流和自产零序电压，零序过电流元件采用外接零序电流。

2. 保护逻辑

（1）零序过电流保护直接判本侧零序电流，但需注意是否经零序电压闭锁。

（2）零序方向过电流保护方向元件由独立通道或相电流自产零序电流（通道选择由控制字决定）及相电压自产零序电压的夹角构成。

（3）零序方向过电流保护方向元件实验时，单独加单相电流单相电压用来判别方向，一个大于零序方向电流定值的电流加到零序电流通道上（如过电流定值采用自产则不需要这个电流量）。其反方向动作区（指向系统）为 $-15° < \varphi < 165°$，最大灵敏角为 75°。

高压侧零序（方向）过电流 I 段测试记录见表 7 - 24。

表 7 - 24　　　　　　　高压侧零序（方向）过电流 I 段测试记录

☐ 零序过电流定值

电流设定值	实际动作值	误差
$I_{\text{set}} = \underline{\ 2.69A\ }$	$I_{\text{op}} = \underline{\ 2.71A\ }$	$\underline{\ 0.5\%\ }$

☐ 延时及出口
信号继电器　√

	延时设定（ms）	延时实测（ms）	跳闸继电器	压板
一时限	1400	1423	正确动作	投入
二时限	1700	1721	正确动作	投入
三时限	2000	2022	正确动作	投入
四时限	10 000	10 024	正确动作	投入

☐ 方向元件
注：指向变压器灵敏角 $-90°$，指向母线灵敏角 90°

指向	动作范围（°）
变压器	180～360
母线	0～180
不带方向	0～360

3. 常见问题

（1）对于方向的理解存在问题，方向元件的角度是零序电流相对于零序电压的夹角，是以电压作为参考角后，电流超前（为负）或者滞后（为正）的角度。

（2）方向元件在 TV 断线或者 TV 失压时退出，变为纯过电流，问题与复合电压方向过电流一样。

（3）如方向元件中的电流采用中性点电流时的方向判断，则需要把中性点 TA 的极性接在变压器侧。

（三）间隙零序过流过压保护测试

1. 试验接线及设置

将继电保护测试仪的一相电流输出（如 A 相电流）接至变压器保护高压侧间隙电流输入端子，一相电压输出（如 A 相电压）接至变压器保护零序电压输入端子，另将变压器保护的跳高压侧的一对跳闸触点 TJ1 接到测试仪的任一开关量输入端，用于进行自动测试。试验接线如图 7 - 29 所示。投入需测试的间隙保护控制字，投入间隙保护功能硬压板。

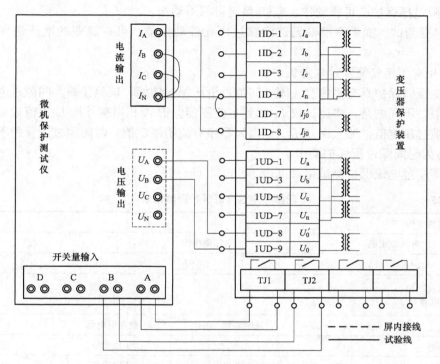

图 7 - 29　间隙过流过压保护

试验前可打印或记录间隙保护定值，试验假设高压侧间隙保护投入，间隙过电流保护定值为 5A，零序过电压保护动作定值为 180V，动作时间 $t=0.5s$。间隙过电流保护和零序过电压保护一般相对独立，两者任一元件动作，经过动作延时跳变压器各侧。

2. 间隙过电流元件检验

间隙过电流元件的检验可采用定点测试或递变方式进行测试。

（1）定点测试。可选用测试仪的手动测试模块（或任意测试模块）、状态序列模块或整组试验模块进行试验。操作测试仪使 A 相电流输出分别为 5.25A（1.05 倍）、4.75A（0.95）倍定值，输出时间大于间隙过电流保护出口动作时间（可设置为 1s），则 1.05 倍间隙电流保护应可靠动作，0.95 倍应可靠不动作。

（2）递变测试。如果需准确测试间隙电流元件动作值，可在递变的电流递变菜单进行测试。

3. 间隙零序过电压保护

间隙零序过电压元件的检验可采用定点测试或递变方式进行测试。由于实际零序过电压保护定值为 180V，其值较高，测试仪单相电压一般最高为 120V，因此可采用输出两相电压利用相间电压最高可到 240V，如测试条件不具备，仅对逻辑进行检验则可采用临时修改定值的方式。

（1）定点测试。可选用测试仪的手动测试模块（或任意测试模块）、状态序列模块或整组试验模块进行试验。操作测试仪使 A 相电压和 B 相电压输出分别为 94.5V，相位相反，

则 U_{AB} 为 189V（1.05 倍）；使 A 相电压和 B 相电压输出分别为 85.5V，相位相反，则 U_{AB} 为 171V（0.95）倍定值，输出时间大于间隙过电压保护出口动作时间（可设置为 1s），则 1.05 倍间隙过压保护应可靠动作，0.95 倍应可靠不动作。

（2）递变测试。如果需准确测试间隙过压元件动作值，可在递变的电压递变菜单进行测试。

4. 零序有流闭锁间隙过电压保护

一些变压器保护具有零序有流闭锁间隙过电压保护功能，试验接线与间隙过电压保护试验接线类似，不同的是，将测试仪 I_A 移到主变压器保护 A 相串接外接 I_0 电流通道，加入电压大于间隙过压定值，加入 1.05I_{0zd}（I_{0zd} 为零序有流闭锁定值）时间隙过压保护不动作；加入 0.95I_{0zd} 为时间隙过压保护动作。

间隙零序过电流保护测试记录见表 7 - 25。

表 7 - 25   间隙零序过电流保护测试记录

□ 过电流定值		
电流设定值	实际动作值	误差
$I_{set}=$　2.00A	$I_{op}=$　1.99A	0.5％

□ 延时及出口
信号继电器 ____ ✓

	延时设定（ms）	延时实测（ms）	跳闸继电器	压板
一时限	500	522	正确动作	投入
二时限	1000	1021	正确动作	投入
三时限	1500	1521	正确动作	投入

间隙零序过电压
□ 过电压定值

电压设定值	实际动作值	误差
$I_{set}=$　180.00V	$I_{op}=$　181.00V	0.5％

□ 延时及出口
信号继电器 ____ ✓

	延时设定（ms）	延时实测（ms）	跳闸继电器	压板
一时限	500	522	正确动作	投入
二时限	1000	1021	正确动作	投入
三时限	1500	1521	正确动作	投入

学 习 项 目 总 结

通过本项目的学习及工作任务实施，使学生能够以主流的微机型变压器保护装置为载体，通过完成比率制动差动保护特性测试、复合电压闭锁过电流保护测试及整组测试的具体工作任务，引导学生独立完成微机型变压器保护装置调试的相关检验内容，使学生具备对微机型变压器保护装置标准化检验的能力。

复习思考题

1. 简述 330kV 电压等级的变压器保护类型及配置。
2. 差动保护的相位平衡是如何实现的?
3. 差动保护的励磁涌流闭锁主要采用哪些方法?
4. 为什么要设置变压器差动速断保护?
5. 复合电压闭锁的过电流保护由哪几部分组成?
6. 如何进行交流回路的检验?
7. 复合电压闭锁过电流保护需要校验哪些定值? 如何校验?
8. 变压器保护装置调试工作前主要准备哪些仪器、仪表及工具?
9. 编写微机型变压器保护装置调试典型现场工作安全技术措施票。
10. 如何进行差动电流、比率制动系数、二次谐波制动系数、差动速断电流定值校验?
11. 变压器带负荷测试核对哪些内容?

学习项目八

母 线 保 护 装 置 测 试

【学习项目描述】

通过该项目的学习，能掌握母线差动保护和母联保护及断路器失灵保护的原理，能利用继电保护测试仪对母线比率制动差动保护特性及复合电压闭锁功能、母联保护、断路器失灵保护进行测试，能对母线保护元件特性、功能进行测试，能对母线保护装置进行整组测试。

【学习目标】

通过学习和实践，学生能够熟练使用继电保护测试仪对母线保护装置进行测试。熟悉母线保护装置测试工艺和测试方法。能制订测试方案对母线保护装置进行测试，能做测试数据记录、测试数据分析处理。能对母线保护装置二次回路出现的故障进行正确分析和排查。学生应具有制订学习和工作计划的能力，具有查找资料的能力，能对文献资料进行利用与筛查，具有初步的解决问题的能力，具有独立学习继电保护技术领域新技术的初步能力，具有评估工作结果的能力，具有一定的分析与综合能力。

【学习环境】

继电保护测试实验实训室应配置有母线保护装置 10 套、继电保护测试仪器仪表 10套、平口螺丝刀和十字螺丝刀各 50 个、投影仪 1 台、计算机 1 台。

注：每班学生按 40～50 人计算，学生按 4～5 人一组。学生可以交叉互换完成学习任务。

任务一　母线比率制动差动保护特性及复合电压闭锁测试

【学习目标】

通过任务一的学习和实践，学生应能看懂继电保护逻辑图及二次回路图，能正确使用继电保护测试仪器仪表及利用母线比率制动差动保护原理、逻辑框图等知识对母线比率制动差动保护特性及复合电压闭锁进行测试，能做测试数据记录，能对测试数据分析处理，能对母线差动保护装置二次回路出现的简单故障进行正确分析和排查。

【任务描述】

以小组为单位，做好工作前的准备，制订母线比率制动差动保护特性及复合电压闭锁的测试方案，完成母线差动保护特性的测试和分析，填写试验报告，整理归档。

⊕【任务准备】

1. 任务分工

工作负责人：＿＿＿＿＿＿＿＿＿　　　调试人：＿＿＿＿＿＿＿＿＿

仪器操作人：＿＿＿＿＿＿＿＿＿　　　记录人：＿＿＿＿＿＿＿＿＿

2. 试验用工器具及相关材料（见表 8-1）

表 8-1 试验用工器具及相关材料

类别	序号	名　称	型号	数量	确认（√）
仪器仪表	1	微机试验仪		1套	
	2	数字式万用表		1块	
	3	绝缘电阻表		1块	
	4	钳形电流表		1块	
消耗材料	1	绝缘胶布		1卷	
	2	打印纸等		1包	
图纸资料	1	保护装置说明书、图纸、调试大纲、记录本		1套	
	2	最新定值通知单等		1套	

3. 危险点分析及预控（见表 8-2）

表 8-2 危险点分析及预控措施

序号	工作地点	危险点分析	预控措施	确认签名
1	开关辅助保护柜	误跳闸	1）工作许可后，由工作负责人进行回路核实，核对图纸和各类保护之间的关系，确认二次工作安全措施票所列内容正确无误。 2）严格执行二次安全措施票，对可能误跳运行设备的二次回路进行隔离，并对所拆二次线用绝缘胶布包扎好	
		误接线	1）认真执行二次工作安全措施票，对所拆除接线做好记录。 2）依据拆线记录恢复接线，防止遗漏。 3）由工作负责人或由其指定专人对所恢复的接线进行检查核对。 4）必要时二次回路可用相关试验进行验证	
2	保护屏和户外设备区	误整定	严格按照正式定值通知单核对保护定值，并经装置打印核对正确	
		人身伤害	1）防止电压互感器二次反送电。 2）进入工作现场必须按规定佩戴安全帽。 3）登高作业时应系好安全带，并做好监护。 4）攀登设备前看清设备名称和编号，防止误登带电设备，并设专人监护。 5）工作时使用绝缘垫或戴手套。 6）工作人员之间做好相互配合，拉、合电源开关时发出相应口令；接、拆电源必须在拉开的情况下进行；应使用完整合格的安全开关，装配合适的熔丝	

4. 二次安全措施票（见表8-3）

表8-3 二次安全措施票

被试设备名称					
工作负责人		工作时间		签发人	

工作内容：

工作条件：停电

安全措施：包括应打开及恢复压板、直流线、交流线、信号线、联锁线和联锁开关等，按工作顺序填用安全措施。已执行，在执行栏打"√"。已恢复，在恢复栏打"√"

序号	执行	安全措施内容	恢复
1		确认所工作的母线保护装置已退出运行，检查全部出口压板确已断开	
2		从母线保护屏端子排上断开启动失灵保护的连线	
3		从母线保护屏端子排上断开重合闸的放电线	
4		从母线保护屏端子排上断开高频保护停信的连线	
5		从母线保护屏端子排上断开母线保护的跳闸线	
6		从母线保护屏的端子排上可靠短接运行中的交流电流二次回路，检查运行中的电流互感器不失去接地点	
7		拆除交流电压回路接线，注意N线也应与运行部分可靠断开，检查运行中的其他设备不失去电压	
8		断开信号电源线	
9		外加交直流回路应与运行回路可靠断开	

〰 【任务实施】

测试任务见表8-4。

表8-4 母线比率制动差动保护特性及复合电压闭锁测试

一、制订测试方案	二、按照测试方案进行试验
1. 熟悉图纸及保护装置说明书	1. 测试接线（接线完成后需指导教师检查）
2. 学习本任务相关知识，参考本教材附录中相关规程规范、继电保护标准化作业指导书，本小组成员制订出各自的测试方案（包括测试步骤、试验接线图及注意事项等，应尽量采用手动测试）	2. 在本小组工作负责人主持下按分工进行本项目测试并做好记录，交换分工角色，轮流本项目测试并记录（在测试过程中，小组成员应发扬吃苦耐劳、顾全大局和团队协作精神，遵守职业道德）
3. 在本小组工作负责人主持下进行测试方案交流，评选出本任务执行的测试方案	3. 在本小组工作负责人主持下，分析测试结果的正确性，对本任务测试工作进行交流总结，各自完成试验报告的填写
4. 将评选出本任务执行的测试方案报请指导老师审批	4. 指导老师及学生代表点评及小答辩，评出完成本测试任务的本小组成员的成绩

本学习任务思考题
1. 分析母线比率制动差动保护的原理。
2. 母线差动保护为什么要采用复合电压闭锁？
3. 母线保护屏端子排上交流电流回路和交流电压回路所连的端子号是多少？

【相关知识】

一、母线的故障异常及保护配置

（一）概述

发电厂和变电站的母线是电力系统中重要的电气设备之一，在母线上连接着发电机、变压器、输电线路、配电线路等设备，母线工作的可靠性将直接影响到发电厂和变电站的可靠性。与输电线路故障相比，母线故障的几率很小，但确是电气设备最严重的故障之一，所造成的后果也十分严重。当母线上发生故障时，将使连接在故障母线上的所有元件在修复故障母线期间或转换到另一组无故障的母线上运行以前被迫停电。此外，在电力系统中枢纽变电站的母线故障时，将会引起事故扩大，还可能破坏电力系统的稳定运行，甚至造成整个电力系统瓦解。

根据 GB/T 14285《继电保护及安全自动装置技术规程》，下列情况下均应装设专门的母线保护。

（1）在 110kV 双母线和 220kV 及以上母线上，为保证快速地有选择性地切除任一组（或段）母线上发生的故障，而另一组（或段）无故障的母线仍能继续运行，应装设专用的母线保护。对于 3/2 断路器接线的每组母线应装设两套母线保护。

（2）110kV 及以上单母线，重要发电厂的 35kV 母线或高压侧为 110kV 及以上的重要降压变电站的 35kV 母线，按照系统的要求必须快速切除母线上的故障时，应装设专用的母线保护。

（二）母线的故障、不正常工作状态及其相应的保护

1. 母线保护需考虑的特殊问题

母线保护作为继电保护的一种，同样应满足继电保护的四项基本要求，即可靠性、选择性、灵敏性、快速性。在设计母线保护时，应重点注意以下几个问题：

（1）母线故障对电力系统稳定将造成严重威胁，必须以极快的速度切除，同时为了防止电流互感器饱和使保护误动，也要求保护在故障后几毫秒内电流互感器饱和前就能反应。

（2）母线的运行方式变化较多，倒闸操作频繁，频繁的断路器和隔离开关操作将对母线保护产生过电压和干扰，影响母线保护正常工作或使保护装置损坏。对于应用广泛的微机保护，其抗干扰性能必须得到保证。

（3）母线保护联系的电路很多，比较的电气量很多，各电路的工作状态不同（有电源或无电源，有负载或空载），各被比较电气量的变化范围可能相差很大。另外由于母线保护所连接的电路多，外部故障时，流过故障线路的故障电流很大，可能会造成电流互感器的饱和现象，母线保护必须要采取措施，防止电流互感器饱和引起的误动作。

（4）当母线为双母线接线时，在一条母线上发生短路时应有选择性地切除故障母线，而使健全母线继续运行。由于每一引出线通过隔离开关的切换操作可以连接在任意一条母线上，因此要求母线保护的适应性强，能适应母线的任意连接方式，在母线故障时保证能仅仅切除故障母线。

（5）当母线为多角形母线和 3/2 断路器接线时，在内部短路时可能有电流流出，比较各引出线电流相位原理的母线保护发生拒动，具有制动特性原理的差动保护灵敏性降低。此时要求在内部短路有一定电流流出时母线保护也应能灵敏地动作。

（6）设计母线保护可以不考虑单相高阻接地故障。

2. 母线保护的主要配置

目前广泛应用的微机母线保护装置设有母线差动保护、母联充电保护、母联死区保护、母联失灵保护、母联过电流保护、母联非全相保护、分段失灵保护、启动分段失灵以及断路器失灵保护等功能。

二、母线差动保护原理

为满足速动性和选择性的要求，母线保护基本都是按差动原理构成的。为实现母线差动保护，母线上一般连接着较多的电气元件（如线路、变压器、发电机等），但不管母线上元件有多少，实现差动保护的基本原则仍是适用的。

（1）在正常运行以及母线范围以外故障时，在母线上所有连接元件中，流入的电流和流出的电流相等，或表示为 $\sum \dot{i} = 0$。

（2）当母线上发生故障时，所有与母线连接的元件都向故障点供给短路电流或流出残留的负荷电流，按基尔霍夫电流定律，有 $\sum \dot{i} = \dot{i}_k$（$\dot{i}_k$ 为短路点的总电流）。

母线总差动是指除母联断路器和分段断路器外所有支路电流所构成的差动回路。某段母线的分差动是指该段母线上所连接的所有支路（包括母联和分段开关）电流所构成的差动回路。因总差动的保护范围涵盖了各段母线，因此总差动也常被称为"总差"或"大差"；分差动因其差动保护范围只是相应的一段母线，常被称为"分差"或"小差"。

大差的差动保护范围涵盖了各段母线，大多数情况下不受运行方式的控制；小差受运行方式控制，其差动保护范围只是相应的一段母线，具有选择性。

母线差动保护的特点是母线的运行方式变化大。在最大运行方式下外部短路时穿越性电流可能很大，造成的不平衡电流也很大，在最小运行方式下内部短路时短路电流可能很小，这就使母线差动保护在满足选择性和灵敏性时应注重平衡。

一般母线有多条引出线，假设在某条引线的外部发生故障，其余引线中的电源将对故障点提供短路电流。故障线的电流会很大，等于穿越性故障电流。如果是超高压母线，系统的一次时间常数很大，则故障线的电流互感器会严重饱和，其二次电流在一个周期中将有一段时间降为零，其余各条线的电流互感器甚至可能都无误差。在这种极端情况下，差动保护不平衡电流几乎与穿越性电流相等，如同在母线内部故障，此时差动保护也不应失去选择性。

差动保护的基本原理是在忽略两侧电流互感器误差及励磁电流的前提下提出的，在实际应用中不能忽略电流互感器特性不同的影响，故采用比率制动式的差动保护原理。

（一）比率制动式母线差动保护

目前，国内微机型母线差动保护一般采用完全电流差动保护原理。完全电流差动，指的是将母线上的全部连接元件的电流按相均接入差动回路。决定母线差动保护是否动作的电流量是动作电流（也称差电流、差流）和制动电流（也称和电流、和流）。动作电流是指母线上所有连接元件电流相量和的绝对值，即

$$I_{op} = \left| \sum_{j=1}^{n} \dot{i}_j \right| \qquad (8-1)$$

式中　$\dot{i}_j$——各元件电流二次值（相量）；

　　　I_{op}——动作电流幅值；

　　　n——出线条数。

制动电流是指母线上所有连接元件电流的绝对值之和，即

$$I_{res} = \sum_{j=1}^{n} |\dot{I}_j| \qquad (8-2)$$

式中 I_{res}——制动电流幅值。

复式比率制动式电流差动保护的基本判据为

$$I_{op} \geqslant I_{KD.set} \qquad (8-3)$$

$$I_{op} \geqslant K_{res}(I_{res} - I_{op}) \qquad (8-4)$$

式中 K_{res}——制动系数；

$I_{KD.set}$——差动电流门槛值。

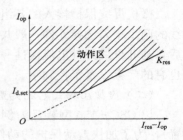

式（8-3）的动作条件是由不平衡差动电流决定的，而式（8-4）的动作条件是由母线所有元件的差动电流和制动电流的比率决定的。在外部故障短路电流很大时，不平衡差动电流较大，式（8-3）易于满足，但不平衡差动电流占制动电流的比率很小，因而式（8-4）不会满足，装置的动作条件由上述两判据通过"与"逻辑输出，提高了差动保护的可靠性，所以当外部故障短路电流较大时，由于式（8-4）使得保护不误动，而内部故障时，式（8-4）易于满足，只要同时满足式（8-3）的差动电流动作门槛，保护就能正确动作，这样提高了差动保护的可靠性。比率制动式电流差动保护动作曲线如图8-1所示，图中 I_{op} 为差动电流，I_{res} 为制动电流，K_{res} 为制动系数。

图 8-1 比率制动式电流
差动保护动作曲线

可见，在拐点之前，动作电流大于整定的最小动作电流时，大差即动作，而在拐点之后，大差差动元件的实际动作电流是按 $(I_{res} - I_{op})$ 成比例增加的。

标准双母线接线母线差动保护的逻辑关系如图8-2所示。

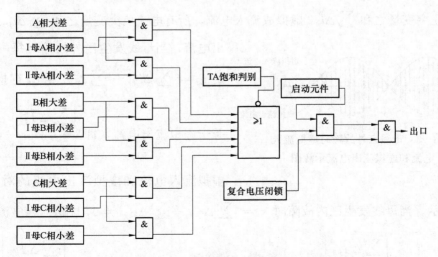

图 8-2 标准双母主接线母线差动保护逻辑框图

对于固定连接式分段母线，如单母分段、3/2断路器等主接线，由于各个元件固定连接在一段母线上，不在母线段之间切换，因此大差电流只作为启动条件之一，各段母线的小差

既是区内故障判别元件，也是故障母线选择元件。

对于双母线、双母线分段等主接线，差动保护使用大差作为区内故障判别元件，使用小差作为故障母线选择元件。即由大差比率元件是否动作来区分区内还是区外故障，当大差比率元件动作时，由小差比率元件是否动作决定故障发生在哪一段母线上。这样可以最大限度地减少由于隔离开关辅助触点位置不对应造成的母差保护误动作。

考虑到分段母线的联络开关断开的情况下发生区内故障时，非故障母线段电流流出母线，影响大差比率元件的灵敏度，因此，大差比率差动元件的比率制动系数可以自动调整。母联开关处于合位时（母线并列运行），大差比率制动系数与小差比率制动系数相同（可整定）；当联络开关处于分位时（母线分列运行），大差比率差动元件自动转用比率制动系数低值（也可整定）。

微机母线保护接入的各组电流互感器极性均要求一致，但母联断路器特殊，由于不同母线的两个小差选择元件一般共用一组电流互感器电流，母联电流与Ⅰ母线元件电流极性一致后，与Ⅱ母线元件电流极性一定相反。因此，有的厂家直接规定了母联断路器电流的极性，也有的厂家设置了控制字。

（二）虚拟比相式电流突变量保护原理

以 CSC - 150 型装置为例（以后如无特殊说明，本章中的装置均指的是 CSC - 150 装置），为了加快差动保护的动作速度，提高重负荷、高阻接地及系统功角摆开时常规比率制动式差动保护的灵敏度，该装置采用了快速虚拟比相式电流突变量保护，该保护和制动系数为 0.3 的高灵敏度常规比率制动原理配合使用。

假设 t 时刻母线系统故障，各支路电流为 i_{1t}，i_{2t}，$\cdots$，i_{nt}，突变量为 Δi_{1t}，Δi_{2t}，$\cdots$，Δi_{nt}，前一周正常负荷电流为 $i_{1(t-T)}$，$i_{2(t-T)}$，$\cdots$，$i_{n(t-T)}$，母线 t 时刻的故障电流为 $i_{kt} = \sum_{j=1}^{n} i_{jt} = \sum_{j=1}^{n} [i_{j(t-T)} + \Delta i_{jt}] = \sum_{j=1}^{n} i_{j(t-T)} + \sum_{j=1}^{n} \Delta i_{jt} = \sum_{j=1}^{n} \Delta i_{jt} = \sum_{j=1}^{n} \Delta i_{jt+} - \sum_{j=1}^{n} \Delta i_{jt-}$。把同一时刻所有电流正突变量之和 $\sum_{j=1}^{n} \Delta i_{jt+}$ 虚拟成流入电流，所有电流负突变量之和 $\sum_{j=1}^{n} \Delta i_{jt-}$ 虚拟成流出电流，当母线发生区外故障时每一时刻均满足 $i_{kt} = \sum_{j=1}^{n} \Delta i_{jt+} - \sum_{j=1}^{n} \Delta i_{jt-} = 0$，虚拟流入电流等于虚拟流出电流，即 $\dfrac{\left| \sum_{j=1}^{n} \Delta i_{jt+} \right|}{\left| \sum_{j=1}^{n} \Delta i_{jt-} \right|} = 1$，此时虚拟流入电流和虚拟流出电流的对应关系如

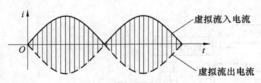

图 8 - 3　母线区外故障时虚拟流入
电流和虚拟流出电流示意图

图 8 - 3 所示。当母线发生区内故障时 $i_{kt} = \sum_{j=1}^{n} \Delta i_{jt+} - \sum_{j=1}^{n} \Delta i_{jt-} \neq 0$，虚拟流入电流不等于虚拟流出电流，即 $\dfrac{\left| \sum_{j=1}^{n} \Delta i_{jt+} \right|}{\left| \sum_{j=1}^{n} \Delta i_{jt-} \right|} \neq 1$，若各支路系统参数一致则满足 $\dfrac{\left| \sum_{j=1}^{n} \Delta i_{jt+} \right|}{\left| \sum_{j=1}^{n} \Delta i_{jt-} \right|} = \infty$ 或

$$\frac{\left|\sum\limits_{j=1}^{n}\Delta \dot{i}_{jt+}\right|}{\left|\sum\limits_{j=1}^{n}\Delta \dot{i}_{jt-}\right|}=0,$$ 若考虑各支路系统参数之间的差

异，则 $$\frac{\left|\sum\limits_{j=1}^{n}\Delta \dot{i}_{jt+}\right|}{\left|\sum\limits_{j=1}^{n}\Delta \dot{i}_{jt-}\right|}>1$$ 或 $$\frac{\left|\sum\limits_{j=1}^{n}\Delta \dot{i}_{jt+}\right|}{\left|\sum\limits_{j=1}^{n}\Delta \dot{i}_{jt-}\right|}<1,$$ 此时虚

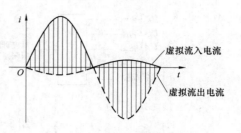

图 8－4　母线区内故障时虚拟
流入电流和虚拟流出电流示意图

拟流入电流和虚拟流出电流的对应关系如图 8－4 所示。因此快速虚拟比相式电流突变量保护的主要判据如下

$$\frac{\left|\sum\limits_{j=1}^{n}\Delta \dot{i}_{jt+}\right|}{\left|\sum\limits_{j=1}^{n}\Delta \dot{i}_{jt-}\right|}\geqslant K \quad 或 \quad \frac{\left|\sum\limits_{j=1}^{n}\Delta \dot{i}_{jt+}\right|}{\left|\sum\limits_{j=1}^{n}\Delta \dot{i}_{jt-}\right|}\leqslant \frac{1}{K}$$

式中　K——大于 1 的常数，该常数根据系统结构和短路容量确定。

（三）TA 变比的自动调整

母线保护因所连接的支路负载情况不同，所选 TA 也不尽相同。CSC－150 型装置根据用户整定的一次 TA 变比自动进行换算，使得二次电流满足基尔霍夫定律。假设支路 1 的 TA 变比为 K_{TA1}，支路 2 的 TA 变比为 K_{TA2}，…，支路 n 的 TA 变比为 K_{TAn}，装置选取最大变比或指定变比作为基准变比 K_{base}，选择完基准变比后，TA 变比的归算方法如下

$$K_{TA1r}=\frac{K_{TA1}}{K_{base}}$$

$$K_{TA2r}=\frac{K_{TA2}}{K_{base}}$$

$$\vdots$$

$$K_{TAnr}=\frac{K_{TAn}}{K_{base}}$$

差动电流和制动电流是基于变换后的 TA 二次相对变比而得的。K_{TA1r}，K_{TA2r}，…，K_{TAnr} 为折算系数。

（四）电压闭锁

装置电压闭锁采用的是复合电压闭锁，由低电压、零序电压和负序电压判据组成，其中任一判据满足动作条件即开放该段母线的电压闭锁元件。当用在大接地系统时，低电压闭锁判据采用的是相电压。当用在小接地电流系统时，低电压闭锁判据采用线电压，并且取消零序电压判据。电压闭锁开放逻辑图见图 8－5。

母线 TV 断线时开放对应母线段的电压闭锁元件，但双母线（分段母线）接线形式在通过母联/分段断路器或其他支路隔离开关双跨互联运行时，若某段母线 TV 断线，电压闭锁元件自动切换使用正常母线段电压决定是否开放电压闭锁。

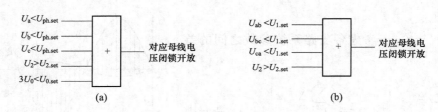

图 8-5　电压闭锁开放逻辑

(a) 大接地电流系统；(b) 小接地电流系统

（五）母线运行方式字的识别

双母线运行的一个特点是操作灵活、多变，但是运行的灵活却给保护的配置带来了一定的困难，常规保护中通过引入隔离开关辅助触点的方法来动态跟踪现场的运行工况，如图 8-6 所示。

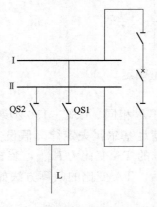

图 8-6　双母线运行方式示意图

L 为连接在双母线上的一条支路，QS1、QS2 是 L 的隔离开关，将 QS1、QS2 辅助触点的状态送到母线保护的开关量输入端子，若用高电平"1"表示开关合上，低电平"0"表示开关断开，则保护可将 L 的运行状态表述见表 8-5。

表 8-5　　　　　　　　　L 的运行状态

QS1	QS2	说　明
0	0	L 停运
0	1	L 运行在 Ⅱ 母线
1	0	L 运行在 Ⅰ 母线
1	1	L 同时运行在 Ⅰ、Ⅱ 母线（倒闸操作）

微机母线保护通过其开关量输入读取各支路状态，形成 Ⅰ 母线运行方式字和 Ⅱ 母线运行方式字，同时辅以电流校验，实时跟踪母线运行方式。装置配备了母线运行方式显示屏，对应于某种运行方式，在电流不平衡时会出现告警，提醒用户进行干预。用户可以根据现场的运行方式选择自动、强合、强分来干预显示屏上每个隔离开关辅助触点，使得运行方式识别准确可靠。装置在支路有电流但其隔离开关辅助触点信号因故消失时可以通过记忆保持正常状态。另外针对因隔离开关辅助触点工作电源丢失而导致的所有隔离开关位置都为 0 的情况，装置能够记忆掉电前的隔离开关位置和母线运行方式字直到开入电源恢复正常为止，使得母线保护在该状态下仍可以正确跳闸。

下面简单介绍双母线不同运行方式下差动电流、制动电流的处理方法，正、负电流突变量之和处理类同。

1. 双母线专用母联方式

双母线专用母联接线如图 8-7 所示。在此种接线下所有支路的 Ⅰ 母隔离开关、Ⅱ 母隔离开关均应作为确定母线运行方式字的输入量，大差差动电流和制动电流均不计及母联电流，各段小差差动电流和制动电流均应根据母联隔离开关辅助触点的状态、母联断路器跳位和母联 TA 的极性计及母联电流。N 单元双母线专用母联差动电流和制动电流表述如下

$$I_{op} = |K_{ml}\dot{I}_{ml} + K_1\dot{I}_1 + \cdots + K_{N-1}\dot{I}_{N-1}|$$

$$I_{res} = |K_{ml}||\dot{I}_{ml}| + K_1|\dot{I}_1| + \cdots + K_{N-1}|\dot{I}_{N-1}|$$

其中 K_{ml} 为母联支路系数；K_1，$\cdots$，K_{N-1} 为非母联支路系数；$\dot{I}_{ml}$，$\dot{I}_1$，$\cdots$，$\dot{I}_{N-1}$ 为经过换算后的一次电流或二次电流。计算大差差动电流和制动电流时 $K_{ml}=0$，$K_1=\cdots=K_{N-1}=1$；计算 I 母差动电流和制动电流时 K_1，$\cdots$，K_{N-1} 根据对应支路运行于 I 母取 1，不运行于 I 母取 0，当母联投入运行时，若母联 TA 极性与 I 母一致则 $K_{ml}=1$，若母联 TA 极性与 II 母一致则 $K_{ml}=-1$，当母联退出运行时 $K_{ml}=0$。而计算 II 母差动电流和制动电流时 K_1，$\cdots$，K_{N-1} 根据对应支路运行于 II 母取 1，不运行于 II 母取 0，当母联投入运行时，若母联 TA 极性与 I 母一致则 $K_{ml}=-1$，若母联 TA 极性与 II 母一致则 $K_{ml}=1$，当母联退出运行时 $K_{ml}=0$。

2. 双母线专用母联专用旁路方式

双母线专用母联专用旁路接线如图 8-8 所示。在这种接线下，所有支路的 I 母隔离开关、II 母隔离开关均应作为确定母线运行方式字的输入量，旁路按非母联支路处理，其电流参与大、小差差动电流和制动电流计算，处理方法同双母线专用母联方式。

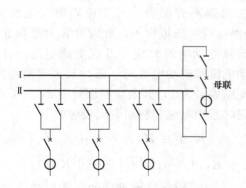

图 8-7 双母线专用母线接线

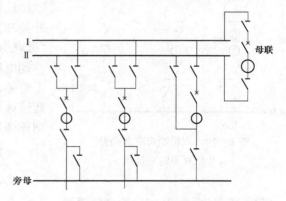

图 8-8 双母线专用母联专用旁路接线

3. 双母线母联兼旁路方式

双母线母联兼旁路方式分 I 母兼旁路和 II 母兼旁路两种，在此种接线下，应根据"母联旁路运行"压板状态和各元件 I 母隔离开关、II 母隔离开关状态来确定母线运行方式字。

（1）I 母兼旁路。双母线母联兼旁路（I 母兼旁路）接线如图 8-9 所示。母联兼旁路支路作母联时该支路旁母隔离开关断开，"母联旁路运行"压板退出，电流处理方式与双母线专用母联接线相同。作旁路时母联兼旁路支路 I 母隔离开关和旁母隔离开关合上，II 母隔离开关断开，"母联旁路运行"压板投入，此时计算大差和 I 母差动电流及制动电流时应计及该支路电流，计算 II 母差动电流和制动电流时不需计及该支路电流。假设该

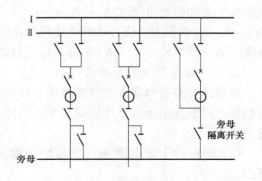

图 8-9 双母线母联兼旁路（I 母兼旁路）接线

支路编号为 1，其余支路编号为 2，…，N，则作旁路时差动电流和制动电流表述如下

$$I_{op} = |K_1 \dot{I}_1 + K_2 \dot{I}_2 + \cdots + K_N \dot{I}_N|$$

$$I_{res} = K_1 |\dot{I}_1| + K_2 |\dot{I}_2| + \cdots + K_N \cdot |\dot{I}_N|$$

其中 K_1，K_2，…，K_N 为支路系数；$\dot{I}_1$，$\dot{I}_2$，…，$\dot{I}_N$ 为经过换算后的一次电流或二次电流。若母联兼旁路 TA 极性与Ⅰ母一致，则计算大差差动电流和制动电流时 $K_1 = K_2 = \cdots = K_N = 1$；计算Ⅰ母差动电流和制动电流时 $K_1 = 1$，K_2，…，K_N 根据对应支路运行于Ⅰ母取 1，不运行于Ⅰ母取 0；而计算Ⅱ母差动电流和制动电流时 $K_1 = 0$，K_2，…，K_N 根据对应支路运行于Ⅱ母取 1，不运行于Ⅱ母取 0。若母联 TA 极性与Ⅱ母一致，则计算大差差动电流和制动电流时 $K_1 = -1$，$K_2 = \cdots = K_N = 1$；计算Ⅰ母差动电流和制动电流时 $K_1 = -1$，K_2，…，K_N 根据对应支路运行于Ⅰ母取 1，不运行于Ⅰ母取 0；而计算Ⅱ母差动电流和制动电流时 $K_1 = 0$，K_2，…，K_N 根据对应支路运行于Ⅱ母取 1，不运行于Ⅱ母取 0。

（2）Ⅱ母兼旁路。双母线母联兼旁路（Ⅱ母兼旁路）接线如图 8-10 所示。母联兼旁路支路作母联时该支路旁母隔离开关断开，"母联旁路运行"压板退出，电流处理方式双母线专用母联接线相同。作旁路时母联兼旁路支路Ⅱ母隔离开关和旁母隔离开关合上，Ⅰ母隔离开关断开，"母联旁路运行"压板投入，此时计算大差和Ⅱ母差动电流及制动电流时应计及该支路电流，计算Ⅰ母差动电流和制动电流时不需计及该支路电流。假设该支路编号为 1，其余支路编号为 2，…，N，则作旁路时差动电流和制动电流表述如下

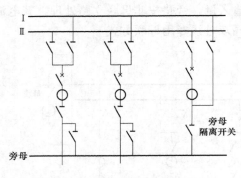

图 8-10 双母线母联兼旁路
（Ⅱ母兼旁路）接线

$$I_{op} = |K_1 \dot{I}_1 + K_2 \dot{I}_2 + \cdots + K_N \dot{I}_N|$$

$$I_{res} = K_1 |\dot{I}_1| + K_2 |\dot{I}_2| + \cdots + K_N |\dot{I}_N|$$

其中 K_1，K_2，…，K_N 为支路系数；$\dot{I}_1$，$\dot{I}_2$，…，$\dot{I}_N$ 为经过换算后的一次电流或二次电流。若母联兼旁路 TA 极性与Ⅰ母一致，则计算大差差动电流和制动电流时 $K_1 = -1$，$K_2 = \cdots = K_N = 1$；计算Ⅰ母差动电流和制动电流时 $K_1 = 0$，K_2，…，K_N 根据对应支路运行于Ⅰ母取 1，不运行于Ⅰ母取 0；而计算Ⅱ母差动电流和制动电流时 $K_1 = -1$，K_2，…，K_N 根据对应支路运行于Ⅱ母取 1，不运行于Ⅱ母取 0。若母联 TA 极性与Ⅱ母一致，则计算大差差动电流和制动电流时 $K_1 = K_2 = \cdots = K_N = 1$；计算Ⅰ母差动电流和制动电流时 $K_1 = 0$，K_2，…，K_N 根据对应支路运行于Ⅰ母取 1，不运行于Ⅰ母取 0；而计算Ⅱ母差动电流和制动电流时 $K_1 = 1$，K_2，…，K_N 根据对应支路运行于Ⅱ母取 1，不运行于Ⅱ母取 0。

4. 双母线旁路兼母联方式

双母线旁路兼母联方式分旁路至Ⅰ母有跨条和旁路至Ⅱ母有跨条两种。在此种接线下，应根据"母联旁路运行"压板状态和各元件Ⅰ母隔离开关、Ⅱ母隔离开关状态来确定母线运行方式字。

（1）旁路至Ⅰ母有跨条。双母线旁路兼母联（旁路至Ⅰ母有跨条）接线如图 8-11 所示。

旁路兼母联支路作旁路时跨条隔离开关断开，"母联旁路运行"压板投入，该支路电流

处理方式与双母线专用旁路接线方式相同。作母联时旁路兼母联支路Ⅰ母隔离开关和旁母隔离开关断开，Ⅱ母隔离开关和跨条隔离开关合上，"母联旁路运行"压板退出，此时差动电流和制动电流处理同双母线专用母联方式。

（2）旁路至Ⅱ母有跨条。双母线旁路兼母联（旁路至Ⅱ母有跨条）接线如图8-12所示。旁路兼母联支路作旁路时跨条隔离开关断开，"母联旁路运行"压板投入，该支路电流处理方式与双母线专用旁路接线方式相同。作母联时旁路兼母联支路Ⅱ母隔离开关和旁母隔离开关断开，Ⅰ母隔离开关和跨条隔离开关合上，"母联旁路运行"压板退出，此时差动电流和制动电流处理同双母线专用母联方式。

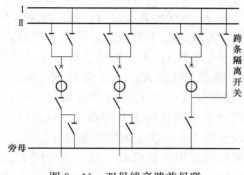 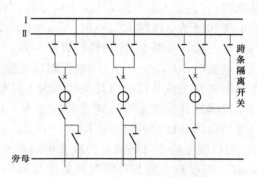

图8-11 双母线旁路兼母联　　　　　　图8-12 双母线旁路兼母联
（旁路至Ⅰ母有跨条）接线　　　　　（旁路至Ⅱ母有跨条）接线

5. 母线兼旁母方式

母线兼旁母方式就是以线路跨条代替旁母的运行方式，其接线如图8-13所示。

假设跨条连接于Ⅰ母，合跨条隔离开关前应将所有支路倒闸操作到Ⅱ母线上，然后断开除母联支路外其他支路的Ⅰ母隔离开关，再合上跨条隔离开关，最后拉开需检修的开关和它的Ⅱ母隔离开关。在整个倒闸操作过程中，跨条未合上按双母线专用母联处理电流，跨条合上后母联支路作为普通支路，按单母线运行方式处理，此时在处理母联电流时应注意母联TA的极性，因此跨条隔离开关的状态影响母线的运行方式，应作为确定运行方式的输入量。跨条隔离开关合上后差动电流和制动电流表述如下

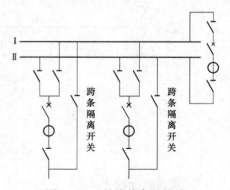

图8-13 母线兼旁母接线

$$I_{op} = \dot{I}_1 + \cdots + \dot{I}_{N-1} + K_{ml}\dot{I}_{ml}$$

$$I_{res} = |\dot{I}_1| + \cdots + |\dot{I}_{N-1}| + |\dot{I}_{ml}|$$

假设跨条连接于Ⅰ母线，若母联TA极性与Ⅰ母一致，则在计算差动电流时$K_{ml} = -1$，若母联TA极性与Ⅱ母一致，则在计算差动电流时$K_{ml} = 1$；假设跨条连接于Ⅱ母线，若母联TA极性与Ⅰ母一致，则在计算差动电流时$K_{ml} = 1$，若母联TA极性与Ⅱ母一致，则在计算差动电流时$K_{ml} = -1$。

6. 双母单分段方式

双母单分段接线如图8-14所示。在此种接线下所有支路的隔离开关辅助触点均应作为

确定母线运行方式字的输入量,大差差动电流和制动电流均不计及母联电流和分段电流,各段小差差动电流和制动电流均应根据母联/分段隔离开关辅助触点的状态、母联/分段断路器跳位和母联/分段 TA 的极性计及母联或分段电流。N 单元双母单分段差动电流和制动电流表述如下

$$I_{op} = |K_{ml1} \dot{I}_{ml1} + K_{ml2} \dot{I}_{ml2} + K_{fd} \dot{I}_{fd} + K_1 \dot{I}_1 + \cdots + K_{N-3} \dot{I}_{N-3}|$$

$$I_{res} = |K_{ml1} \dot{I}_{ml1}| + |K_{ml2} \dot{I}_{ml2}| + |K_{fd} \dot{I}_{fd}| + |K_1 \dot{I}_1| + \cdots + |K_{N-3} \dot{I}_{N-3}|$$

其中 K_{ml1}、K_{ml2} 为母联支路系数;K_{fd} 为分段支路系数;K_1,$\cdots$,K_{N-3} 为非母联/分段支路系数;$\dot{I}_{ml1}$,$\dot{I}_{ml2}$,$\dot{I}_{fd}$,$\dot{I}_1$,$\cdots$,$\dot{I}_{N-3}$ 为经过换算后的一次电流或二次电流。计算大差差动电流和制动电流时 $K_{ml1}=0$,$K_{ml2}=0$,$K_{fd}=0$,$K_1=\cdots=K_{N-3}=1$;固定母联 1TA 极性与Ⅰ母一致,母联 2TA 极性与Ⅲ母一致,分段 TA 极性与Ⅰ母一致,计算Ⅰ母差动电流和制动电流时,K_1,$\cdots$,K_{N-3} 根据对应支路运行于Ⅰ母取 1,不运行于Ⅰ母取 0,当母联 1 的Ⅰ母隔离开关或Ⅱ母隔离开关状态为 1 且母联 1 跳位无效时 $K_{ml1}=1$,否则 $K_{ml1}=0$,当分段的Ⅰ母隔离开关或Ⅲ母隔离开关状态为 1 且分段跳位无效时 $K_{fd}=1$,否则 $K_{fd}=0$;计算Ⅱ母差动电流和制动电流时,K_1,$\cdots$,K_{N-3} 根据对应支路运行于Ⅱ母取 1,不运行于Ⅱ母取 0,当母联 1 的Ⅰ母隔离开关或Ⅱ母隔离开关状态为 1 且母联 1 跳位无效时 $K_{ml1}=1$,否则 $K_{ml1}=0$,当母联 2 的Ⅱ母隔离开关或Ⅲ母隔离开关状态为 1 且母联 2 跳位无效时 $K_{ml2}=1$,否则 $K_{ml2}=0$;计算Ⅲ母差动电流和制动电流时,K_1,$\cdots$,K_{N-3} 根据对应支路运行于Ⅲ母取 1,不运行于Ⅲ母取 0,当分段的Ⅰ母隔离开关或Ⅰ、Ⅱ母刀状态为 1 且分段跳位无效时 $K_{fd}=-1$,否则 $K_{fd}=0$,当母联 2 的Ⅱ母隔离开关或Ⅲ母刀状态为 1 且母联 2 跳位无效时 $K_{ml2}=1$,否则 $K_{ml2}=0$。

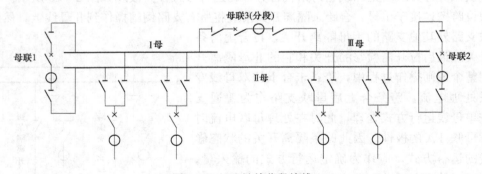

图 8-14　双母单分段接线

7. 双母双分段方式

双母双分段接线如图 8-15 所示。在此种接线下按两个双母线系统配置两套母线保护。每套母线保护均应把两个分段回路视为两个非母联单元对待,这两个单元为固定连接,不可倒闸。综合分段失灵和死区保护,建议每套保护将母联设为元件 1,分段Ⅰ设为元件 2,分段Ⅱ设为元件 3。

8. 单母分段带旁母方式

单母分段带旁母接线如图 8-16 所示。在此种接线下除分段断路器外均为固定连接方式,所以只需考虑分段断路器两侧的隔离开关位置和旁母隔离开关状态来决定分段 TA 电流

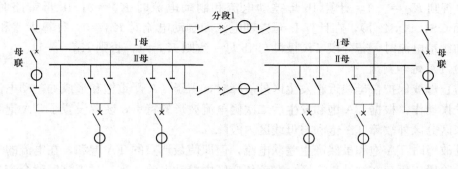

图 8-15 双母双分段接线

的计算范围，分段支路的 Ia 母隔离开关、Ib 母隔离开关、旁路隔离开关 QS3、QS4 均应作为确定分段支路运行状态的输入量。大差差动电流和制动电流均不计及分段电流，各段小差差动电流和制动电流均应根据分段隔离开关辅助触点的状态、旁母隔离开关状态和分段 TA 的极性计及分段电流。假设 N 单元单母分段系统有 N_1 条支路运行于 Ia 母，N_2 条支路运行于 Ib 母，则差动电流和制动电流表述如下

$$I_{op} = \left| K_1 \sum_{j=1}^{N_1} \dot{I}_j + K_2 \sum_{j=1}^{N_2} \dot{I}_j + K_{fd} \dot{I}_{fd} \right|$$

$$I_{res} = K_1 \sum_{j=1}^{N_1} |\dot{I}_j| + K_2 \sum_{j=1}^{N_2} |\dot{I}_j| + |K_{fd}| |\dot{I}_{fd}|$$

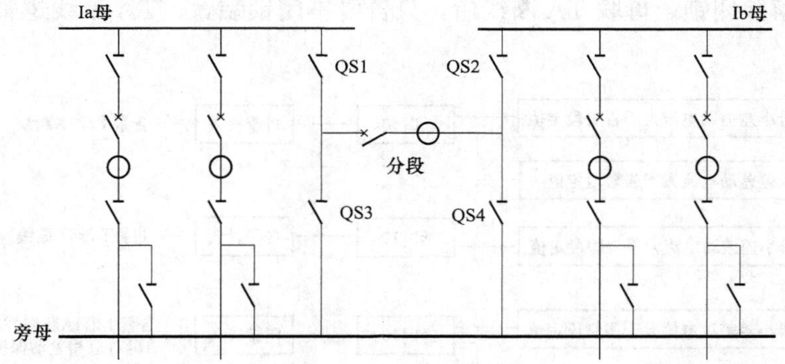

图 8-16 单母分段带旁母接线

其中 K_{fd} 为分段支路系数，K_1 为 Ia 母系数，K_2 为 Ib 母系数。计算大差差动电流和制动电流时 $K_1 = K_2 = 1$；计算 Ia 母差动电流和制动电流时，$K_1 = 1$，$K_2 = 0$；计算 Ib 母差动电流和制动电流时，$K_1 = 0$，$K_2 = 1$；分段电流根据分段运行状态及 TA 极性分别计入大差及 Ia、Ib 的差动电流和制动电流。当运行于分段状态（QS3、QS4 分），计算大差差动电流和制动电流时 $K_{fd} = 0$；计算 Ia 母差动电流和制动电流时，分段跳位有效 $K_{fd} = 0$，分段断路器跳位无效，若分段 TA 极性与 Ia 一致时 $K_{fd} = 1$，与 Ib 一致时 $K_{fd} = -1$；计算 Ib 母差动电流和制动电流时，分段跳位有效时 $K_{fd} = 0$，分段断路器跳位无效，若分段 TA 极性与 Ia 一致时 $K_{fd} = -1$，与 Ib 一致时 $K_{fd} = 1$。当运行于旁路状态，Ia 母带路时（QS1、QS4 合而 QS2、QS3 分），在计算大差和 Ia 母差动电流和制动电流时若分段 TA 极性与 Ia 母一致则

$K_{fd}=1$，否则 $K_{fd}=-1$，计算 Ib 母差动电流和制动电流时 $K_{fd}=0$；Ib 母带路时（QS2、QS3 合而 QS1、QS4 分），在计算 Ia 母差动电流和制动电流时 $K_{fd}=0$，计算大差和 Ib 母差动电流和制动电流时，若分段 TA 极性与 Ib 母一致则 $K_{fd}=1$，否则 $K_{fd}=-1$。

（六）TA 饱和判别

为防止母线保护在母线近端发生区外故障时，由于 TA 严重饱和形成的差动电流而引起母线保护误动作，根据 TA 饱和发生后二次侧电流波形的特点，装置设置了 TA 饱和检测元件，用来区分区外故障 TA 饱和与母线区内故障。

区外故障时 TA 饱和虽然产生差动电流，但即使最严重的 TA 饱和，在电流的过零点和故障初始阶段，仍存在线性传变区。在该传变区内差动电流为零，过了该区就会产生差动电流。TA 饱和检测元件就是利用该特点，通过实时处理线性传变区内的各种变量关系，包括电压突变量、差动电流、制动电流突变量、差动电流变化率、制动电流变化率等，形成几个并行的 TA 饱和判据，根据不同判据的特点，赋予不同的同步因子。通过同步因子和时间变量的关系来准确地鉴别 TA 饱和发生的时刻，加上差动电流谐波量的谐波分析，使得该 TA 饱和检测元件具有极强的抗 TA 饱和能力，能够鉴别 2ms 的 TA 饱和。对于饱和相区外转区内故障，由于采用波形识别技术，可以快速切除故障。

（七）TA 断线判别

装置的 TA 断线判别分为两段：告警段和闭锁段。告警段差动电流越限定值低于闭锁段差动电流越限定值，用户可以根据需要，通过设置控制字进行各段功能投退。告警段和闭锁段均经固定延时 10s 发信号，在闭锁段投入时判断 TA 断线后按相按段闭锁装置，TA 断线消失后，自动解除闭锁。母联 TA 断线后，只告警不闭锁装置。TA 断线逻辑如图 8-17 和图 8-18 所示。

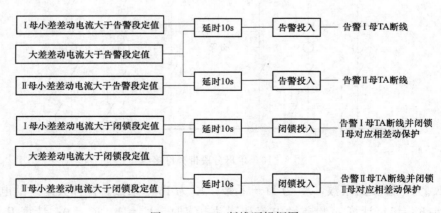

图 8-17 TA 断线逻辑框图

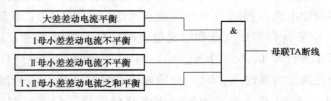

图 8-18 母联 TA 断线逻辑框图

（八）TV 断线判别

TV 断线判据为：

（1）三相 TV 断线：三相母线电压均小于 8V 且运行于该母线上的支路电流不全为 0。

（2）单相或两相 TV 断线：自产 $3U_0$ 大于 7V。

持续 10s 满足以上判据确定母线 TV 断线，TV 断线后电压闭锁元件对电压回路自动进行切换，并发告警信号，但不闭锁保护。

（九）隔离开关双跨

在线路倒闸操作出现隔离开关双跨时，装置将两段母线合并为一段母线，其实现方法完全等同于大差，此时小差失去选择性。在母线发生区外故障时差动保护可靠不动作，发生区内故障时跳开所有连接在母线上的断路器。

三、母线差动保护特性测试

母线差动保护特性测试流程如图 8-19 所示。

图 8-19　母线差动保护特性测试流程

（一）试验准备

（1）根据定值通知单，输入装置定值。定值说明如下：

1）装置参数见表 8-6。

表 8-6　　　　　　　　　　装 置 参 数 清 单

序号	名　　称	整定范围	默认定值
1	系统定值控制字	0000～FFFF	0000
2	最大单元编号	2～24	12
3	元件 1TA 变比定值	0～5000	120
4	元件 2TA 变比定值	0～5000	120
5	元件 3TA 变比定值	0～5000	120
6	元件 4TA 变比定值	0～5000	120
7	元件 5TA 变比定值	0～5000	120
8	元件 6TA 变比定值	0～5000	120
9	元件 7TA 变比定值	0～5000	120
10	元件 8TA 变比定值	0～5000	120
11	元件 9TA 变比定值	0～5000	120
12	元件 10TA 变比定值	0～5000	120
13	元件 11TA 变比定值	0～5000	120
14	元件 12TA 变比定值	0～5000	120
15	元件 13TA 变比定值	0～5000	120
16	元件 14TA 变比定值	0～5000	120
17	元件 15TA 变比定值	0～5000	120
18	元件 16TA 变比定值	0～5000	120
19	元件 17TA 变比定值	0～5000	120

续表

序号	名　称	整定范围	默认定值
20	元件 18TA 变比定值	0～5000	120
21	元件 19TA 变比定值	0～5000	120
22	元件 20TA 变比定值	0～5000	120
23	元件 21TA 变比定值	0～5000	120
24	元件 22TA 变比定值	0～5000	120
25	元件 23TA 变比定值	0～5000	120
26	元件 24TA 变比定值	0～5000	120
27	单母分段单元控制字 1	0000～FFFF	0000
28	单母分段单元控制字 2	0000～FFFF	0000

2）系统定值控制字见表 8-7。

表 8-7　　　　　　　　　　系 统 定 值 控 制 字

序号	置"1"含义	置"0"含义	备注
B.15～B.13	备用置"0"	备用置"0"	
B.12	非专用母联	专用母联	用来区分母联是专用母联还是具有兼旁路功能
B.11	母联保护定值按基准变比整定	母联保护定值不按基准变比整定	仅在整定定值时对整定计算有用
B.10	母联 TA 退出告警	母联 TA 退出不告警	用来提示用户母联 TA 的运行状态
B.9	有失灵启动	无失灵启动	有失灵保护置1
B.8	超高压母线系统	高中低压母线系统	超高压母线系统动作速度快些
B.7	倒闸确认	倒闸不确认	倒闸确认适用于特殊用户要求
B.6	单母分段接线	非单母分段接线	投单母分段时取消其他方式
B.5	跨条接Ⅱ母	跨条接Ⅰ母	仅在旁路兼母联方式下有用
B.4	Ⅱ母代旁路	Ⅰ母代旁路	仅在母联兼旁路方式下有用
B.3	旁路兼母联	母联兼旁路	用来区分旁路兼母联运行方式
B.2	母联极性与Ⅱ母一致	母联极性与Ⅰ母一致	
B.1	小接地电流系统	大接地电流系统	TV 断线判据不同
B.0	1A 额定电流	5A 额定电流	

3）单母分段单元控制字见表 8-8。

表 8-8　　　　　　　　　　单母分段单元控制字

位		置"1"含义	置"0"含义
	B.15～B.7	备用置"0"	备用置"0"
单母分段控制字 2	B.6	24 单元在Ⅱ母	24 单元在Ⅰ母
	B.5	23 单元在Ⅱ母	23 单元在Ⅰ母
	B.4	22 单元在Ⅱ母	22 单元在Ⅰ母
	B.3	21 单元在Ⅱ母	21 单元在Ⅰ母
	B.2	20 单元在Ⅱ母	20 单元在Ⅰ母
	B.1	19 单元在Ⅱ母	19 单元在Ⅰ母
	B.0	18 单元在Ⅱ母	18 单元在Ⅰ母

续表

位		置"1"含义	置"0"含义
单母分段 控制字 1	B.15	17 单元在 Ⅱ 母	17 单元在 Ⅰ 母
	B.14	16 单元在 Ⅱ 母	16 单元在 Ⅰ 母
	B.13	15 单元在 Ⅱ 母	15 单元在 Ⅰ 母
	B.12	14 单元在 Ⅱ 母	14 单元在 Ⅰ 母
	B.11	13 单元在 Ⅱ 母	13 单元在 Ⅰ 母
	B.10	12 单元在 Ⅱ 母	12 单元在 Ⅰ 母
	B.9	11 单元在 Ⅱ 母	11 单元在 Ⅰ 母
	B.8	10 单元在 Ⅱ 母	10 单元在 Ⅰ 母
	B.7	9 单元在 Ⅱ 母	9 单元在 Ⅰ 母
	B.6	8 单元在 Ⅱ 母	8 单元在 Ⅰ 母
	B.5	7 单元在 Ⅱ 母	7 单元在 Ⅰ 母
	B.4	6 单元在 Ⅱ 母	6 单元在 Ⅰ 母
	B.3	5 单元在 Ⅱ 母	5 单元在 Ⅰ 母
	B.2	4 单元在 Ⅱ 母	4 单元在 Ⅰ 母
	B.1	3 单元在 Ⅱ 母	3 单元在 Ⅰ 母
	B.0	2 单元在 Ⅱ 母	2 单元在 Ⅰ 母

单母分段单元控制字 1 和单母分段单元控制字 2 仅在单母分段的运行方式下有用，主要是选择单母分段方式下每个单元所在母线。

系统定值控制字和单母分段单元控制字整定权限仅限于厂家，用户可以查阅但不可更改，所以必须在出厂前根据软件设计说明设置好合适的系统定值控制字，并通过调试软件 CSPC 将系统定值控制字设置为只读形式，设置结果应记录到调试记录中相应的位置，以便用户确认。

4）差动保护定值见表 8 - 9。

表 8 - 9　　　　　　　　　　　　　差动保护定值清单

序号	名　　称	整定范围	默认定值	单位
1	差动保护控制字	0000～FFFF	0000	无
2	差动保护差动电流门槛定值	0.1～99.99	1.0	A
3	比例制动系数定值	0.25～0.99	0.6	无
4	TA 断线告警电流定值	0.01～99.99	0.5	A
5	TA 断线闭锁电流定值	0.01～99.99	0.5	A
6	差动低电压定值	10～60	40	V
7	差动零序电压定值	0～60	6	V
8	差动负序电压定值	0～60	4	V
9	母联失灵时间定值	0～2	0.15	s
10	母联失灵电流定值	0.1～99.99	0.3	A

5）差动保护控制字见表8-10。

表8-10　　　　　　　　　　　　　差 动 保 护 控 制 字

位	置"1"含义	置"0"含义
B.15～B.6	备用置"0"	备用置"0"
B.5	TA断线闭锁段投入	TA断线闭锁段退出
B.4	TA断线告警段投入	TA断线告警段退出
B.3	备用置"0"	备用置"0"
B.2	备用置"0"	备用置"0"
B.1	母联失灵投入	母联失灵退出
B.0	备用置"0"	备用置"0"

6）断路器失灵保护定值见表8-11。

表8-11　　　　　　　　　　　断路器失灵保护定值清单

序号	名　称	推荐整定范围	默认定值	单位
1	失灵保护控制字	0000～FFFF	0000	无
2	失灵跟跳时间定值	0～2	0.15	s
3	失灵跳母联时间定值	0～2	0.15	s
4	失灵跳母线时间定值	0～2	0.25	s
5	失灵保护低电压定值	10～60	40	V
6	失灵保护零序电压定值	0～60	6	V
7	失灵保护负序电压定值	0～60	4	V

7）断路器失灵保护控制字见表8-12。

表8-12　　　　　　　　　　　断路器失灵保护控制字

位	置"1"含义	置"0"含义
B.15～B.2	备用置"0"	备用置"0"
B.1	失灵电流判别投入	失灵电流判别退出
B.0	备用置"0"	备用置"0"

8）充电保护定值见表8-13。

表8-13　　　　　　　　　　　充电保护定值清单

序号	名　称	整定范围	默认定值	单位
1	充电保护控制字	0000～FFFF	0000	无
2	充电保护Ⅰ段电流定值	0.1～99.99	3.0	A
3	充电保护Ⅰ段时间定值	0～0.28	0.01	s
4	充电保护Ⅱ段电流定值	0.1～99.99	5.0	A
5	充电保护Ⅱ段时间定值	0～0.28	0.2	s

9）充电保护控制字见表8-14。

表 8 - 14 充 电 保 护 控 制 字

位	置 "1" 含义	置 "0" 含义	备 注
B.15~B.6	备用置 "0"	备用置 "0"	
B.5	充电闭锁母差投入	充电闭锁母差退出	一般闭锁差动，用户不要求闭锁时通过该控制位退出
B.4	自动充电投入	自动充电退出	一般要整定为 "投入"，有手动充电时自动充电可以退出
B.3	手合充电投入	手合充电退出	
B.2	充电保护Ⅱ段投入	充电保护Ⅱ段退出	
B.1	充电保护Ⅰ段投入	充电保护Ⅰ段退出	
B.0	备用置 "0"	备用置 "0"	

10）母联过电流保护定值见表 8 - 15。

表 8 - 15 母联过电流保护定值清单

序号	名 称	整定范围	默认定值	单位
1	过电流保护控制字	0000~FFFF	0000	无
2	过电流Ⅰ段电流定值	0.1~99.99	5.0	A
3	过电流Ⅰ段时间定值	0~10	0.5	s
4	过电流Ⅱ段电流定值	0.1~99.99	4.0	A
5	过电流Ⅱ段时间定值	0~10	1	0
6	零流Ⅰ段电流定值	0.1~99.99	5.0	A
7	零流Ⅰ段时间定值	0~10	0.5	s
8	零流Ⅱ段电流定值	0.1~99.99	4.0	A
9	零流Ⅱ段时间定值	0~99.9	Ⅰ.0	s

11）母联过电流保护控制字见表 8 - 16。

表 8 - 16 母联过电流保护控制字

序号	置 "1" 含义	置 "0" 含义
B.15~B.5	备用置 "0"	备用置 "0"
B.4	零流Ⅱ段投入	零流Ⅱ段退出
B.3	零流Ⅰ段投入	零流Ⅰ段退出
B.2	过电流Ⅱ段投入	过电流Ⅱ段退出
B.1	过电流Ⅰ段投入	过电流Ⅰ段退出
B.0	备用置 "0"	备用置 "0"

12）母联非全相保护定值见表 8 - 17。

表 8 - 17 母联非全相保护定值清单

序号	名称	整定范围	默认定值	单位
1	非全相零流定值	0.1~99.99	4.0	A
2	非全相时间定值	0~2	Ⅰ	s

（2）根据背板端子图，正确接入交流电流电压输入回路，引出装置动作触点，用于监视保护动作行为，测试保护动作时间。

（二）差动元件的动作特性测试

1. 大差元件动作特性的手动测试

当双母线以正常方式运行时，大差元件的动作特性与小差相同。而当母联开关退出运行时，大差元件的比率制动系数自动降低。下面介绍母联开关退出运行时，大差元件动作特性的校验。

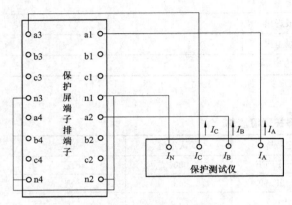

图 8-20　大差元件动作特性试验接线

（1）试验接线。在保护柜后端子排上，断开母联隔离开关辅助触点的接入回路。电流量的接入方法如图 8-20 所示。在柜后端子排上，短接隔离开关辅助触点的接入端子，使 a1、b1、c1、n1、a2、b2、c2、n2 端子为 Ⅰ 母分母动（Ⅰ母小差）TA 二次接入端子，a3、b3、c3、n3、a4、b4、c4、n4 端子为 Ⅱ 母分母动（Ⅱ母小差）TA 二次接入端子。测试仪 "I_A" 接 a1 端子，"I_B" 接 a2 端子，"I_C" 接 a3 端子；n1、n2、n3 和 n4 端子短接后接 "I_N"（测试 A 相）。保护装置出口触点接测试仪开关量输入端 "A"。

（2）大差元件的动作特性曲线搜索。思路是：搜索对应于不同制动电流与动作电流差值（$I_{res}-I_{op}$）的差动电流动作值 I_{op}。以测试 A 相差动为例，首先设置测试仪输出的 B 相和 C 相电流为同相位，A 相与 B、C 相电流为反相位。根据这一设置，大差元件与小差元件的差动电流、制动电流及动作行为归纳如下：

1）大差的差动电流与制动电流。由式（8-1）及式（8-2）可得

差动电流
$$I_{op} = |\dot{I}_A + \dot{I}_B + \dot{I}_C| = |\dot{I}_A - \ddot{I}_A + \dot{I}_C| = |\dot{I}_C| \tag{8-5}$$

制动电流
$$I_{res} = |\dot{I}_A| + |\dot{I}_B| + |\dot{I}_C| \tag{8-6}$$

$$I_{res} - I_{op} = |\dot{I}_A| + |\dot{I}_B| = 2|\dot{I}_A| \tag{8-7}$$

因此，由式（8-3）和式（8-4）可得

$$\left.\begin{array}{l} I_{op} > I_{d.\,set} \\ I_{op} > K_{res}(|\dot{I}_A| + |\dot{I}_B|) = 2K_{res}|\dot{I}_A| \end{array}\right\} \tag{8-8}$$

可见，在拐点之前，动作电流大于整定的最小动作电流时，大差即动作，而在拐点之后，大差的实际动作电流按 $2|\dot{I}_A|$ 成比例增加。

2）Ⅰ母小差的差动电流与制动电流。由式（8-1）及式（8-2）可得

差动电流
$$I_{op} = |\dot{I}_A + \dot{I}_B| = |\dot{I}_A - \dot{I}_A| = 0 \tag{8-9}$$

制动电流
$$I_{res} = |\dot{I}_A| + |\dot{I}_B| \tag{8-10}$$

$$I_{res} - I_{op} = |\dot{I}_A| + |\dot{I}_B| = 2|\dot{I}_A| \tag{8-11}$$

由此，可以看到 Ⅰ 母小差差动元件由于差动电流为两个电流数值之差（即始终为零），

而制动电流却为两个电流数值之和，因此Ⅰ母小差始终不会动作。

3）Ⅱ母小差的差动电流与制动电流。由式（8-1）及式（8-2）可得

差动电流 $\qquad\qquad I_{op}=|\dot{I}_C|$ $\qquad\qquad$ (8-12)

制动电流 $\qquad\qquad I_{res}=|\dot{I}_C|$ $\qquad\qquad$ (8-13)

$\qquad\qquad\qquad\qquad I_{res}-I_{op}=0$ $\qquad\qquad$ (8-14)

由式（8-3）和式（8-4）可见，只要差动电流大于差动门槛值，Ⅱ母小差即动作出口，因此该试验中Ⅱ母小差一直处于动作状态，差动保护是否动作出口决定于大差元件是否动作。其测试步骤如下：

a）设定A相、B相电流的初值为零，即 $I_{res}-I_{op}=0$，见式（8-7），然后变化C相电流即差动电流，见式（8-5），测得最小动作电流，见式（8-8），做相应的记录。

b）按一定步长同时增加A相和B相电流值，变化C相电流，找到不同 $I_{res}-I_{op}$ 电流值下的动作电流边界点。增加电流值的上限应达到动作特性曲线的要求，且不能超过测试仪所允许的最大输出电流值，做相应的记录。

c）结束试验，计算与实际整定的动作特性曲线之间的误差值，要求不大于5%。

对于B相（C相）大差元件的动作特性测试，只要将图8-19中的试验接线由端子a1及a3的线分别改接至端子b1及b3(c1及c3)，而将接端子a2的线分别相应改接在端子b2(c2)。重复上述测试步骤即可。

2．小差元件动作特性的手动测试

（1）试验接线。测量Ⅰ、Ⅱ母小差元件动作特性时，电流量的接入如图8-21所示。接线端子的定义同图8-20。测试仪"I_A"接a1端子，"I_B"接a2端子，n1端子和n2端子短接后接"I_N"。保护装置出口触点接测试仪开关量输入端"A"。

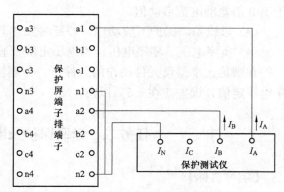

图8-21　小差比率制动特性试验接线

（2）Ⅰ母小差元件的动作特性。以A相分差动为例说明。动作特性曲线的搜索思路与大差元件的测试思路相同。此时测试只需两相电流输出，设置A相和B相输出电流相角差180°。由式（8-1）及式（8-2）可得

差动电流 $\qquad I_{op}=|\dot{I}_A+\dot{I}_B|=|\dot{I}_B|-|\dot{I}_A|$（假设 $|\dot{I}_B|>|\dot{I}_A|$） $\quad$ (8-15)

制动电流 $\qquad\qquad\qquad I_{res}=|\dot{I}_A|+|\dot{I}_B|$ $\qquad\qquad$ (8-16)

$\qquad\qquad I_{res}-I_{op}=(|\dot{I}_A|+|\dot{I}_B|)-(|\dot{I}_B|-|\dot{I}_A|)=2|\dot{I}_A|$ $\quad$ (8-17)

同时，为保证Ⅰ母小差元件动作，在保护柜后端子排上，应短接隔离开关的辅助触点的接入端子，使图8-21中端子a1、b1、c1、n1、a2、b2、c2、n2接入Ⅰ母小差回路。并设各侧之间的平衡系数为1（即各差动的TA变比相同，如果各支路TA变比不同，则按照最大变比来计算平衡系数）。测试步骤如下：

1）设定A相电流初值为零即 $I_{res}-I_{op}=0$，见式（8-17），然后调节B相电流的大小，即差动电流，见式（8-15），使母线差动动作，记录所加B相电流值即最小动作电流值。

2）按一定步长增加 A 相电流，变化 B 相电流，找到不同 $I_{res}-I_{op}$ 电流下的动作电流边界点。增加电流值的上限应达到动作特性曲线的要求，且不能超过测试仪所允许的最大输出电流值，并做相应的记录。

3）结束试验，计算与实际整定的动作特性曲线之间的误差值，要求不大于 5%。

进行 B（C）相的分相差动测试时，将接在端子 a1 及 a2 的线分别改接在端子 b1 及 b2（c1 及 c2）上，重复上述测试步骤即可。

（3）Ⅱ母小差元件的动作特性。对于Ⅱ母小差元件的测试，其试验接线改动如下：

1）在保护柜后端子排上，用短接隔离开关辅助触点的接入端子的方法，使端子 a3、b3、c3、n3、a4、b4、c4、n4 接入Ⅱ母小差回路。设各侧之间的平衡系数为 1（即各差动的 TA 变比相同，如果各支路 TA 变比不同，则按照最大变比来计算平衡系数）。

2）测试 A、B、C 各分相差动元件时，将测试仪"I_A"接 a3（b3、c3）端子，"I_B"接 a4（b4、c4）端子，n1 端子和 n2 端子短接后接"I_N"。保护装置出口触点接测试仪开关量输入端"A"、"N"。

测试过程与Ⅰ母小差的测试过程类似。

（三）复合电压闭锁母差保护检验

（1）在Ⅰ（Ⅱ）母 TV 回路中通入正常三相对称电压。

（2）任选Ⅰ（Ⅱ）母线上的一条支路，在这条支路中通入 A（B、C）相电流，电流值大于 1.2 倍差动电流启动值。

（3）母线差动保护不应动作，经延时发"TA 断线"告警信号。

（4）负序电压、零序电压、相电压定值校验方法同前。

在满足比率差动元件动作的条件下，分别检验保护的电压闭锁元件中相电压、负序和零序电压定值，误差应在 ±5% 以内。

任务二　母联保护及断路器失灵保护测试

【学习目标】

通过任务二的学习和实践，学生应能看懂继电保护逻辑图及二次回路图，能正确使用继电保护测试仪器仪表对母联保护和断路器失灵保护进行测试、分析、整理，能对母线差动保护装置二次回路出现的简单故障进行正确分析和排查。

【任务描述】

以小组为单位，做好工作前的准备，制订母联各种保护（母联充电保护、母联断路器失灵保护、母联断路器死区保护、母联断路器过流保护、母联开关非全相保护）和断路器失灵保护的测试方案，完成母联各种保护和断路器失灵保护的测试、分析，填写试验报告，整理归档。

【任务准备】

1. 任务分工

工作负责人：＿＿＿＿＿＿　　　　调试人：＿＿＿＿＿＿

仪器操作人：＿＿＿＿＿＿　　　　记录人：＿＿＿＿＿＿

2. 试验用工器具及相关材料（见表 8-18）

表 8-18 试验用工器具及相关材料

类别	序号	名 称	型号	数量	确认（√）
仪器仪表	1	微机试验仪		1套	
	2	数字式万用表		1块	
	3	绝缘电阻表		1块	
	4	钳形电流表		1块	
消耗材料	1	绝缘胶布		1卷	
	2	打印纸等		1包	
图纸资料	1	保护装置说明书、图纸、调试大纲、记录本		1套	
	2	最新定值通知单等		1套	

3. 危险点分析及预控（见表 8-19）

表 8-19 危险点分析及预控措施

序号	工作地点	危险点分析	预控措施	确认签名
1	开关辅助保护柜	误跳闸	1）工作许可后，由工作负责人进行回路核实，核对图纸和各类保护之间的关系，确认二次工作安全措施票所列内容正确无误。 2）严格执行二次安全措施票，对可能误跳运行设备的二次回路进行隔离，并对所拆二次线用绝缘胶布包扎好	
		误接线	1）认真执行二次工作安全措施票，对所拆除接线做好记录。 2）依据拆线记录恢复接线，防止遗漏。 3）由工作负责人或由其指定专人对所恢复的接线进行检查核对。 4）必要时二次回路可用相关试验进行验证	
2	保护屏和户外设备区	误整定	严格按照正式定值通知单核对保护定值，并经装置打印核对正确	
		人身伤害	1）防止电压互感器二次反送电。 2）进入工作现场必须按规定佩戴安全帽。 3）登高作业时应系好安全带，并做好监护。 4）攀登设备前看清设备名称和编号，防止误登带电设备，并设专人监护。 5）工作时使用绝缘垫或戴手套。 6）工作人员之间做好相互配合，拉、合电源开关时发出相应口令；接、拆电源必须在拉开的情况下进行；应使用完整合格的安全开关，装配合适的熔丝	

4. 二次安全措施票（见表 8-20）

表 8-20 二 次 安 全 措 施 票

被试设备名称					
工作负责人		工作时间		签发人	

工作内容：

工作条件：停电

安全措施：包括应打开及恢复压板、直流线、交流线、信号线、联锁线和联锁开关等，按工作顺序填用安全措施。已执行，在执行栏打"√"。已恢复，在恢复栏打"√"

续表

序号	执行	安全措施内容	恢复
1		确认所工作的母线保护装置已退出运行，检查全部出口压板确已断开	
2		从母线保护屏端子排上断开启动失灵保护的连线	
3		从母线保护屏端子排上断开重合闸的放电线	
4		从母线保护屏端子排上断开高频保护停信的连线	
5		从母线保护屏端子排上断开母线保护的跳闸线	
6		从母线保护屏的端子排上可靠短接运行中的交流电流二次回路，检查运行中的电流互感器不失去接地点	
7		拆除交流电压回路接线，注意 N 线也应与运行部分可靠断开，检查运行中的其他设备不失去电压	
8		断开信号电源线	
9		外加交直流回路应与运行回路可靠断开	

【任务实施】

测试任务见表 8-21。

表 8-21　　　　　母线保护及断路器失灵保护测试

一、制订测试方案	二、按照测试方案进行试验
1. 熟悉图纸及保护装置说明书	1. 测试接线（接线完成后需指导教师检查）
2. 学习本任务相关知识，参考本教材附录中相关规程规范、继电保护标准化作业指导书，本小组成员制订出各自的测试方案（包括测试步骤、试验接线图及注意事项等，应尽量采用手动测试）	2. 在本小组工作负责人主持下按分工进行本项目测试并做好记录，交换分工角色，轮流本项目测试并记录（在测试过程中，小组成员应发扬吃苦耐劳、顾全大局和团队协作精神，遵守职业道德）
3. 在本小组工作负责人主持下进行测试方案交流，评选出本任务执行的测试方案	3. 在本小组工作负责人主持下，分析测试结果的正确性，对本任务测试工作进行交流总结，各自完成试验报告的填写
4. 将评选出本任务执行的测试方案报请指导老师审批	4. 指导老师及学生代表点评及小答辩，评出完成本测试任务的本小组成员的成绩

本学习任务思考题
1. 母联保护有哪些？
2. 为什么要装设断路器失灵保护？

【相关知识】

母联保护及断路器失灵保护测试流程如图 8-22 所示。

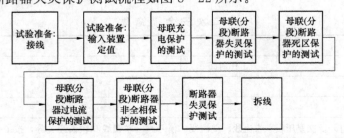

图 8-22　母联保护及断路器失灵保护测试流程

一、母联保护及其测试

（一）母联充电保护

1. 母联充电保护的作用

当任一组母线检修后再投入之前，利用母联断路器对该母线进行充电试验时可投入母联充电保护，当被试验母线存在故障时，利用充电保护切除故障。

2. CSC-150 型装置母联充电保护的原理

装置对双母线运行方式下的Ⅰ段、Ⅱ段母线充电保护设置了充电保护自动短时开放模式，用户可以根据需要选用，通过设置软硬压板和对应的控制位对充电保护进行投退选择。

自动短时开放模式是在充电保护功能投入且控制位有效的情况下，自动监测以下条件是否满足，若满足即启动充电保护功能：①一段母线正常运行，另一段母线停运；②母联断路器断开；③母联电流从无到有。

满足以上条件时充电保护投入并自动展宽 300ms，当母联电流大于充电保护电流定值且充电延时到后跳开母联断路器，用户可以根据控制字选择 300ms 内是否闭锁差动保护。

另外针对特殊定制，装置可以提供手合充电模式，当手合充电开入有效时按充电保护逻辑完成充电保护功能，另外还可以设置一个闭锁差动开入端子用作外部充电保护闭锁母线差动保护，当该端子有开入超过设定时限后不管开入是否存在差动保护均恢复正常。

充电保护的电流定值一般按充电保护对空母线充电的灵敏度整定。如果需要对带变压器或线路的母线充电，建议使用母联过电流保护。充电保护动作逻辑如图 8-23 所示。

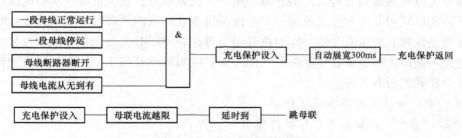

图 8-23 充电保护逻辑框图

3. CSC-150 型装置母联充电保护的测试

测试步骤如下：

（1）将"母联充电保护"压板及"母联充电保护"控制字相应位投入。

（2）短接母联 TWJ（跳闸位置继电器）开入（TWJ=1）。

（3）在母联 TA 上加入大于充电保护电流定值的 A（B、C）相电流。

（4）母联充电保护应动作，切除母联断路器。

（5）校验充电保护电流定值，误差应在±5%以内。

（二）母联（分段）断路器失灵保护

1. 母联（分段）断路器失灵保护的原理

当保护向母联发跳令后，经整定延时母联电流仍然大于母联失灵电流定值时，母联失灵保护经两母线电压闭锁后切除两母线上所有连接元件。通常情况下，只有母差保护和母联充电保护才启动母联失灵保护。

2. CSC-150 型装置母联（分段）断路器失灵保护的逻辑

在双母线运行方式下，当母线差动保护、母联充电保护、母联过电流保护（通过设置"过电流保护控制字"中"过电流启动母联失灵投入/退出"控制位来启停母联失灵保护）动作时均启动母联失灵保护。当某段母线发生区内故障差动保护动作或母联充电到故障母线上充电保护动作跳母联或母联过电流保护动作跳母联后经延时确认母联支路电流（I_{m1}）是否大于母联失灵电流定值（I_{mlsld2}），若满足过电流条件，说明母联断路器失灵，经差动电压闭锁开放跳开母线上所连的所有断路器，起到母联失灵保护的作用。双母线母联失灵保护逻辑如图 8-24 所示。

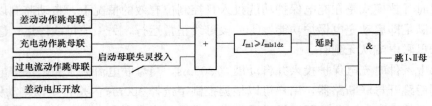

图 8-24　双母线母联失灵保护逻辑框图

3. CSC-150 型装置母联（分段）断路器失灵保护的测试

投入差动保护控制字的"母联失灵投入"控制位。

合母联（1 号元件）的Ⅰ、Ⅱ母隔离开关位置触点且无母联 TWJ 开入，合 2 号元件的Ⅰ母隔离开关位置触点和 3 号元件的Ⅱ母隔离开关位置触点。在保证母线保护电压闭锁开放的条件下，在母联和 2 号元件上反串一个电流来模拟Ⅱ母区内故障且母联失灵，此时保护应瞬时跳开与Ⅱ母相联的所有元件并延时跳开与Ⅰ母相联的所有元件。在母联和 3 号元件上顺串一个电流来模拟Ⅰ母故障且母联失灵，此时保护应瞬时跳开与Ⅰ母相联的所有元件并延时跳开与Ⅱ母相联的所有元件。

（三）母联（分段）断路器死区保护

1. 母联（分段）断路器死区保护的作用

若母联断路器和母联 TA 之间发生故障，断路器侧母线跳开后故障仍然存在，正好处于 TA 侧母线小差的死区，为提高保护动作速度，专设了母联死区保护。

2. CSC-150 型装置母联（分段）开关死区保护的原理

在双母线运行方式下，当某段母线发生区内故障跳开母联后，通过监视母联断路器是否三相全部断开来实现母联死区保护。当监视到母联断路器三相全部跳开后，封母联 TA，若母线上仍有电流，则发生的是死区故障，差动动作跳开健全段母线上所连的所有断路器，起到母联死区保护的作用。双母线母联死区保护逻辑如图 8-25 所示。

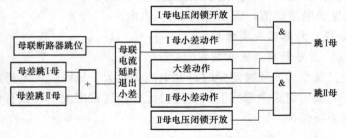

图 8-25　双母线母联死区保护逻辑框图

3. CSC-150型装置母联（分段）断路器死区保护的测试

合母联（1号元件）的Ⅰ、Ⅱ母隔离开关位置触点，合2号元件的Ⅰ母隔离开关位置触点和3号元件的Ⅱ母隔离开关位置触点，元件1出口触点接入母联跳位。在保证母线保护电压闭锁开放的条件下，在母联和2号元件上反串一个电流来模拟Ⅱ母区内故障，此时保护应瞬时跳开与Ⅱ母相联的所有元件，延时200ms跳开与Ⅰ母相联的所有元件。在母联和3号元件上顺串一个电流来模拟Ⅰ母区内故障，此时保护应瞬时跳开与Ⅰ母相联的所有元件，延时200ms跳开与Ⅱ母相联的所有元件。

（四）母联（分段）断路器过电流保护

1. 母联（分段）断路器过电流保护的作用与原理

当利用母联断路器与线路断路器串联运行，母联保护作为线路的临时保护时可投入母联过电流保护。

母联过电流保护有专门的启动元件。在母联过电流保护投入时，当母联电流任一相大于母联过电流整定值，或母联零序电流大于零序过电流整定值时，母联过电流启动元件动作去控制母联电流保护部分。

母联过电流保护在任一相母联电流大于过电流整定值，或母联零序电流大于零序过电流整定值时，经整定延时跳母联断路器，母联电流保护不经复合电压元件闭锁。

2. CSC-150型装置母联（分段）断路器过电流保护的测试

测试步骤如下：

（1）将"母联过电流保护"压板及"母联过电流保护"控制字投入。

（2）在母联TA上加入A（B、C）相电流，电流大于母联过电流定值。

（3）母联过电流保护应经整定延时动作，切除母联断路器。

（4）校验母联过电流保护电流定值，误差应在±5%以内。

（五）母联（分段）断路器非全相保护

1. 母联（分段）断路器非全相保护的作用与原理

当母联断路器某相断开，母联非全相运行时，可由母联非全相保护延时跳开三相。

非全相保护由母联TWJ和HWJ触点启动，并可采用零序和负序电流作为动作的辅助判据。在母联非全相保护投入时，有THWJ开入且母联零序电流（I_0）大于母联非全相零序电流定值（I_{0byz}），或母联负序电流（I_2）大于母联非全相负序电流定值（I_{2byz}），经整定延时跳母联断路器，逻辑框图如图8-26所示。

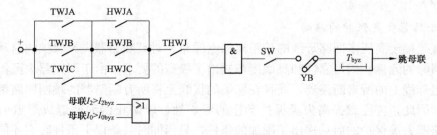

图8-26 母联非全相保护逻辑框图

SW—母联非全相保护投退控制字；YB—母联非全相保护投入连接片

2. 母联（分段）开关非全相保护的测试

（1）将"母联非全相保护"压板及"母联非全相保护"控制字投入。

（2）在母联 TA 上加入 A（B、C）相电流，电流应保证母联非全相保护的零序或负序电流判据开放。

（3）在端子排上短接母联非全相开入触点。

（4）母联非全相保护应经整定延时动作，切除母联开关。

（5）分别检验母联非全相保护的零序和负序电流定值，误差应在±5％以内。

二、断路器失灵保护及其测试

电力系统中，有时会出现系统故障，继电保护动作而断路器拒绝动作的情况。在这种情况下会导致设备烧毁，事故范围扩大，甚至破坏整个电力系统的稳定。一次较为重要的高压电力系统，应该装设断路器失灵保护。

所谓断路器失灵保护是指当故障线路的继电保护动作发出跳闸脉冲后，断路器拒绝动作时，能够以较短的时限切除同一发电厂或变电站内其他有关的断路器，将故障部分隔离，并使停电范围限制为最小的一种近后备保护。

（一）装设断路器失灵保护的条件

由于断路器失灵保护是在系统故障的同时断路器失灵的双重故障情况下的保护，因此允许适当降低对它的要求，即仅要最终能切除故障即可。装设断路器失灵保护的条件如下：

（1）相邻元件保护的远后备保护灵敏度不够时应装设断路器失灵保护。对分相操作的断路器，允许只按单相接地故障来校验其灵敏度。

（2）根据变电所的重要性和装设失灵保护作用的大小来决定装设断路器失灵保护。例如多母线运行的 220kV 及以上变电站，当失灵保护能缩小断路器拒动引起的停电范围时，就应装设失灵保护。

（二）对断路器失灵保护的要求

（1）失灵保护误动和母线保护误动一样，影响范围很广，必须有较高的可靠性（安全性）。

（2）失灵保护首先动作于母联断路器和分段断路器，此后相邻元件保护已能以相继动作切除故障时，失灵保护仅动作于母联断路器和分段断路器。

（3）在保证不误动的前提下，应以较短延时、有选择性地切除有关断路器。

（4）失灵保护的故障鉴别元件和跳闸闭锁元件，应对断路器所在线路或设备末端故障有足够灵敏度。

（三）断路器失灵保护的启动

对于直接接于高压多回路母线的长距离输电线路，对其断路器失灵保护的启动元件（检测故障未消除的元件）的可靠性和灵敏度都提出了极高的要求。由于断路器失灵保护要动作于跳开一组母线上的所有断路器，而且在保护的接线上将所有断路器的跳闸回路都连接到一个继电器，因此，应注意提高失灵保护动作的可靠性，以防止误动而造成严重的事故。为此，对断路器失灵保护的启动提出了附加的条件，只当同时具备以下条件时它才能启动：

（1）故障线路（或设备）的保护装置出口继电器动作后不返回。

（2）在被保护范围内仍然存在故障，即失灵判别元件启动。当母线上连接的元件较多时，一般采用检查故障母线电压的方式以确认故障仍未切除；当连接元件较少或一套保护动作于几个断路器（如采用多角形连接时）以及采用单相重合闸时，一般采用检查通过每个或每相断路器的故障电流方式，用于判别断路器拒动且故障仍未消除。

如果在长距离输电线路远端故障而失灵保护启动元件灵敏度不足不能启动，将引起更大范围内的断路器被切除。因此，在此情况下应采用多种原理的启动元件，如负序电流、电压、阻抗等原理，以确保失灵保护启动元件同时具有高度的可靠性和灵敏度。

（四）断路器失灵保护的工作原理

断路器失灵保护的工作原理是，当线路、变压器或母线发生短路并伴随断路器失灵时，相应的继电保护动作，出口中间继电器发出断路器跳闸脉冲。由于短路故障未被切除，故障元件的继电保护仍处于动作状态。此时利用装设在故障元件上的故障判别元件，来判别断路器仍处于合闸位置的状态。如故障元件出口中间继电器触点和故障判别元件的触点同时闭合时，失灵保护被启动。在经过一个时限后失灵保护出口继电器动作，跳开与失灵的断路器相连的母线上的各个断路器，将故障切除。

CSC-150型装置在应用于110kV及以上母线时，配置了两种启动方式的断路器失灵保护：①无电流元件的断路器失灵保护，该方式的失灵保护由外部失灵启动装置启动本装置失灵保护，本装置无电流元件，不进行电流判别；②有电流元件的断路器失灵保护，该方式的失灵保护由线路保护装置或元件保护装置跳闸触点启动本装置失灵保护，电流判别及失灵逻辑由本装置自身完成。用户可以根据各自的需要通过设置控制字选择断路器失灵保护电流判别元件是否投入。

失灵保护采用复合电压闭锁判据，主要有低电压判据、负序电压判据和零序电压判据。

失灵保护复合电压闭锁开放逻辑与母线保护复合电压闭锁开放逻辑相同。

断路器失灵保护具有独立的复合电压闭锁元件，该元件在双母线运行方式母线互联运行（母联断路器闭合或非母联间隔隔离开关双跨）TV异常时自动进行TV切换。此外断路器失灵保护还具有失灵启动开入超时告警并闭锁失灵保护功能。

1. 无电流判别元件的断路器失灵保护

无电流元件的断路器失灵保护本身只完成选择失灵元件所在的母线段以及复合电压闭锁功能。断路器失灵保护检查有失灵启动开入且复合电压闭锁元件开放时按如下逻辑出口：①经较短的时间延时跳开母联断路器；②经较长的时间延时跳开与该支路所在同一母线上的所有支路断路器。其出口逻辑如图8-27所示。

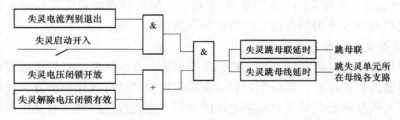

图8-27 无电流判别断路器失灵保护动作逻辑框图

2. 有电流判别元件的断路器失灵保护

具有电流判别元件的断路器失灵保护，是由线路保护（跳A、跳B、跳C）或元件保护（三跳）出口继电器动作启动的。开入持续有效、跳闸相有故障电流且复合电压闭锁元件开放时，断路器失灵保护确定失灵单元、完成选择失灵单元所在的母线段并按如下逻辑出口：①在整定的时间内跟跳本断路器；②若经延时确定故障还未切除，则以较短的时间跳开母联断路器，以较长的时间跳开与该支路所在同一母线上的所有支路断路器。其出口逻辑如图8-28所示。

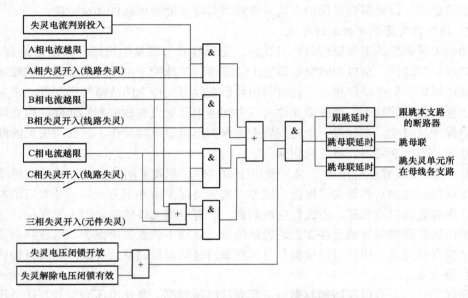

图8-28　有电流判别断路器失灵保护动作逻辑框图

3. 断路器失灵保护开入设置

为了方便用户灵活使用，同时实现硬件的统一性，断路器失灵保护无论是否具有电流判别元件，每一支路失灵启动开入均设置为3个端子。对于线路支路，若断路器失灵保护无电流判别元件，则单元失灵A端子、失灵B端子和失灵C端子并联后接至对应的外部失灵启动装置开出触点，若断路器失灵保护有电流判别元件，则单元失灵A端子、失灵B端子和失灵C端子分别接对应的线路保护跳A、跳B和跳C触点，这满足与绝大多数线路保护配合（当线路上没有装设并联电抗器、而线路保护在发三相跳闸命令同时启动跳A、跳B和跳C）的要求，若不满足可以通过灵活添加开入板以满足特殊工程要求（提供跳A、跳B、跳C和三跳接入）。对于元件支路，元件失灵A端子、失灵B端子和失灵C端子并联后接至对应的外部失灵启动装置开出触点或元件保护的三跳触点。

4. 断路器失灵保护解除电压闭锁

为了使变压器或发电机变压器组支路低压侧故障时高压侧断路器失灵而复合电压闭锁不能开放时，断路器失灵保护可靠动作，对应支路除提供启动母线保护装置失灵开入外，还必须提供一个开入供断路器失灵保护解除电压闭锁用。装置提供两种解除变压器或发电机变压器组支路断路器失灵保护电压闭锁的方式，用户可以根据需要通过设置控制位进行选择（特殊定制）。

（1）外部解除电压闭锁。预留4个解除电压闭锁开入（解除电压闭锁1、2、3、4）分别对应元件4、5、6、7。当元件支路断路器失灵时，若复合电压闭锁不满足开放条件，而解除电压闭锁开入存在，则失灵保护开放电压闭锁元件，使得失灵保护可靠动作。

（2）内部解除电压闭锁。装置端子接元件支路断路器合位，当对应支路失灵启动开入有效、位置触点开入有效且对应支路零序电流或负序电流越限时解除断路器失灵保护电压闭锁元件，保证断路器失灵保护可靠动作。位置触点消失后，解除电压闭锁无效，该支路的失灵启动回路退出运行。断路器失灵保护内部解除电压闭锁逻辑如图 8-29 所示。

图 8-29 断路器失灵保护内部解除电压闭锁逻辑框图

（五）断路器失灵保护测试

投入断路器失灵保护功能，并设置控制字选择失灵保护有无电流判别模式。

1. 自带电流模式

在保证失灵保护电压闭锁条件开放的前提下，短接任一分相失灵启动触点，并在对应元件的对应相别中加入大于 $0.2I_N$ 的电流，失灵保护启动后经跟跳延时再次动作于该断路器。延时确认仍没有跳开后，经跳母联延时动作于母联断路器，经失灵母线延时切除该元件所在母线上的其他连接元件。

2. 无电流模式

在保证失灵保护电压闭锁条件开放的前提下，短接除母联外其他元件的失灵开入，断路器失灵保护经跳母联延时跳开母联，经跳失灵母线延时切除相应母线上的其他连接元件。

失灵开入持续 2s 存在则告警失灵开入出错。

3. 电压闭锁元件

在满足失灵电流元件动作的条件下，分别检验失灵保护电压闭锁元件中相电压、负序和零序电压定值，误差应在 ±5%（或 $0.01U_N$）以内。

任务三 母线保护装置整组测试

📝【学习目标】

通过学习和实践，学生应能看懂继电保护逻辑图及二次回路图，掌握母线保护装置整组测试的方法，能正确使用继电保护测试仪器仪表对母线保护装置进行整组测试、分析、整理和故障的排查，能对母线差动保护装置二次回路出现的简单故障进行正确分析和排查。

✋【任务描述】

以小组为单位，做好工作前的准备，制订母线保护装置整组测试方案，完成母线差动保护的整组测试、分析，填写试验报告，整理归档。

🎙【任务准备】

1. 任务分工

工作负责人：_____   调试人：_____

仪器操作人：_____   记录人：_____

2. 试验用工器具及相关材料（见表 8-22）

表 8-22 试验用工器具及相关材料

类别	序号	名　　称	型号	数量	确认（√）
仪器仪表	1	微机试验仪		1 套	
	2	数字式万用表		1 块	
	3	绝缘电阻表		1 块	
	4	钳形电流表		1 块	
消耗材料	1	绝缘胶布		1 卷	
	2	打印纸等		1 包	
图纸资料	1	保护装置说明书、图纸、调试大纲、记录本		1 套	
	2	最新定值通知单等		1 套	

3. 危险点分析及预控（见表 8-23）

表 8-23 危险点分析及预控措施

序号	工作地点	危险点分析	预控措施	确认签名
1	开关辅助保护柜	误跳闸	1）工作许可后，由工作负责人进行回路核实，核对图纸和各类保护之间的关系，确认二次工作安全措施票所列内容正确无误。 2）严格执行二次安全措施票，对可能误跳运行设备的二次回路进行隔离，并对所拆二次线用绝缘胶布包扎好	
		误接线	1）认真执行二次工作安全措施票，对所拆除接线做好记录。 2）依据拆线记录恢复接线，防止遗漏。 3）由工作负责人或由其指定专人对所恢复的接线进行检查核对。 4）必要时二次回路可用相关试验进行验证	
2	保护屏和户外设备区	误整定	严格按照正式定值通知单核对保护定值，并经装置打印核对正确	
		人身伤害	1）防止电压互感器二次反送电。 2）进入工作现场必须按规定佩戴安全帽。 3）登高作业时应系好安全带，并做好监护。 4）攀登设备前看清设备名称和编号，防止误登带电设备，并设专人监护。 5）工作时使用绝缘垫或戴手套。 6）工作人员之间做好相互配合，拉、合电源开关时发出相应口令；接、拆电源必须在拉开的情况下进行；应使用完整合格的安全开关，装配合适的熔丝	

4. 二次安全措施票（见表 8-24）

表 8-24 二 次 安 全 措 施 票

被试设备名称					
工作负责人		工作时间		签发人	
工作内容：					
工作条件：停电					

安全措施：包括应打开及恢复压板、直流线、交流线、信号线、联锁线和联锁开关等，按工作顺序填用安全措施。已执行，在执行栏打"√"。已恢复，在恢复栏打"√"

续表

序号	执行	安全措施内容	恢复
1		确认所工作的母线保护装置已退出运行，检查全部出口压板确已断开	
2		从母线保护屏端子排上断开启动失灵保护的连线	
3		从母线保护屏端子排上断开重合闸的放电线	
4		从母线保护屏端子排上断开高频保护停信的连线	
5		从母线保护屏端子排上断开母线保护的跳闸线	
6		从母线保护屏的端子排上可靠短接运行中的交流电流二次回路，检查运行中的电流互感器不失去接地点	
7		拆除交流电压回路接线，注意 N 线也应与运行部分可靠断开，检查运行中的其他设备不失去电压	
8		断开信号电源线	
9		外加交直流回路应与运行回路可靠断开	

【任务实施】

测试任务见表 8−25。

表 8−25 　　　　　　　　　　母线保护装置整组测试

一、制订测试方案	二、按照测试方案进行试验
1. 熟悉图纸及保护装置说明书	1. 测试接线（接线完成后需指导教师检查）
2. 学习本任务相关知识，参考本教材附录中相关规程规范、继电保护标准化作业指导书，本小组成员制订出各自的测试方案（包括测试步骤、试验接线图及注意事项等，应尽量采用手动测试）	2. 在本小组工作负责人主持下按分工进行本项目测试并做好记录，交换分工角色，轮流本项目测试并记录（在测试过程中，小组成员应发扬吃苦耐劳、顾全大局和团队协作精神，遵守职业道德）
3. 在本小组工作负责人主持下进行测试方案交流，评选出本任务执行的测试方案	3. 在本小组工作负责人主持下，分析测试结果的正确性，对本任务测试工作进行交流总结，各自完成试验报告的填写
4. 将评选出本任务执行的测试方案报请指导老师审批	4. 指导老师及学生代表点评及小答辩，评出完成本测试任务的本小组成员的成绩
本学习任务思考题 母线保护装置整组测试的内容有哪些？	

【相关知识】

母线保护装置整组测试流程如图 8−30 所示。

通电前检查 → 直流稳压电源通电检查 → 绝缘电阻测量 → 装置设置 → 软件版本号及CRC校验码检查 → 定值整定及定值区切换 → 短路故障试验 → 直流电源断续试验 → 拆线

图 8−30 母线保护装置整组测试流程

一、保护装置通用测试

（一）通电前检查

（1）逐一检查插件上的机械零件、元器件是否松动、脱落，有无机械损伤，接线是否牢固；检查各插件连接器是否能插入到位、锁紧是否可靠；检查人机接口（master）和面板连接是否可靠。

（2）检查装置面板型号标示、灯光标示、背板端子贴图、端子号标示、装置铭牌标注是否完整、正确。

（3）对照装置的分板材料表，逐个检查各插件上元器件应与其分板材料表相一致，印制电路板应无机械损伤或变形，所有元件的焊接质量良好，各电气元件应无相碰、断线或脱焊现象。

（4）各插件拔、插灵活，插件和插座之间定位良好，插入深度合适；大电流端子的短接片在插件插入时应能顶开。

（5）交流插件上的 TA 和 TV 规格应与要求的参数相符。

（二）直流稳压电源通电检查

同时接入两个直流电源插件。

1. 电源输出检查

在断电的情况下，转插电源插件，然后在直流电压分别为 80%、100%、115% 额定值下，用万用表测量各级电压，允许范围见表 8-26，+5V，±12V，+24V 不共地。

表 8-26　　　　　　　　　　　　　　　电 源 输 出 允 许 范 围

标准电压（V）	5	+12	−12	+24
允许范围（V）	4.8～5.2	9～19	−9～−15	22～26

2. 失电告警

通入额定直流电源，失电告警继电器应可靠吸合，用万用表检查其触点（端子 X9/a16-c16 或端子 X25/a16-c16）应可靠断开。切断额定直流电源，失电告警继电器应可靠失磁，用万用表检查其触点（端子 X9/a16-c16 或端子 X25/a16-c16）应可靠闭合。

3. 检查电源的自启动性能

当外加试验直流电源由零缓慢调至 80% 额定值时，用万用表监视失电告警继电器触点应为从闭合到断开。然后，拉合一次直流电源，万用表应有同样反应。

（三）绝缘电阻测量

进行本项试验前，应先检查保护装置内所有互感器屏蔽层的接地线是否全部可靠接地。

短接下列相应端子，使用 500V 绝缘电阻表施加电压不少于 5s 待读数稳定时读取绝缘电阻值，其阻值均应不小于 100MΩ。当有某一组不合格时则需打开该组的短接线，再分别检验每一端子的绝缘，找出故障并予以消除。试验数据记入表 8-27 中。

A组：交流电压输入回路端子　　　X13 插件的 a5～a10、b5～b10

B组：交流电流输入回路端子　　　X1、X2、X3、X4、X10、X11、X12 插件的 a1～a10，b1～b10，X13 插件的 a1～a2，b1～b2

C组：直流电源输入回路端子　　　X9、X25 插件的 a20、a26

D组：开出及中央信号端子　　　　X14、X15、X16、X17、X18 插件的 a2～a32、c2～c32

E 组：220V 开入端子 　　　X19、X24 插件的 a4～a26、c4～c26，X20、X21、X22 插件的 a4～a30、c4～c30，X5 插件的 c4～c26

F 组：24V 开入端子 　　　x5 插件的 a4～a26
接地：接地端子 　　　X9 插件 a32、c32（机壳）

表 8-27　　　　　　　　　　　　　绝　缘　试　验

试验项目	绝缘电阻		备　注
	技术要求（MΩ）	实测（MΩ）	
A，B 组对地	≥100		
C 组对地			
D 组对地			
E 组对地			
F 组对地			
A 组对 B、C、D、E、F 组			
B 组对 C、D、E、F 组			
C 组对 D、E、F 组			
D 组对 E、F 组			
E 组对 F 组			

（四）装置设置

（1）上电观察。合上直流电源，装置的运行灯应亮，液晶显示正常。

（2）保护设置。按"SET"键进入装置主菜单，在"定值设置"→"装置参数"菜单中正确设置装置参数。

（3）装置设定。按"SET"键进入装置主菜单，在"装置设定"菜单中分别正确设置间隔名称、对时方式、通讯地址、SOE 复归选择、规约选择、打印设置、修改密码和 103 功能类型。

按"SET"键进入装置主菜单，在"修改时钟"菜单中正确设置装置时钟。回到液晶正常显示下，观察时钟应运行正常。拉掉装置电源 5min，然后再上电，检查液晶显示的时间和日期，在掉电时间内装置时钟应保持运行，并走时准确。

（五）软件版本号及 CRC 校验码检查

软件的正确性是通过其 CRC 校验码来判别的。按"SET"键进入装置主菜单，进入"运行工况"→"装置编码"菜单，记录装置类型、各软件的版本号和 CRC 校验码，并检查其与有效版本是否一致。

（六）定值整定及定值区切换

（1）定值整定。按"SET"键进入装置主菜单，进入"定值设置"→"保护定值"菜单，进入定值区 0，根据定值通知单输入定值并固化到 0 区。

（2）定值区切换。在液晶面板循环显示内容中，确认当前定值区是否正确。若不正确，按"SET"键进入装置主菜单，进入"测试操作"→"切换定值区菜单"中，将定值区切换至正确定值区。母线保护有效定值区为定值区 0，在运行时严禁切换定值区。

（七）保护压板说明

装置提供两种压板模式供用户选择，用户可以根据需要设置硬压板模式或软硬压板串联模式。在设置成硬压板模式时，如果压板开入端子开入有效，面板会发相对应报文"×××保护投入"；如果设为软硬压板串联模式，除了压板开入有效外还必须在软压板投退中投入相应的软压板，面板才会发相应报文。

装置硬压板为 24V 开入，均布置在插件 X5 上，硬压板投退必须通过合上或断开屏上的短连片来实现。软压板不需要整定，根据现场实际运行情况投退。

当装置配置的保护功能不用时，必须将相应的压板退出。

当选用硬压板模式时，"压板操作"→"软压板投退"菜单中所显示压板不可投退；选用软硬压板串联模式时，"压板操作"→"软压板投退"菜单中所显示压板可以投退，但每次只能投退一个。

在"压板操作"→"查看压板状态"菜单中，可以查看压板投入情况。第一列为压板名称，第二列为软压板状态，第三列为总压板状态。

二、母线保护装置测试

（一）检验接线

母线保护装置测试接线示意图如图 8-31 所示。

图 8-31　母线保护装置测试接线示意图

（二）微机保护装置与测试仪的连接

（1）测试仪的 U_A、U_B、U_C、U_N 分别接装置的 X14 插件的 Ⅰ 母电压 a10、a9、b9、b10 或 Ⅱ 母电压 a8、a7、b7、b8 端。

（2）测试仪的 I_A、I_B、I_C、I_N 按装置测试需要分别和相应的电流端子相连。

（三）短路故障试验

下面的试验以专用母联的双母线为例（设母联 TA 极性与 Ⅰ 母一致）。

1. 试验准备

（1）根据背板端子图，正确接入交流电流电压输入回路，引出装置动作触点，用于监视保护动作行为，测试保护动作时间。

（2）根据定值通知单，输入装置定值。

2. 差动试验

由于母线上连接元件较多，而差动保护对极性的要求很高，若极性接反则会直接影响保护的动作行为。故在进行测试之前，首先要了解各元件 TA 极性是否连接正确。仍以 CSC-150 型装置母线差动保护为例。

要求先模拟正常运行然后再进入故障状态，以保证试验的真实性。动作时间为从故障开始到启动跳闸出口继电器的动作时间。

试验前，应将相关保护投入运行。为保证试验的正确性，母线上的各条线路的位置应与整定值和实际一次接线相一致。将各单元的 TA 变比整定一致。

下面的试验以专用母联的双母线为例（设母联 TA 极性与 Ⅰ 母一致），按 A、B、C 分相进行，投入差动保护功能。

（1）区内故障模拟。

1）使电压闭锁开放（不加电压），设定母联断路器在合位，合元件 1 的 I 母隔离开关位置及元件 2 的 II 母隔离开关位置触点。

2）模拟 I 母区内故障：将元件 ITA、母联 TA 和元件 2TA 同极性串联，再向 3 个元件同时串接 A 相（或 B、C 相）电流。通入大于差动电流门槛定值的电流，母线差动保护应动作跳开与 I 母相联的所有元件包括母联，保护装置"母差动作"灯点亮，屏幕显示报文"I 母差动动作"，如图 8-32 所示。

3）模拟 II 母区内故障：将元件 1TA 和元件 2TA 同极性串联，再与母联 TA 反极性串联，3 个单元同时串接 A 相（或 B、C 相）电流。通入大于差动电流门槛定值的电流，母线差动保护动作跳开与 II 母相联的所有元件包括母联；保护装置"母差动作"灯点亮，屏幕显示报文"II 母差动动作"，如图 8-33 所示。

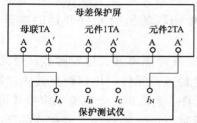

图 8-32　模拟 I 母保护区内故障测试接线　　　图 8-33　模拟 II 母保护区内故障测试接线

保护动作行为应正确、可靠，其电流定值误差应小于±5%。

在大于 2 倍整定电流、小于 0.5 倍整定电压下，保护整组动作时间不大于 15ms。

（2）区外故障模拟。

1）首先使电压闭锁开放（不加电压），设定母联断路器在合位，并设定元件 1 接于 I 母，即合元件 1 的 I 母隔离开关位置触点；元件 2 接于 II 母，即合元件 2 的 II 母隔离开关位置触点。

2）如图 8-34 所示，模拟母线区外故障：将元件 2TA 与母联 TA 同极性串联，再与元件 1TA 反极性串联向三个单元同时串接 A（或 B、C）相电流。通入大于差动电流门槛定值的电流，母线差动保护应正确、可靠不出口。

3）此时保护装置显示的大差电流、小差电流应约为零。

（3）制动系数测试。差动电流门槛定值整定为 $0.2I_N$，合元件 2 的 I 母隔离开关位置触点和元件 3 的 I 母隔离开关位置触点。在元件 2 上加电流 I_1，在元件 3 上加电流 I_2（注意电流 I_1 和 I_2 应加在元件 2 和元件 3 的同一相上），将元件 2 电流 I_1 固定（大于 $0.2I_N$），元件 3 电流 I_2 极性与 I_1 极性相反，缓慢增大 I_2 的值，记下保护刚好动作时的两个电流值，然后计算 $|I_1-I_2|$ 和 $|I_1+I_2|$ 的值，两者相除即为制动系数。

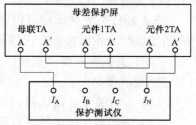

图 8-34　模拟母线保护区外故障测试接线

（4）互联。

1）自动互联。合元件 2 的 I、II 母隔离开关位置触点和元件 3 的 II 母隔离开关位置触点，在元件 3 上加入电流模拟Ⅱ母区内故障，此时保护应该动作跳开所有运行元件。合元件2的Ⅰ、Ⅱ母隔离开关位置触点和元件3的Ⅰ母隔离开关位置触点，在元件3上加入电流模拟Ⅰ母区内故障，此时保护应该动作跳开所有运行元件。

2）强制互联。合"互联运行"压板。合元件2的Ⅰ母隔离开关位置触点和元件3的Ⅱ母隔离开关位置触点，在元件2上加入电流模拟Ⅰ母区内故障，此时保护应该动作跳开所有运行元件。在元件3上加入电流模拟Ⅱ母区内故障，此时保护应该动作跳开所有运行元件。

（5）母联开关失灵故障。投入"母联失灵投入"控制位。合母联（元件1）的Ⅰ、Ⅱ母隔离开关位置触点且无母联TWJ开入，合元件2的Ⅰ母隔离开关位置触点和元件3的Ⅱ母隔离开关位置触点。在保证母线保护电压闭锁开放的条件下，在母联和元件2上反串一个电流来模拟Ⅱ母区内故障且母联失灵，此时保护应瞬时跳开与Ⅱ母相连的所有元件并延时跳开与Ⅰ母相连的所有元件。在母联和元件3上顺串一个电流来模拟Ⅰ母故障且母联失灵，此时保护应瞬时跳开与Ⅰ母相联的所有元件并延时跳开与Ⅱ母相连的所有元件。

（6）母联开关死区故障。合母联（元件1）的Ⅰ、Ⅱ母隔离开关位置触点，合元件2的Ⅰ母隔离开关位置触点和元件3的Ⅱ母隔离开关位置触点，元件1出口触点接入母联跳位。在保证母线保护电压闭锁开放的条件下，在母联和元件2上反串一个电流来模拟Ⅱ母区内故障，此时保护应瞬时跳开与Ⅱ母相连的所有元件，延时200ms跳开与Ⅰ母相连的所有元件。在母联和元件3上顺串一个电流来模拟Ⅰ母区内故障，此时保护应瞬时跳开与Ⅰ母相连的所有元件，延时200ms跳开与Ⅱ母相连的所有元件。

（7）模拟双母线倒闸操作过程中母线区内故障。设定母联断路器在合位，使电压闭锁开放（不加电压）。任选某母线上的一条支路，合上该支路的Ⅰ母和Ⅱ母隔离开关。在这条支路中加入单相电流，电流值大于1.2倍差动电流启动值。母线差动保护应瞬时动作，切除母联及Ⅰ、Ⅱ母线上的所有支路。

（8）TA断线。投"差动保护投入"压板。投"TA断线告警投入"控制位，在元件1以外的任意元件上加入电流使得差动电流大于TA断线告警段定值，此时装置延时10s发"TA断线"告警信号，随后增大电流值使之大于差动电流门槛定值，差动保护仍能动作。

投"TA断线闭锁投入"控制位，在元件1以外的任意元件上加入电流使得差动电流大于TA断线闭锁段定值，此时装置延时10s发"TA断线"告警信号，随后增大电流值使之大于差动电流门槛定值，差动保护被闭锁而无法动作。

TA断线告警或闭锁可以通过控制字投退分别测试，也可以通过电流定值区分，TA断线闭锁执行"按段按相"闭锁原则。

（四）直流电源断续试验

试验步骤如下：

（1）拉合装置直流电源；

（2）快速多次拉合装置直流电源；

（3）调整装置的直流电压在80%～110%之间波动。

在以上直流电源断续试验过程中，装置应工作正常，不应误动作或误发出口信号，信号指示正确。

三、装置菜单及背板端子图

（一）装置菜单

1. 菜单结构

装置人机接口的菜单结构见表 8 - 28。

表 8 - 28　　　　　　　　　　　　菜　单　结　构

主菜单	一级菜单	二级菜单		说　　明
装置主菜单	运行工况	模入量		查看装置模拟输入量
		装置工况		查看装置工况
		装置版本		显示装置内保护 CPU 的版本信息
		装置编码		显示装置各种插件编码信息
		开入		查看开入状态
		测量量		显示装置测量量（电流为按 TA 调整系数归算后的值）
	定值设置	保护定值		整定装置定值
		装置参数		设置装置参数
	报告查询	动作报告	查询最近一次报告	列出最近一次动作报告的时间，按 SET 键查看内容
			查询最后 6 次报告	列出最近 6 次动作报告的时间，上下键选择报告，SET 键查看报告内容
			按时间段查询报告	列出按时间段检索的动作报告时间，上下键选择报告，SET 键查看报告内容
		启动报告	查询最近一次报告	列出最近一次动作报告的时间，按 SET 键查看内容
			查询最后 6 次报告	列出最近 6 次动作报告的时间，上下键选择报告，SET 键查看报告内容
			按时间段查询报告	列出按时间段检索的动作报告时间，上下键选择报告，SET 键查看报告内容
		告警报告	查询最后 6 次报告	列出最近 6 次告警报告的时间，上下键选择报告，SET 键查看报告内容
			按时间段查询报告	列出按时间段检索的告警报告时间，上下键选择报告，SET 键查看报告内容
		操作记录	查询最后 6 次报告	列出最近 6 次运行报告的时间，上下键选择报告，SET 键查看报告内容
			按时间段查询报告	列出按时间段检索的运行报告时间，上下键选择报告，SET 键查看报告内容

续表

主菜单	一级菜单	二级菜单			说　明
装置主菜单	装置设定			间隔名称	内码输入间隔层名称
		对时方式		设置网络对时方式	设置网络对时方式
				设置秒脉冲对时方式	设置秒脉冲对时方式
				设置分脉冲对时方式	设置分脉冲对时方式
		通讯地址			设置 LON 网地址
		SOE 复归选择			自动复归或手动复归
		规约选择			选择装置对外通讯规约 V1.20 或 V1.10，高亮选项为当前设置，上下键选择，SET 键设定
		打印设置		录波打印量设置	按保护类型列出的模人和录波事件列表，可以选择 10 路模人 16 个事件，作为以后录波打印量，可以随时更改
				打印方式设置	设置打印方式，选择图形或数据方式
		修改密码			修改装置密码
		103 功能类型			设置 103 功能类型
	开出传动				开出传动
	修改时钟				修改时钟
	液晶调节				调节液晶亮度
	压板操作				投退压板操作
	打印	定值			打印定值
		报告	动作报告	查询最近一次报告	列出最近一次动作报告的时间，按 SET 键查看打印内容
				查询最后 6 次报告	列出最近 6 次动作报告的时间，上下键选择报告，SET 键查看报告打印内容
				按时间段查询报告	列出按时间段检索的动作报告时间，上下键选择报告，SET 键查看报告打印内容
			启动报告	查询最近一次报告	列出最近一次动作报告的时间，按 SET 键查看打印内容
				查询最后 6 次报告	列出最近 6 次动作报告的时间，上下键选择报告，SET 键查看报告打印内容
				按时间段查询报告	列出按时间段检索的动作报告时间，上下键选择报告，SET 键查看报告打印内容
			告警报告	查询最后 6 次报告	列出最近 6 次告警报告的时间，上下键选择报告，SET 键查看报告打印内容
				按时间段查询报告	列出按时间段检索的告警报告时间，上下键选择报告，SET 键查看报告打印内容
			操作记录	查询最后 6 次报告	列出最近 6 次运行报告的时间，上下键选择报告，SET 键查看报告打印内容
				按时间段查询报告	列出按时间段检索的运行报告时间，上下键选择报告，SET 键查看报告打印内容
		装置设定			打印装置设定
		装置参数			打印装置参数

续表

主菜单	一级菜单	二级菜单		说　　明
装置主菜单	打印	工况	模入量	打印模拟输入量
			装置工况	打印装置工况
			装置版本	打印装置内保护 CPU 的版本信息
			装置编码	打印装置编码
			开入	打印开入
			压板状态	打印压板状态
		打印采样值		打印采样值
	测试操作	遥信对点	告警对点	设置告警对点方式
			动作对点	设置保护动作对点方式
			压板对点	设置压板对点方式
			开入对点	设置开入对点方式
			模拟上送录波	模拟主动上送后台录波
		切换定值区		切换装置定值区
		查看零漂		查看指定 CPU 的零漂
		调整零漂		调整所有 CPU 的零漂，上下键移动选择，SET 键选中调整的通道，在确定上按 SET 即可完成调整
		查看刻度		查看指定 CPU 的刻度
		调整刻度		调整所有 CPU 的刻度，上下键移动选择，SET 键选中调整的通道或设置电流电压值，在确定上按 SET 键即可完成调整
		打印采样值		打印采样值

2. 显示流程

显示分为循环显示、装置主菜单、出厂调试菜单、主动上送报文窗口。

装置循环显示模拟量、投入的压板、当前定值区号，在屏幕顶部显示当前时间。按 QUIT 键可以固定显示某一屏的信息，再按 QUIT 继续循环显示。

装置菜单分为主菜单和出厂调试菜单。

在循环显示时按 SET 键进入装置主菜单。按 QUIT＋SET 进入出厂调试菜单（厂家专用）。

液晶下部有 4 个快捷键及两个功能键，主要目的是方便使用人员操作："F1"键：打印最近一次动作报告。"F2"键：打印当前定值区的定值。"F3"键：打印采样值。"F4"键：打印装置信息和运行工况。"＋"键：功能键，定值区号加 1。"－"键：功能键，定值区号减 1。

（二）背板端子图

1. CSC‐150/1 型装置背板端子图（见图 8‐35）

2. CSC‐150/2 型装置背板端子图（见图 8‐36）

X9(电源插件)

	c	a
2	R24V+	
4		
6		
8	R24V−	
10		
12		
14		
16	直流消失	
18		
20	IN+	
22		
24		
26	IN−	
28		
30		
32	⏚	

X8(CAN网联接口)

X6(管理插件)

备用	1	以太网
打印发	2	
打印收	3	
打印地	4	
485-2B	5	
485-2A	6	
485-1B	7	
485-1A	8	
GPS	9	
GPSGND	10	
LON-2A	11	
LON-2B	12	
LONGND	13	
LON-1A	14	
LON-1B	15	
备用	16	

X5(开入插件)

	c	a
2	KM+	R24V+
4	母联跳位	母差投入压板
6	非全相开入	断路器失灵压板
8	备用	母联充电压板
10	手合充电或闭锁差动	母联过流压板
12	解除电压闭锁1	母联非全相压板
14	解除电压闭锁2	母线互联压板
16	解除电压闭锁3	TV断线告警压板
18	解除电压闭锁4	分段1失灵
20	备用	母联旁路运行
22	备用	刀闸位置确认
24	备用	分段2失灵
26	备用	信号复归
28	KM−	R24V−
30	默认常备装置告警(非保持)	
32	默认常备装置告警(保持)	

X4(交流插件)

	b	a
1	IB7′	IB7
2	IB8′	IB8
3	IB9′	IB9
4	IB10′	IB10
5	IB11′	IB11
6	IB12′	IB12
7	IB13′	IB13
8	IB14′	IB14
9	IB15′	IB15
10	IB16′	IB16
11		

X3(交流插件)

	b	a
1	IA21′	IA21
2	IA22′	IA22
3	IA23′	IA23
4	IA24′	IA24
5	IB1′	IB1
6	IB2′	IB2
7	IB3′	IB3
8	IB4′	IB4
9	IB5′	IB5
10	IB6′	IB6
11		

X2(交流插件)

	b	a
1	IA11′	IA11
2	IA12′	IA12
3	IA13′	IA13
4	IA14′	IA14
5	IA15′	IA15
6	IA16′	IA16
7	IA17′	IA17
8	IA18′	IA18
9	IA19′	IA19
10	IA20′	IA20
11		

X1(交流插件)

	b	a
1	IA1′	IA1
2	IA2′	IA2
3	IA3′	IA3
4	IA4′	IA4
5	IA5′	IA5
6	IA6′	IA6
7	IA7′	IA7
8	IA8′	IA8
9	IA9′	IA9
10	IA10′	IA10
11		

X18(开出插件)

	c○—○a	
2	母联动作(远动)	
4	母联动作(录波)	
6	备用出口	
8	备用出口	
10	母联动作(保持)	信号
12	母联动作(非保持)	
14	交流断线告警(保持)	
16	交流断线告警(非保持)	
18	隔离开关/断路器位置报警(保持)	
20	隔离开关/断路器位置报警(非保持)	
22	装置异常告警(保持)	
24	装置异常告警(非保持)	
26	其他告警(保持)	
28	其他告警(非保持)	
30	失灵电压开放(保持)	
32	失灵电压开放(非保持)	

X17(开出插件)

	c○—○a	
2	I母动作（远动）	
4	I母动作（录波）	
6	II母动作（远动）	
8	II母动作（录波）	
10	母差跳I母（保持）	信号
12	母差跳I母（非保持）	
14	母差跳II母（保持）	
16	母差跳II母（非保持）	
18	差动电压开放（保持）	
20	差动电压开放（非保持）	
22	失灵跳I母（保持）	
24	失灵跳I母（非保持）	
26	失灵跳II母（保持）	
28	失灵跳II母（非保持）	
30	母线互联告警（保持）	
32	母线互联告警（非保持）	

X16(开出插件)

	c○—BJ CK—○a
2	元件17出口1
4	元件17出口2
6	元件18出口1
8	元件18出口2
10	元件19出口1
12	元件19出口2
14	元件20出口1
16	元件20出口2
18	元件21出口1
20	元件21出口2
22	元件22出口1
24	元件22出口2
26	元件23出口1
28	元件23出口2
30	元件24出口1
32	元件24出口2

X15(开出插件)

	c○—BJ CK—○a
2	元件9出口1
4	元件9出口2
6	元件10出口1
8	元件10出口2
10	元件11出口1
12	元件11出口2
14	元件12出口1
16	元件12出口2
18	元件13出口1
20	元件13出口2
22	元件14出口1
24	元件14出口2
26	元件15出口1
28	元件15出口2
30	元件16出口1
32	元件16出口2

X14(开出插件)

	c○—BJ CK—○a
2	元件1出口1
4	元件1出口2
6	元件2出口1
8	元件2出口2
10	元件3出口1
12	元件3出口2
14	元件4出口1
16	元件4出口2
18	元件5出口1
20	元件5出口2
22	元件6出口1
24	元件6出口2
26	元件7出口1
28	元件7出口2
30	元件8出口1
32	元件8出口2

X25(电源插件)

	c	a
2	R24V+	
4		
6		
8	R24V-	
10		
12		
14		
16	直流消失	
18		
20		
22	IN+	
24		
26	IN-	
28		
30		
32	⏚	

X13(交流插件)

	b	a
1	IC23′	IC23
2	IC24′	IC24
3	IC15′	IC15
4	IC16′	IC16
5	UC3	UB3
6	UN3	UA3
7	UC2	UB2
8	UN2	UA2
9	UC1	UB1
10	UN1	UA1
11		

X12(交流插件)

	b	a
1	IC13′	IC13
2	IC14′	IC14
3	IC15′	IC15
4	IC16′	IC16
5	IC17′	IC17
6	IC18′	IC18
7	IC19′	IC19
8	IC20′	IC20
9	IC21′	IC21
10	IC22′	IC22
11		

X11(交流插件)

	b	a
1	IC3′	IC3
2	IC4′	IC4
3	IC5′	IC5
4	IC6′	IC6
5	IC7′	IC7
6	IC8′	IC8
7	IC9′	IC9
8	IC10′	IC10
9	IC11′	IC11
10	IC12′	IC12
11		

X10(交流插件)

	b	a
1	IB17′	IB17
2	IB18′	IB18
3	IB19′	IB19
4	IB20′	IB20
5	IB21′	IB21
6	IB22′	IB22
7	IB23′	IB23
8	IB24′	IB24
9	IC1′	IC1
10	IC2′	IC2
11		

图 8-35　CSC-150/1 型装置背板端子图

X20(开入插件)

	c	a
2	KM+	
4	元件1Ⅲ母位置	元件1Ⅰ母位置
6	元件2Ⅲ母位置	元件2Ⅰ母位置
8	元件3Ⅲ母位置	元件3Ⅰ母位置
10	元件4Ⅲ母位置	元件4Ⅰ母位置
12	元件5Ⅲ母位置	元件5Ⅰ母位置
14	元件6Ⅲ母位置	元件6Ⅰ母位置
16	元件7Ⅲ母位置	元件7Ⅰ母位置
18	元件8Ⅲ母位置	元件8Ⅰ母位置
20	元件9Ⅲ母位置	元件9Ⅰ母位置
22	元件10Ⅲ母位置	元件10Ⅰ母位置
24	元件11Ⅲ母位置	元件11Ⅰ母位置
26	元件12Ⅲ母位置	元件12Ⅰ母位置
28		空
30		
32		

X20(开入插件)

	c	a
2	KM+	
4	元件1失灵A	元件5失灵A
6	元件1失灵B	元件5失灵B
8	元件1失灵C	元件5失灵C
10	元件2失灵A	元件6失灵A
12	元件2失灵B	元件6失灵B
14	元件2失灵C	元件6失灵C
16	元件3失灵A	元件7失灵A
18	元件3失灵B	元件7失灵B
20	元件3失灵C	元件7失灵C
22	元件4失灵A	元件8失灵A
24	元件4失灵B	元件8失灵B
26	元件4失灵C	元件8失灵C
28	备用开入1	备用开入3
30	备用开入2	备用开入4
32	KM-	

X21(开入插件)

	c	a
2	KM+	
4	元件13失灵A	元件9失灵A
6	元件13失灵B	元件9失灵B
8	元件13失灵C	元件9失灵C
10	元件14失灵A	元件10失灵A
12	元件14失灵B	元件10失灵B
14	元件14失灵C	元件10失灵C
16	元件15失灵A	元件11失灵A
18	元件15失灵B	元件11失灵B
20	元件15失灵C	元件11失灵C
22	元件16失灵A	元件12失灵A
24	元件16失灵B	元件12失灵B
26	元件16失灵C	元件12失灵C
28	备用开入6	备用开入5
30	备用开入8	备用开入7
32	KM-	

X22(开入插件)

	c	a
2	KM+	
4	元件21失灵A	元件17失灵A
6	元件21失灵B	元件17失灵B
8	元件21失灵C	元件17失灵C
10	元件22失灵A	元件18失灵A
12	元件22失灵B	元件18失灵B
14	元件22失灵C	元件18失灵C
16	元件23失灵A	元件19失灵A
18	元件23失灵B	元件19失灵B
20	元件23失灵C	元件19失灵C
22	元件24失灵A	元件20失灵A
24	元件24失灵B	元件20失灵B
26	元件24失灵C	元件20失灵C
28	备用开入10	备用开入9
30	备用开入12	备用开入11
32	KM-	

X23(CAN网联接口)

X24(开入插件)

	c	a
2	KM+	
4	元件13Ⅲ母位置	元件13Ⅰ母位置
6	元件14Ⅲ母位置	元件14Ⅰ母位置
8	元件15Ⅲ母位置	元件15Ⅰ母位置
10	元件16Ⅲ母位置	元件16Ⅰ母位置
12	元件17Ⅲ母位置	元件17Ⅰ母位置
14	元件18Ⅲ母位置	元件18Ⅰ母位置
16	元件19Ⅲ母位置	元件19Ⅰ母位置
18	元件20Ⅲ母位置	元件20Ⅰ母位置
20	元件21Ⅲ母位置	元件21Ⅰ母位置
22	元件22Ⅲ母位置	元件22Ⅰ母位置
24	元件23Ⅲ母位置	元件23Ⅰ母位置
26	元件24Ⅲ母位置	元件24Ⅰ母位置
28		空
30		
32		

图 8-36　CSC-150/2型装置背板端子图

附录 A　继电保护检验工作流程

一、适用范围

本流程卡适用于保护装置的定期检验工作。本工作任务受理执行人为工作负责人。

二、工作流程

工作流程见表 A－1。

注：流程卡的填写由工作负责人执行后签名。

表 A－1　　　　　　　　　　　**继电保护检验工作流程**

序号	作业项目	标准及要求	执行（√）
1	接受工作任务	明确任务内容、时间、了解（查勘）工作环境、被试设备状况及设备的一、二次运行情况，安排工作组人员（包括负责人在内 3～4 人），交代工作事项，并作准备工作	
2	填写工作票	由工作票签发权人填写工作票，工作负责人安排在工作前一天送达工作许可人处	
3	准备技术资料	工作负责人指定工作人员准备图纸，技术说明书，调试规程，上一年度调试报告、运行定值单	
4	准备试验设备	工作负责人指定专人准备及负责现场管理试验仪器、仪表：	
		1）试验仪器及专用试验线（带数据的微机试验仪需经检验合格）	
		2）0.2 级以上经检验合格的电压表、电流表	
		3）2 级以上经检验合格的 1000V/Ω 绝缘电阻表	
		4）0.2 级以上检验合格的钳形相位表	
5	准备备品备件	根据现场查勘情况、设备健康档案表及工作的相关内容，由工作负责人或指定工作班人员准备备品备件及材料	
6	安全措施准备	工作负责人根据工作内容、环境、天气及查勘的相关情况，布置工作班人员准备安全工器具和事先编制针对本保护回路合格的标准安全措施票	
7	准备工作的检查	工作负责人在出现场时，对以上准备情况及工作班人员所带个人工具情况，进行检查并汇报班长	
8	履行工作许可手续	工作负责人与工作许可人交接工作许可手续，对照工作票对现场安全措施的布置情况，一、二次设备的断开点进行核实并确认正确后签字（其他人员原地待命）	
9	交代工作	工作负责人对现场人员进行工作任务分配，交代安全措施的布置情况及危险点控制措施	
10	执行二次回路安全措施票	由专人在工作负责人的监护下实施标准安全措施票，重点检查退出的保护压板及联跳出口线	

续表

序号	作业项目	标准及要求	执行（√）
11	试验接线	根据图纸资料，在监护下由专人接线，并经核实被试端子无电压后加压，试压后断开试验装置电源开关	
12	保护检验	在工作负责人监护下由专人根据检验性质，按照调试步骤的顺序检验，并做好调试记录。对调试中需临时断开的二次线、端子连片在二次安全措施票上做好记录	
13	恢复二次安全措施	保护检验工作全部完成后，断开试验仪器（仪表）工作电源，拆除试验接线，在工作负责人的监护下根据工作开始时执行的二次安全措施票按顺序恢复。由专人整理清点试验仪器、仪表、工机具	
14	工作终结	工作班人员向工作负责人汇报工作结果，由工作负责人检查后在继电保护调试记录簿上做记录，会同工作许可人检查二次安全措施恢复情况，检查定值整定、保护信号、开入量、控制操作，确认工作完成，并履行工作终结手续	
15	带负荷检查	由工作票签发人签发第二种工作票。在履行工作许可手续后，带负荷检测六角图，并在继电保护调试记录簿上做好记录。部分检验工作在带负荷后检查电流量	
16	总结整理	由工作负责人总结工作，返回定值单、工作票、二次安全措施票、仪器、仪表、图纸（图纸有修改的部分必须完善电子图的更改）、未使用的备品备件。整理电子格式试验报告、返回原始试验记录	

工作负责人：_____　　工作时间：_____

工作内容：_____

附录B 继电保护二次回路安全措施工作流程

继电保护二次回路安全措施工作流程见表B-1，危险点分析见表B-2。

表B-1 继电保护二次回路安全措施工作流程

序号	作业项目	标准及要求	执行（√）
1	接受工作任务	明确任务内容、时间，了解（查勘）工作环境，被试设备状况及设备的一、二次运行情况，安排2人以上交代工作事项，学习施工方案，并做准备工作	
2	填写工作票	由工作票签发权人填写工作票，工作负责人安排在工作前一天送达工作许可人处	
3	施工前准备	1）工作负责人指定工作人员准备图纸，施工材料备品备件及安全工机具 2）设备准备：试验仪器及专用试验线；经检验合格的1000V/Ω绝缘电阻表；0.5级以上检验合格的钳形相位表	
4	准备工作的检查	工作负责人在出现场时，对以上准备情况及工作班人员所带个人工具情况进行检查并汇报班长	
5	履行工作许可手续	检查安全措施的布置，查看一、二次带电部分与工作距离是否安全可靠。符合安全要求后办理工作票	
6	现场交代工作	工作负责人对现场人员进行具体的工作分配，交代安全措施、布置情况及危险点控制措施	
7	安全措施	1）断开工作单元上的带电二次线后进行绝缘包扎 2）开关机构工作需释放一次开关机构能量 3）电动工具、试验电源取经过漏电保护器的开关处 4）对需工作的二次电流回路短接，并不得开路。对相邻的二次端子用绝缘材料隔离 5）在使用电动工具时对相邻的回路，申请临时断开保护电源或出口压板	
8	恢复安全措施前的试验	1）对更改的二次回路进行校核性检验（试验） 2）检查二次回路绝缘大于1MΩ。手动控制及保护整组（传动）试验	
9	恢复二次安全措施	1）工作全部完成后，断开施工电源，拆除试验接线，在负责人的监护下检查待恢复接入二次系统的端头线无电位后，执行二次安全措施票内容 2）经值班员同意并会同对保护装置，二次回路进行运行前的静态带电检查（核查），并符合运行条件	
10	工作终结	经核对竣工图及实际工作正确后，工作负责人向工作许可人交代完成情况，办理工作完成手续	

表B-2 危险点分析

√	序号	内容
	1	现场安全技术措施及图纸如有错误，可能造成做安全技术措施时误跳运行设备
	2	拆动二次接线如拆端子外侧接线，有可能造成二次交、直流电压回路短路、接地，联跳回路误跳运行设备

√	序号	内　　容
	3	带电插拔插件，易造成集成块损坏
	4	频繁插拔插件，易造成插件接插头松动
	5	保护传动配合不当，易造成人员受伤及设备事故
	6	拆动二次回路接线时，易发生遗漏及误恢复事故
	7	保护室内使用无线通信设备，易造成保护不正确动作
	8	漏拆联跳接线或漏取压板，易造成误跳运行设备
	9	电流回路开路或失去接地点，易引起人员伤亡及设备损坏
	10	表计量程选择不当或用低内阻电压表测量联跳回路，易造成误跳运行设备
	11	人员、物体越过围栏，易发生人员触电事故，看清标示牌防止走错间隔，误碰其他设备
	12	上构架不扎安全带，易发生高空堕落事故
	13	作业人员精神状态不良，易造成人员受伤及设备损坏
	14	现场使用工具不当，易造成低压触电事故
	15	检查回路不仔细，容易产生寄生回路，粗心大意，易造成误整定
	16	检查 TA 母差绕组电流端子是否打开，母差绕组靠 TA 侧电流端子是否短接，易造成母保护误动或拒动

附录 C　继电保护检验试验报告

C.1　35kV 线路保护检验试验报告

1. 保护屏接线及插件外观检修

内　　　容	结　　　果
控制屏、保护屏端子排、装置背板接线检查清扫及螺丝压接检查情况	
电流互感器端子箱、断路器端子箱、线路压变端子箱、机构箱清扫及螺丝压接检查情况	
各插件外观及接线检查、清扫情况	

2. 保护屏上压板检查

内　　　容	结　　　果
压板端子接线是否符合反措要求	
压板端子接线压接是否良好	
压板外观检查情况	

3. 屏蔽接地检查

内　　　容	结　　　果
检查保护引入、引出电缆是否为屏蔽电缆	
检查全部屏蔽电缆的屏蔽层是否两端接地	
检查保护屏底部的下面是否构造一个专用的接地铜网格，保护屏的专用接地端子是否经一定截面铜线连接到此铜网格上	
并检查各接地端子的连接处连接是否可靠	

4. 保护定值检验

4.1　速断

测试项目	A 相	C 相
整定值（A）		
动作值（A）		
动作时间（s）		

4.2 过电流

测试项目	A相	C相
整定值（A）		
动作值（A）		
动作时间（s）		
重合闸时间（S）		

5. 整组试验

直流电源在额定电压下带断路器传动，在确保检验质量的前提下尽量减少断路器的动作次数，交流电流、电压必须从端子排上通入试验，并按本线路保护展开图的要求，对保护直流回路上的各分支回路（包括直流控制回路、保护回路、出口回路、信号回路及遥信回路）进行认真的传动，检查各回路接线的正确性。

试验内容 / 故障相别		A相	C相
速　断	动作时间		
	装置信号		
过电流	动作时间		
	装置信号		
重合闸	动作时间		
	装置信号		

6. TA极性及变比检查

电压等级	电流互感器编号	回路编号	用途	变比	极性
35kV独立电流互感器	1TA				
	2TA				
	3TA				

7. 室外检查

清扫及检查断路器端子箱、螺丝压接检查情况：_____。

8. 状态检查

整 定 单 核 对			
整定单编号	整定单定值和实际定值是否一致	整定单上的设备型号和实际设备型号是否一致	实际电流互感器变比是否符合整定整单要求

状态检查内容	结　　果
自验收情况检查	
结束工作票前，按一下所有保护装置面板复位按钮，使装置复位	
"工作现场安全技术措施"上所做的安全技术措施是否已全部恢复	
工作中临时所做的安全技术措施是否全部恢复（如临时短接线等）	
保护定值是否和最新整定单一致	
状态检查人员签名	
工作班成员	工作负责人

9. 总结

发现问题及处理情况				
遗留问题				
结　论				
试验日期	试验负责人	试验人员	审核人	

C.2　110kV 线路保护校验报告

1. 装置外观及接线检查

序号	检 查 项 目	检查结果	存在问题及处理情况
1	出厂型号、编号、日期、生产厂家		
2	检查装置参数是否与设计一致（新安装检验）		
3	装置内外部检查是否良好		
4	装置内外部及二次线是否清扫		
5	各元件、压板、端子、电缆挂牌标识是否清晰正确		
6	各硬件跳线是否满足规程及定值要求		

2. 介质强度及绝缘回路检查

2.1　分组回路绝缘电阻检测（用 1000V 绝缘电阻表）

试验回路	标准绝缘值（MΩ）	实测绝缘值（MΩ）	结　　论
交流-地	>10		
直流-地	>10		
交流-直流	>10		
整体二次回路-地	>1		
直流正-出口跳闸	>10		

2.2 整个回路的绝缘电阻检测

整个回路绝缘电阻 （用 1000V 绝缘电阻表）	标　　准	实测值（MΩ）
	＞1.0 MΩ	
结论：		

2.3 介质强度检查（对地工频耐压 1000V、1min 或用 2500V 绝缘电阻表测量）

整个回路绝缘电阻（MΩ） （1000V 绝缘电阻表）		整个回路介质强度试验结果
试验前	试验后	

3. 检查逆变电源

标准值 （V）	实测值（V）			允许范围（V）	结　　论
	80％U_N	100％U_N	115％U_N		
+5				4.8～5.2	
+15				13～17	
−15				−17～−13	
+24				22～26	
直流电源缓慢上升时和拉合直流电源时（80％额定电压），逆变电源是否能自启动					
装置电源对大地是否独立					
逆变电源运行周期是否超过 5 年					

4. 通电初步检查

序号	项　　目	检查结果		存在问题及处理情况
1	软件版本号			
2	程序校验码	CPU		
		MONI		
3	各指示灯、显示屏是否正常			
4	时钟检查			
5	打印机联机是否正常			

5. 定值输入

序号	项　　目	检查结果	存在问题及处理情况
1	定值修改闭锁功能是否正确		
2	定值分区存储功能是否正确		
3	按定值通知单输入各项定值		
4	掉电后定值是否丢失		

6. 开关量输入回路检查

设备名称	试验方式	开关量检查	存在问题及处理情况
DIST	投距离保护压板		
1L0	投零序Ⅰ段压板		
2L0	投零序Ⅱ段压板		
3、4L0	投零序Ⅲ Ⅳ段压板		
BSCH	改变机构压力触点状态		
TWJ	跳断路器		
HHKK	手合断路器		
HYJ	改变机构压力触点状态		

7. 模/数变换系统检查（精度检查）

7.1　CPU 的交流采样校验

测试参数	加入采样值	采样值	误差小于5%
I_A			
I_B			
I_C			
U_A			
U_B			
U_C			
U_X			

7.2　MONI 的交流采样校验，加入单相故障电流校验 $3I_0$

测试参数	加入采样值	采 样 值	误差小于5%
I_A			
I_B			
I_C			
$3I_0$			

8. 定值校验

8.1　距离保护校验

整定值及试验条件							
段　别		阻抗（Ω）	整定时间（s）	阻抗角（°）	加入电流（A）	加入电压（V）	补偿系数 K
相间	Ⅰ段						
	Ⅱ段						
	Ⅲ段						
接地	Ⅰ段						
	Ⅱ段						
	Ⅲ段						

阶梯整组试验							
阻抗倍数		$0.95Z_{\mathrm{I}}$	$1.05Z_{\mathrm{I}}$	$0.95Z_{\mathrm{II}}$	$1.05Z_{\mathrm{II}}$	$0.95Z_{\mathrm{III}}$	$1.05Z_{\mathrm{III}}$
动作时间测试（ms）	AB 相						
	BC 相						
	CA 相						
	A0 相						
	B0 相						
	C0 相						
以上保护反方向试验可靠不动：√							

8.2 零序保护校验

保 护		整定值（A）	Φ_{Lm}	$0.95I_{\mathrm{zd}}$	$1.05I_{\mathrm{zd}}$	
					Φ_{Lm}	$-\Phi_{\mathrm{Lm}}$
时间测试	零序 I					
	零序 II					
	零序 III					
	零序 IV					

8.3 重合闸试验

整定时间	实测时间

8.4 失灵保护启动电流元件试验

相 别	整定值	动作值
A		
B		
C		

8.5 交流电压断线过电流保护校验

相 别	整定值	动作值		动作时间
		0.95 倍	1.05 倍	
A				
B				
C				

9. 整组试验

9.1 外部逻辑检查

序号	项 目	检查结果	存在问题及处理情况
1	距离保护动作行为检查		
2	零序保护跳闸逻辑功能检查		

序号	项　　目	检查结果	存在问题及处理情况
3	TV 断线保护功能检查		
4	TA 断线保护功能检查		
5	相继速动逻辑功能检查		

结论：

9.2　断路器传动试验

序号	项　　目	检查结果	存在问题及处理情况
1	距离保护传动		
2	零序保护传动		
3	断路器信号传动试验		
4	断路器防跳功能检查		
5	断路器分合闸闭锁试验		
6	保护后加速传动试验		
7	其他保护联跳本开关回路检查		

结论：

10.　装置外围二次回路检查

10.1　开关机构箱，端子箱锈蚀清理及紧固_____。

10.2　电缆芯及二次线标号清楚_____。

11.　开关机构电气试验

11.1　开关机构合闸试验

线圈额定参数 （Ω）	合闸试验动作值（V） 70%>U_{zd}>30%	额定电流值 （A）	试验结果

11.2　开关机构跳闸试验

线圈额定参数 （Ω）	跳闸试验动作值（V） 70%>U_{zd}>30%	额定电流值 （A）	试验结果

12.　保护带负荷检查

12.1　线路潮流情况

有功_____ MW（送出/受进）；无功_____ Mvar（送出/受进）；
本线 TA 变比_____；TV 变比_____。

12.2　交流电压的相名核对

核对幅值 安装编号		保护屏电压				基 准 电 压			
		U_a	U_b	U_c	U_N	U_a	U_b	U_c	U_N
保护屏电压 安装编号									
结论:									

12.3　交流电压和电流的数值检查（装置显示）

项目	I_a	I_b	I_c	I_0	U_a	U_b	U_c	U_0
幅值								
结论:								

12.4　交流电压和电流的相位

项目	$\dot{U}_a \wedge \dot{I}_a$	$\dot{U}_b \wedge \dot{I}_b$	$\dot{U}_c \wedge \dot{I}_c$	$\dot{U}_a \wedge \dot{U}_b$	$\dot{U}_b \wedge \dot{U}_c$	$\dot{U}_c \wedge \dot{U}_a$	$\dot{U}_L \wedge \dot{U}_a$
相位							
结论:							

13. 试验结果

结论：＿＿＿＿＿＿＿＿＿＿＿＿＿＿＿。

C.3　发电机保护检验试验报告

1. 发电机差动保护　（$I_g = 2.8A$）

整定	$1/3I_q = 0.33A$	$I_q = 1A$	$K_Z = 0.4$	单差发 TA 断线	$I_s = 13.99A$	$U_2 = 10V$	信号	出口
A 差	0.36A	1.02A	0.428（单差）	√	14.02 A	10.20V	√	√
B 差	0.36A	1.03A	0.433（单差）	√	14.00A	10.20V	√	√
C 差	0.36A	1.02A	0.433（单差）	√	14.00A	10.20V	√	√
BC 差							√	√
AC 差							√	√
AB 差							√	√

说明：（1）发电机机端和中性点侧分别加三相电流验证比率制动特性。

（2）发电机差动与变压器差动不同，其采用循环闭锁出口方式，TA 断线不闭锁差动保护动作。

结论：发电机差动保护按定值动作，信号及出口正确。

2. 发电机定子匝间保护

整定	$3U_{01}=3V$	$3U_{03am}=4.0V$	$K_Z=0.4$	$P_{2F}=1.0W$	$t_0=0.2s$	专用TV断线闭锁	信号	全停	灵敏
动作值	3.1	4.1	0.4	$P_{2F}\geq1.0W$	0.23	√	√	√	

整定	$3U_{0h}=8V$	$P_{2F}=1.0W$	专用TV断线闭锁	信号	全停	次灵敏段		
动作值	8.1V	$P_{2F}\geq1.0W$	√	√	√			
整定	$\Delta U=8V$	$U_2\leq7V$	专用TV断线	信号	闭锁匝间	专用TV断线		
动作值	8V	$U_2\leq7V$	√	√	√			
整定	$\Delta U=8V$	$U_2\geq7V$	普通TV断线	信号		普通TV断线		
动作值	8V	$U_2\geq7V$	√	√				

说明：（1）用专用"谐波模块"进行检验，可以进行基波与3次谐波检验。

（2）验证3次谐波比率制动特性点为（$3U_0$，$3U_{03\omega}$），校验的点为（4V，6.5V）、（6V，11.5V）。

（3）3次谐波采样值采样值偏大，以装置采样值为准。

结论：发电机定子匝间按定值动作，信号及出口正确。

3. 发电机 3W 定子接地保护

比较发电机中性点及机端3次谐波电压的大小和相位，验证绝对值比较式，发信正确。

定值名称	调整系数 K_1	调整系数 K_2	调整系数 K_3

$$|K_1\dot{U}_{3\omega T}+K_2\dot{U}_{3\omega n}|>K_3U_{3\omega n}$$

式中：K_1、K_2、K_3——3次谐波式定子接地保护调整系数定值；

$\dot{U}_{3\omega n}$、$\dot{U}_{3\omega T}$——发电机中性点及机端三次谐波电压。

结论：发电机3W定子接地按定值动作，信号及出口正确。

4. 发电机 $3U_0$ 定子接地保护（90%范围定子绕组接地）

整定	$3U_{0glt}=5V$	$3U_{0gln}=5V$	$t_{11}=1.5s$	TV断线	出口（全停）
动作	5.00	5.00	1.513s	√	√

结论：发电机 $3U_0$ 定子接地保护按定值动作，信号及出口正确。

5. 发电机反时限过励磁保护

定值名称	定值	动作	发信	出口
定时限过励磁倍数	$U_s=1.07$	1.0	√	√（减磁）
延时	$T_s=11s$	11.21s		

续表

定值名称	定值	动作	发信	出口
反时限过励磁倍数	$U_{f1}=1.07$	1.060		
延时	$t_{f1}=58s$	56.448s	√	
反时限过励磁倍数	$U_{f2}=1.07$	1.07		
延时	$t_{f2}=58$	56.00s	√	
反时限过励磁倍数	$U_{f3}=1.08$	1.069		
延时	$t_{fl3}=43$	39.15s	√	
…	…	…		√（程跳）
反时限过励磁倍数	1.10	1.1		
延时	18	18.131	√	
反时限过励磁倍数	16			
延时	0		√	
反时限过励磁倍数	$U_{fl0}=16$			
延时	$t_{fl0}=0s$			

结论：发电机反时限过励磁保护遵循反时限原则动作，信号及出口正确。

6. 发电机失磁保护

名称	系统低电压 U_{hl}	机端低电压 U_{gl}	阻抗圆圆心（负值）X_c	阻抗圆半径 X_r	转子低电压特性曲线系数 K_{fd}	转子低电压初始动作值 U_{fdl}	反应功率 $P_t=0W$	t_1 减出力	t_2 程跳	t_3 程跳	t_4 切厂用
整定	55V	80 V	−16.72Ω	14.45Ω	0.31	140V	0W	1s	1s	1s	1s
动作值	54.94V	79.74V	−16.72	14.45		未投	未用	1.023	1.340	1.047	1.049
出口及信号								发信	√	√	√

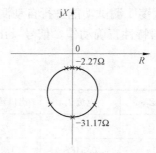

失磁保护阻抗特性圆

阻抗边界定值测试：同时输入三相对称电流和三相对称电压，保持电流不变，两者之间的相位角不变，改变电压幅值，使 T1 出口灯亮，记录下值，计算阻抗。

整定	阻抗圆圆心（负值）：X_c 为 -16.72Ω 阻抗圆半径：X_r 为 14.45Ω			
φ 范围	$210° < \varphi < 330°$			最大灵敏角：270°
φ 阻抗角度	270°（最大）	210°	330°	270°（最小）
U/I	30.80Ω	13.20Ω	23.8Ω	2.29Ω

说明：(1) 失磁由于直流 U_{fdl} 未接入，故仅验证 $U_{fd} \leqslant U_{fdl}$ 功能逻辑。

(2) 失磁系统低电压实际上为系统相电压，故将原有定值除以 1.732。

(3) t_1 减出力功能在实际运行中逻辑退出。

结论：发电机失磁按定值正确动作，信号及出口正确。

7. 发电机失步保护

名称	电抗值	各区边界电阻值				各区停留时间				滑极次数
符号	X_t	R_1	R_2	R_3	R_4	t_1	t_2	t_3	t_4	N
整定值	1.925Ω	5.23Ω	2.62Ω	-2.62Ω	-5.23Ω	0.016s	0.045s	0.016s	0.01s	1

(1) 在测试失步特性前，暂时修改失磁保护阻抗特性圆定值，确保测试失步特性时不会进入失磁阻抗圆。采用手动测试时，外加对称电压和电流，初始阻抗应大于 X_t，改变电压和电流的夹角，由第一相限滑落于第四相限，依次阻抗从 $+R$ 向 $-R$ 方向变化，且依次由 0 区→Ⅰ区→Ⅱ区→Ⅲ区→Ⅳ区穿过时，为加速失步，信号及出口正确。（√）。

(2) 阻抗由 $-R$ 方向向 $+R$ 方向变化，且依次穿过上述各区时，为减速失步，信号及出口正确（√）。

(3) 设定振荡中心大于等于 X_t（变压器阻抗），失步不动作（√）。

(4) 在系统发生三相短路时，将闭锁失步保护（√）。

(5) 在周期 T 改小于 $t_1+t_2+t_3+t_4$，失步不动作（√）。

说明：(1) 失步周期 $0.4s = T \geqslant (t_1+t_2+t_3+t_4)$。振荡次数为 $2 > N$。

(2) 初始功角 0°，最大功角 360°。

(3) 本保护可采用"振荡"测试功能进行自动测试。

结论：发电机失步按双遮断器特性正确动作，信号及出口正确。

8. 发电机误上电保护

名称	阻抗 Z_{1F}	阻抗 Z_{1B}	电流 I_g	出口延时 t_{11}	阻抗延时 t_{13}/t_{14}	返回延时 t_{12}
整定值	9.7Ω	9.7Ω	0.344A	1.0s	1/1 s	5 s
动作	9.7	9.7	0.348A	1.168s	1.498/1s	5
出口及信号	√	√	√	√	√	√

阻抗边界定值测试：同时输入三相对称电流和三相对称电压，保持电流不变，两者之间的相位角不变，改变电压幅值，使 T1 出口灯亮，记录下值，计算阻抗。

整定	阻抗圆阻抗 $Z_{1F}=9.7\Omega$　　　阻抗 $Z_{1B}=9.7\Omega$					
阻抗角度	0°	85°	90°	180°	−95°	−90°
U/I（Ω）	9.64	9.64	9.64	9.64	9.64	9.64

说明：（1）201 开关取的动断触点（4X：11‑14 和 4X：17）应断开；灭磁开关动合触点（4X：11‑14 和 4X：19）应短接。

（2）此阻抗圆与主变压器低阻抗圆相同，最大灵敏角为 85°。

结论：发电机误上电保护正确动作，信号及出口正确。

9. 发电机逆功率保护（定值出口为解列需修改）

整定值	$P_{gl}=-5.45W$	$t_{11}=1s$	$t_{12}=60s$	发信	出口全停	TV 断线闭锁
动作值	$P_{gl}=-6W$	1s	60.11s	√	√	√

动作区域：$101°<\alpha<261°$动作区。

结论：发电机逆功率保护正确动作，信号及出口正确。

10. 发电机低频积累保护

整定：$f_{h1}=48Hz$，$f_{l1}=47.5Hz$，$t_1=0.5s$ 发信。

动作：加 47.8Hz 经 0.5s 发信正确。

说明：（1）动作范围验证为 47.93～47.46Hz 正确动作。

（2）4X：11‑14 和 4X：17 开关辅助触点不必短接。

结论：发电机逆功率保护正确动作，信号及出口正确。

11. 发电机程序逆功率保护

整定值	$P_{gl}=-5.45W$	$t_{11}=1.5s$	发信	出口灭磁解列	TV 断线闭锁
动作值	$P_{gl}=-6W$	1.545s	√	√	√

说明：短接 4X：11‑14 和 4X：20 主汽门关闭触点。

结论：发电机程序逆功率保护按定值正确动作，信号及出口正确。

12. 发电机对称过负荷保护

整定	$I_{gl}=3.9A$	$t_{11}=5s$	出口发信	$I_s=4.1A$，$t_s=100s$，$I_{up}=14.6$，$t_{up}=0.4s$		出口信号及程跳
I_a	3.91 A			4.2A	84.744s	
I_b	3.91A	5.02s	√	9.5A	5.975s	√
I_c	3.91A			14.7A	0.619s	
定时限				0.46	1000.01	
				反时限（$K_1=37.5$，$K_2=1$）		

结论：发电机对称过负荷保护遵循反时限动作，信号及出口正确。

13. 发电机不对称过负荷保护

整定	$I_{2gl}=0.44A$	$t_{11}=5s$	出口发信	$I_{2s}=0.46A$, $t_s=1000s$, $I_{2up}=6.9A$, $t_{up}=0.4s$		出口程跳
I_2	0.45A	5.13s	√	0.48A	100.095s	√
				3.5A	10.130s	
				7.1A	0.622s	
定时限				反时限（$K_1=37.5$，$K_2=0.01$）		

说明：在试验中将 $t_s=1000s$ 改成 100s 做试验。

结论：发电机不对称过负荷保护遵循反时限动作，信号及出口正确。

14. 发电机过电压保护

整定	$U_g=130V$	$t_{11}=0.5s$	发信	全停
动作	129.9V	0.499s	√	√

15. 发电机复压记忆过电流保护

整定值		$I_{gl}=4.42A$	$U_1=75V$	$U_{2g}=8V$	$t_{11}=4.5s$	$t_{01}=4.5s$	发信	出口全停
动作值	A	4.42A	74.54V	8.04V	4.569s	4.676	√	√
	B	4.42A						
	C	4.42A						

结论：发电机复压记忆过电流保护按定值动作，信号及出口正确。

16. 发电机启停机保护

整定	$3U_{0gl}=8.0V$	$t_{11}=0.5s$	发信	出口：灭磁
动作	8.1V	0.510s	√	√

17. 发电机变压器组差动部分（主变压器高压侧—发电机中性点差动）（$I_g=2.8A$，$I_N=3.499A$）

整定	差流告警	差流启动	速断	比率制动	TA断线	谐波	信号	出口
相别	$1/3I_q=0.57A$	$I_q=1.70A$	$I_s=20.99A$	$K_Z=0.4$	$I_{ct}=0.1I_N$	0.2	/	/
A	0.59A	1.720A	21.00A	0.428（三相）	退出	√	√	√
B	0.59A	1.720A	21.00A	0.417（三相）	退出	√	√	√
C	0.59A	1.720A	21.00A	0.421（三相）	退出	√	√	√

说明：（1）接线组别为 YNd11，容量为 720MVA，以△侧为基准侧，丫侧的平衡系数 $K_{bal}=N_YU_Y/(N_DU_D)=1.1$，其中，$N_Y=500$，$U_Y=242kV$，$N_N=5000$，$U_N=22kV$。

（2）主变压器高压侧和发电机中性点分别加三相电流，并使丫侧电流滞后 N 侧 30°，验证比率制动特性。

（3）定值中"解除 TA 断线 $I_{ct}=0.1$"相当于此功能退出，TA 断线不闭锁差动保护。

（4）谐波采用三相制动，任一相中谐波含量达到相应值，闭锁差动保护。

18. 非电量保护校验

序	保护名称	出口	结论
1	主变重瓦斯	全停	合格
2	主变压力释放	全停	合格
3	主变冷却器	全停	合格
4	主变绕组温度跳闸	全停	合格
5	主变油温跳闸	全停	合格
6	主变轻瓦斯	发信	合格
7	主变油位	发信	合格
8	主变绕组温度报警	发信	合格
9	主变油温报警	发信	合格
10	高厂变重瓦斯	全停	合格
11	高厂变压力释放	全停	合格
12	高厂变绕组温度跳闸	全停	合格
13	高厂变油温跳闸	全停	合格
14	高厂变轻瓦斯	发信	合格
15	高厂变油位	发信	合格
16	高厂变绕组温度报警	发信	合格
17	高厂变油温报警	发信	合格
18	励磁变温度跳闸	全停	合格
19	励磁变温度报警	发信	合格
20	脱硫变重瓦斯	全停	合格
21	脱硫变压力释放	全停	合格
22	脱硫变绕组温度跳闸	全停	合格
23	脱硫变油温跳闸	全停	合格
24	脱硫变轻瓦斯	发信	合格
25	脱硫变油位	发信	合格
26	脱硫变绕组温度报警	发信	合格
27	脱硫变油温报警	发信	合格
28	发电机断水	全停	合格
29	发电机热工	全停	合格

19. 整组传动断路器 201 试验

合上 201 断路器，本体柜短接主变压器重瓦斯触点，断路器 201 跳闸，全停。（√）
合上 201 断路器，A 柜传动"发电机变压器组差动"，断路器 201 跳闸，全停。（√）
结论：保护传动开关分闸正确。（开关操作箱位置信号指示有误，感应电引起）

20. 定值核对

按批准定值整定通知单重新核对定值并打印一份定值单。（√）

21. 恢复现场

恢复屏柜安全措施，恢复接线，紧屏柜端子，做到"工完料尽场地清"。（√）

C.4 变压器保护检验试验报告

1. 装置外观及接线检查

序号	项　　目	检查结果
1	保护屏内元器件检查	
2	装置插件检查	
3	端子排、装置背板接线检查	
4	装置接地检查	
5	其他	

2. 绝缘电阻检验

2.1 交、直流回路绝缘检查

项目	电流回路对地	电压回路对地	直流信号回路对地	电流对电压	电流对直流回路	电压对直流回路
结论						

2.2 电缆绝缘检查

项目	交流电流对地	交流电压对地	直流对地	各电缆芯之间
结论				

3. 逆变电源检验

3.1 检验逆变电源的自启动性能
结论：

3.2 弱电系统各回路之间不共地检查
结论：

3.3 检验输出电压值及其稳定性

直流输入 ＼ 测量值	5V	15V	−15V	24V
220V				

结论：

3.4 拉合直流电源试验
结论：

4. 软件版本检查及时钟调整

4.1 装置时钟检验

结论：

4.2 CPU MMI 版本检查、登记

项目	差动	高后备	中后备	低后备	人机对话	备注
版本号						
校验码						

结论：

5. 检验开关量输入回路

序号	开入量名称	装置端子号或压板名称	状态变化情况	备　注
1				
2				
3				
4				
5				
6				
7				
8				
9				
10				
11				
12				
13				
14				

结论：

6. 模数变换系统检验

6.1 零漂的检验和调整

结论：

6.2 模拟量幅值及相位精度的检验和调整

6.2.1 交流电流通道检验

在屏端子排各相电流通道的电流端子上分别通入三相对称 $0.1I_n$、$0.5I_n$、$1I_n$、$3I_n$ 的基波电流值。

加电流侧		0.1I_n			0.5I_n			1I_n			3I_n		
		A	B	C	A	B	C	A	B	C	A	B	C
差动	高一												
	高二												
	中												
	低												
高后													
中后													
低后													
公共绕组													
中性点零序													

结论：

6.2.2　交流电压通道检验

在屏端子排电压端子上加入三相对称交流电压。电压值分别为 10、30、60V。

加电压侧	10V	30V	60V
高压侧			
中压侧			
低压侧			

结论：

6.2.3　模拟量输入相位特性检验

加三相对称额定电流电压，电压超前电流 50°。

结论：

7.　保护动作性能检验

7.1　保护整定值的整定

结论：

7.2　差动保护检验

7.2.1　差动保护 TA 各侧平衡系数正确性检查（在差动保护两侧 LH 同名相通入电流，观察差流）。

组　别	高—中			高—低			中—低		
相别	A	B	C	A	B	C	A	B	C
外加电流									
显示差流									
计算差流									

7.2.2 差动保护最小动作值、速断值、差流越限值的校验（平衡系数置1）。

组别	相别	差动最小动作值		差动速断值		差流越限值	
		整定值	实测值	整定值	实测值	整定值	实测值
高Ⅰ	A						
	B						
	C						
高Ⅱ	A						
	B						
	C						
中侧	A						
	B						
	C						
低侧	A						
	B						
	C						

结论：

7.2.3 比率制动特性曲线的录制。

相别：A相　　　　　斜率 $K=$ _____

项　目	第一点	第二点	第三点	第四点
第一侧电流				
第二侧电流				
制动电流				
差动电流				

相别：B相　　　　　斜率 $K=$ _____

项　目	第一点	第二点	第三点	第四点
第一侧电流				
第二侧电流				
制动电流				
差动电流				

相别：C相　　　　　斜率 $K=$ _____

项　目	第一点	第二点	第三点	第四点
第一侧电流				
第二侧电流				
制动电流				
差动电流				

结论：

7.2.4　二次谐波制动比的检验（在差动高压侧加电流测量）。

相别	A	B	C
整定值			
实测值			

结论：

7.2.5　5 次谐波制动比的检验（在差动高压侧加电流测量）。

相别	A	B	C
整定值			
实测值			

结论：

7.2.6　差动保护动作时间及跳闸逻辑校验。

动作值	动作时间	出口触点动作情况
$1.5I_{sd}$	≤20ms	
$1.5I_{cd}$	≤30ms	

注：I_{sd}——速断电流；I_{cd}——差动电流。

7.2.7　TA 断线时保护动作性能的检查。

结论：

7.3　零差保护检验

7.3.1　零序差动动作值校验。

组别	高压Ⅰ			高压Ⅰ			中压			公共绕组		
相别	A	B	C	A	B	C	A	B	C	A	B	C
动作值												
整定值												

结论：

7.3.2　零序差动保护比率制动曲线的录制。

高压Ⅰ—公共绕组　　　　　　　　斜率 $K=$ ＿＿＿＿＿＿＿＿

项　目	第一点	第二点	第三点	第四点
第一侧电流				
第二侧电流				
制动电流				
差动电流				

7.3.3　零序差动保护动作时间及跳闸逻辑校验。

动作值	动作时间	出口触点动作情况
$1.5I_{sd}$	≤30ms	

结论：

7.3.4 TA 断线时保护动作性能检验。

结论：

7.4 高压侧后备保护检验

7.4.1 零序保护的检查

7.4.1.1 零序方向过电流各段方向元件检查。

动作范围及最大灵敏角测量（方向指向变压器）。

参　　数	Ⅰ	Ⅱ
动作范围		
最大灵敏角		

结论：

改变动作方向后方向元件的测量（方向指向母线）。

参　　数	Ⅰ	Ⅱ
动作范围		
最大灵敏角		

结论：

7.4.1.2 各段保护电流动作值。

保护类型	零序方向过电流Ⅰ			零序方向过电流Ⅱ			零序过电流Ⅰ		
整定值									
相别	A	B	C	A	B	C	A	B	C
$1.05I_{zd}$									
$0.95I_{zd}$									

结论：

7.4.1.3 各段保护动作时间及跳闸逻辑检验。

保护类型		T1			T2			T3		
		定值	动作值	逻辑	定值	动作值	逻辑	定值	动作值	逻辑
零序方向过电流	Ⅰ段									
	Ⅱ段									
零序过电流	Ⅰ段									

结论：

7.4.1.4 TV 断线时零序方向过电流保护特性的检验。

结论：

7.4.1.5 各段出口及压板回路接线正确性检查。

结论：

7.4.2 方向阻抗保护的检验。

7.4.2.1 （相间/接地）偏移阻抗＿＿＿＿段保护定值检验（最大整定灵敏角下）。

相　别	阻抗值的检验			偏移度的检验	
	Z_{zd}	$0.95Z_{zd}$	$1.05Z_{zd}$	整定值	实测值
A					
B					
C					

结论：

7.4.2.2 （相间/接地）偏移阻抗＿＿＿＿段保护定值检验（最大整定灵敏角下）。

相　别	阻抗值的检验			偏移度的检验	
	Z_{zd}	$0.95Z_{zd}$	$1.05Z_{zd}$	整定值	实测值
A					
B					
C					

结论：

7.4.2.3 （相间/接地）全阻抗＿＿＿＿段保护定值检验。

相　别	Z_{zd}	$0.95Z_{zd}$	$1.05Z_{zd}$
A			
B			
C			

结论：

7.4.2.4 各段动作时间及跳闸逻辑的校验。

项　目	T1			T2			T3		
	定值	动作值	逻辑	定值	动作值	逻辑	定值	动作值	逻辑
Ⅰ段									
Ⅱ段									
Ⅲ段									

结论：＿＿＿＿＿＿＿＿＿＿＿＿＿＿

7.4.2.5 TV断线时保护性能的检验。

结论：

7.4.2.6 各段出口及压板回路接线正确性检查。

结论：

7.4.3 复合电压（方向）闭锁过电流保护的检验

7.4.3.1 电流元件动作值的检验。

项　目	复压方向过电流Ⅰ			复压方向过电流Ⅱ			复压过电流Ⅰ		
整定值									
相　别	A	B	C	A	B	C	A	B	C
$1.05I_{zd}$									
$0.95I_{zd}$									

结论：

7.4.3.2　复合电压元件的检验。

低电压元件校验。

相　别	A	B	C
整定值			
动作值			
返回值			

负序电压元件检验。

整定值	
动作值	
返回值	

结论：

7.4.3.3　复合电压方向过电流功率方向元件的检验。

项　目	复合电压方向过电流Ⅰ	复合电压方向过电流Ⅱ
动作区		
最大灵敏角		

结论：

7.4.3.4　各段动作时间及跳闸逻辑的校验。

项　目		T1			T2			T3		
		定值	动作值	逻辑	定值	动作值	逻辑	定值	动作值	逻辑
复压方向过电流	Ⅰ段									
	Ⅱ段									
复压过电流	Ⅰ段									

结论：

7.4.3.5　TV 断线时保护性能的检验。

结论：

7.4.3.6　各段出口及压板回路接线正确性检查。

结论：

7.4.4　过励磁保护检验

7.4.4.1　过励磁保护告警值的检验。

相别	A	B	C
整定值			
动作值			
动作时间			

结论：

7.4.4.2　反时限过励磁保护。

过励磁倍数					
整定时间					
动作时间　A					
B					
C					

结论：

7.5　中压侧后备保护检验

7.5.1　零序保护的检查

7.5.1.1　零序方向过电流各段方向元件检查。

动作范围及最大灵敏角测量（方向指向变压器）。

参　　数	I	II
动作范围		
最大灵敏角		

结论：

改变动作方向后方向元件的测量（方向指向母线）。

参　　数	I	II
动作范围		
最大灵敏角		

结论：

7.5.1.2　各段保护电流动作值。

保护类型	零序方向过电流 I			零序方向过电流 II			零序过电流 I		
整定值									
相别	A	B	C	A	B	C	A	B	C
$1.05 I_{zd}$									
$0.95 I_{zd}$									

结论：

7.5.1.3 各段保护动作时间及跳闸逻辑检验。

保护类型		T1			T2			T3		
		定值	动作值	逻辑	定值	动作值	逻辑	定值	动作值	逻辑
零序方向过电流	Ⅰ段									
	Ⅱ段									
零序过电流	Ⅰ段									

结论：

7.5.1.4 TV 断线时零序方向过电流保护特性的检验。

结论：

7.5.1.5 各段出口及压板回路接线正确性检查。

结论：

7.5.2 方向阻抗保护的检验

7.5.2.1 （相间/接地）偏移阻抗____段保护定值检验（最大整定灵敏角下）。

相 别	阻抗值的检验			偏移度的检验	
	Z_{zd}	$0.95Z_{zd}$	$1.05Z_{zd}$	整定值	实测值

结论：

7.5.2.2 （相间/接地）偏移阻抗____段保护定值检验（最大整定灵敏角下）。

相 别	阻抗值的检验			偏移度的检验	
	Z_{zd}	$0.95Z_{zd}$	$1.05Z_{zd}$	整定值	实测值

结论：

7.5.2.3 （相间/接地）全阻抗____段保护定值检验。

相 别	Z_{zd}	$0.95Z_{zd}$	$1.05Z_{zd}$

结论：

7.5.2.4　各段动作时间及跳闸逻辑的校验。

项目	T1			T2			T3		
	定值	动作值	逻辑	定值	动作值	逻辑	定值	动作值	逻辑
Ⅰ段									
Ⅱ段									
Ⅲ段									

结论：

7.5.2.5　TV 断线时保护性能的检验。

结论：

7.5.2.6　各段出口及压板回路接线正确性检查。

结论：

7.5.3　复合电压（方向）闭锁过电流保护的检验

7.5.3.1　电流元件动作值的检验。

项　　目	复压方向过电流Ⅰ			复压方向过电流Ⅱ			复压过电流Ⅰ		
整定值									
相别	A	B	C	A	B	C	A	B	C
$1.05I_{zd}$									
$0.95I_{zd}$									

结论：

7.5.3.2　复合电压元件的检验。

低电压元件校验

试验次数	1	2	3
整 定 值			
动 作 值			
返 回 值			

负序电压元件校验

试验次数	1	2	3
整定值			
动作值			
返回值			

结论：

7.5.3.3　复合电压方向过电流功率方向元件的检验。

参　　数	复压方向过电流Ⅰ	复压方向过电流Ⅱ
动作区		
最大灵敏角		

结论：

7.5.3.4 各段动作时间及跳闸逻辑的校验。

项 目		T1			T2			T3		
		定值	动作值	逻辑	定值	动作值	逻辑	定值	动作值	逻辑
复合电压方向过电流	Ⅰ段									
	Ⅱ段									
复合电压过电流	Ⅰ段									

结论：

7.5.3.5 TV 断线时保护性能的检验。

结论：

7.5.3.6 各段出口及压板回路接线正确性检查。

结论：

7.6 低压侧后备保护检验

7.6.1 复合电压闭锁过电流保护的检验

7.6.1.1 电流元件动作值的检验。

项 目	复合电压过电流Ⅰ			复合电压过电流Ⅱ			复合电压过电流Ⅲ		
整定值									
相别	A	B	C	A	B	C	A	B	C
$1.05I_{zd}$									
$0.95I_{zd}$									

结论：

7.6.1.2 电压及负序电压元件的检验。

相别	A	B	C
整定值			
动作值			
返回值			

负序电压元件检验

整定值	
动作值	
返回值	

结论：

7.6.1.3 动作时间、动作逻辑、出口回路动作正确性检验。

项目	T1			T2			T3		
	定值	动作值	逻辑	定值	动作值	逻辑	定值	动作值	逻辑
Ⅰ段									
Ⅱ段									
Ⅲ段									

7.6.1.4　各段出口及压板回路接线正确性检查。

结论：

7.7　过负荷保护校验

7.7.1　过负荷定值及动作时间的检验

项　目	整定值	动作值	整定时间	动作时间
高　　侧				
中　　侧				
低　　侧				
公共绕组				

结论：

7.7.2　过负荷启动通风和闭锁调压的检验

次　数	通风启动	闭锁调压
整定值		
实测值		

结论：

7.8　中性点过电流保护

7.8.1　动作值及动作时间检验

整定值	动作值	整定时间	动作时间

7.8.2　出口跳闸及压板回路接线正确性检查

结论：

7.9　其他后备保护的检验

7.9.1　变压器中性点间隙保护的检验

7.9.1.1　间隙电流

整定值	动作值	整定时间	动作时间

结论：

7.9.1.2　间隙电压

整定值	动作值	整定时间	动作时间

结论：

7.9.2 低压侧接地保护的检验

整定值	动作值	整定时间	动作时间

结论：

7.9.3 断路器失灵保护的检验

7.9.3.1 高压侧断路器失灵启动元件检验

整 定 值	动 作 值

结论：

7.9.3.2 中压侧断路器失灵启动元件检验

整 定 值	动 作 值

结论：

7.9.4 断路器非全相保护的检验

通入零序电流	电流整定值		时间整定值	
1	电流实测值		时间实测值	
通入负序电流	电流实测值		时间实测值	
2	电流实测值		时间实测值	

结论：

8. 非电量保护检验

8.1 非电量保护开入量检查

序号	开入量名称	装置端子号或压板名称	状态变化情况	备 注
1				
2				
3				
4				
5				
6				

8.2 非电量保护回路检验

8.2.1 瓦斯保护回路的检验（本体、调压瓦斯）

结论：

8.2.2 释压器保护回路的检验

结论：

8.2.3　冷却器全停保护回路的检验

结论：

8.2.4　断路器失灵保护回路的检验

结论：

8.2.5　油温油位信号的检验

结论：

9.　中低压操作相的检验

9.1　直流中间继电器动作触点检查

结论：

9.2　电流或电压保持的继电器检验

继电器名称	动作电流	返回电流	保持电流（电压）	触点通断情况	备　　注
HBJ					
TBJ					

结论：

10.　打印核对定值

11.　二次回路检查

11.1　螺丝紧固及接线检查：

保护屏端子排：_____　　保护屏背板端子：_____

保护屏压板、空气断路器等：_____其他回路：_____

11.2　TA 通流（新安装置时做）

通流地点：_____短接地点：_____

相别	短接线号	通入电流值	保护显示或打印值	其他有关回路电流值
A				
B				
C				

12.　传动试验（带开关传动或带模拟短路器传动）

12.1　模拟 A 相接地故障，差动保护动作。

结论：

12.2　模拟 B 相接地故障，高压侧后备保护动作。

结论：

12.3　模拟 AC 相间故障，中压侧后备保护动作。

结论：

12.4　模拟 BC 相间故障，低压侧后备保护动作。

结论：

12.5　非电量保护传动

结论：

12.6　检查中央信号、远动信息、后台信息及其他开出回路的正确性。

结论：

13. 投运前检查

13.1　全部措施恢复完由工作负责人再次检查无误，复查所做临时措施是否全部拆除，接线是否全部恢复，标志是否齐全等。

13.2　确认装置状态、切换开关均处于运行投入位置，设备和回路恢复到工作前状态。

13.3　定值与最新定值通知单相符。

结论：

14. 带负荷测试

新安装检验时宜用外接相位表进行测试，并和装置打印数据进行对比。根据测试数据画出接入该保护所有电流及电压的相量图，对照保护装置的原理，判断接入 TA、TV 极性的正确性。

结论：

C.5　220kV 母线保护检验试验报告

1. 检验报告填写说明

本检验报告适用于 RCS‑915AS 型母线保护装置。

检验人员根据具体工程的保护功能配置，选择相应调试项目。检验人员对检验报告中所列的保护检验项目，在其对应表格内划"/"表示删除。

试验说明：

(1) 注意：动作信号灯是否同设计要求一致；

(2) 注意：保护动作出口继电器是否同设计要求一致；

(3) 用"X"表示不动作/不正确，用"√"表示动作/正确。

2. 装置外观及接线检查

序号	检查项目	检查结果	存在问题及处理情况
1	检查装置参数是否与设计一致（新安装检验）		
2	装置内外部检查是否良好		
3	装置内外部及二次线是否清扫		
4	各元件、压板、端子、电缆挂牌标识是否清晰正确		
结论：			

3. 硬件跳线检查

注：RCS‐915AS 型装置无检查跳线。

4. 绝缘电阻及介质强度检测

4.1 绝缘电阻检查

试验回路	标准绝缘值（MΩ）	实测绝缘值（MΩ）	结　论
交流‐地	＞10		
直流‐地	＞10		
交流‐直流	＞10		
整体二次回路‐地	＞1		
结论：			

4.2 介质强度检查

绝缘电阻（MΩ）		整个回路介质强度试验结果
试验前	试验后	
结论：		

5. 逆变电源的检验

5.1 差动逆变电源输出电压及稳定性检测
5.1.1 空载状态下检测

标准电压（V）		＋5	＋15	－15
允许范围（V）		＋5±0.1	＋15±1	－15±1
实测值（V）	80％U_N			
	100％U_N			
	115％U_N			
结论：				

5.1.2 正常工作状态下检测

标准电压（V）		＋5	＋15	－15
允许范围（V）		＋5±0.1	＋15±1	－15±1
实测值（V）	80％U_N			
	100％U_N			
	115％U_N			
结论：				

5.1.3 逆变电源自启动电压及拉合直流电源试验

序号	检 查 内 容	检查结果	存在问题及处理情况
1	逆变电源自启动电压（V）		
2	拉合直流电源检查装置是否有异常现象		
3	直流电压缓慢地、大幅度地变化（升或降）时装置是否有异常现象		
4	逆变电源运行周期是否超过 5 年		
结论：			

5.2 闭锁元件逆变电源检查

5.2.1 空载状态下检测

标准电压（V）		+5	+15	−15
允许范围（V）		+5±0.1	+15±1	−15±1
实测值（V）	80%U_N			
	100%U_N			
	115%U_N			
结论：				

5.2.2 正常工作状态下检测

标准电压（V）		+5	+15	−15
允许范围（V）		+5±0.1	+15±1	−15±1
实测值（V）	80%U_N			
	100%U_N			
	115%U_N			
结论：				

5.2.3 逆变电源自启动电压及拉合直流电源试验

序号	检 查 内 容	检查结果	存在问题及处理情况
1	逆变电源自启动电压（V）		
2	拉合直流电源检查装置是否有异常现象		
3	直流电压缓慢地、大幅度地变化（升或降）时装置是否有异常现象		
4	逆变电源运行周期是否超过 5 年		
结论：			

5.3 管理单元逆变电源检查

5.3.1 空载状态下检测

标准电压（V）		+5	+15	−15
允许范围（V）		+5±0.1	+15±1	−15±1.5
实测值（V）	80%U_N			
	100%U_N			
	115%U_N			
结论：				

5.3.2　正常工作状态下检测

标准电压（V）		+5	+15	−15
允许范围（V）		+5±0.1	+15±1	−15±1.5
实测值（V）	80%U_N			
	100%U_N			
	115%U_N			
结论：				

5.3.3　逆变电源自启动电压及拉合直流电源试验

序号	检 查 内 容	检查结果	存在问题及处理情况
1	逆变电源自启动电压（V）		
2	拉合直流电源检查装置是否有异常现象		
3	直流电压缓慢地、大幅度地变化（升或降）时装置是否有异常现象		
4	逆变电源运行周期是否超过5年		
结论：			

5.4　开入开出电源检查

5.4.1　空载状态下检测

标准电压（V）		+24
允许范围（V）		+24±1.5
实测值（V）	80%U_N	
	100%U_N	
	115%U_N	
结论：		

5.4.2　正常工作状态下检测

标准电压（V）		+24
允许范围（V）		+24±1.5
实测值（V）	80%U_N	
	100%U_N	
	115%U_N	
结论：		

5.4.3 逆变电源自启动电压及拉合直流电源试验

序号	检 查 内 容	检查结果	存在问题及处理情况
1	逆变电源自启动电压（V）		
2	拉合直流电源检查装置是否有异常现象		
3	直流电压缓慢地、大幅度地变化（升或降）时装置是否有异常现象		
4	逆变电源运行周期是否超过 5 年		
结论：			

6. 通电初步检查

6.1 保护单元通电检查

序号	项 目	检查结果	存在问题及处理情况
1	软件版本号		
2	程序校验码		
3	各指示灯、显示屏是否正常		
4	时钟检查		
5	打印机联机是否正常		
结论：			

6.2 管理单元通电检查

序号	项 目	检查结果	存在问题及处理情况
1	软件版本号		
2	程序校验码		
3	各指示灯、显示屏是否正常		
4	时钟检查		
5	打印机联机是否正常		
结论：			

6.3 液晶板检验

序号	项 目	检查结果	存在问题及处理情况
1	软件版本号		
2	程序校验码		

7. 定值整定

序号	项 目	检查结果	存在问题及处理情况
1	定值修改闭锁功能是否正确		
2	定值存储功能是否正确		
3	按定值通知单输入各项定值		
4	掉电后定值是否丢失		
结论：			

8. 开入量回路检查

8.1　隔离开关触点及失灵触点检查

项　目	测试端子	开入量状态	备　注
Ⅰ母隔离开关	1A25		
Ⅱ母隔离开关	1A23		
失灵启动开入 A	1B10		1表示投入或收到动作信号;
失灵启动开入 B	1B8		0表示未投入或未收到动作信号
失灵启动开入 C	1B6		
三跳启失灵	1B4		

结论:

注:

(1) 平时由隔离开关控制。

(2) 由于母线保护的隔离开关开入单元和失灵启动开入单元需根据实际接线需求来定, 故此处只列出一个回路(线2)为范本。

8.2　保护投退检查

名　称	保护装置上端子号	开关量状态	备　注
投母差	6B17 – 6B2		
投单母运行	6B17 – 1A10		
投母联充电保护	6B17 – 6B3		
投母联过电流保护	6B17 – 6B4		
投断路器失灵保护	6B17 – 6B1		
投母联非全相保护	6B17 – 6B5		
投分段1充电保护	6B17 – 6B6		
投分段1过电流保护	6B17 – 2A10		
投分段1非全相保护	6B17 – 2A6		
投分段2充电保护	6B17 – 6B7		
投分段2过电流保护	6B17 – 2A8		1表示投入或收到动作信号;
投分段2非全相保护	6B17 – 2A4		0表示未投入或未收到动作信号
投检修状态	6B17 – 6B11		
复归	6B17 – 6B15		
打印	6B17 – 6B13		
隔离开关位置确认	6B17 – 6B12		
母联 TWJ	6B17 – 6B9		
分段 1TWJ	6B17 – 1A4		
分段 2TWJ	6B17 – 1A7		
失灵解除电压闭锁	3A9 – 6B20		
母联失灵启动	3A9 – 6B21		

结论:

8.3　隔离开关位置强制开关检验

项　　目	Ⅰ母隔离开关位置显示	Ⅱ母隔离开关位置显示	备　　注
奇数单元强制合Ⅰ母			
偶数单元强制合Ⅱ母			
奇数单元强制合Ⅰ母			
偶数单元强制合Ⅱ母			
结论：			

8.4　切换把手检查

切换把手	把手位置	屏幕显示	存在问题及处理情况
母线电压切换	投双母方式		
	投Ⅰ母方式		
	投Ⅱ母方式		
结论：			

9.　功耗测量

9.1　交流电压功耗测量

项　　目	U_{a1}	U_{b1}	U_{c1}	U_{a2}	U_{b2}	U_{c2}	备注
U(V)							
I(V)							
S(VA)							
结论：							

9.2　交流电流功耗测量

项　　目	I_{am1}	I_{bm1}	I_{cm1}	I_{a1}	I_{b1}	I_{c1}	备注
U(V)							
I(V)							
S(VA)							
结论：							

注：由于母线保护的电流单元需根据实际接线需求来定，故此处只列出母联和一个线路回路为范本。

9.3　直流功耗测量

试验项目	标准值（W）	实测值（W）	结　　论
正常状态	<35		
最大负载状态	<50		
结论：			

10. 模数变换系统检验

10.1 采样通道的零漂试验

零漂允许范围	$-0.05U_N<U<0.05U_N$					
	U_{a1}	U_{b1}	U_{c1}	U_{a2}	U_{b2}	U_{c2}
测试值						
结论：						

零漂允许范围		$-0.01I_N<I<0.01I_N$			
		I_a	I_b	I_c	I_N
回路 i	测试值				
结论： 注：由于母线保护的电流单元需根据实际接线需求来定，故此处只列出一个回路为范本。					

10.2 电流幅值试验

外加值电压和电流值		$10I_N$		$5I_N$		I_N		$0.2I_N$		$0.1I_N$	
允许误差（±5%）		实测	误差	实测	误差	实测	误差	实测	误差	实测	误差
回路 i	I_a										
	I_b										
	I_c										
	I_N										
结论： 注：由于母线保护的电流单元需根据实际接线需求来定，故此处只列出一个回路为范本。											

10.3 电流相位试验

外加值显示值		0°	45°	90°	误差
回路 i	I_a				小于 3%
	I_b				小于 3%
	I_c				小于 3%
结论： 注：由于母线保护的电流单元需根据实际接线需求来定，故此处只列出一个回路为范本。					

10.4 电压幅值试验

外加值显示值		1V	5V	30V	60V	70V	误差
Ⅰ母电压	U_{a1}						小于±5%
	U_{b1}						小于±5%
	U_{c1}						小于±5%
Ⅱ母电压	U_{a2}						小于±5%
	U_{b2}						小于±5%
	U_{c2}						小于±5%
结论：							

10.5 电压相位试验

外加值显示值		0°	45°	90°	误差
Ⅰ母电压	U_{a1}				小于3%
	U_{b1}				小于3%
	U_{c1}				小于3%
Ⅱ母电压	U_{a2}				小于3%
	U_{b2}				小于3%
	U_{c2}				小于3%
结论:					

11. 保护定值检验

11.1 母差启动定值

项目	高 值			低 值		
整定值						
相 别	A	B	C	A	B	C
动作值						
结论:						

11.2 比率制动特性检验

电流量	点1	点2	点3	点4
元件1电流（A）				
元件2电流（A）				
I_{cd}（A）				
I_{zd}（A）				
比率制动系数				
结论:				

11.3 复合电压闭锁定值校验
11.3.1 低电压定值校验

启动元件	母线号	整定值	动作值（V）
差动保护	Ⅰ母		
	Ⅱ母		
失灵保护	Ⅰ母		
	Ⅱ母		
结论:			

11.3.2　负序电压定值校验

启动元件	母线号	整定值	动作值（V）
差动保护	Ⅰ母		
	Ⅱ母		
失灵保护	Ⅰ母		
	Ⅱ母		
结论：			

11.3.3　零序电压定值校验

启动元件	母线号	整定值	动作值（V）
差动保护	Ⅰ母		
	Ⅱ母		
失灵保护	Ⅰ母		
	Ⅱ母		
结论：			

11.4　充电保护定值校验

11.4.1　母联充电保护

相别	整定值（A）	0.95倍整定值（A）动作行为	1.05倍整定值（A）动作行为	1.2倍整定值测时间
A				
B				
C				
结论：				

11.4.2　分段充电保护

11.4.2.1　分段Ⅰ充电保护

相别	整定值（A）	0.95倍整定值（A）动作行为	1.05倍整定值（A）动作行为	1.2倍整定值测时间
A				
B				
C				
结论：				

11.4.2.2　分段Ⅱ充电保护

相别	整定值（A）	0.95倍整定值（A）动作行为	1.05倍整定值（A）动作行为	1.2倍整定值测时间
A				
B				
C				
结论：				

11.5 母联失灵、死区和非全相保护动作定值及动作时间校验

11.5.1 母联失灵保护动作定值及动作时间校验

I_1 为 Ⅰ 母任意一回故障电流；I_2 为母联电流。

条　件	I_2（A）		
	0.95 倍整定值动作行为	1.05 倍整定值动作行为	1.2 倍整定值测母联失灵时间
加入 I_1 模拟 Ⅰ 母故障，母联在合位			
结论： 备注：电压闭锁条件开放。			

11.5.2 母联死区保护动作定值及动作时间校验

I_1 为 Ⅰ 母任意一回故障电流；I_2 为母联电流。

11.5.2.1 母联在分位

条　件	I_2（A）		
	0.95 倍整定值动作行为	1.05 倍整定值动作行为	1.2 倍整定值测母联死区时间
短接 6B17 - 6B9，模拟母联在分位，加入 I_1 模拟 Ⅰ 母故障			
结论：			

11.5.2.2 母联在合位

条　件	I_2（A）		
	0.95 倍整定值动作行为	1.05 倍整定值动作行为	1.2 倍整定值测母联死区时间
加入 I_1 模拟 Ⅰ 母故障，母联在合位			
结论：			

11.5.3 母联非全相保护动作定值及动作时间校验

检验电流	整定值（A）	0.95 倍整定值动作行为（A）	1.05 倍整定值动作行为（A）	1.2 倍整定值测时间
负序电流				
零序电流				
结论：				

11.6 母联、分段过电流定值校验

11.6.1 母联过电流电流定值

相 别	整定值（A）	0.95 倍整定值（A）动作行为	1.05 倍整定值（A）动作行为	1.2 倍整定值测时间
A				
B				
C				
结论：				

11.6.2 母联过电流零序电流定值

相 别	整定值（A）	0.95 倍整定值（A）动作行为	1.05 倍整定值（A）动作行为	1.2 倍整定值测时间
A				
B				
C				
结论：				

11.6.3 分段Ⅰ过电流电流定值

相 别	整定值（A）	0.95 倍整定值（A）动作行为	1.05 倍整定值（A）动作行为	1.2 倍整定值测时间
A				
B				
C				
结论：				

11.6.4 分段Ⅰ过电流零序定值

相 别	整定值（A）	0.95 倍整定值（A）动作行为	1.05 倍整定值（A）动作行为	1.2 倍整定值测时间
A				
B				
C				
结论：				

11.6.5 分段Ⅱ过电流电流定值

相 别	整定值（A）	0.95 倍整定值（A）动作行为	1.05 倍整定值（A）动作行为	1.2 倍整定值测时间
A				
B				
C				
结论：				

11.6.6　分段Ⅱ过电流零序定值

相　　别	整定值（A）	0.95 倍整定值（A）动作行为	1.05 倍整定值（A）动作行为	1.2 倍整定值测时间
A				
B				
C				
结论：				

11.7　失灵保护检验

11.7.1　失灵保护闭锁电流定值检验

支路名称	相　电　流						负序电流		零序电流	
	A 相		B 相		C 相		整定值	动作值	整定值	动作值
	整定值	动作值	整定值	动作值	整定值	动作值				
结论：										

11.7.2　失灵保护时间定值检验

支路名称	跟跳延时		母联延时		失灵延时	
	整定值	动作值	整定值	动作值	整定值	动作值
结论：						

11.8　TA 断线校验

相　　别	整定值（A）	动作值（A）	存在问题及处理情况
A			
B			
C			
结论：			

11.9　TV 断线校验

相　别	模拟情况	动作值情况	存在问题及处理情况
A			
B			
C			
结论：			

12. 输出触点和信号检查

12.1　输出触点检查

序号	试验项目	触点动作情况	装置指示灯	存在问题及处理情况
1	母差动作	1B25 - 1B26 1B23 - 1B24		
2	失灵动作	1B25 - 1B26 1B23 - 1B24		
3	母联充电保护动作	5B25 - 5B26		
4	分段Ⅰ充电保护动作	4B17 - 4B18 4B15 - 4B16		
5	分段Ⅱ充电保护动作	4B13 - 4B14 4B11 - 4B12		
6	启动分段Ⅰ失灵	5B21 - 5B22 5B23 - 5B24		
7	启动分段Ⅱ失灵	5B17 - 5B18 5B19 - 5B20		

结论：

注：由于母线保护的电流单元需根据实际接线需求来定，故此处只列出一个回路（线 2）为范本。而且模拟该线路连接于故障母线。

12.2　信号检查

序号	试验项目	触点动作情况	装置指示灯	存在问题及处理情况
1	Ⅰ母差动动作	5A1 - 5A11 5A2 - 5A12		
2	Ⅱ母差动动作	5A1 - 5A13 5A2 - 5A14		
3	Ⅰ母失灵动作	5A1 - 5A17 5A2 - 5A18		
4	Ⅱ母失灵动作	5A1 - 5A19 5A2 - 5A20		
5	交流断线异常	5A1 - 5A5 5A2 - 5A6		
6	报警闭锁	5A23 - 5A24 5A1 - 5A3 5A2 - 5A4		

序号	试验项目	触点动作情况	装置指示灯	存在问题及处理情况
7	刀闸位置异常	5A1－5A7 5A2－5A8		
8	异常报警	5A23－5A25		
9	其他异常	5A1－5A9 5A2－5A10		
10	线路跟跳	5A23－5A29 5A1－5A21 5A2－5A22		

结论：

13. 检验逆变电源带满负荷时的输出电压及纹波电压

	标准值（V）	＋5	＋15	－15	＋24
输出直流电压	允许范围（V）	＋5±0.1	＋15±1	－15±1	＋24±1.5
	实测值（V）				
纹波系数	允许范围	＜2%	＜2%	＜2%	＜2%
	纹波系数测试				

结论：

14. 整组试验

14.1 整组动作时间测量

序号	项 目	整定值	测量值	存在问题及处理情况
1	差动整组动作时间			
2	失灵启动保护整组动作时间			
3	充电保护整组动作时间			

结论：

14.2 外部逻辑回路检查

序号	项 目	检查结果	存在问题及处理情况
1	差动保护逻辑试验		
2	失灵保护逻辑试验		
3	启动分段失灵和分段失灵保护逻辑试验		
4	解除失灵电压闭锁逻辑试验		
5	中央信号、远动信号、综自系统等输出回路检查		

结论：

15. 断路器传动试验

序号	项　目	检查结果	存在问题及处理情况
1	差动保护传动		
2	充电保护传动		
3	母联失灵、死区保护传动		
4	断路器失灵保护传动		

结论：
注：定期检验、部分检验、事故后检查都只能用脉冲法测量出口回路。必须将所有回路的出口跳闸压板退出。

16. 定值与开关量状态检查

序号	项　目	检查结果	存在问题及处理情况
1	定值核对检查		
2	开关量状态检查		

结论：

17. 保护带负荷检查

17.1 一次侧负荷

回路 i：

TA 变比：　　　　　　TV 变比：

	回路 i 一次侧负荷		
项　目	P（MW）	Q（Mvar）	I（A）
实测值			

结论：
注：由于母线保护的电流单元需根据实际接线需求来定，故此处只列出一个回路为范本。

17.2 交流电压的相名核对

项　目		Ⅰ母电压				Ⅱ母电压			
		U_{A1}	U_{B1}	U_{C1}	U_{N1}	U_{A2}	U_{B2}	U_{C2}	U_{N2}
基准电压	U_A								
	U_B								
	U_C								
	U_N								

结论：

17.3 交流电压数值检验

项　目	Ⅰ母电压				Ⅱ母电压			
	U_{A1}	U_{B1}	U_{C1}	$3U_{01}$	U_{A2}	U_{B2}	U_{C2}	$3U_{02}$
差动元件								
闭锁元件								

结论：

17.4　交流二次电流数值及相位检验

项　　目	回路 i						
	I_a	Φ	I_b	Φ	I_c	Φ	I_n
实测值							

结论：

注：1. 由于母线保护的电流单元需根据实际接线需求来定，故此处只列出一个回路为范本。

　　2. Φ 代表同名相电压超前电流的角度。

17.5　差流检验

项　　目	Ⅰ母差流				Ⅱ母差流			
	I_{d1a}	I_{d1b}	I_{d1c}	I_{d1n}	I_{d2a}	I_{d2b}	I_{d2c}	I_{d2n}
实测值								

结论：

项　　目	大差电流			
	I_{da}	I_{db}	I_{dc}	I_{dn}
实测值				

结论：

附录 D　电气二次相关标准及规范

GB/T 7261　继电器及继电保护装置基本试验方法

GB/T 14285—2006　继电保护和安全自动装置技术规程

GB 50116　火灾自动报警系统设计规范

GB 50171 电气装置安装工程　盘、柜及二次回路结线施工及验收规范

DL/T 448—2000　电能计量装置技术管理规程

DL/T 478—2013　继电保护和安全自动装置通用技术条件

DL/T 587—2007　微机继电保护装置运行管理

DL/T 623—2010　电力系统继电保护及安全自动装置运行评价规程

DL/T 630—1997 交流采样终端技术条件

DL/T 634.5101—2002　远动设备及系统　第 5-101 部分：传输规约　基本远动任务配套标准

DL/T 634.5104—2009　远动设备及系统　第 5-104 部分：传输规约　采用标准传输协议子集的 IEC 60870-5-101 网络访问

DL/T 667—1999　远动设备及系统　第 5 部分：传输规约　第 103 篇：继电保护设备接口配套标准

DL/T 719—2000　远动设备及系统　第 5 部分：传输规约　第 102 篇：电力系统电能累计量传输配套标准

DL/T 995—2006　继电保护和电网安全自动装置检验规程

DL/T 5044—2004　电力工程直流系统设计技术规程

DL/T 5103—2012　35kV～220kV 无人值班变电站设计规程

DL/T 5136—2012　火力发电厂、变电站二次接线设计技术规程

DL/T 5137—2001　电测量及电能计量装置设计技术规程

DL/T 5149—2001　220kV～500kV 变电站计算机监控系统设计技术规程

DL/T 5155—2002　220kV～500kV 变电所所用电设计技术规程

DL/T 5218—2012　220kV～500kV 变电站设计技术规程

SD 276　静态比率差动保护装置技术条件

Q/GDW 161—2007　线路保护及辅助装置标准化设计规范

Q/GDW 175—2008　变压器、高压并联电抗器和母线保护及辅助装置标准化设计规范

Q/GDW 203—2008　110kV 变电站通用设计规范

调继〔2005〕222 号《〈国家电网公司十八项电网重大反事故措施〉（试行）继电保护专业重点实施要求》

国家电网生技〔2005〕400 号《国家电网公司十八项电网重大反事故措施》

国家电网安监〔2006〕904 号《国家电网公司防止电气误操作安全管理规定》

参 考 文 献

[1] 李玉海. 电力系统主设备继电保护试验. 北京：中国电力出版社，2005.

[2] 王显平. 发电厂、变电站二次系统及继电保护测试技术. 北京：中国电力出版社，2006.

[3] 涂崎. 继电保护实操技能竞赛实例解析. 北京：中国电力出版社，2011.

[4] 高中德，等. 国家电网公司继电保护培训教材. 北京：中国电力出版社，2009.

[5] 杨新民，杨隽琳. 电力系统微机保护培训教材. 北京：中国电力出版社，2008.

[6] 孟恒信. 电力系统微机保护测试技术. 北京：中国电力出版社. 2009.

[7] 韩笑，赵景峰，邢素娟. 电网微机保护测试技术. 北京：中国水利水电出版社. 2005.

[8] 王大鹏. 电力系统继电保护测试技术. 北京：中国电力出版社. 2006.